国家骨干高职院校项目建设成果
高等职业教育新形态精品教材

室内建筑装饰构造与工艺

主　编　贺剑平　贺爱武
副主编　夏高彦　彭艳云　戴冬梅
参　编　肖　璇　杨　柳　王　俊
张海峰　康佳玲　阳小群
曾梦炜　熊华阳

国家骨干高职院校项目建设成果

北京理工大学出版社
BEIJING INSTITUTE OF TECHNOLOGY PRESS

内容简介

本书以室内建筑装饰施工图设计能力培养为主线，通过装饰材料与构造认知、装饰施工图识读、装饰设计方案的施工图设计等内容环节的精心安排，对室内装饰构造进行了系统的介绍。通过典型的室内装饰分项工程装饰构造实例，阐述了室内装饰构造与工艺的思路和方法，内容从简单到复杂、从单一到综合进行编排，遵循了室内装饰施工图设计能力形成过程的内在逻辑。教材的案例设计与选用注重行业的前沿性，引入了新的装饰构造方法。为加强学生对构造的理解，书中还配有大量装饰构造图解示意图，图文并茂，内容浅显易懂，在可操作性和实用性等方面有较大的突破。

本书可作为室内设计、环境艺术设计、建筑装饰设计等专业的教学用书，也可作为室内设计、建筑装饰设计及相关技术人员的参考用书。

图书在版编目（CIP）数据

室内建筑装饰构造与工艺/贺剑平，贺爱武主编.—北京：北京理工大学出版社，2016.1（2021.7重印）
ISBN 978-7-5682-1103-1

Ⅰ.①室…　Ⅱ.①贺…　②贺…　Ⅲ.①室内装饰设计－高等职业教育－教材　Ⅳ.①TU238

中国版本图书馆CIP数据核字(2015)第195238号

出版发行 / 北京理工大学出版社有限责任公司
社　　址 / 北京市海淀区中关村南大街5号
邮　　编 / 100081
电　　话 / （010）68914775（总编室）
（010）82562903（教材售后服务热线）
（010）68948351（其他图书服务热线）
网　　址 / http://www.bitpress.com.cn
经　　销 / 全国各地新华书店
印　　刷 / 北京紫瑞利印刷有限公司
开　　本 / 889毫米×1194毫米　1/16
印　　张 / 16.5
字　　数 / 474千字
版　　次 / 2016年1月第1版　　2021年7月第6次印刷
定　　价 / 48.00元

责任编辑 / 钟　博
文案编辑 / 钟　博
责任校对 / 周瑞红
责任印制 / 边心超

总序 General Preface

国家示范（骨干）高等职业院校建设是教育部、财政部为创新高等职业院校校企合作办学体制机制，提高人才培养质量，深化教育教学改革，优化专业体系结构，加强师资队伍建设，完善质量保障体系，增强高等职业院校服务区域经济社会发展能力而启动的国家示范性高等职业院校建设计划项目。2010年11月23日，教育部、财政部印发《教育部财政部关于确定“国家示范性高等职业院校建设计划”骨干高职院校立项建设单位的通知》（教高函［2010］27号），娄底职业技术学院被确定为“国家示范性高等职业院校建设计划”骨干高职院校立项建设单位。2012年12月，娄底职业技术学院“国家示范性高等职业院校建设计划”骨干高职院校项目《建设方案》和《建设任务书》经教育部、财政部同意批复，正式启动项目建设工作。

按照项目《建设方案》和《建设任务书》的建设目标任务要求，为创新“产教融合、校企合作、工学结合”的高素质应用型技术技能人才培养模式，推进校企合作的高等职业教育精品课程建设、精品教材开发、精品专业教学资源库建设等内涵式特色项目发展，我院启动了重点支持建设的机电一体化技术、煤矿开采技术、畜牧兽医、建筑工程技术和应用电子技术专业（群）的国家骨干校项目规划教材开发建设。

为了把这批教材打造成精品，我们于2013年通过立项论证方式，明确了教材三级目录、建设内容、建设进度，通过每个季度进行的过程检查和严格的“三审”制度，确保教材建设的质量；各精品教材负责人依托合作企业，在充分调研的基础上，遵循项目载体、任务驱动的原则，于2014年完成初稿的撰写，并先后经过5轮修改，于2015年通过项目规划教材编审委员会审核，完成教材开发出版等建设任务。

此次公开出版的精品教材秉承“以学习者为中心”和“行动导向”的理念，对接地方产业岗位要求，结合专业实际和课程改革成果，开发了以学习情境、项目为主体的工学结合教材，在内容选取、结构安排、实施设计、资源建设等方面形成了自己的特色。一是教材内容的选取突显了职业性和前沿性。根据与职业岗位对接、中高职衔接的要求与学生认知规律，遴选和组织教材内容，保证理论知识够用，职业能力适应岗位要求和个人发展要求；同时融入了行业前沿最新知识和技术，适时反映了专业领域的新变化和新特点。二是教材结构安排突显了情境性和项目化。教材体例结构打破传统的学科体系，以工作任务为线索进行项目化改造，各个学习情境或项目细分成若干个任务，各个任务采用任务目标、任务描述、知识准备、任务实施、巩固训练的顺序来安排教学内容，充分体现以项目为载体、以任务为驱动的高职教育特征。三是教材实施的设计突显了实践性和过程性。教材实施建议充分体现了理论融于实践，动脑融于动手，做人融于做事的宗旨；教学方法融“教、学、做”于一体，以真实工作任务或企业产品为载体，真正突出了以学生自主学习为中心、以问题为导向的理念；考核评价着重放在考核学生的能力与素质上，同时关注学生自主学习、参与性学习和实践学习的状况。四是教材资源的建设突显了完备性和交互性。在教材开发的同时，各门课程建成了涵盖课程标准、教学项目、电子教案、教学课件、图片库、案例库、动画库、课题库、教学视频等在内的丰富完备的数字化教学资源，并全部上传至网络，从而将教材内容和教学资源有机整合，大大丰富了教材的内涵；学习者可通过课堂学习与网上交互式学习相结合，达到事半功倍的效果。

丛书编审委员会

本书依托本地装饰企业，参照室内装饰行业相关标准与规范，按照“工学结合、项目驱动、案例教学、理实一体”的模式编写，强调内容的实用性，突出室内装饰构造与工艺知识转化为施工图设计能力的培养。

本书依据室内建筑的主要装饰界面——地面、墙柱面、顶棚、楼梯等内容，围绕楼地面、墙柱面、顶棚、楼梯等装饰构造技术设计应用能力的培养，编写了如下内容：室内建筑装饰构造基本原理、室内建筑楼地面装饰构造与工艺、室内建筑顶棚装饰构造与工艺、室内建筑墙柱面装饰构造与工艺、室内建筑门窗装饰构造与工艺、室内建筑楼梯装饰构造与工艺、公共空间装饰设计案例与施工图设计。本书对具体材料与构造认知、装饰施工图识读、装饰设计方案的施工图设计等内容环节进行了阐述，理实结合、循序渐进，并配有丰富的装饰构造图解示意图，有助于学生加深对装饰构造的理解，提高识读图纸、审核图纸的能力以及融会贯通所学知识并完成具体项目的装饰施工图设计能力，从而具备室内建筑装饰施工图设计能力。

本书在编写前进行了大量调研，广泛听取了有关兄弟院校专业教师和毕业生及装饰设计企业的建议。在编写过程中得到了许多老师与友人的帮助，在此特别感谢夏高彦老师和王宗凡教授。同时感谢深圳华空间设计顾问有限公司总经理熊华阳先生的大力支持。

本书在编写过程中参阅了大量国内外公开出版的书籍，在此向相关作者表示衷心的感意！本书通过网络采用了大量设计作品，部分图片因作者不详无法在书中注明出处，也由于条件有限无法与相关作者联系并征得本人的同意，在此表示歉意与感谢！

本书虽经反复推敲和校对，但由于编者水平有限，书中不妥之处在所难免，恳请广大读者批评指正，以便进一步修订。

编　者

目录 Contents

项目导入

室内建筑装饰构造基本原理

学习目标

1. 了解建筑物组成构件与装饰构造设计适用范围；
2. 熟悉室内建筑装饰构造设计的原则；
3. 熟悉室内建筑装饰构造的基本类型；
4. 了解室内建筑装饰构造的学习方法。

任务描述

1. 掌握建筑物的组成构件、装饰构造设计适用范围；
2. 掌握室内建筑装饰构造的基本原则；
3. 掌握室内建筑装饰构造的基本类型与设计方法；
4. 了解室内建筑装饰装修制图规范。

知识链接

一、室内建筑装饰构造设计概述

室内建筑装饰是为完善建筑室内空间的物理环境、使用功能，美化建筑室内空间构件及界面，采用装饰材料、家具与陈设、设备等物件，对建筑室内空间进行规划处理、设备安装以及对室内建筑构件表面进行装饰装修的过程。

（一）建筑物

《民用建筑设计术语标准》中建筑物的定义：用建筑材料构筑的空间和实体，供人们居住和进行各种活动的场所。

1. 建筑的分类

按照建筑的用途分为：居住建筑、公共建筑（图0-1）、工业建筑、农业建筑。

按建筑结构使用材料和承重方式分为：砖木结构建筑、砖混结构建筑、钢筋混凝土结构建筑和钢结构建筑、框架结构建筑、剪力墙结构建筑、框架-剪力墙结构建筑、筒体结构建筑等，建筑物分类详情如表0-1所示。

(a)

(b)

(c)

(d)

(e)

(f)

图0-1　公共建筑

(a)香港中银大厦(香港);(b)帝国大厦(美国);(c)央视大楼(北京);
(d)上海世博会中国国家馆施工现场(上海);(e)现代教堂建筑设计;(f)洛杉矶Emerson大学艺术学院新楼

表0-1　建筑物的分类

分类依据	类别		描述	举例
按建筑的用途分类	民用建筑	居住建筑	供人们长期居住、生活使用的建筑	公寓、宿舍、别墅
		公共建筑	为人们购物、学习、办公、医疗、旅行、运动、休闲娱乐等社会活动提供使用的建筑	商场、写字楼、影剧院、酒店会所等
	工业建筑		为工业生产服务的建筑	厂房、仓库等
	农业建筑		为农业生产、畜牧养殖以及加工服务的建筑	温室、养殖场、农机站等
按建筑结构使用材料和承重方式分类	砖木结构建筑		指建筑物中竖向承重构件采用砖墙、砖柱或木柱，水平承重构件（楼面梁、楼格栅、楼板）、屋盖结构采用木料为主的建筑（图0-2）	亚洲文会大楼、泛船浦天主教堂、独乐寺（大佛寺）、永乐宫、北京故宫、颐和园
	轻木结构建筑		指主要由木构架墙、木楼盖和木屋盖系统构成的结构体系，适用于三层及三层以下的民用建筑（图0-3）	多见于美国、加拿大的独立住宅
	砖混结构建筑		指建筑物中竖向承重构件采用砖墙、砌块、砖柱，水平承重构件采用钢筋混凝土梁、楼板、屋顶为主的建筑。砖混结构房屋建筑的承重结构是楼板和墙体	上海法国学堂旧址、惠中饭店、盐业银行旧址
	钢筋混凝土结构建筑		以配有钢筋的混凝土为主要材料的建筑，建筑物的主要承重构件采用钢筋混凝土建造（图0-4）	哈利法塔（迪拜塔）、上海中信广场大厦、上海金茂大厦
	钢结构建筑		指建筑物承重构件以钢材为主要材料，以型钢、钢板制成的梁柱、楼板和屋顶等作为主要承重构件的建筑	央视大楼、香港中银大厦、帝国大厦、上海世博会中国馆
	框架结构建筑		由梁和柱组成框架承重房屋建筑的水平荷载和竖向荷载的结构。框架结构房屋建筑的承重结构是梁、板、柱，墙体不承重，仅起到围护和分隔作用	中高层建筑，如学校、办公楼、医院、商场、酒店
	剪力墙结构建筑		建筑承重构件由钢筋混凝土墙组成，用钢筋混凝土墙体来承受竖向和水平力的结构称为剪力墙结构。主要承重结构为钢筋混凝土墙板和钢筋混凝土楼板（图0-5）	高层住宅、高层写字楼
	框架-剪力墙结构建筑		在框架结构中布设一定数量的钢筋混凝土墙，用来承担地震荷载和风荷载作用下的水平剪力。主要承重结构为梁、柱组成的框架以及剪力墙	高层住宅、高层写字楼
	筒体结构建筑		用钢筋混凝土墙、钢筋混凝土密柱或钢柱梁框架围成筒状的结构体系，一般多见于超高层建筑	世茂海峡大厦、广州电视塔、天津津塔
按民用建筑的耐火等级分类	一级耐火等级建筑		钢筋混凝土结构或砖墙与钢混凝土结构组成的混合结构	高度大于60m的住宅建筑、医院、广播电视台
	二级耐火等级建筑		钢结构屋架、钢筋混凝土柱或砖墙组成的混合结构	高层民用建筑、建筑高度大于27m小于60m的住宅建筑
	三级耐火等级建筑		木屋顶和砖墙组成的砖木结构	5层民用建筑
	四级耐火等级建筑		木屋顶、难燃烧体墙壁组成的可燃结构	2层民用建筑

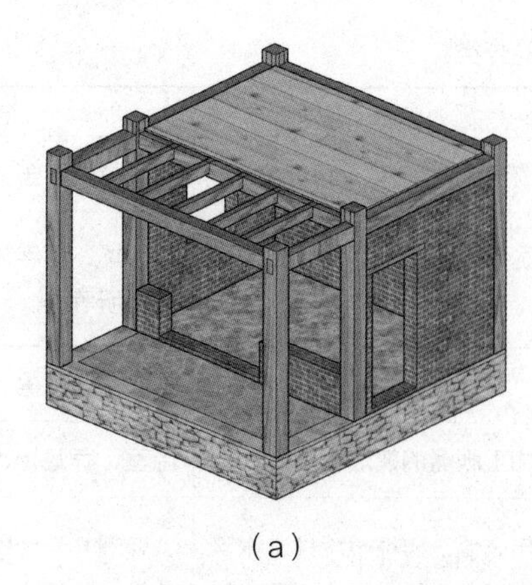
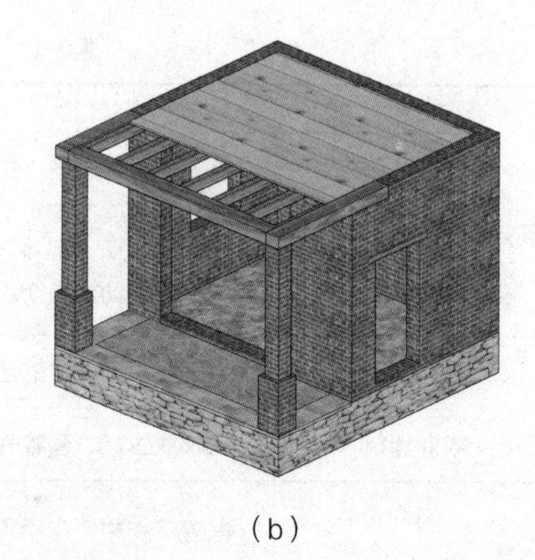

(a)　　(b)

图0-2　砖木结构建筑示意图

(a) 砖木结构；(b) 砖木结构

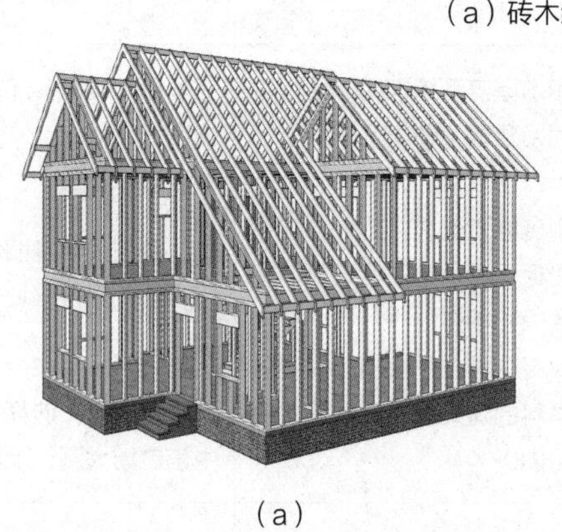

(a)　　(b)

图0-3　轻木结构建筑示意图

(a) 轻木结构；(b) 轻木结构施工现场

(a)

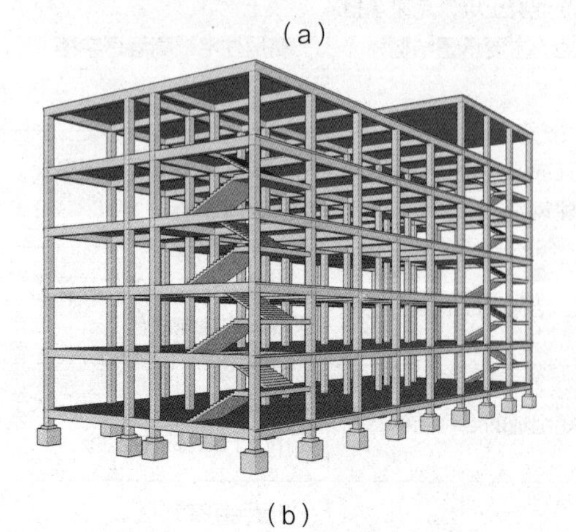

(b)

图0-4　钢筋混凝土结构建筑示意图

(a) 框架剪力墙结构；(b) 框架结构

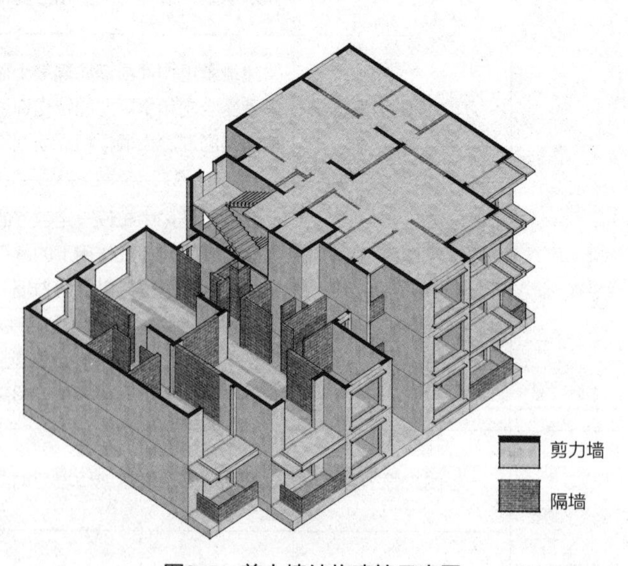

图0-5　剪力墙结构建筑示意图

2. 建筑物组成构件

一般房屋建筑由基础、墙、柱、梁、楼板和地面、楼梯、门窗及屋盖等主要构件以及辅助附属设施组成。房屋建筑的附属构件和配件有：电梯、通风道、烟道、阳台、勒脚、散水、雨篷、台阶、挑檐（天沟）、雨水管等（图0-6）。

①基础。基础是将结构所承受的建筑物的全部荷载传递到地基上的结构组成部分，是建筑物埋在地面以下的承重构件。基础的构造型式常见有条形基础、独立基础、联合基础等。条形基础多用于砖混结构中，基础沿墙身设置。独立基础又称柱基础，多用于框架结构建筑物（图0-7）。

②墙、柱。墙、柱是建筑物的围护构件或垂直承重构件，它承受屋顶、楼层传来的各种荷载，并传给基础。墙体是建筑物的重要组成部分，它的作用是承重、围护或分隔空间。墙体按墙体位置可分为内墙、外墙。外墙同时也是建筑物的围护构件；内墙起分隔房间的作用。墙体按墙体受力情况可分为承重墙和非

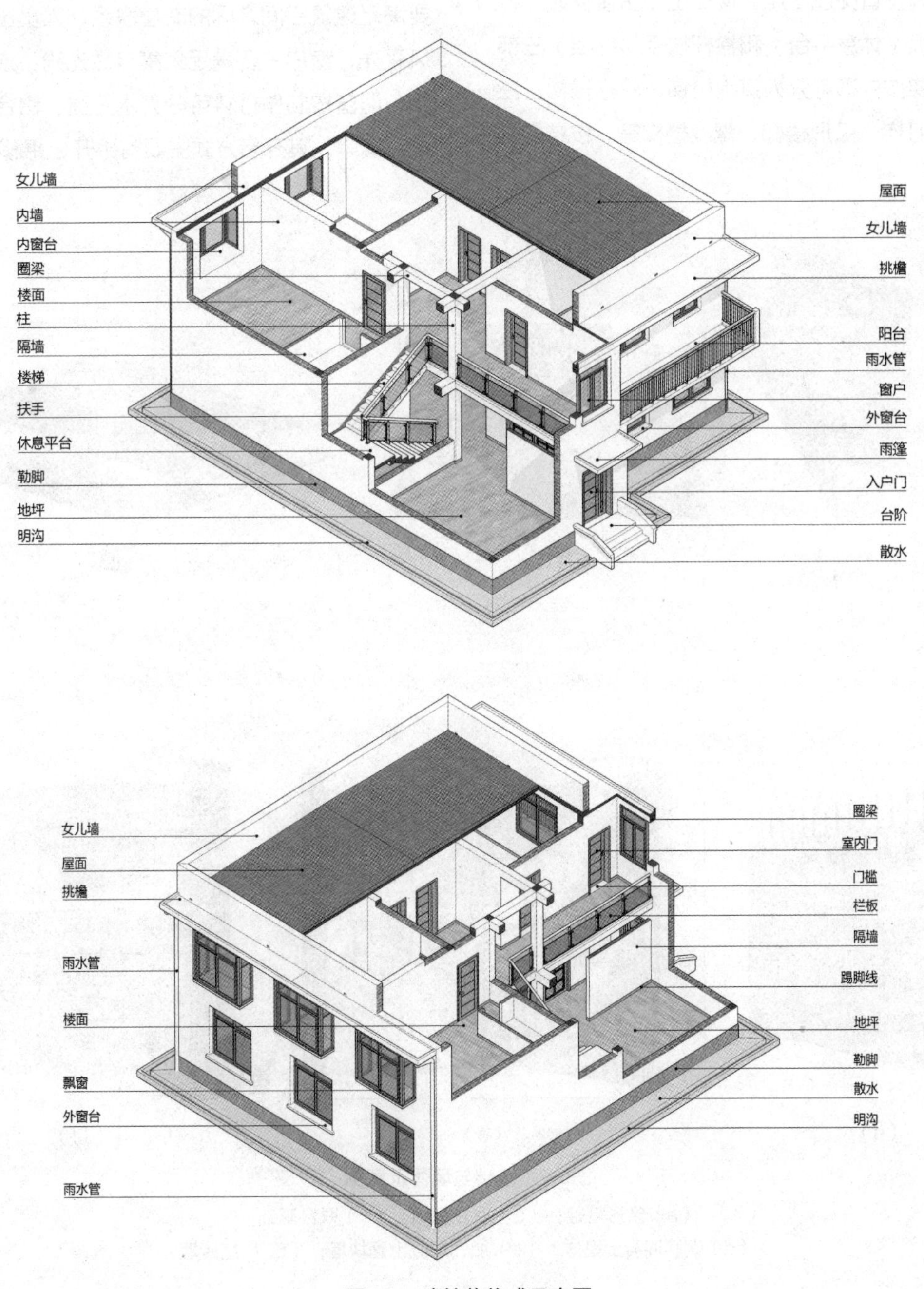

图0-6 建筑物构成示意图

承重墙。墙体按墙体构造材料可分为烧结砖墙、加气混凝土砌块墙、现浇整体墙、轻钢龙骨隔墙等（图0-7）。

③梁。由支座支承，承受的外力以横向力和剪力为主，以弯曲为主要变形的构件。

④楼地面。楼板是建筑物水平的承重和分隔构件，它承受着人和家具设备的荷载并将这些荷载传给梁、柱或墙。楼面是楼板上的铺装面层；地面是指首层室内地坪。

⑤楼梯。楼梯是建筑物中联系楼层间的垂直交通构件，供楼层垂直交通使用。楼梯主要由楼梯段（行走）、休息板（休息平台）和栏杆扶手（栏板）三部分组成。楼梯按外形可分为直跑楼梯、双跑楼梯、三跑楼梯、剪刀梯、弧形楼梯、螺旋楼梯等。按结构材料可分为石阶、木楼梯、钢楼梯和钢筋混凝土楼梯等。

⑥屋顶。屋顶是建筑物顶部的覆盖和围护构件，也称屋盖。屋顶根据排水坡度常分为平屋顶和坡屋顶，干旱地区多用平屋顶，多雨湿润地区常用坡屋顶。坡屋顶又可分为单坡、双坡、四坡等（图0-8和图0-9）。

⑦檐口。又称屋檐，是屋面与外墙墙身的交接部位，作用是方便排除屋面雨水和保护墙身（图0-10）。

⑧门窗。门窗是建筑构件的重要组成部分。门主要满足建筑空间之间的交通联系、人员出入控制、通风采光，窗户主要满足采集自然光线、通风、观景之用。门窗按制作材料可分为木门窗、铝合金门窗、塑钢门窗等，其开启方式主要有平开、平移、旋转等。

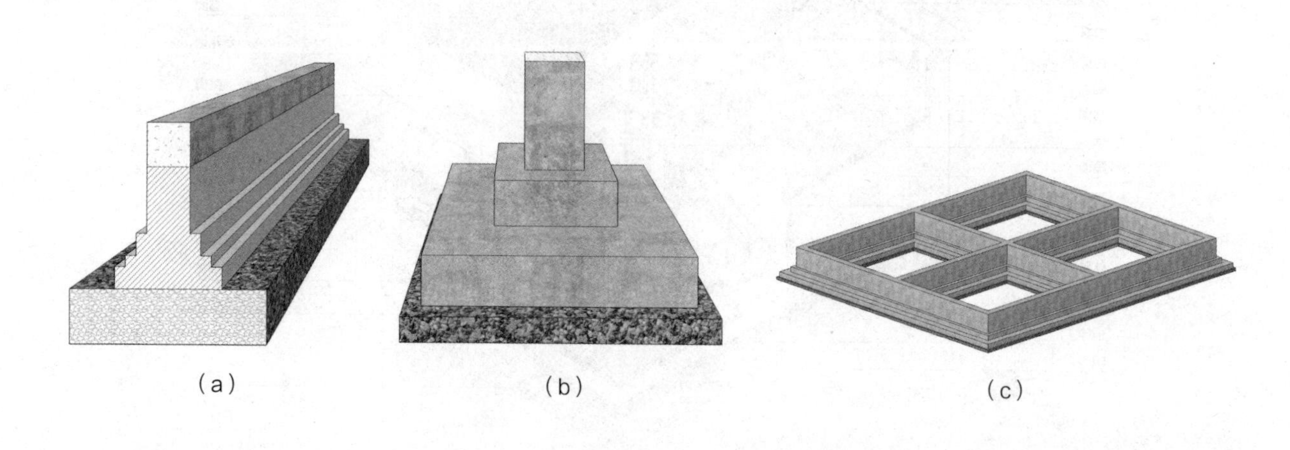

（a）　（b）　（c）

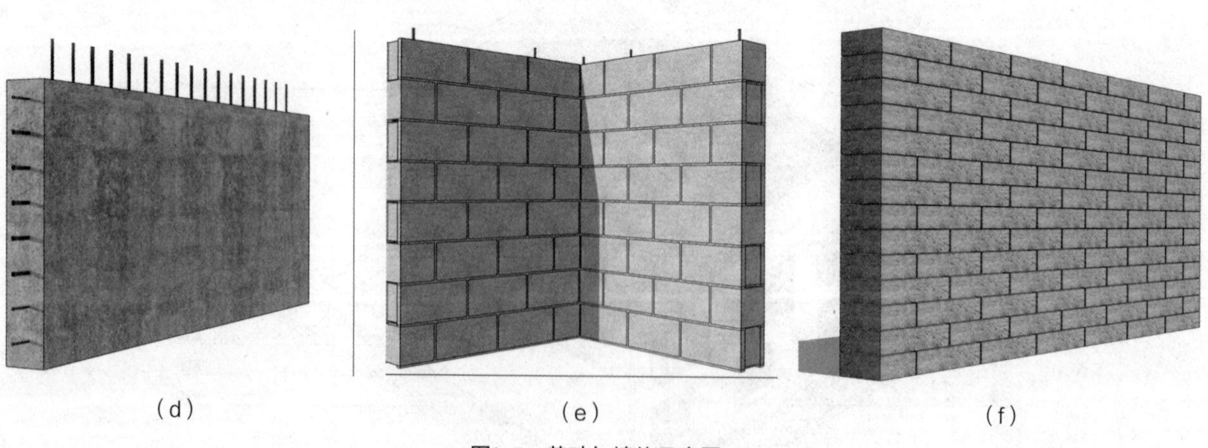

（d）　（e）　（f）

图0-7　基础与墙体示意图

（a）条形基础；（b）独立基础；（c）联合基础；
（d）钢筋混凝土墙体；（e）加气混凝土砌块墙；（f）烧结砖墙

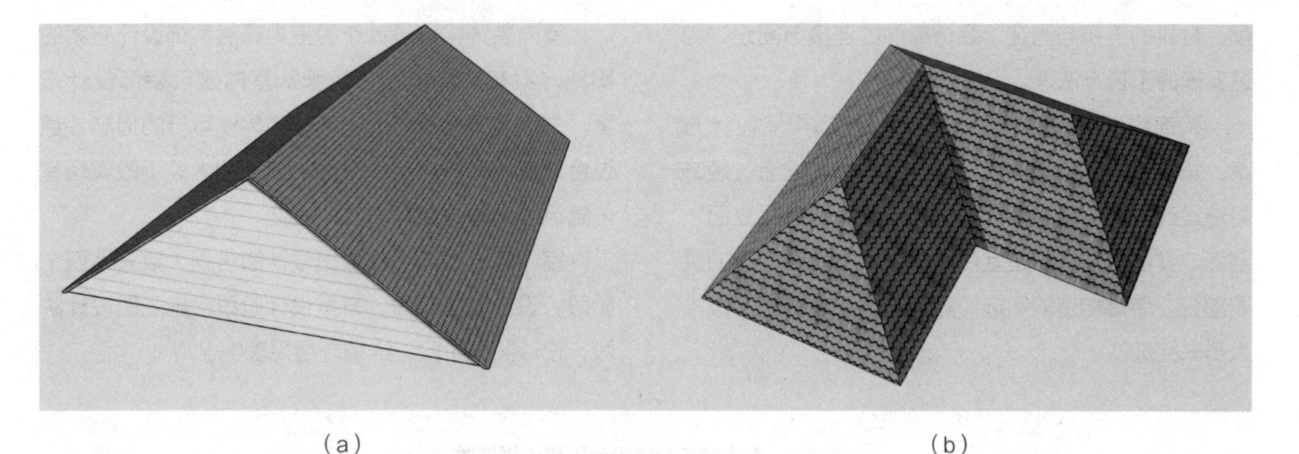

（a）　　　　　　　　　　　　（b）

图0-8　屋顶形态示意图

（a）双坡屋顶；（b）四坡屋顶

图0-9　屋面构造示意图

图0-10　檐口细部实景图

（二）室内建筑装饰构造设计适用范围

室内建筑装饰构造设计是指为实现室内装饰设计方案，使用室内装饰材料或产品，对室内建筑构件表面以及功能部位进行保护和装饰装修提出的构造做法方案，主要解决装饰材料之间以及材料与建筑构件之间的连接和固定方式，它是室内装饰设计的实施方案，也是室内装饰设计施工图的重要内容。

室内建筑装饰构造设计的对象包括室内建筑的楼地面、墙柱面、顶棚、门窗、楼梯以及墙面与地面结合部位、墙面与顶棚面结合部位等建筑细部装饰和室内装饰造型。

装饰构造设计的主要内容包括：材料的选择与搭

配、材料的连接与固定、装饰构件的连接与固定、构造实施的工艺方法等。

装饰构造的过程：第一步确定装饰构造设计方案，第二步依据装饰构造设计方案实施、建造。装饰构造设计方案主要表现形式为施工图，包括平立面、剖面、详图等图纸，是室内装饰设计师工作内容的重要部分。装饰构造的实施、建造主要由装饰施工技术人员来完成。

室内装饰构造设计作为室内建筑装饰设计方案的实施方案和实施依据，应服从室内建筑装饰设计方案，并为装饰设计方案实施提供具体可行的措施，通过合理选用装饰材料、产品和施工技术等手段实现室内建筑装饰设计意图与方案效果。

室内建筑装饰设计依据设计的进程大致分为四个阶段：设计准备阶段、方案设计阶段、施工图设计阶段、设计实施阶段，详细介绍见表0-2。

表0-2　室内建筑装饰设计工作过程描述

工作阶段	阶段任务描述	阶段成果
1 设计准备阶段	了解建设方对室内装饰的各项要求、收集与设计任务相关的建筑施工图纸和项目背景资料、进行现场测量与勘察、拟定设计计划、接受设计委托任务书、签订设计合同等	建筑施工图图纸资料、项目背景资料、现场勘测图纸、设计委托书、设计合同文本
2 方案设计阶段	方案构思、方案深化、绘制概念图纸。在设计准备阶段基础上，进一步收集、分析、运用与设计任务有关的资料信息，在设计项目的平面规划布置、空间处理及材料选用、家具、照明和色彩等方面做出进一步的考虑并形成方案设计文件	设计说明文本（从项目的现状、定位与愿景、空间改善与解决措施、品质提升、设计构思等方面描述）、方案汇报文本（包括功能规划平面图、立面图、顶棚布置平面图、透视图、装饰材料实样和家具陈设、灯具、设备等意向实物照片）、工程造价概算文本
3 施工图设计阶段（深化设计阶段）	在方案设计基础上用适当的构造方法解决室内建筑界面装饰与细部的装饰材料的连接、固定与施工方法问题，以及与各相关专业协调校对装修位置尺寸、完善或修改设计方案、按企业行业标准和国家规范标准绘制并最终完成装饰设计施工图	施工图封面、目录、施工图设计说明（设计规范依据、批复文件名称、工程做法图集、施工工艺说明）、平面图（空间改造、空间规划、地面铺装、家具与设备布置、顶棚布置、给排水管路布置、电路开关布置、插座布置）及节点详图、立面图（各个空间所有正立面、剖立面）及节点详图、施工图概预算文件
4 设计实施阶段	室内建筑装饰设计师向室内建筑装饰项目的施工单位或个人进行设计意图说明及施工图纸的技术交底。装饰工程施工期间需按图纸要求核对施工实际情况，根据现场实况与变更提出对图纸的局部修改或补充。大、中型室内装饰工程需要进行监理，由监理机构进行施工的质量和进度控制。施工结束后，会同质检部门和建设方进行工程验收。	设计变更记录文本、设计变更图纸、竣工图

从室内建筑装饰设计的工作过程可以看出，装饰构造设计是为实现室内建筑装饰设计方案构思，对室内建筑装饰界面与细部装饰等提出具体的材料选择方案、构造做法、施工技术要求，并通过室内装饰设计施工图等技术文件予以表达。因此，室内装饰构造设计也就是施工图设计，是在室内装饰设计方案中落实材料、技术、预算等物质基础上，将设计师的设计意图转化为真实工程产品的重要筹划阶段，装饰构造设计的重要内容和主要成果是细部构造节点详图和大样图等。

二、室内建筑装饰构造设计的原则

为了提高室内装饰设计的整体效果，在室内装饰构造的设计过程中，要综合考虑设计方案的审美要求、空间的功能要求、材料的选择及连接与固定方式、安全要求、项目预算限制以及施工技术条件、行业标准、国家规范等诸多因素，并对上述各种因素加以平衡，提出合理可行的装饰构造设计方案。具体来说，在室内装饰构造的设计过程中，一般应遵循以下原则和要求。

（一）满足设计意图要求

设计意图是指设计师为满足基于项目审美要求、功能要求与设计风格而提出的设计理念和整体设计方案，包括设计元素（空间色彩搭配、空间形态、装饰造型、陈设搭配）运用、功能空间规划、装饰风格、装饰材料的选用搭配、装饰界面的连接与过渡及协调等问题的处理思路。装饰构造设计应服从设计意图的要求，从促成整体设计理念出发，解决材料选择与连接、装饰构件的固定与收口、相邻装饰面过渡与协调等细节问题。

（二）满足功能要求

功能要求是指基于项目的基本目的、人员活动尺度与安全、空间功能要求等方面必须满足的基本要求，具体表现在以下几个方面：

1. 装饰要求

通过对装饰材料的合理选用、对建筑构件基底面的覆盖、装饰材料的连接与固定、机电设备与管路的隐藏等方面的合理处理，实现项目的装饰要求。

2. 人性化

装饰构造设计应充分考虑人员在年龄、高度、行动能力等方面的人体活动尺度要求，合理确定构造的基本尺寸或可调节性细节，为满足不同人群使用的多样性需求提供可能。合理选配装饰材料和构造方式，改善建筑的保暖、通风、声响、光线条件。

3. 可持续性

在装饰构造设计时尽量选择当地可再生、可回收的材料，尽量优化材料的连接与固定，简化维护，减少材料的使用量。根据所在地区气候环境特点与特定空间的使用要求，在选材用材与构造设计时要注意在防污耐污、防潮、耐磨等方面有针对性的考虑，避免装饰构造因持续使用造成自身损毁而产生不必要的后续维护支出。

4. 便于维修

装饰构造设计应充分考虑隐藏在装饰构造内部的各种管线与机电设备占用的空间以及可供后续维护检测的空间，并预留出入口或做活动处理。

（三）满足安全性要求

装饰构造应充分考虑避免给人的活动带来意外伤害和潜在伤害风险，提供意外伤害防护。装饰构造材料的连接与固定、装修构造构件与建筑构件的连接与固定要有足够的强度和稳定性，为人们在擦拭、触摸、凭依、坐卧、行走等活动中提供持久稳固的支撑。装饰构件尺寸应合理，满足人员通过、疏散以及消防的要求。

装饰材料的选用应符合环保无害的要求，避免选择含有毒气体释放、空气污染、放射性伤害的装饰材料。特定空间的选材用材与构造设计，还要注意在防滑、防潮、防火、耐火方面有针对性的考虑，避免滑倒风险、材料霉变、造成火灾事故等不利因素。

装饰材料的选用和构造设计还应考虑为建筑构件提供持久保护，避免人的日常活动对建筑构件带来破坏，选择合适的装饰构造做法避免施工过程对建筑构件的破坏，确保建筑物的主体结构及建筑构件坚固耐久、安全可靠。

（四）满足施工能力要求

装饰构造设计在构造结构、材料连接、施工安装空间、加工精度方面要具有建造可行性。材料连接与固定方式尽可能简便、统一标准，装饰构件的连接数量和类型尽量最小化以便提高建造的效率，优化构造设计使用成品构件尽可能减少项目的参与工种。装饰构造做法还应考虑其他专业如水电、暖通、消防等设备的施工安装维护空间需求。

（五）满足项目的限制性要求

装饰构造设计还需要考虑一些限制性要求，主要包括：室内装饰行业现行的国家相关法律规范要求、行业标准与规范（表0-3），当地材料市场可供选择的材料品种、材料的基本功能、耐久性、可维护性，项目的费用预算，建筑构件基底面的构成材料、强度、外观等现状条件，项目所在地的气候条件，项目的完成时间限制，施工工具与技术条件。

三、室内建筑装饰构造的基本类型

装饰材料之间以及装饰材料和装饰构件与建筑构件之间的连接和固定方式，因装饰材料的不同而有所

表0-3　室内建筑装饰相关法律法规与行业标准

法律	《中华人民共和国建筑法》《中华人民共和国消防法》 《中华人民共和国环境噪声污染防治法》《中华人民共和国环境保护法》
行政法规	《建设工程质量管理条例》《建设工程安全生产管理条例》 《建设工程勘察设计管理条例》《建设项目环境保护管理条例》
部门规章	《住宅室内装饰装修管理办法》《房屋建筑工程质量保修办法》 《实施工程建设强制性标准监督规定》
GB国家强制标准	《民用建筑设计通则》（GB 50352—2005）、《建筑设计防火规范》（GB 50016—2014）、《建筑内部装修设计防火规范》GB 50222—1995（2001年版）、《室内装饰装修材料水性木器涂料中有害物质限量》（GB 24410—2009）、《室内装饰装修材料胶粘剂中有害物质限量》（GB 18583—2008）、《室内装饰装修材料内墙涂料中有害物质限量》（GB 18582—2008）、《室内装饰装修材料溶剂型木器涂料中有害物质限量》（GB 18581—2009）、《室内装饰装修材料人造板及其制品中甲醛释放限量》（GB 18580—2001）、《建筑装饰装修工程质量验收规范》（GB 50210—2001）、《住宅装饰装修工程施工规范》（GB 50327—2001）、《住宅设计规范》（GB 50096—2011）、《建筑照明设计标准》（GB 50034—2013）
GB/T国家推荐标准	《房屋建筑制图统一标准》（GB/T 50001—2010）、《建筑制图标准》（GB/T 50104—2010）、《老年人居住建筑设计标准》（GB/T 50340—2003）、《暖通空调制图标准》（GB/T 50114—2010）、《建筑工程建筑面积计算规范》（GB/T 50353—2013）、《建筑给水排水制图标准》（GB/T 50106—2010）、《浸渍纸层压木质地板》（GB/T 18102—2007）、《室内装饰装修用天然树脂木器涂料》（GB/T 27811—2011）、《室内工作场所的照明》（GB/T 26189—2010）、《实木地板第1部分：技术要求》（GB/T 15036.1—2009）、《室内木质地板安装配套材料》（GB/T 24599—2009）、《视觉工效学原则室内工作场所照明》（GB/T 13379—2008）、《室内空气质量标准（附英文版本）》（GB/T 18883—2002）
JGJ建筑工程行业标准	《办公建筑设计规范》（JGJ 67—2006）、《文化馆建筑设计规范》（JGJ/T 41—2014）、《旅馆建筑设计规范》（JGJ 62—2014）、《商店建筑设计规范》（JGJ 48—2014）、《饮食建筑设计规范》（JGJ 64—1989）、《图书馆建筑设计规范》（JGJ 38—1999）、《档案馆建筑设计规范》（JGJ 25—2010）、《综合医院建筑设计规范》（JGJ 49—1988）、《宿舍建筑设计规范》（JGJ 36—2005）、《老年人建筑设计规范》（JGJ 122—1999）、《托儿所、幼儿园建筑设计规范》（JGJ 39—1987）、《房屋建筑室内装饰装修制图标准》（JGJ/T 244—2011）、《自流平地面工程技术规程》（JGJ/T 175—2009）、《住宅室内装饰装修工程质量验收规范》（JGJ/T 304—2013）、《建筑涂饰工程及验收规程》（JGJ/T 29—2003）、《建筑陶瓷薄板应用技术规程》（JGJ/T 172—2012）、《建筑施工安全检查标准》（JGJ 59—2011）、《建筑室内用腻子》（JG/T 298—2010）、《住宅室内防水工程技术规范（附条件说明）》（JGJ 298—2013）
DB地方标准	《湖南省公共建筑节能设计标准》（DBJ 43—003—2010）、《建筑装饰装修工程施工规程》（DGJ 08—2135—2013）、《住宅装饰装修工程质量验收规范》（DB43/T 262—2014）、《装饰用金属龙骨通用技术条件》（DB43/T 440—2009）
JC建材	《薄型陶瓷砖》（JC/T 2195—2013）、《轻质陶瓷砖》（JC/T 1095—2009）、《实木门窗》（JC/T 2081—2011）、《木地板胶粘剂》（JC/T 636—1996）、《建筑防水涂料中有害物质限量》（JC 1066—2008）
备注	GB指的是国家标准，为强制性国标，GB/T指的是推荐性国标。国家标准的编号由国家标准的代号、国家标准发布的顺序号和国家标准发布的年号（发布年份）构成。强制性国标是保障人体健康、人身、财产安全的标准和法律及行政法规规定强制执行的国家标准；推荐性国标是指生产、检验、使用等方面，通过经济手段或市场调节而自愿采用的国家标准，但推荐性国标一经接受并采用，或各方商定同意纳入经济合同中，就成为各方必须共同遵守的技术依据，具有法律上的约束性。 GBJ：建设行业标准；JGJ：建筑工程行业标准；DB：地方标准；JC：建材标准。

区别。目前常见的室内装饰构造类型主要有：黏结粘贴构造、抹灰喷涂构造、装配式构造等。

（一）黏结粘贴构造

黏结粘贴构造是指饰面材料通过黏结材料在材料之间、材料与建筑构件基面之间以粘贴方式连接固定。

黏结粘贴类装饰构造的连接与固定方式主要有：黏结粘贴、铺贴、裱糊。例如，瓷砖地面与墙面的铺贴、壁纸裱糊、实木皮裱糊、塑料地毯铺贴、木饰面板与基层板粘贴等都是通过黏结材料实现材料的粘贴连接与固定。

（二）抹灰喷涂构造

抹灰喷涂构造是指溶剂型涂料、高固体分涂料、水溶性涂料与粉末涂料等装饰材料，通过抹涂、喷涂等方式将涂料覆盖在建筑构件和装饰构件表面的构造方式。抹灰喷涂构造一般要经过基面处理、抹灰打底、涂刷或喷涂罩面三个步骤。

抹灰喷涂类装饰构造的连接与固定方式主要有：刮涂、涂抹、喷涂、滚涂。内墙漆、木器漆、地坪漆等液态、粉末类装饰涂料常采用这种方式。

（三）装配式构造

装配式构造是指饰面材料、装饰构件与建筑构件之间，通过连接件或紧固件以现场装配方式实现连接固定，或通过榫接结构连接的方式固定（图0-11）。

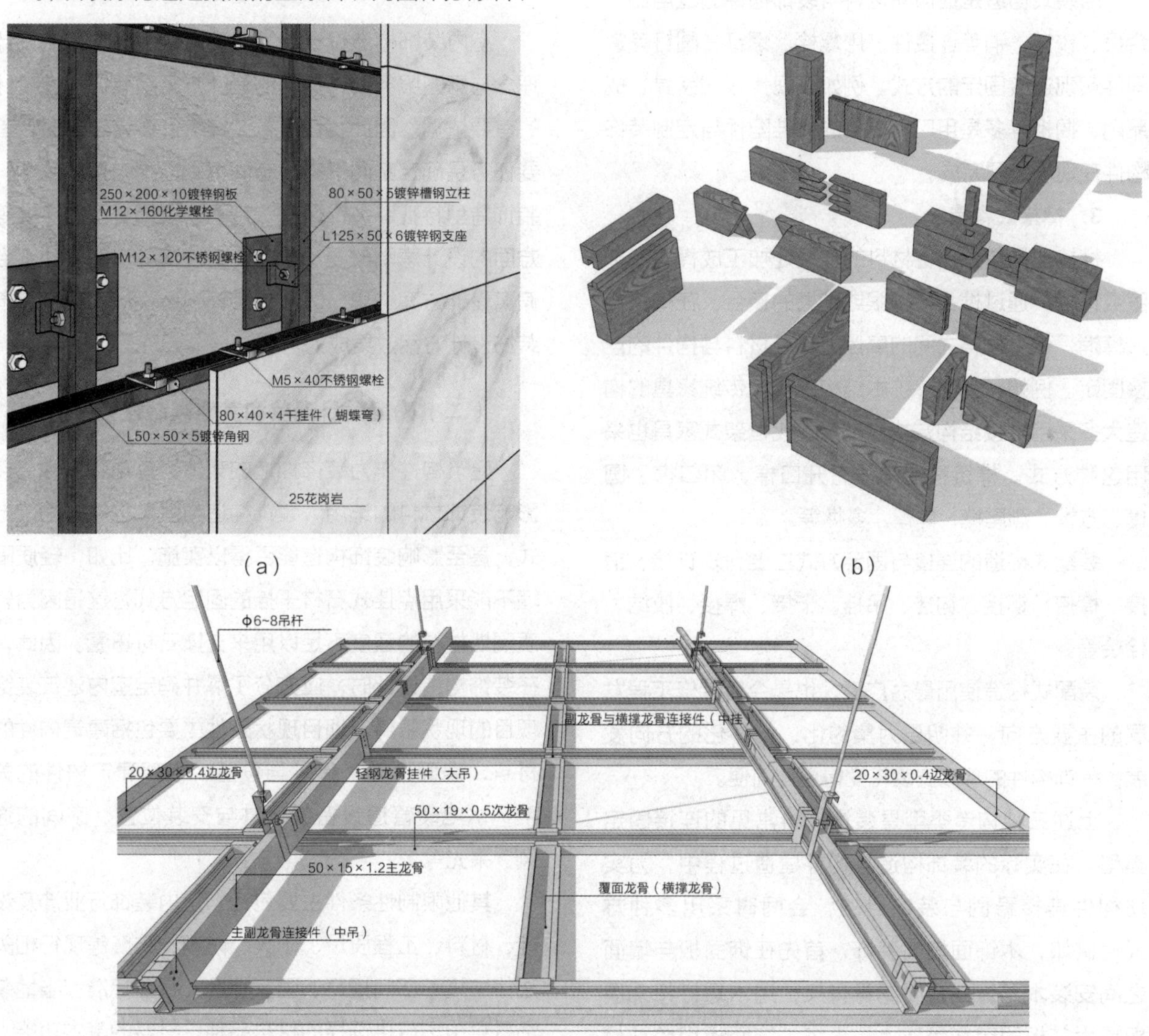

图0-11　装配式构造示意图

（a）石材干挂构造示意图；（b）榫接结构构造示意图；（c）轻钢龙骨石膏板吊顶构造示意图

装配式构造，按装饰材料、装饰构件与建筑构件直接或间接连接方式，又可分为骨架式构造、组装式构造、榫接式构造。

1. 骨架式构造

骨架式构造是指饰面材料、装饰构件通过卡挂、钩挂、胶粘、钉接等方式固定在由连接件、龙骨与紧固件等装配形成的骨架上，通过骨架实现与建筑构件的间接连接固定。例如，软膜天花、石材干挂、轻钢龙骨石膏板吊顶、轻钢龙骨隔墙、轻钢龙骨金属吊顶、轻钢龙骨硅钙板吊顶、架空安装实木地板等，通过金属龙骨、木龙骨等骨架实现与建筑构件的连接固定。

2. 组装式构造

组装式构造是指饰面材料与装饰构件通过角码、合页、铰链、销等连接件，用螺栓、螺钉、圆钉等紧固件实现连接固定的方式。例如，现代板式家具、成品门、橱柜等多是用厂家提供的标准配件与定制装饰构件在现场装配完成。

3. 榫接式构造

榫接式构造是指将材料的连接处加工成榫头、榫眼或榫槽，通过榫头与榫眼或榫槽的接合，在榫头钉入榫销，依靠材料之间的摩擦力实现材料与构件的连接固定。例如，我国传统木结构建筑和传统家具的构造大多采用榫接结构方式，部分现代框架式家具也采用这种方式。榫接构造常见有开口榫、闭口榫、圆榫、方榫、燕尾榫、单榫、多榫等。

装配式构造的连接与固定方式主要有：钉接、销接、榫接、铆接、钩挂、吊挂、卡接、焊接、胶结、栓接等。

装配式构造使用最为广泛，也是今后装修工程发展的主要方向，并朝更为集约化、一体化的方向发展，装饰构件的现场安装将变得更为简便。

上述三种构造类型是装饰材料常见的连接固定类型，在实际的装饰构造与构件建造过程中，为实现构件连接稳固与装饰目的，会同时采用多种方式。例如，木饰面墙面装饰，首先在饰面板与墙面之间安装木龙骨或金属龙骨骨架，用木螺钉将九厘板或大芯板固定在骨架上，再将木饰面板用胶粘材料粘贴在大芯板上，并用蚊钉加固，最后完成饰面板表面的油漆喷涂。

四、室内建筑装饰构造设计的方法

装饰构造主要解决室内装饰设计方案实施细节的技术性问题，是设计方案转化为实际物体的技术手段。装饰材料的选择与搭配，装饰材料的连接、装饰构件的连接和固定方式直接影响装饰效果。因此，只有充分利用各种装饰装修材料的特性，运用合理的构造设计方法与建造技术，才能充分实现设计方案的预想效果。只有遵循装饰构造的原则，掌握正确的装饰构造设计方法和技能，并在设计与实施过程中不断总结经验，才能不断提高室内建筑装饰构造设计的水平。

（一）确定设计意图

室内装饰构造设计是为实现室内装饰项目的设计理念与意图服务的，项目的设计方案是装饰构造设计的首要依据。因此，在进行装饰构造设计工作时，首要任务是确定空间形态、空间色彩搭配与整体色调、装饰造型特征、装饰风格、空间与装饰造型的尺度等方面的设计意图与要求，才能使装饰构造的设计不会偏离设计方案构思，才能使装饰构造设计实现和完善装饰设计方案效果成为可能。

（二）确定项目现状和其他限制性条件

建筑构件作为装饰构造的载体，其现状条件直接影响装饰材料的选用、装饰构造与建筑构件的固定方式，甚至影响装饰构造能否得以实施。比如，轻质隔墙不能采用点挂式石材干挂的固定方式，这是因为轻质隔墙材料的强度不足以用来支撑石材重量。因此，在装饰构造设计时，应充分了解并确定室内建筑装饰项目的现状条件。项目现状条件主要包括建筑构件的材料、表面形态、尺寸与位置、相邻建筑构件的关系，水电暖管道设备的尺寸与安装位置、空间的通风、采光等。

其他限制性条件主要包括：室内装饰行业涉及设计、材料、工程质量、防火、防潮、防腐等现行相关法律法规和部门规章、国家标准、行业标准；当地装饰材料市场可供选择的材料品种、材料的基本功能、耐久性、可维护性，项目的费用预算；项目所在地的气候条件，项目的完成时间限制、建造预算，施工工具与技术条件等。

例如，《民用建筑设计通则》（GB 50352—2005）中有关厕所、浴室设计的规定：楼地面、楼地面沟槽、管道穿楼板及楼板接墙面处应严密防水、防渗漏；楼地面、墙面或墙裙的面层应采用不吸水、不吸污、耐腐蚀、易清洗的材料；楼地面应防滑，楼地面标高宜略低于走道标高，并应有坡度坡向地漏或水沟。有关栏杆的设计规定：栏杆应以坚固、耐久的材料制作，并能承受荷载规范规定的水平荷载；临空高度在24 m以下时，栏杆高度不应低于1.05 m，临空高度在24 m及以上（包括中高层住宅）时，栏杆高度不应低于1.10 m；住宅、托儿所、幼儿园、中小学及少年儿童专用活动场所的栏杆必须采用防止少年儿童攀登的构造，当采用垂直杆件做栏杆时，其杆件净距不应大于0.11 m。有关楼梯踏步最小宽度和最大高度规定如表0-4所示。

表0-4 《民用建筑设计通则》（GB 50352—2005）有关楼梯踏步最小宽度和最大高度规定 m

楼梯类别	最小宽度	最大高度
住宅共享楼梯	0.26	0.175
幼儿园、小学校等楼梯	0.26	0.15
其他建筑楼梯	0.26	0.17
电影院、剧场、体育馆、商场、医院、旅馆和大中学校等楼梯	0.28	0.16
专用疏散楼梯	0.25	0.18
服务楼梯、住宅套内楼梯	0.22	0.20

（三）确定装饰构造的功能性需求

装饰构造的功能性需求是指装饰构造基于装饰部位必须满足的需求。例如，楼梯的栏杆与楼梯的连接必须稳固，并为扶手提供坚固的支持和连接，防止晃动，防止人员从楼梯边缘掉落并提供可靠支撑，还应做好栏杆与楼梯、扶手的结合部位的细节装饰；踢脚线必须满足保护与地面结合区域墙面的需求，避免墙面因外力碰撞受损，隐藏遮挡墙面与地面的接缝，踢脚线本身要满足固定稳固、耐污防撞的基本需求。装饰构造的功能性需要考虑如下几个主要方面。

1. 装饰功能需求

通过覆盖建筑构件表面、隐藏建筑构件或装饰材料的连接接缝以及水电暖管路机电设备，实现装饰的目的。通过对建筑构件表面进行覆盖是最常用的装饰构造处理方法。例如，用涂料、壁纸覆盖墙壁表面，通过吊顶隐藏梁和水电路暖通管道设备，通过金属压条隐藏地毯与地砖的接缝，实现装饰美化目的。在使用装饰材料覆盖装饰构件表面时，应当注意不同装饰材料由于固定的方式不同，完成面与基层形成的厚度会有很大区别。例如，涂料饰面远比木饰面装饰构造占用的空间要小，木饰面远比干挂石材装饰构造占用的空间要小。

2. 保护功能需求

（1）为建筑构件提供保护

装饰构造作为建筑构件的表面装饰覆盖物，在建筑构件表面形成保护层，避免气候因素和人员活动对建筑构件造成损毁，从而保护建筑构件，延长建筑物使用寿命。在选择装饰材料时，要根据装饰的建筑构件部位在材料的耐火、耐磨、防污、防腐、耐撞防撞、气候耐久性等方面有针对性的考虑，同时还应当避免装饰过程对建筑构件造成损毁破坏。例如，在公共餐厅、过道等场所设计墙裙，防止清洁卫生、移动餐车和家具时弄脏撞坏墙壁，应选择耐磨性高、耐腐蚀性强、耐擦洗的装饰材料，高层住宅严禁在剪力墙上开深槽以防对建筑物的结构造成永久性伤害。

（2）为人提供安全性保护，避免意外伤害和潜在伤害

卫生间的玻璃隔断选择钢化玻璃、银行柜台玻璃隔断使用防弹玻璃，可以实现遭受剧烈撞击不破碎，即使破碎也不易伤人。厨房卫生间地面使用防滑、耐污地板，避免造成滑倒意外。

对人活动易于接触到的装饰构造收口、连接构件做打磨圆滑或圆角处理，避免出现粗糙的毛刺和尖锐的边角刮伤人体及衣物。楼梯应设立足够高、栏杆间距合适的护栏，以防止儿童攀爬穿越、人员跌落。

避免造成地面高差变化带来的绊倒风险。在同一地面高度使用不同装饰材料，由于材料的连接固定方式差异会造成完成面高度变化，造成羁绊，容易使小孩和老人发生绊倒意外。

使用符合国家安全强制性标准的环保无毒材料，避免或减少使用含有挥发性有毒化合物的装饰材料和黏结材料。《国家质量监督检验检疫总局关于实施室

内装饰装修材料有害物质限量10项强制性国家标准的通知》对室内装饰装修材料的有害限量做出明确的标准要求，在装饰构造选材用材时须遵照执行，确保人身健康，见表0-5。装饰板人造板材普遍含有甲醛成分，国家对甲醛含量释放限量值划分为E0、E1、E2等级，E2≤5.0 mg/L、E1≤1.5 mg/L、E0≤0.5 mg/L，其中符合国标E0、E1级材料或产品可直接用于室内装饰，符合E2级材料经饰面处理后达到E1级才能用于室内。

表0-5　室内装饰装修材料有害物质限量国家标准编号及名称

标准编号	名称
GB 18580—2001	室内装饰装修材料人造板及其制品中甲醛释放限量
GB 18581—2009	室内装饰装修材料溶剂型木器涂料中有害物质限量
GB 18582—2008	室内装饰装修材料内墙涂料中有害物质限量
GB 18583—2008	室内装饰装修材料胶粘剂中有害物质限量
GB 18584—2001	室内装饰装修材料木家具中有害物质限量
GB 18585—2001	室内装饰装修材料壁纸中有害物质限量
GB 18586—2001	室内装饰装修材料聚氯乙烯卷材地板中有害物质限量
GB 18587—2001	室内装饰装修材料地毯、地毯衬垫及地毯胶粘剂有害物质释放限量
GB 18588—2001	混凝土外加剂中释放氨的限量
GB 6566—2010	建筑材料放射性核素限量
GB 24410—2009	室内装饰装修材料水性木器涂料中有害物质限量

3．人性化功能需求

提供舒适的尺度支持。室内装饰是为改善人的生活、工作、学习、购物、休闲环境服务的，装饰构造应为人的基本活动如坐、卧、行走、拿、取、攀爬、凭依等动作提供舒适的尺度支持或可调节的细节性支持。例如，住宅装饰中，厨房台面、洗脸盆台面、固定书桌、楼梯梯级等的尺寸确定应当充分考虑家庭成员的活动尺度、活动能力和使用习惯，避免因使用标准尺寸给个体带来使用不便。

改善室内声响、采光、保暖、通风、空气调节等功能需求。例如KTV包厢、高档会议室、家庭影音室、影院等室内环境，对声音传播有严格的要求，应当使用减振吸音降噪装饰材料和构造方法，减少来自外部声响的影响与内部声响对环境造成的影响；对卫生间上下水管做隔音处理，防止水流声音干扰；使用透光性能较好的材料改善采光不理想的空间，使用保温隔热性能较好的装饰材料改善室内温度环境。

满足为水电气管路、空气调节等机电设备后续维修维护提供方便的功能需求。例如，通过吊顶隐藏消防管道、中央空调通风管道、水电路管道来装饰美化室内空间的同时，不应妨碍上述设备和管道的后续检测维修，提供可调节的或活动的构造。

（四）选定装饰材料，确定装饰材料的规格型号

在明确设计意图、项目现状和其他限制性条件、装饰构件的功能性需求后，进一步确定装饰材料的尺寸和型号、价格、质量等级、环保等级、材料供应商、联系方式，并将以上信息汇总制作材料清单，见表0-6。尤其是一些对装饰效果在颜色、纹理、质感方面有直接影响的材料还应提供样图甚至实物样板。例如，木纹装饰面板、石材、壁纸、仿古砖等材料应在清单中提供实物图片或实物样板附件。

表0-6　材料选样清单

<table>
<tr><td colspan="2">材料编号：FL-01/02</td><td colspan="2">材料品牌：亚细亚</td><td>材料型号：DF6380C/DF6080C</td></tr>
<tr><td colspan="2">材料名称：墙砖/地砖</td><td colspan="2">质量等级：优等品</td><td>环保标准&等级备注：</td></tr>
<tr><td colspan="3">材料尺寸（mm）：墙砖300×600×10、地砖600×600×10</td><td colspan="2">材料适用范围：室内地面墙面</td></tr>
<tr><td>材料产地：广东佛山</td><td colspan="2">供应商：</td><td>联系人：</td><td>电话：</td></tr>
<tr><td colspan="2">使用位置：卫生间、淋浴间</td><td colspan="3">数量：墙砖165片、地砖10片</td></tr>
</table>

续表

样品图片

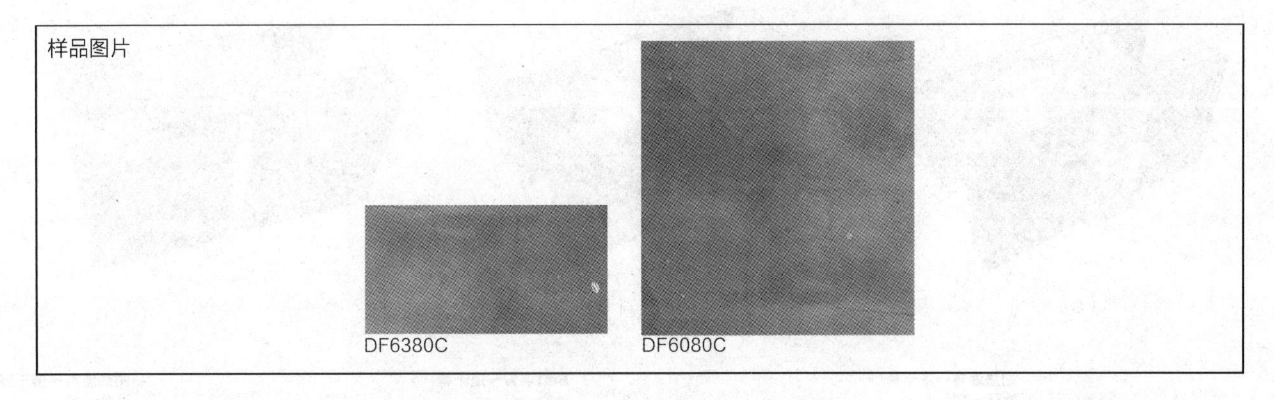

（五）确定装饰材料、装饰构件与建筑构件连接固定方式

确定装饰部位使用的材料后，要解决材料如何牢固附着于建筑构件的方法，材料与材料的拼接及缝隙处理方法，装饰材料、装饰构件与建筑构件连接固定的边、角、衔接等收口处理方法。收口的处理方式与细致程度直接影响室内装饰的水准。

1. 装饰材料、装饰构件与建筑构件连接固定

材料的特征决定材料与建筑构件连接的方式，主要通过黏结、粘贴、抹灰、涂饰、钩挂、卡接吊挂、钉接、焊接、榫接等方式连接固定。

2. 材料与材料的拼接及缝隙处理方法

材料之间的拼接与缝隙是由于装饰材料的尺寸规格限制，一处装饰面需要大量的材料，由此形成材料间的拼缝问题，涉及材料以什么方式拼铺、衔接，材料之间的拼缝如何处理等方面。例如：地面瓷砖的铺贴方式，是以对缝的方式铺贴、还是以错缝的方式铺贴；瓷砖之间的接缝宽度，用什么颜色的填缝剂填充缝隙，给人的美感是不一样的。

材料间的拼缝处理方式主要有密缝或填缝、压缝、留缝（见图0–12）。

填缝：用填缝材料将材料间的拼缝填平。例如：仿古砖的铺贴，通过瓷砖之间留置等宽的缝隙，再用填缝剂填平。

压缝：用T形金属或塑料条将缝隙覆盖遮挡。例如，木饰面墙装饰通常采用按一定距离布置T形不锈钢压条，丰富材料的质感表现和形式美感。

留缝：将材料间的缝隙不做处理，并留置一定宽度，或对材料需要留缝的边角进行切角处理，人为制造缝隙。例如：电梯间以大理石装饰的墙面，为丰富大理石墙面的表现力，通常在水平缝方向，对相邻的两块石材边做倒角处理，形成“V”字形缝装饰。

3. 装饰材料、装饰构件的边、角、衔接等收口处理方法

装饰材料之间的连接、装饰构件与建筑构件之间的连接固定，会在侧面、阳角处形成横截面和连接结构的裸露或尖角，若裸露的横截面与连接结构处理不当，将严重影响装饰的整体美观，而人体容易接触到的尖角则有可能给人带来潜在伤害。

装饰构件阳角的处理方式主要有切角、圆角、拼角、斜接（见图0–13）。

装饰构件阴角的处理方式主要有直角、圆角、倒角、凸角（见图0–14）。

装饰构件侧边处理方式主要有封边、压边、卷边、护边。装饰面板与基层板结合的边缘可以用金属条、塑料条、实木线收口处理。瓷砖铺贴边缘用金属修边条、包边条、石材线条收口处理。木地板铺贴、地毯边缘用铜压条、不锈钢压条做收口处理（图0–15）。

（六）确定装饰构造设计方案，绘制装饰构造施工图

确定装饰构造的材料、连接固定方式、细节处理方式等内容后，检查装饰构件与建筑构件之间预留空隙、装饰构件间预留空隙能否容纳施工工具的操作，检查活动构件的开启关闭是否受到相邻构件限制等问题，发现问题应及时调整构造尺寸与连接方式。综上所述，结合装饰设计方案绘制构造设计草图，完善构造设计方案，并最终完成装饰构造施工图绘制。具体

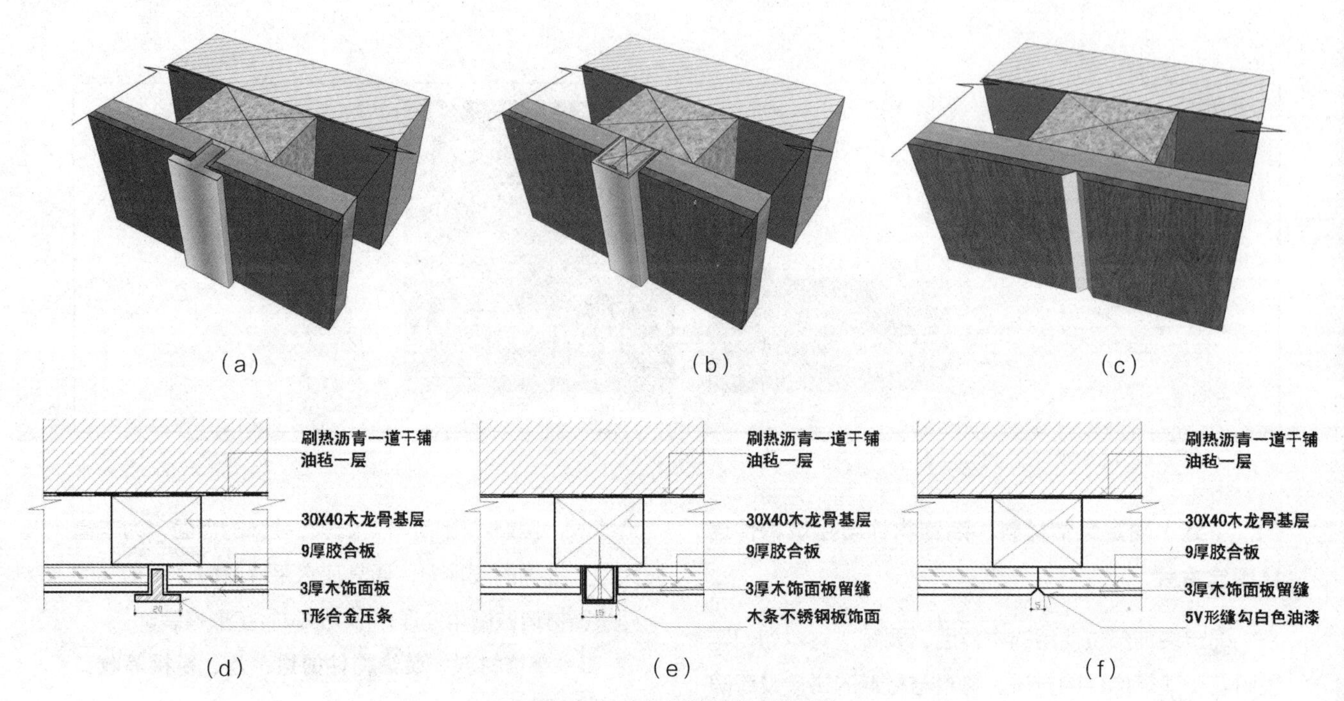

图0-12 木饰面接缝处理详图

（a）木饰面接缝（压缝）处理示意图；（b）木饰面接缝（填缝）处理示意图；
（c）木饰面接缝（留缝）处理示意图；（d）木饰面板接缝（压缝）详图；
（e）木饰面板接缝（填缝）详图；（f）木饰面板接缝（留缝）详图

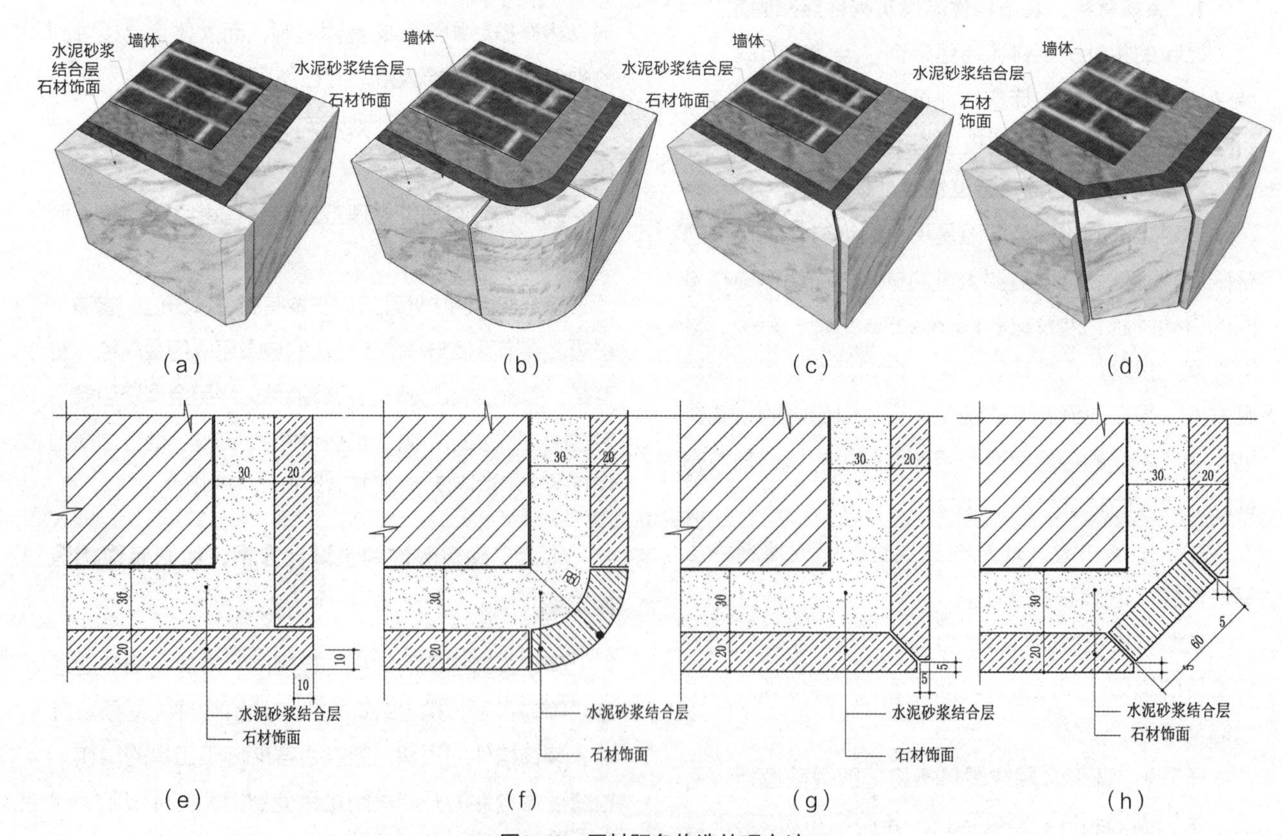

图0-13 石材阳角构造处理方法

（a）石材饰面阳角（切角）构造示意图；（b）石材饰面阳角（圆角）构造示意图；（c）石材饰面阳角（拼角）构造示意图；（d）石材饰面阳角（斜接）构造示意图；（e）石材饰面阳角（切角）构造详图；（f）石材饰面阳角（圆角）构造详图；（g）石材饰面阳角（拼角）构造详图；（h）石材饰面阳角（斜接）构造详图

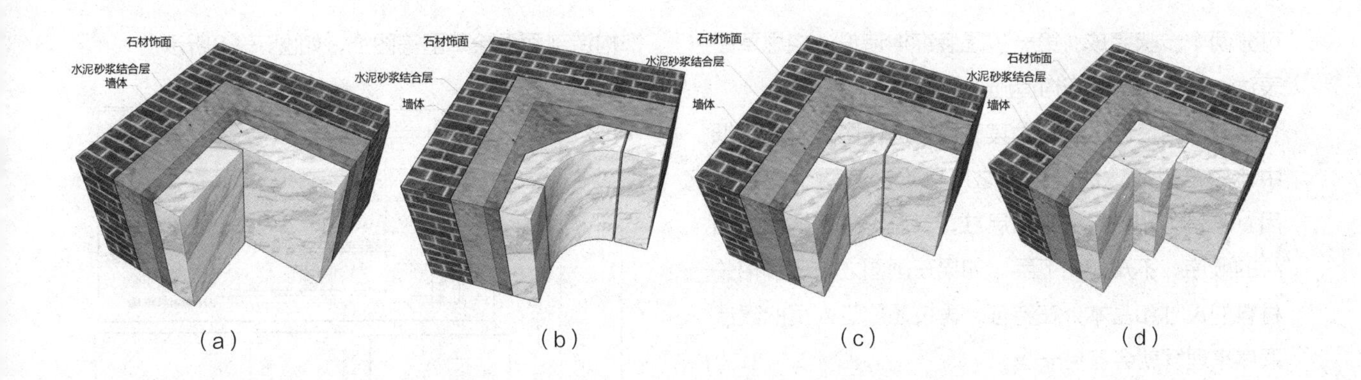

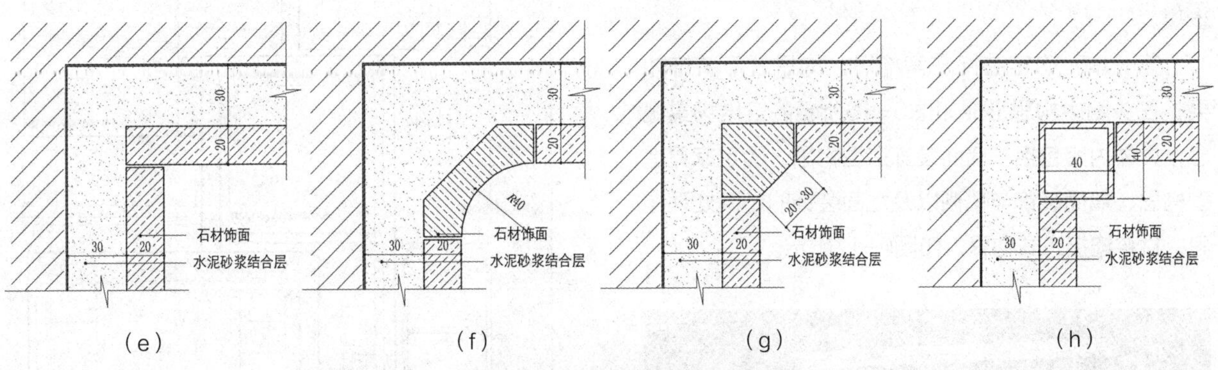

图0-14　石材阴角构造处理方法

（a）石材阴角（直角）构造示意图；（b）石材阴角（圆角）构造示意图；（c）石材阴角（倒角）构造示意图；（d）石材阴角（凸角）构造示意图；（e）石材阴角（直角）构造示意图；（f）石材阴角（圆角）构造示意图；（g）石材阴角（倒角）构造示意图；（h）石材阴角（凸角）构造示意图

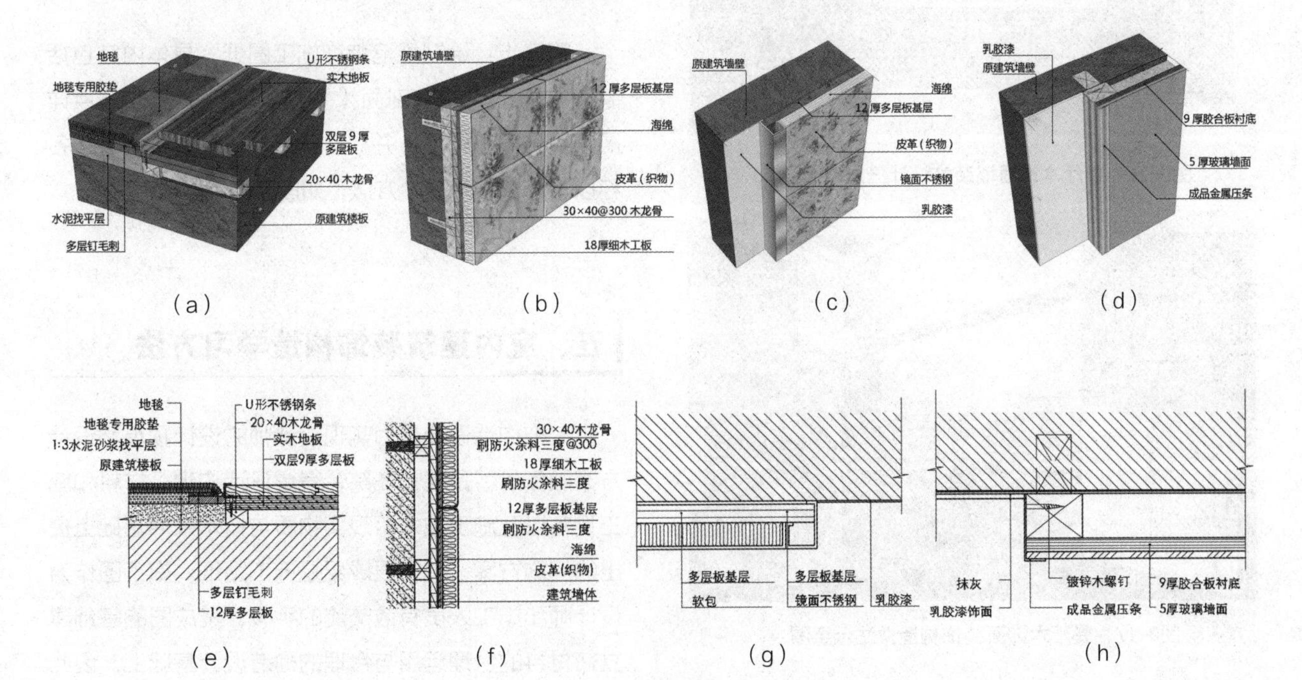

图0-15　装饰构造收口方法

（a）地毯与木地板收边节点示意图；（b）皮革软包构造节点示意图；（c）软包不锈钢条收边构造节点示意图；（d）玻璃饰面不锈钢条收边构造节点示意图；（e）地毯与木地板收边节点详图；（f）皮革软包构造节点详图；（g）软包不锈钢条收边构造节点详图；（h）玻璃饰面不锈钢条收边构造节点详图

可分两个步骤完成：第一步是装饰构造设计构思草图表达，第二步是装饰构造施工图绘制。

装饰构造施工图，尤其节点构造详图是设计图纸中比较难以表达的一项。之所以难，有两个主要原因：一是不知材料名称和尺寸，二是没有理解图纸描绘的顺序，不知如何下手。如果在画图之前了解相关材料的尺寸和基本外在特征，再按照施工人员的建造顺序来理解就会容易一些。

案例：餐厅木饰面墙装饰设计施工图绘制的基本步骤。

第一步：确定装饰方案构思。构思餐厅装饰效果，在头脑中构思形成如图0-16所示的三维场景概念，具体内容包括：墙面装饰造型构思、固定家具造型构思、墙面装饰与顶棚以及地面装饰的过渡处理构思，材料连接方式构思，如图0-17所示。

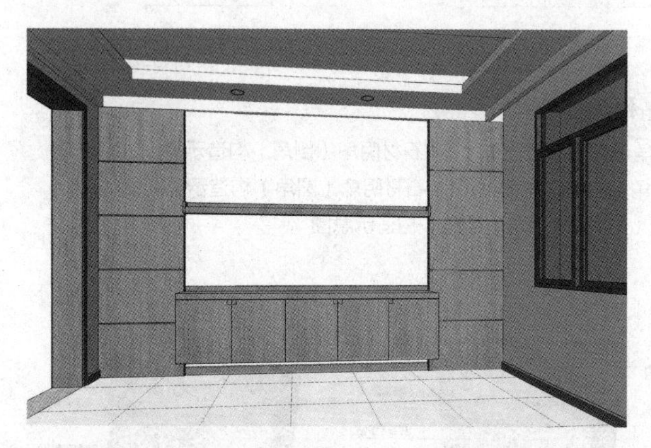

图0-16　餐厅木饰面墙装饰设计三维概念图

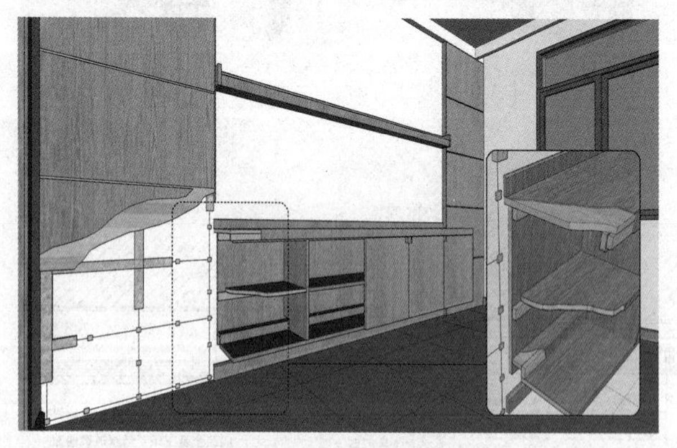

图0-17　餐厅木饰面装饰构造做法示意图

第二步：装饰设计构思与构造方案手绘草图表达。将装饰造型与构造细节构思通过纸和笔以手绘形式将构思记录下来，具体内容包括：反映装饰构造设计效果的三维透视手绘草图、装饰构造设计细节手绘草图、装饰构造剖面手绘草图等图纸，如图0-18所示。

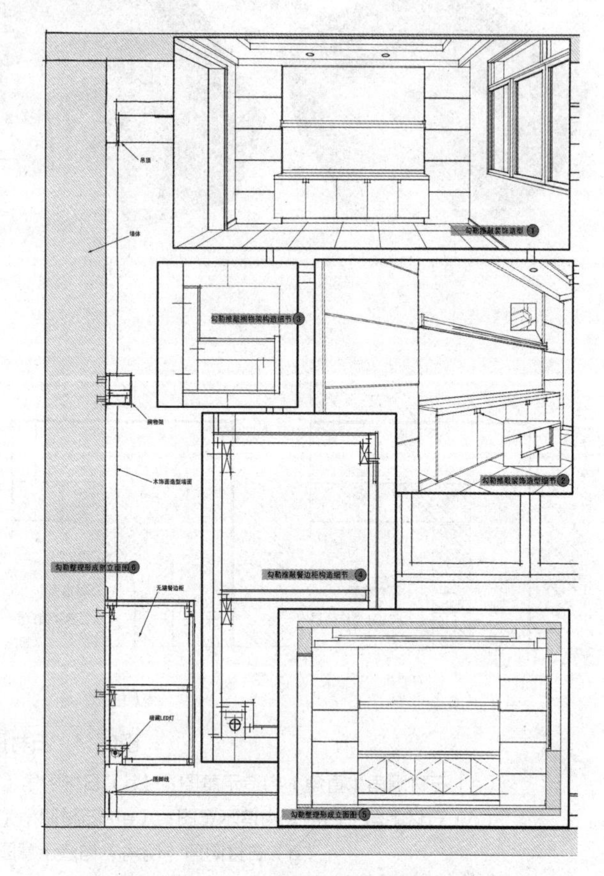

图0-18　餐厅木饰面墙装饰构造设计手绘草图

第三步：绘制规范装饰施工图纸，具体内容包括装饰立面图、装饰剖面（平剖、竖剖）图、节点详图、大样图等图纸，并标注各部位详细尺寸和材料名称以及饰面处理基本方法，如图0-19所示。

五、室内建筑装饰构造学习方法

装饰构造设计是为实现设计师的设计预想和设计方案服务的，是建立在综合考虑设计构想、材料和施工设备以及施工技术等现实物质与技术条件基础上提出的实施方案，其主要成果是施工图纸。施工图作为设计师和施工人员有效交流的手段，其成图的基础建立在材料的合理运用与合理的构造设计基础上。因此室内建筑装饰构造学习，要掌握的内容包括：了解装饰设计方法、熟悉室内装饰材料的特征、装饰构造的基本方法、装饰施工工艺与管理、房屋建筑室内装饰装修制图与识图方法、电器暖通给排水管路设备知

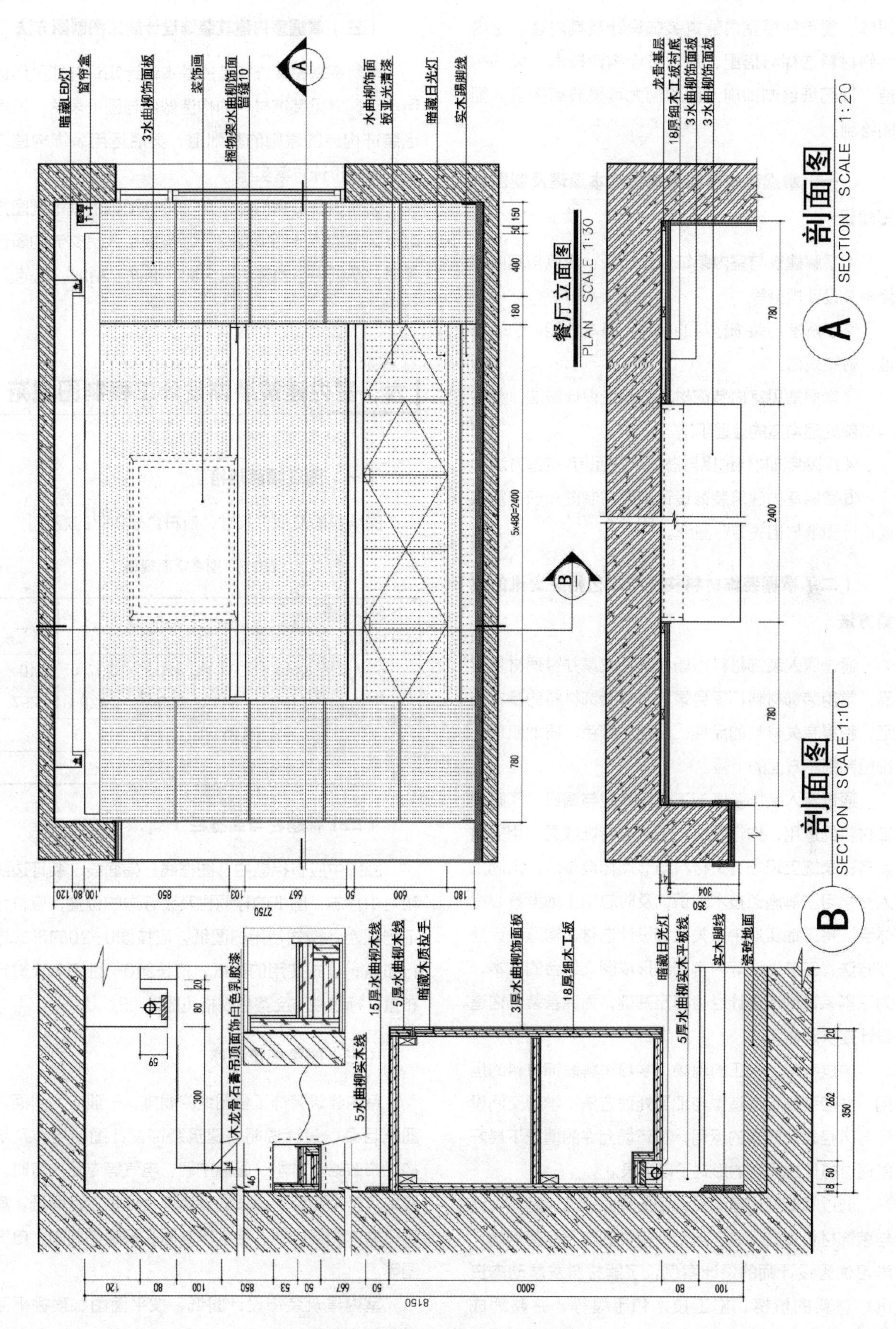

图0-19 餐厅木饰面墙装饰施工图

识等，重点掌握室内建筑装饰设计及其内容、室内装修材料选择与搭配、室内装修构造技术、装饰构造设计图纸绘制即施工图绘制尤其是节点构造详图的绘制。

（一）掌握装饰材料与构造基本原理及制图识图知识

①了解建筑与室内装饰设计知识、建筑与室内装修相关设计规范等。

②了解室内装饰材料的品种、基本性能、色彩纹理、材料规格。

③掌握常见室内装饰材料的构造设计做法，整体与局部处理构造的处理手法。

④掌握装饰材料选择与搭配，灵活运用构造方法。

⑤掌握室内建筑装饰设计识图与制图知识，能看懂设计图纸与相关专业图纸。

（二）掌握装饰材料构造与工艺相关资讯的收集方法

通过深入装饰材料市场考察，收集并整理材料样品、常用装饰材料厂家目录。了解装饰材料的基本特征，积累有关材料的品种、规格、颜色、质地肌理、视觉判别等方面的经验。

通过深入装饰装修施工现场参观与调研，了解装饰材料的运用、构造做法、工艺与装饰效果。用摄像设备记录施工现场有关材料与节点构造做法，向施工人员学习了解施工技术知识。及时总结工地考察心得体会，将工地实况中有关装饰设计选材、构造设计处理方法、工艺做法等内容整理形成图文结合的文本，为积累装饰构造设计经验奠定基础，为完善装饰构造设计提供素材。

通过考察已完工的现场，学习了解装饰材料的运用，学习装饰构造造型与细部处理方法，学习空间设计与风格表现元素的运用，在环境允许的情况下最好能通过摄像或照片的形式予以记录。

通过阅览室内建筑设计相关专业杂志、室内设计与装饰材料专业网站、与专业相关的电子商务网站，学习优秀设计师的设计案例，了解材料发展动态资讯、材料的价格、施工技术和手段等，并整理成Word或PPT文档。

（三）掌握室内建筑装饰设计施工图制图方法

①熟练掌握装饰构造的基本设计知识并能灵活运用。掌握常见装饰材料的构造做法与图纸表达，在满足装饰构造的原则的基础上，灵活运用装饰构造方法，促成设计方案实施。

②熟练掌握室内建筑装饰设计图纸的规范制图方法。规范的设计图纸是设计师与施工人员交流的最佳手段，图纸内容的表达应全面、准确、精细、规范。

六、室内建筑装饰设计工程制图规范

（一）图纸幅面规格

图纸幅面及图框尺寸，应符合表0-7的规定。

表0-7 图纸幅面规格 mm

幅面代号 / 尺寸代号	A0	A1	A2	A3	A4
$b \times l$	841×1189	594×841	420×594	297×420	210×297
c	10			5	
a	25				

（二）标题栏与会签栏

图纸中应有标题栏、图框线、幅面线、装订边线和对中标志。图纸的标题栏及装订边的位置，应符合下列规定：横式使用的图纸，应按图0-20的形式进行布置；立式使用的图纸，应按图0-21的形式进行布置。标题栏与会签栏规格见图0-22。

（三）图纸编排顺序

室内建筑装饰工程图纸的编排，一般应为封面、图纸目录、设计说明、建筑装饰设计图。当涉及结构、市政给水排水、暖通空调、电气等专业内容时，应由具备相应专业资质的设计单位提供设计图纸，其编排顺序为结构图、给水排水图、采暖空调图、电气图等。

室内建筑装饰设计图纸，按平面图、顶棚平面图、立面图、详图的顺序编排图号。其中平面图宜包

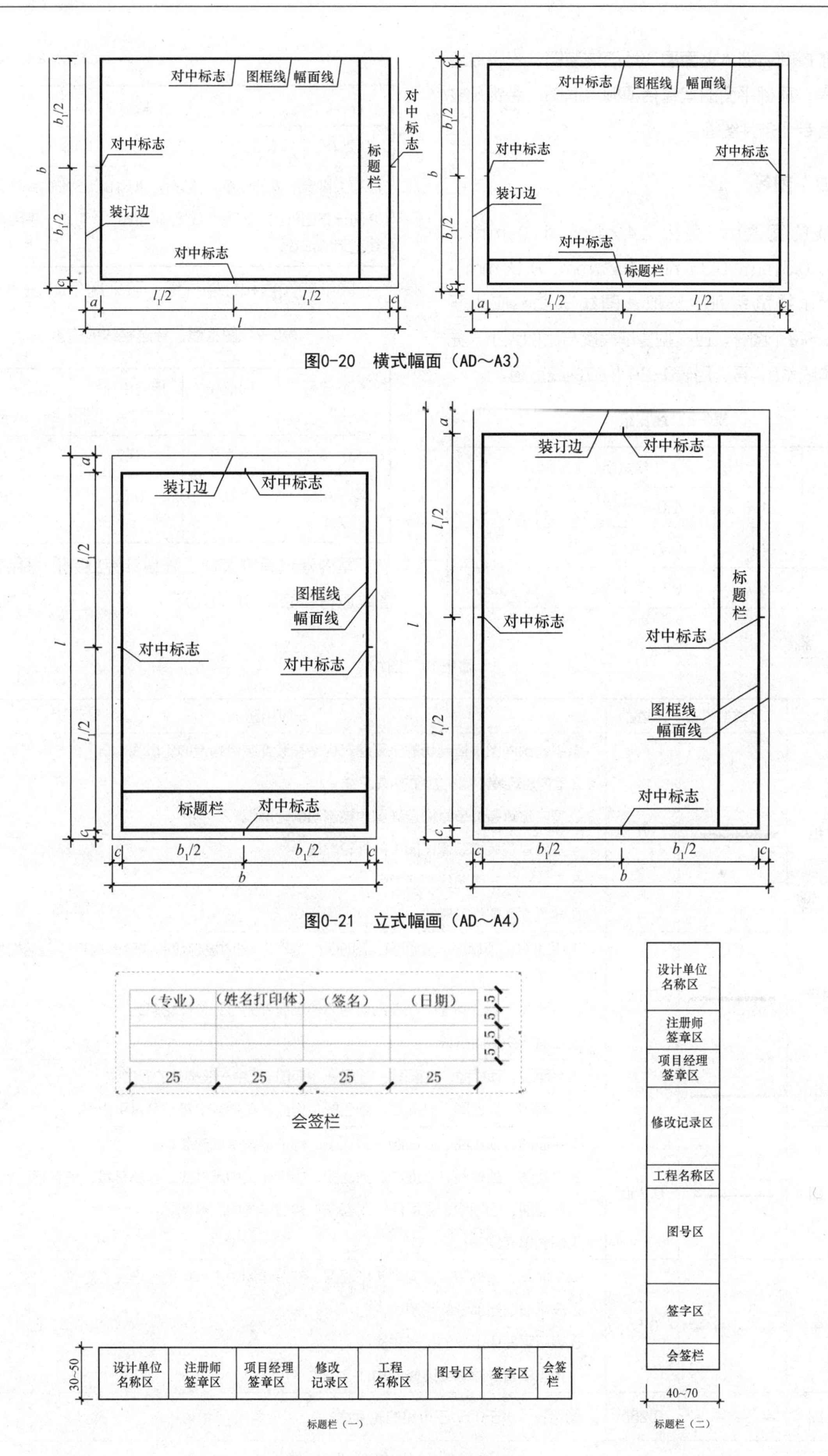

图0-20　横式幅面（AD～A3）

图0-21　立式幅画（AD～A4）

会签栏

设计单位名称区	注册师签章区	项目经理签章区	修改记录区	工程名称区	图号区	签字区	会签栏

标题栏（一）

设计单位名称区
注册师签章区
项目经理签章区
修改记录区
工程名称区
图号区
签字区
会签栏

标题栏（二）

图0-22　标题栏与会签栏规格

括平面布置图、墙体平面图、地面铺装图、设备专业条件图等，顶棚平面图宜包括顶棚平面图、装饰尺寸图、设备专业条件图等。

（四）图线

图线的宽度*b*，宜从1.4 mm、1.0 mm、0.7 mm、0.5 mm、0.35 mm、0.25 mm、0.18 mm、0.13 mm线宽系列中选取。图线宽度不应小于0.1 mm。每个图样，应根据复杂程度与比例大小，先选定基本线宽*b*，再选用表0-8中相应的线宽组。

表0-8　线宽组　mm

线宽比	线宽组			
b	1.4	1.0	0.7	0.5
0.7*b*	1.0	0.7	0.5	0.35
0.5*b*	0.7	0.5	0.35	0.25

续表

线宽比	线宽组			
0.25*b*	0.35	0.25	0.18	0.13
注：①需要缩微的图纸，不宜采用0.18及更细的线宽。 ②同一张图纸内，各不同线宽中的细线，可统一采用较细的线宽组的细线。				

图纸的图框和标题栏线，可采用表0-9的线宽。

表0-9　图框线、标题栏线的宽度　mm

幅面代号	图框线	标题栏外框线	标题栏分格线、会签栏线
A0、A1	≥1.0	0.7	0.35
A2、A3、A4	≥0.7	0.35	0.18

室内建筑装饰装修工程设计专业制图采用的各种图线应符合表0-10的规定。

表0-10　图线

名称		线型	线宽	一般用途
实线	粗		*b*	1.平、剖面图中被剖切的主要建筑构造和装饰装修构造的轮廓线 2.室内建筑装饰装修立面的外轮廓线 3.室内建筑装饰装修构造详图中被剖切的轮廓线 4.室内建筑装饰装修详图中的外轮廓线 5.平、立、剖面图的剖切符号 6.建筑立面图外轮廓线
	中粗		0.7*b*	1.平面图、顶棚图、立面图、剖面图、构造详图中被剖切的次要的构造（包括构配件）的轮廓线 2.平面图、剖立面图中除被剖切物体轮廓线外的可见物体轮廓线 3.立面图中的转折线
	中		0.5*b*	1.平面图、顶棚图、立面图、剖面图、构造详图中一般构件的图形线 2.平面图、顶棚图、立面图、剖面图、构造详图中索引符号及其引出线
	细		0.25*b*	1.平面图、顶棚图、立面图、剖面图、构造详图中细部装饰线 2.平面图、顶棚图、立面图、剖面图、构造详图中尺寸线、标高符号、材料标注引出线 3.平面图、顶棚图、立面图、剖面图、构造详图中配景图线 4.图例填充线
虚线	中		0.5*b*	1.平面图、顶棚图、立面图、剖面图、构造详图中不可见的轮廓线、灯带 2.表示被遮挡部分的轮廓线 3.表示平面中上部的投影轮廓线 4.预想放置的建筑或装修的构件
	细		0.25*b*	图例线、小于0.5*b*不可见的轮廓线

续表

名称		线型	线宽	一般用途
细单点长画线		—— - ——	0.25*b*	中心线、对称线、定位轴线等
折断线	细		0.25*b*	不需要画完整的断开界线
波浪线	细		0.25*b*	1.不需要的断开界线 2.构造层次的断开界线

（五）字体

图纸上所需书写的文字、数字或符号等，均应笔画清晰、字体端正、排列整齐；标点符号应清楚正确。图样及说明中的汉字，宜采用长仿宋体（矢量字体）或黑体，同一图纸字体种类不应超过两种。大标题、图册封面、地形图等的汉字，也可书写成其他字体，但应易于辨认。图样及说明中的拉丁字母、阿拉伯数字与罗马数字，宜采用单线简体或Roman字体。拉丁字母、阿拉伯数字与罗马数字的字高，不应小于2.5 mm。字体规格见表0-11。

表0-11　文字的字高　　mm

字体种类	中文矢量字体	TrueType字体及非中文矢量字体
字高	3.5、5、7、10、14、20	3、4、6、8、10、14、20

（六）比例

图样的比例，应为图形与实物相对应的线性尺寸之比。比例的符号为“：”，比例应以阿拉伯数字表示。比例宜注写在图名的右侧，字的基准线应取平；比例的字高宜比图名的字高小一号或二号，如图0-23所示。建筑装饰装修工程制图的比例，宜按表0-12的规定选用。

平面图 1:50　　平面图 1:50　　平面图 1:50　　平面图 scale 1:50

(a)　　(b)　　(c)　　(d)

图0-23　比例的注写

表0-12　绘图比例

图纸内容	常用比例	可用比例
平面图	1：20、1：50、1：100、1：200	1：25、1：30、1：40、1：60、1：80、1：150、1：250、1：300、1：400、1：600、1：1000
立面图	1：10、1：20、1：30、1：50、1：100、1：200、1：300	1：15、1：25、1：40、1：60、1：80、1：150、1：250、1：300、1：400
详图	1：5、1：10、1：20、1：50	1：15、1：25、1：30、1：40
节点图、大样图	5：1、2：1、1：1、1：2、1：5、1：10	1：3、1：4、1：6

（七）制图符号

1. 剖切符号

剖视的剖切符号应由剖切位置线及剖视方向线组成，均应以粗实线绘制。剖视的剖切符号应符合下列规定：剖切位置线的长度宜为6～10 mm；剖视方向线应垂直于剖切位置线，长度应短于剖切位置线，宜为4～6 mm，如图0-24（a）所示，也可采用国际统一和常用的剖视方法，如图0-24（b）所示。绘制时，剖视的剖切符号不应与其他图线相接触。

断面的剖切符号应符合下列规定：断面的剖切符号应只用剖切位置线表示，并应以粗实线绘制，长度宜为6～10 mm。断面剖切符号的编号宜采用阿拉伯数字，按顺序连续编排，并应注写在剖切位置线的一

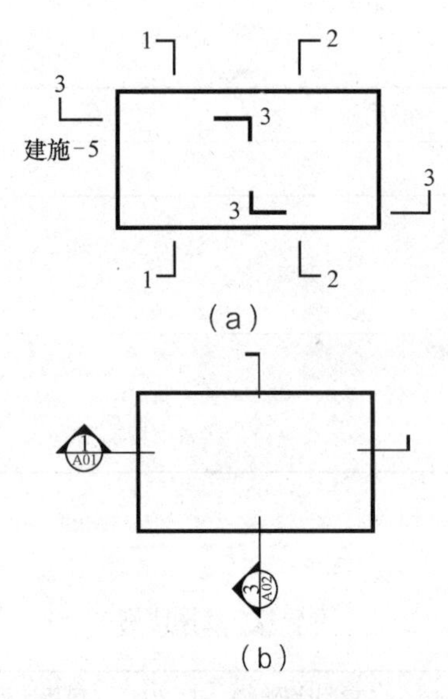

图0-24　剖视的剖切符号

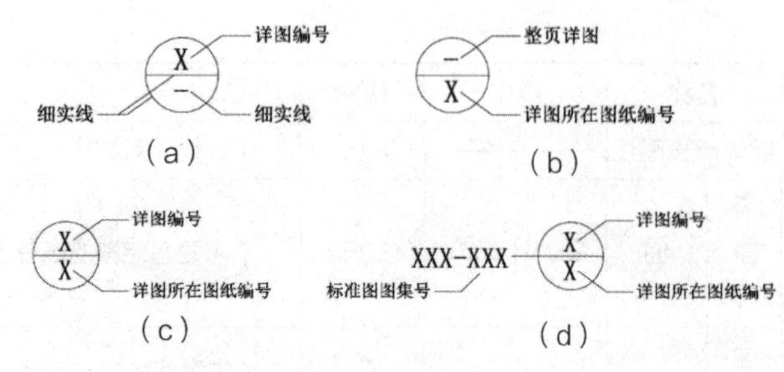

图0-25　索引符号

(a) 本页索引方式；(b) 整页索引方式；
(c) 不同页索引方式；(d) 标准图索引方式

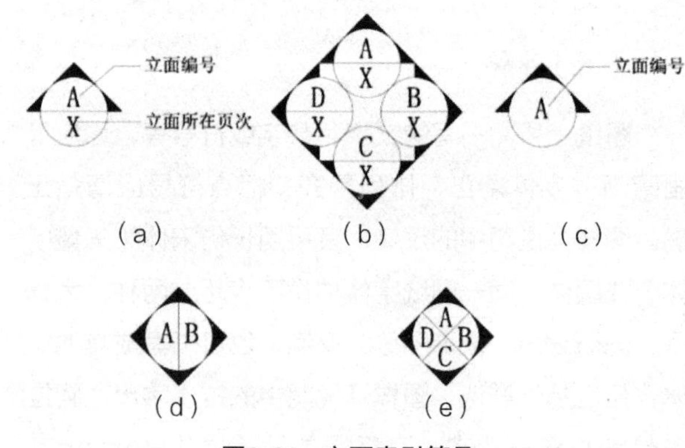

图0-26　立面索引符号

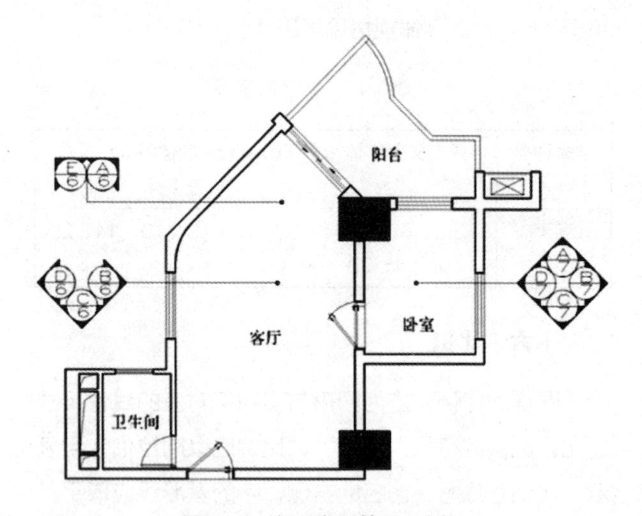

图0-27　立面索引符号示例

侧；编号所在的一侧应为该断面的剖视方向。剖面图或断面图，如与被剖切图样不在同一张图内，应在剖切位置线的另一侧注明其所在图纸的编号，也可以在图上集中说明。

2. 索引符号与详图符号

图样中的某一局部或构件，如需另见详图，应以索引符号索引。索引符号由直径为8～10 mm的圆和水平直线组成，圆及水平直径应以细实线绘制。索引符号应按下列规定编写：索引出的详图，如与被索引的详图同在一张图纸内，应在索引符号的上半圆中用阿拉伯数字注明该详图的编号，并在下半圆中间画一段水平细实线；索引出的详图，如与被索引的详图不在同一张图纸内，应在索引符号的上半圆中用阿拉伯数字注明该详图的编号，在索引符号的下半圆用阿拉伯数字注明该详图所在图纸的编号，数字较多时，可加文字标注；索引出的详图，如采用标准图，应在索引符号水平直径的延长线上加注该标准图册的编号（图0-25）。需要标注比例时，文字在索引符号右侧或延长线下方，与符号下对齐。

表示室内立面在平面上的位置及立面图所在图纸编号，应在平面图上使用立面索引符号，如图0-26和图0-27所示。

索引符号如用于索引剖视详图，应在被剖切的部位绘制剖切位置线，并以引出线引出索引符号，引出线所在的一侧应为剖视方向，如图0-28所示。详图的位置和编号，应以详图符号表示。详图符号的圆应以直径为14 mm粗实线绘制。详图应按下列规定编号：详图与被索引的图样同在一张图纸内时，应在详图符号内用阿拉伯数字注明详图的编号。详图与被索引的图样不在同一张图纸内时，应用细实线在详图符号内画一水平直径，在上半圆中注明详图编号，在下半圆中注明被索引的图纸的编号。

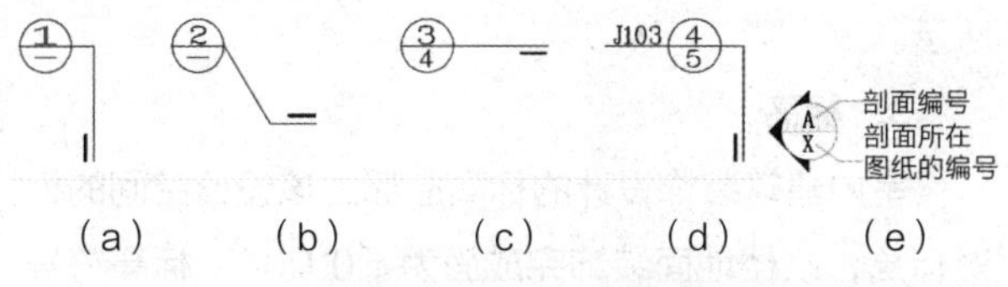

图0-28　用于索引剖面详图的索引符号

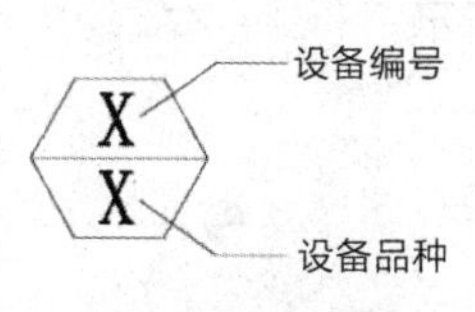

图0-29　设备索引符号

表示各类设备（含设备、设施、家具、灯具等）的品种及对应的编号，应在图样上使用设备索引符号，如图0-29所示。

3. 引出线

引出线应以细实线绘制，宜采用水平方向的直线、与水平方向成30°、45°、60°、90°的直线，或经上述角度再折为水平线。文字说明宜注写在水平线的上方，如图0-30（a）所示，也可注写在水平线的端部，如图0-30（b）所示。索引详图的引出线，应与水平直径线相连接，如图0-30（c）所示。

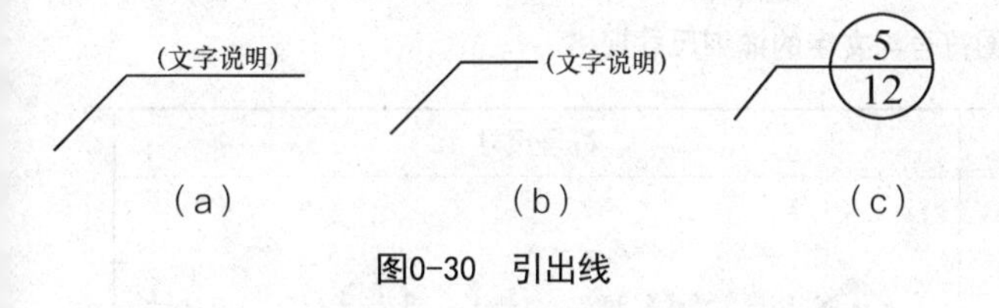

图0-30　引出线

同时引出的几个相同部分的引出线，宜互相平行，如图0-31（a）所示，也可画成集中于一点的放射线，如图0-31（b）所示。

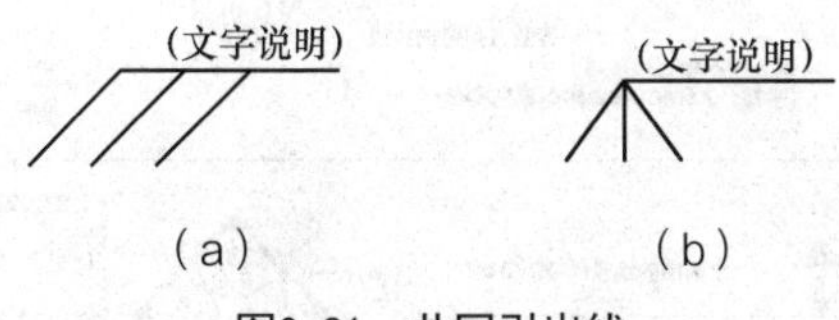

图0-31　共同引出线

多层构造或多层管道共享引出线，应通过被引出的各层，并用圆点示意对应各层次。文字说明宜注写在水平线的上方，或注写在水平线的端部，说明的顺序应由上至下，并应与被说明的层次对应一致；如层次为横向排序，则由上至下的说明顺序应与由左至右的层次对应一致，如图0-32所示。

4. 对称符号

对称符号由对称线和两端的两对平行线组成。对

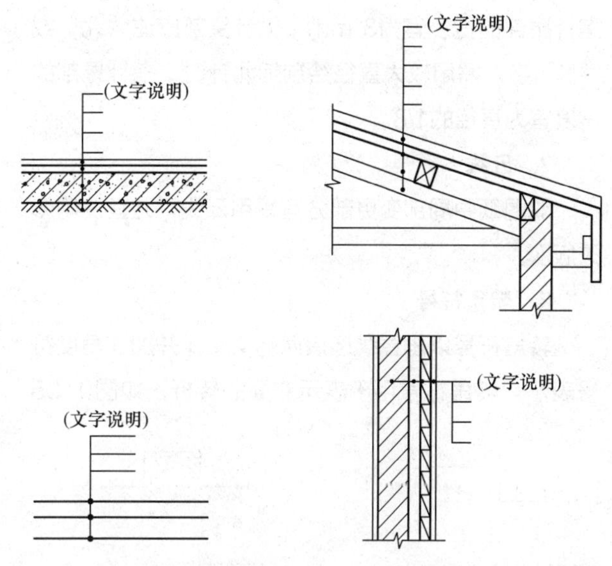

图0-32　多层共享引出线

称线用细单点长画线绘制；平行线用细实线绘制，其长度宜为6～10 mm，每对的间距宜为2～3 mm；对称线垂直平分于两对平行线，两端超出平行线宜为2～3 mm，如图0-33所示。

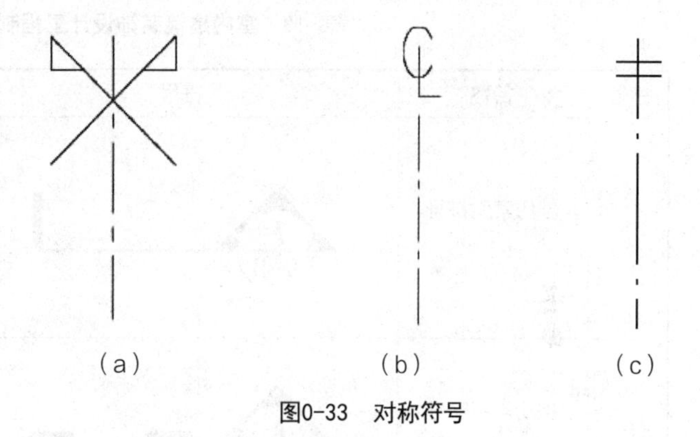

图0-33　对称符号

5. 连接符号

连接符号应以折断线表示需连接的部位。两部位相距过远时，折断线两端靠图样一侧应标注大写拉丁字母表示连接编号。两个被连接的图样应用相同的字母编号，如图0-34所示。

6. 指北针

指北针圆的直径宜为24 mm，用细实线绘制；

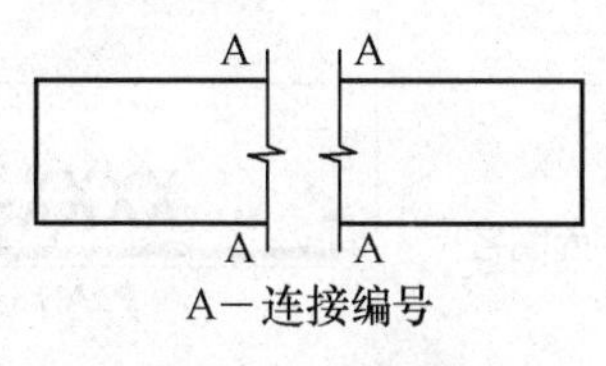

图0-34　连接符号

指针尾部的宽度宜为3 mm，指针头部应注“北”或“N”字。需用较大直径绘制指北针时，指针尾部的宽度宜为直径的1/8。

7. 云线

对图纸中局部变更部分宜采用云线，并宜注明修改版次。

8. 转角符号

转角符号以垂直线连接两端交叉线并加注角度符号表示。转角符号用于表示立面的转折，如图0-35所示。

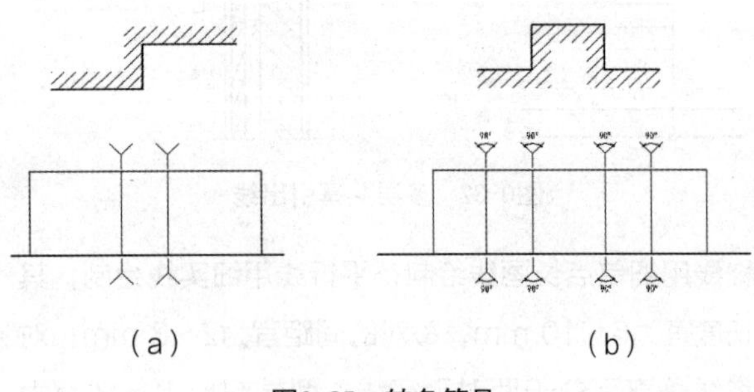

图0-35 转角符号

9. 标高

室内建筑装饰设计的标高应标注该设计空间的相对标高，以楼地面装饰完成面为±0.000。标高符号可采用直角等腰三角形表示，也可采用涂黑的三角形或90°对顶角的圆，如图0-36所示。

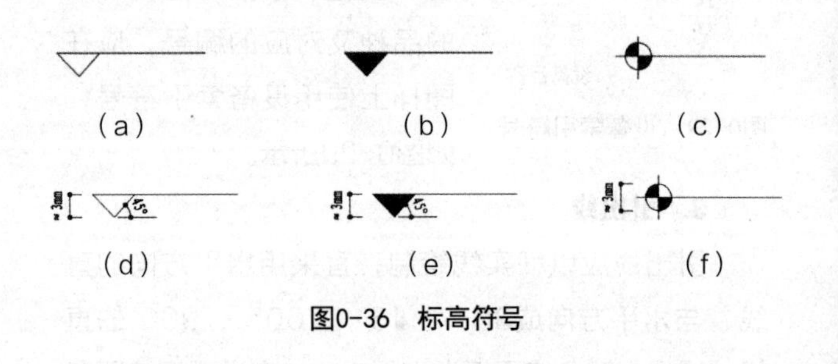

图0-36 标高符号

室内建筑装饰设计工程制图符号与文字的详细尺寸规格可参阅表0-13。

表0-13 室内建筑装饰设计工程制图符号与文字的详细尺寸规格

序号	名称	符号	符号尺寸
1	剖切索引符号（1）	A D-01	视线方向 细实线 剖面图的编号(字高：3 mm) 剖面图所在图纸的编号(字高：2.5 mm) R5 5 1 A D-01 范例 B D-02
2	剖切索引符号（2）	A D-01	剖面图的编号(字高：3 mm) 8-10 8-10 投射方向线细实线 剖面所在图纸的编号 (字高：2.5mm,在本图时画短实线) R5 A D-01 范例
3	立面索引符号	A EL-01 D EL-01 B EL-01 C EL-01	立面图的编号(字高：3 mm) 直径1 mm 细实线 立面所在图纸的编号(字高：2.5 mm) R5 A EL-01 D EL-01 B EL-01 C EL-01 范例
4	大样索引符号	1 D-02	大样详图编号 (字高：3 mm) 中粗虚线 R2 细实线 大样详图所在图纸的编号 (字高：2.5 mm,在本图时画短细实线) R5 1 D-01 范例
5	平面图名	XXXX平面图 PLAN SCALE 1:30	一层户型平面图 PLAN SCALE 1:30 字高:5 mm 字高:3 mm

续表

序号	名称	符号	符号尺寸
6	立面图名	A PL-02 XXX立面图 ELEVATION SCALE 1:30	立面图编号（字高:5 mm） A PL-02 书房立面图 ELEVATION SCALE 1:30 字高:5 mm R7 细实线 字高:2.5 mm 被索引的图纸的编号(字高:2.5 mm)
7	剖面详图图名	A EL-01 剖面图 SECTION SCALE: 1:10	剖面图编号（字高:5 mm） A EL-01 剖面图 SECTION SCALE: 1:10 字高:5 mm R7 细实线 字高:2.5 mm 被索引的图纸的编号(字高:2.5 mm)
8	大样图图名	1 EL-01 大样图 DETAIL SCALE: 1:5	大样图编号（字高:5 mm） 1 EL-01 大样图 DETAIL SCALE: 1:5 字高:5 mm R7 细实线 字高:2.5 mm 被索引的图纸的编号(字高:2.5 mm)
9	家具陈设索引符号		材料代号(字高:3 mm) 16 7 5 IF 01 窗帘 材料编号(字高:3 mm) 细线
10	材料索引符号	XXX	16 材料代号(字高:3 mm) 材料编号(字高:3 mm) 直径1 mm 7 5 ST 01 石材 材料名称(字高:3 mm) 细线
11	天花油漆标识	XXXX	16 天花高度代号(字高:3 mm) 天花高度数值(字高:3 mm) 12 5 5 CH 2800 PT 1 材料名称(字高:3 mm) 乳胶漆 材料编号(字高:3 mm)
12	设备索引符号		设备参考代号(字高:3 mm) 10 SW 01 洁具编号(字高:2.5 mm)
13	标高符号	±0.000 (1) ±0.000 (2) ±0.000 (3) CH=±0.000 (4)	17 ±0.000 3 (1) 标高数值(字高:3 mm) 18 ±0.000 3 (2) 10 R3 ±0.000 (3) CH=±0.000 (4)

续表

序号	名称	符号	符号尺寸
14	折断线符号	(1) (2)	2 4 (1) (2)
15	起铺点符号	(1)墙角起铺 (2)单边中心点起铺 (3)空间中心点起铺	5 2 5 5 (1) 5 2 (2) 2 8 (3)
16	中心对称符号	(1) (2)	12 5 3 5 6 5 9 (1) 字高：3mm (2)
备注：当英文字母单独用作代号或符号时，不得使用I、O、Z三个字母，以免同阿拉伯数字1、0、2相混淆。			

（八）室内建筑装饰装修材料图例

图例应完整、清晰，并应做到图例正确，表达清楚，方便理解图纸；图例只表示相应的材料种类，使用时应用文字表达出具体的材料名称，并且应附加必要的材料工艺要求说明；应按比例在图纸上表达出相应材料的实际规格尺寸或用文字表述，图例线应间隔均匀，疏密适度，图样线宜层次分明，不应影响图样线的理解；图例线不宜和图样线重叠，重叠时，应层次分明，必要时应对图样线附加说明；不同类材料相接时，应在相接处用表示此类材料的图例加以区分；两个相同的图例相接时，图例线宜错开或使倾斜方向相反，如图0-37所示；一张图纸内同时出现两种及以上图样时，应保持同类图例的统一。

绘制时下列情况可不采用建筑装饰装修材料图例，但应加文字说明：一张图纸内的图样只用一种图例；图形较小无法画出建筑装饰装修材料图例；图形较复杂，画出建筑装饰装修材料图例影响图纸理解；不同品种的同类材料搭配使用时，占比例较多的品种。需画出的建筑装饰装修材料图例面积过大时，可在轮廓线内沿轮廓线作局部表示，见图0-38。

常用室内建筑装饰装修材料图例的绘制应符合表0-14的规定。

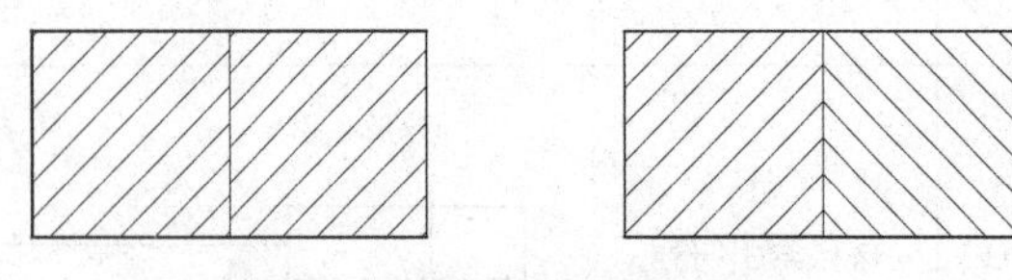

图0-37　两个相同的图例相接

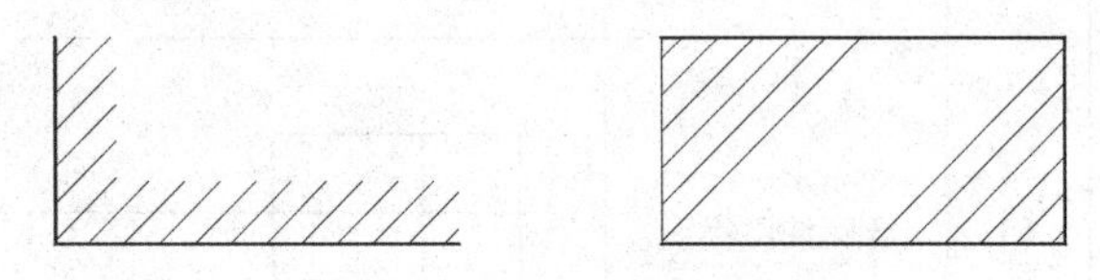

图0-38　沿轮廓线作局部表示

（九）建筑构造、装饰构造、配件图例

建筑构造、装饰构造、配件图例应符合表0-15的要求。

（十）室内建筑装饰装修工程设备端口与开关插座图例

室内建筑装饰装修工程设备端口及灯具图例，特指建筑装饰装修界面上的暖通空调、给水排水及电气等专业的图例，界面以外的专业图例应执行各自专业的现行制图标准。各专业工程设备端口及灯具定位

表0-14　常用建筑装饰装修材料图例

序号	名称	图例	说明
1	混凝土	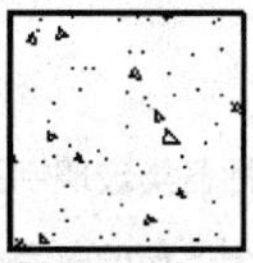	1.本图例指能承重的混凝土及钢筋混凝土，包括各种强度等级、骨料、添加剂的混凝土； 2.在剖面图上画出钢筋时，不画图例线； 3.断面图形小，不易画出图例线时，可涂黑
2	钢筋混凝土	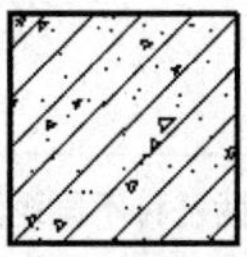	
3	加气混凝土	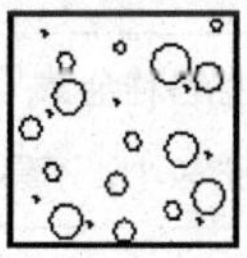	包括非承重砌块、承重砌块、保温块、墙板与屋面板等
4	水泥砂浆		1.本图例指素水泥浆及含添加物的水泥砂浆，包括各种强度等级、添加物及不同用途的水泥砂浆； 2.水泥砂浆配比及特殊用途应另行说明
5	石材		包括各类石材
6	普通砖	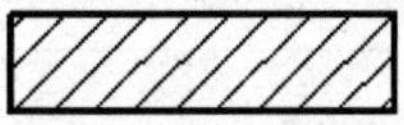	包括实心砖、多孔砖、砌块等砌体
7	饰面砖		包括墙砖、地砖、马赛克、人造石等
8	木材	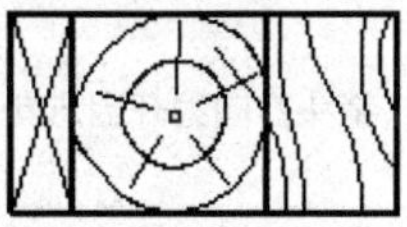	左图为木砖、垫木或木龙骨，中图和右图为横断面
9	胶合板	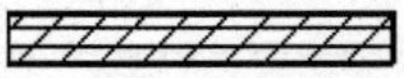	人工合成的多层木制板材
10	细木工板		上下为夹板，中间为小块木条组成的人工合成的木制板材
11	石膏板	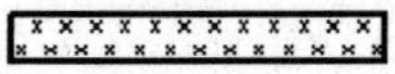	包括纸面石膏板、纤维石膏板、防水石膏板等
12	硅钙板		又称复合石膏板，具有质轻、强度高等特点
13	矿棉板		由矿物纤维为原料制成的轻质板材

续表

序号	名称	图例	说明
14	玻璃	立面	1.包括各类玻璃制品； 2.安全类玻璃应另行说明
15	地毯		1.包括各种不同组成成分及做法的地毯； 2.图案、规格及含特殊功能的应另行说明
16	金属		1.包括各种金属； 2.图形较小，不易画出图例线时，可涂黑
17	金属网		包括各种不同造型、材料的金属网
18	纤维材料		包括岩棉、矿棉、麻丝、玻璃棉、木丝板、纤维板等
19	防水材料		构造层次多或比例大时，采用上面图例
20	轻钢龙骨石膏板隔墙		注明隔墙厚度
21	密度板		注明厚度
22	胶		注明胶的种类和颜色
23	窗帘		箭头方向为开启方向
24	木地板		注明材种
注：图例中的斜线一律为45°。			

表0-15 建筑构造、装饰构造、配件图例

序号	名称	图例	序号	名称	图例
1	墙体		3	栏杆	
2	隔断		4	楼梯（中间层）	下 上

序号	名称	图例	序号	名称	图例
5	楼梯（底层）	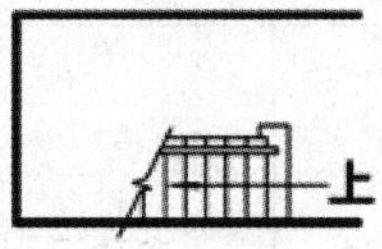 上	14	烟道	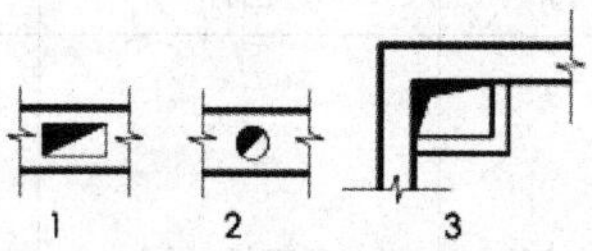 1 2 3
6	楼梯（顶层）	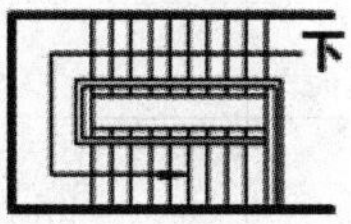 下	15	通风道	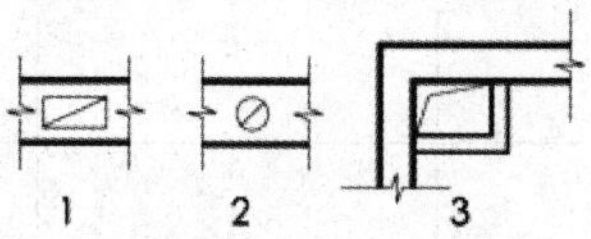 1 2 3
7	长坡道1		16	新建的墙和窗	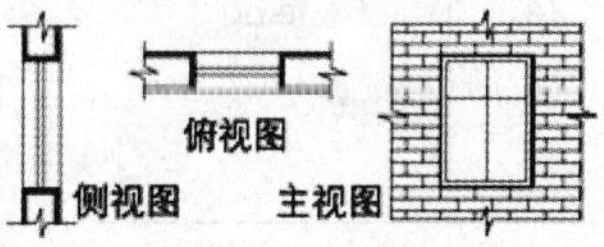 俯视图 侧视图 主视图
8	长坡道2	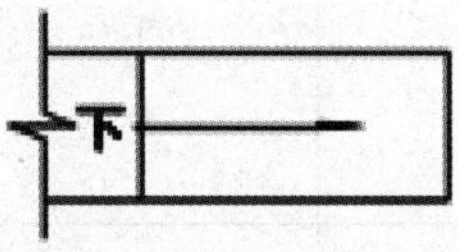 下	17	门口坡道1	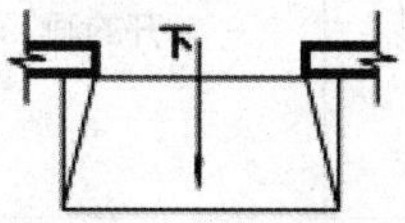 下
9	检查孔	 不可见检查孔  可见检查孔	18	门口坡道2	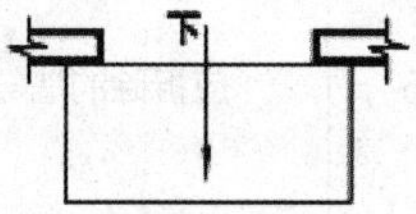 下
10	孔洞	 矩形孔洞  园形孔洞	19	平面高差	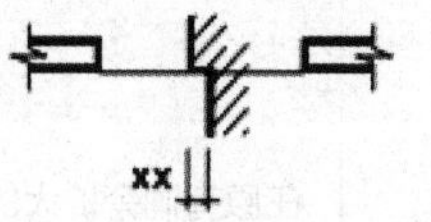 xx
11	坑槽	 矩形坑槽  园形坑槽	20	空门洞	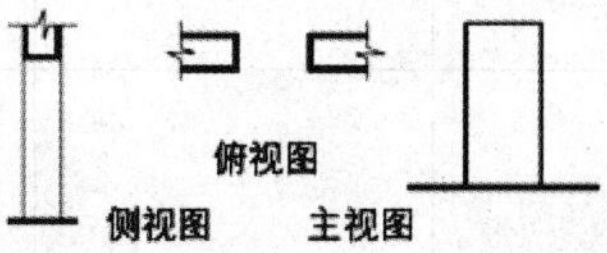 俯视图 侧视图 主视图
12	墙预留洞	 宽×高或φ 底（顶或中心）标高XX. XXX	21	单扇门	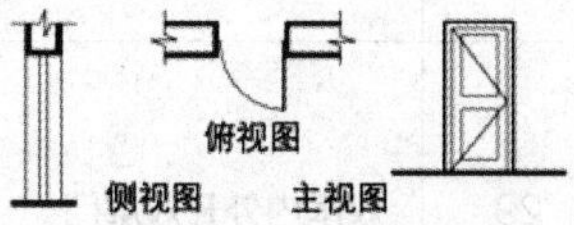 俯视图 侧视图 主视图
13	墙预留槽	 宽×高×深或φ 底（顶或中心）标高XX. XXX	22	双扇门	 俯视图 侧视图 主视图

续表

序号	名称	图例	序号	名称	图例
23	对开折叠门	俯视图 侧视图 主视图	31	自动门	俯视图 侧视图 主视图
24	推拉门	俯视图 侧视图 主视图	32	折叠上翻门	俯视图 侧视图 主视图
25	在原有墙或楼板上新开的洞	俯视图 侧视图 主视图	33	墙外单扇推拉门	俯视图 侧视图 主视图
26	应拆除的墙	俯视图 侧视图 主视图	34	墙外双扇推拉门	俯视图 侧视图 主视图
27	在原有洞旁扩大的洞	俯视图 侧视图 主视图	35	墙中单扇推拉门	俯视图 侧视图 主视图
28	单扇内外开双层门	俯视图 侧视图 主视图	36	墙中双扇推拉门	俯视图 侧视图 主视图
29	双扇内外开双层门	俯视图 侧视图 主视图	37	单扇双面弹簧门	俯视图 侧视图 主视图
30	转门	侧视图 俯视图 主视图	38	双扇双面弹簧门	俯视图 侧视图 主视图

续表

序号	名称	图例	序号	名称	图例
39	竖向卷帘门	俯视图 侧视图 主视图	42	单层外开上悬窗	俯视图 侧视图 主视图
40	横向卷帘门	俯视图 侧视图 主视图	43	单层外开平开窗	俯视图 侧视图 主视图
41	单层固定窗	俯视图 侧视图 主视图	44	推拉窗	俯视图 侧视图 主视图

时，宜以设备、灯具的中心点为准，定位尺寸线应避免和图样线尺寸线冲突，必要时应另行单独表示。常用室内建筑装饰装修工程设备端口图例的绘制应符合表0-16的规定。

（十一）常用室内建筑装饰装修工程灯具图例

常用室内建筑装饰装修工程灯具图例应符合表0-17的要求。

表0-16　常用室内建筑装饰装修工程设备端口与开关插座图例

序号	名称	图例	说明	序号	名称	图例	说明
1	空调方形散流器		送风状态	3	空调条形散流器		送风状态
			回风状态				回风状态
2	空调圆形散流器		送风状态	4	空调散流器断面		送风状态
			回风状态				回风状态

续表

序号	名称	图例	说明
5	排气扇		包括各类排气设备
6	消防喷淋头		垂直喷射（应注明方向）
			侧面喷射
7	探测器		烟感探测器
			温感探测器
8	扬声器		包括各类音响设备
9	单控开关		单联单控开关 左图为立面图例 右图为平面图例
			双联单控开关 左图为立面图例 右图为平面图例
			三联单控开关 左图为立面图例 右图为平面图例
			四联单控开关 左图为立面图例 右图为平面图例

序号	名称	图例	说明
10	插座		三极插座 左图为立面图例 右图为平面图例
			二、三极复合插座 左图为立面图例 右图为平面图例
			防溅型插座 左图为立面图例 右图为平面图例
			地面防水型插座 左图为立面图例 右图为平面图例
11	弱电终端	TV	电视弱电终端 左图为立面图例 右图为平面图例
		PC	电脑弱电终端 左图为立面图例 右图为平面图例
		TP	电话弱电终端 左图为立面图例 右图为平面图例
12	延时开关		包括各种不同感应方式 左图为立面图例 右图为平面图例
13	调光开关		指控制光源的亮度 左图为立面图例 右图为平面图例
14	插卡取电开关	插卡取电	通过插入专用钥匙卡接通电源的方式 左图为立面图例右图为平面图例

续表

序号	名称	图例	说明	序号	名称	图例	说明
15	双控开关		单联双控开关 左图为立面图例 右图为平面图例	16	监控头		
			双联双控开关 左图为立面图例 右图为平面图例	17	防火卷帘	F	
			三联双控开关 左图为立面图例 右图为平面图例	18	配电箱		左图为强电配电箱，右图为弱电配电箱
注：①序号9～15图例中的设备应注明安装高度；②图例中的斜线一律为45°。							

表0-17　常用室内建筑装饰装修工程灯具图例

序号	名称	图例	备注	序号	名称	图例	备注
1	筒灯		表示普通型嵌入式安装	4	暗藏发光灯带		上图为平面表示，下图为剖面表示
			表示普通型明装式安装	5	吸顶灯		安装在顶面的普通灯具
			表示防雾、防水型嵌入式安装				
2	方形筒灯		表示普通型嵌入式安装	6	造型吊灯		安装在顶面，以造型为主的灯具
			表示普通型明装式安装				
			表示防雾、防水型嵌入式安装	7	壁灯		安装在垂直面上的灯具
3	射灯		表示普通型嵌入式安装				
			表示普通型明装式安装	8	落地灯		地面可移动的灯具
			表示防雾、防水型嵌入式安装				

续表

序号	名称	图例	备注	序号	名称	图例	备注
9	调向射灯		表示普通型嵌入式安装，应明确照射方向	13	地灯	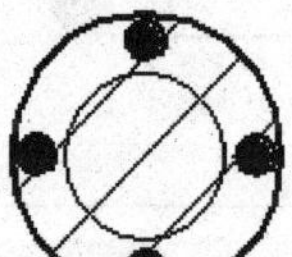	表示普通型嵌入式安装
			表示普通型明装式安装，应明确照射方向				表示普通型明装式安装
		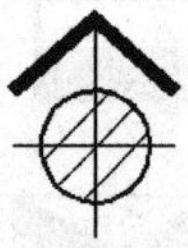	表示防雾、防水型嵌入式安装，应明确照射方向			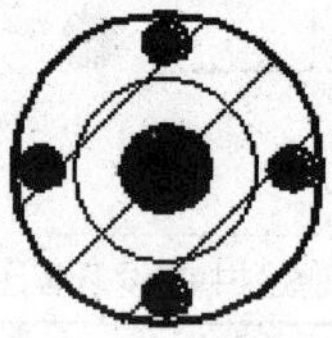	
10	单头格栅射灯	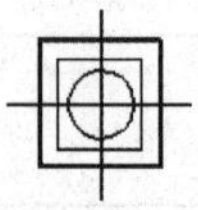	表示普通型嵌入式安装				
		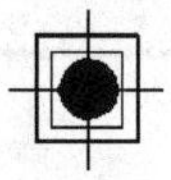	表示普通型明装式安装	14	导轨射灯	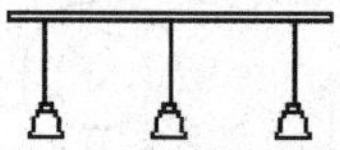	应明确灯具数量
11	双头格栅射灯	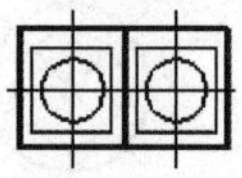	表示普通型嵌入式安装	15	方形日光灯盘	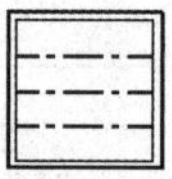	图中点画线为灯具数量及光源排列方向
		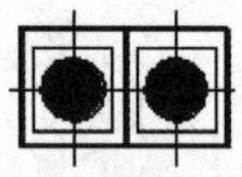	表示普通型嵌入式安装	16	条形日光灯盘	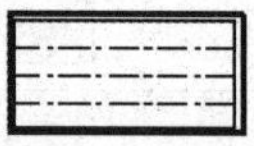	
12	日光灯支架		—	—	—	—	—

注：①光源类型及型号应另行说明；

②图例中的斜线一律为45°。

（十二）给排水图例

给排水图例应符合表0-18的要求。

表0-18　给排水图例

序号	名称	图例	序号	名称	图例
1	生活给水管	J	9	方形地漏	
2	热水给水管	RJ	10	带洗衣机插口地漏	
3	热水回水管	RH	11	毛发聚集器	平面　系统
4	中水给水管	ZJ	12	存水弯	
5	排水明沟	坡向	13	闸阀	
6	排水暗沟	坡向	14	角阀	
7	通气帽	成品　铅丝球	15	截止闸	
8	圆形地漏		—	—	—

（十三）尺寸标注

图样上的尺寸标注，包括尺寸界线、尺寸线、尺寸起止符号和尺寸数字，如图0-39所示。尺寸界线应用细实线绘制，一般应与被注长度垂直，其一端离开图样轮廓线不应小于2 mm，另一端应超出尺寸线2~3 mm，图样轮廓线可用作尺寸界线，如图0-40所示。

尺寸线应用细实线绘制，应与被注长度平行。图样本身的任何图线均不得用作尺寸线。尺寸起止符号一般用中粗斜短线绘制，其倾斜方向应与尺寸界线成顺时针45° 角，长度宜为2 ~ 3 mm。半径、直径、角度与弧长的尺寸起止符号，宜用箭头表示。

互相平行的尺寸线，应从被注写的图样轮廓线由近向远整齐排列，较小尺寸应离轮廓线较近，较大尺寸应离轮廓线较远。图样轮廓线以外的尺寸界线，距图样最外轮廓之间的距离，不宜小于10 mm。平行排列的尺寸线的间距，宜为7 ~ 10 mm，并应保持一致，如图0-41所示。

尺寸单位，除标高及总平面图以米为单位外，其他尺寸必须以毫米为单位。

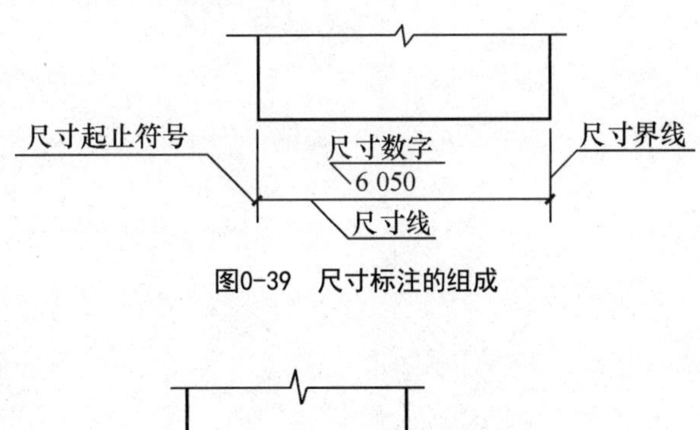

图0-39　尺寸标注的组成

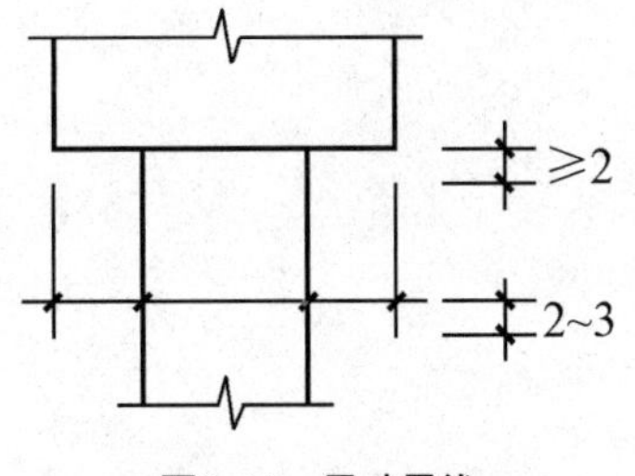

图0-40　尺寸界线

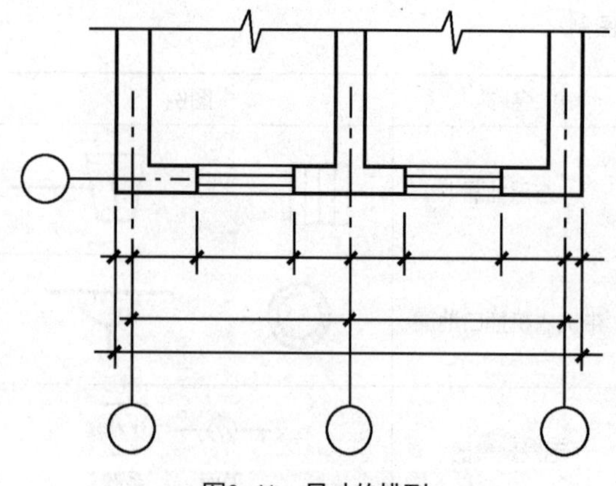

图0-41　尺寸的排列

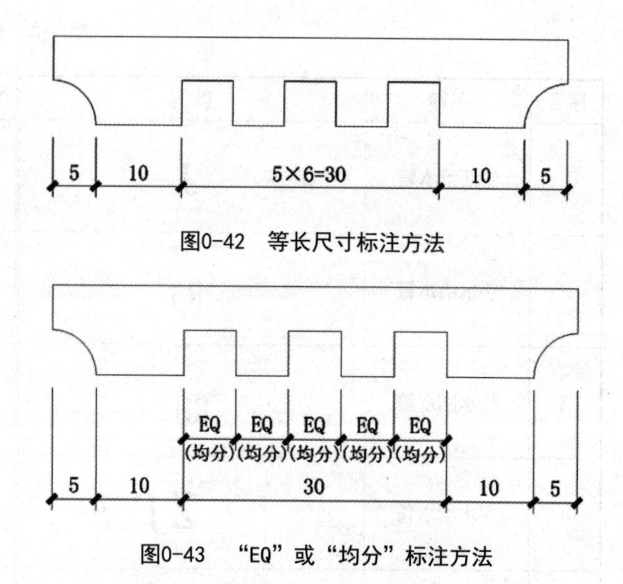

图0-42　等长尺寸标注方法

图0-43　“EQ”或“均分”标注方法

室内建筑装饰设计工程制图中连续重复的构配件等，可用“个数×等长尺寸=总长”的等长尺寸标注方法表示，如图0-42所示；也可在总尺寸的控制下，定位尺寸用“EQ”或“均分”的标注方法表示，如图0-43所示。

项目一

室内建筑楼地面装饰构造与工艺

学习目标

1. 了解室内建筑装饰装修材料市场楼地面装饰材料的品种、规格与价格;

2. 了解室内建筑装饰装修中楼地面装饰构造类型与工艺;

3. 熟悉楼地面装饰构造设计通用节点详图与大样图的画法。

任务描述

1. 深入当地装饰建材市场，调查了解楼地面装饰材料的品种规格、颜色与质地特征、价格信息;

2. 走访考察当地装饰公司施工工地，了解楼地面的装饰构造方法与施工工艺流程;

3. 掌握不同装饰材料楼地面的装饰构造做法;

4. 掌握楼地面铺装设计与图纸绘制;

5. 掌握不同装饰材料楼地面的装饰构造设计图绘制。

知识链接

一、楼地面装饰构造概述

（一）楼地面的结构

楼地面是楼层地面和底层地面的总称，也称建筑地面。

根据现行国家标准的规定，建筑底层地面的基本构造层可分为地基、垫层和面层三个基本构造层，楼层地面的基本构造层可分为楼板和面层两个基本构造层。当底层地面和楼层地面的基本构造层不能满足项目的功能要求或构造要求时，可增设填充层、隔离层、找平层、结合层等其他构造层。在楼地面装饰构造设计实际工作中，通常将面层以下的构造层统称为基层。

面层：是指人可以直接接触到的装饰表层，直接承受各种物理和化学作用的建筑地面表层，除应满足耐磨防污、防水防火等基本功能需求外，还应满足使用舒适、符合审美需求等个性要求，见表1-1。

表1-1 面层厚度

序号	面层名称		厚度/mm	序号	面层名称		厚度/mm
1	细石混凝土		40~60	13	地面瓷砖（板）		8~14
2	聚合物水泥砂浆		20	14	大理石、花岗岩		20~40
3	水泥砂浆		20	15	耐酸瓷板（砖）		20、30、65
4	普通黏土砖	平铺	53	16	木板、竹板	单层	18~22
		侧铺	115			双层	12~20
5	现浇水磨石		≥30	17	网纹铜		6
6	预制水磨石板		25~30	18	网络地板		40~70
7	马赛克（陶瓷锦砖）		5~8	19	聚氨酯涂层		1.2
8	薄型木板（席纹拼花）		8~12	20	强化复合木地板		8~12
9	聚氨酯橡胶复合面层		3.5~6.5	21	聚氨酯自流平涂料		2~4
10	运动橡胶面层		4~5	22	环氧树脂自流平涂料		3~4
11	地毯	单层	5~8	23	环氧树脂自流平砂浆		4~7
		双层	8~10	24	防静电橡胶板		2~8
12	防静电活动地板		150~400	25	防静电水磨石		40

垫层：是指装饰面层与基层之间的中间层，由满足隔声、保温、管线暗敷、找平或找坡等功能要求的填充层、找平层、结合层组成。填充层是指建筑地面中设置的起隔声、保温或暗敷管线等作用的构造层。找平层是指在垫层、楼板或填充层上起整平、找坡等作用的构造层，找平层材料强度等级或配合比及其厚度如表1-2所示。结合层是面层与下一构造层相连接的中间层。

表1-2 找平层材料强度等级或配合比及其厚度

序号	找平层材料	强度等级或配合比	厚度/mm
1	水泥砂浆	1：3	≥15
2	细石混凝土	C15~C20	≥30

隔离层：防止建筑地面上各种液体或地下水、潮气渗透地面等作用的构造层；仅防止地下潮气透过地面时，可称作防潮层，见表1-3。

表1-3 隔离层的层数

序号	隔离层材料	层数（或道数）	备注
1	石油沥青油毛毡	一层或二层	石油沥青油毡，不应低于350 g/m^2
2	防水卷材	一层	防水薄膜（农用薄膜）作隔离层时，其厚度为0.4~0.6 mm
3	有机防水涂料	一布三胶	
4	防水涂膜（聚氨酯类涂料）	二道或三道	防水涂膜总厚度一般为1.5~2 mm
5	防油渗胶泥玻璃纤维布	一布二胶	用于防油渗隔离层可采用具有防油渗性能的防水涂膜材料

基层：面层下的构造层，包括结合层、填充层、隔离层、找平层和基土等。

基土底层：地面的地基土层。

（二）楼地面装饰构造的基本要求

楼地面装饰构造，通常可从满足视觉、触觉、听觉三个方面的需要考虑。视觉方面，从颜色及肌理质感两方面来选择合适的材料；或以材料的排列组合产生二次肌理来形成新的视觉体验；或以不同材料的对比、调和来选择合适的材料达到满意的视觉效果。触觉方面，主要考虑因素有弹性系数、摩擦系数、平整度、形变恢复性能、导热性能等。听觉方面主要考虑因素包括材料的隔声、吸声、降噪等。

楼地面装饰构造，还应考虑特定功能空间对地面的装饰装修的构造要求：

公共建筑中，经常有大量人员走动或残疾人、老年人、儿童活动及轮椅、小型推车行驶，其地面面层应采用防滑、耐磨、不易起尘的块材面层或水泥类整体面层。

室内环境具有安静要求，其地面面层宜采用地毯、塑料或橡胶等柔性材料。

供儿童及老年人公共活动的场所地面，其面层宜采用木地板、强化复合木地板、塑胶地板等暖性材料。

要求不起尘、易清洗和抗油腻沾污的餐厅、酒吧、咖啡厅等的地面，其面层宜采用水磨石、防滑地砖、陶瓷锦砖、木地板或耐沾污地毯。

室内体育运动场地、排练厅和表演厅的地面宜采用具有弹性的木地板、聚氨酯橡胶复合面层、运动橡胶面层。

室内旱冰场地面，应采用坚硬耐磨、平整的现制水磨石面层或耐磨混凝土面层。

经常有水流淌的地面，应采用不吸水、易冲洗、防滑的面层材料，并应设置隔离层；木板地面应根据使用要求，采取防火、防腐、防蛀等相应措施。

不同室内楼（地）面装饰材料交接，应保持地面面层平整，当有微小高差时，应采取平缓过渡措施。

楼地面装饰应当在暗管铺设等隐蔽工程完工后，经检验合格并做隐蔽位置记录，方可进行楼地面饰面的施工。

（三）楼地面装饰构造分类

楼地面装饰构造，依据面层材料和施工方法可分为以下三大类：

整体面层楼地面：水泥砂浆楼地面、混凝土楼地面、现浇水磨石楼地面、环氧涂料楼地面、水泥基自流平楼地面、自流平环氧胶泥楼地面、树脂亚麻楼地面、橡胶板楼地面、地毯楼地面等；

板块面层楼地面：大理石板楼地面、花岗石板楼地面、陶瓷锦砖楼地面、微晶石板楼地面、玻璃板楼地面、通体砖楼地面、防滑地砖楼地面等；

木、竹面层楼地面：木马赛克楼地面、单层长条松木楼地面、硬木企口席纹拼花楼地面、强化复合木地板楼地面、长条硬木楼地面、软木楼地面、实木复合地板楼地面、竹地板楼地面等。

室内楼地面装饰构造，因材料与装修形式及方法的不同而千变万化。上述楼地面装饰构造是工程施工中常见的、广泛使用的装饰构造形式，在设计实践中，可以举一反三灵活组合。

1. 自流平楼地面装饰构造

自流平地面材料是一种以无机胶凝材料或有机材料为基材，与超塑剂等外加剂复合而制成的建筑楼地面面层或找平层建筑材料，见表1-4。

表1-4　自流平楼地面材料分类、适用范围、性能特点

分类	定义	适用范围	性能特点
水泥基自流平	水泥基自流平砂浆由水泥基胶凝材料、细骨料、填料及添加剂等组成，是与水（或乳液）搅拌后具有流动性或稍加辅助性铺摊就能流动找平的地面用材料	室内停车库、无水机房、图书馆、体育馆、美术馆、展厅、餐厅、商场、办公室等。适用范围较广，可用于大部分建筑室内场所的楼地面找平及面层	抗压、抗折强度高，收缩率低，不易开裂，耐磨环保，有一定防潮性能，不耐水，可实现大面积无缝
聚氨酯自流平	聚氨酯地坪材料是一种无溶剂聚氨酯的自流平、无缝地面系统，聚氨酯自流平类地面，具有多层结构，厚度在1～3 mm	机房、实验室、体育场馆、超净厂房的楼地面面层	具有良好的耐磨、耐酸碱、耐油性能，弹性好、吸振性能好，固化温度范围宽

续表

分类	定义	适用范围	性能特点
环氧树脂自流平	环氧树脂自流平地面是整体无缝地坪，其所用树脂是经过增韧改性形成的热固性环氧树脂	室内地面、轻载工业地面，如实验室、制药厂房等洁净区域的楼地面面层。不适用于防火等级高、重载车辆频繁出入、有刻划的场所	耐水、中等浓度的酸碱溶液、油类等有机溶剂的侵蚀。有良好的抗冲击性能、良好的弹性。与水泥基体黏结强度高，无剥落、龟裂、起壳和变形等缺陷，易清洁

（1）水泥自流平地面施工要点

水泥自流平施工其适宜温度为10 ℃~25 ℃，施工环境湿度不高于80%，应在结构及地面基层施工验收完毕后进行。要求无其他工序的干扰，不允许间断或停顿。根据设备能力、人员配备、现场条件提前划分施工作业段，并按设计要求及材料性能、现场地面形状等条件进行设缝。自流平楼地面当面积过大时，可在10 mx10 m范围内留伸缩缝防止开裂，缝宽5 ~8 mm。伸缩缝可采取轮盘锯开槽，深度切至填充层，吹净浮渣，采用弹性勾缝剂填实嵌平。

（2）水泥自流平地面施工工序

①基层处理：自流平基层应为混凝土层或水泥砂浆层，并应坚固、密实。彻底清除基层表面可能存在的浮浆、污渍、松散物等一切可能影响黏结的材料，充分开放基层表面，取得清洁、干燥且坚固的基面。特殊基层应严格遵循地面材料生产厂家的说明。坑洞或凹槽等应提前采用适合的材料进行修补，地面裂缝应参照有关地面标准进行处理。基层若存在空鼓或表面强度不能满足施工要求，应采取专业措施处理或重新施工基层。

②界面剂涂刷：将界面剂按产品说明书的要求，均匀涂刷在基面上。地面粗糙、吸水性过强时应加强界面剂的处理。

③浆料制备：制备浆料可采用人工搅拌或机械泵送，应保证材料得到充分搅拌，达到均匀无结块的状态。

④浇铸：最后一道界面剂干燥后即可浇铸搅拌好的浆料。可使用刮刀等工具辅助浆料流展并控制材料的施工厚度。施工厚度较厚时可在摊铺的同时辅以人工用手动工具振捣。可使用针形滚筒辅助消除气泡。

⑤成品保护：施工完成后的地面应做好成品保护。

（3）水泥自流平地面构造

水泥自流平地面构造，如图1-1所示。水泥自流平地面材料纹理及工程实景分别如图1-2和图1-3所示。

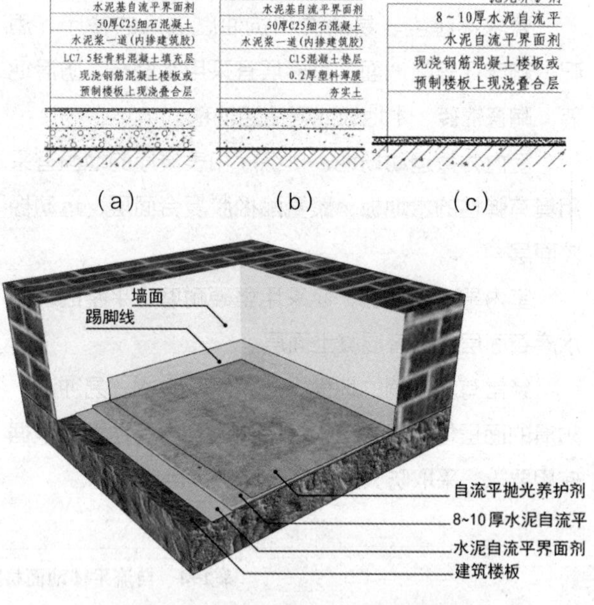

图1-1　自流平楼地面装饰构造详图

（a）水泥基自流平楼面；（b）水泥基自流平地面；（c）抛光水泥基自流平楼面

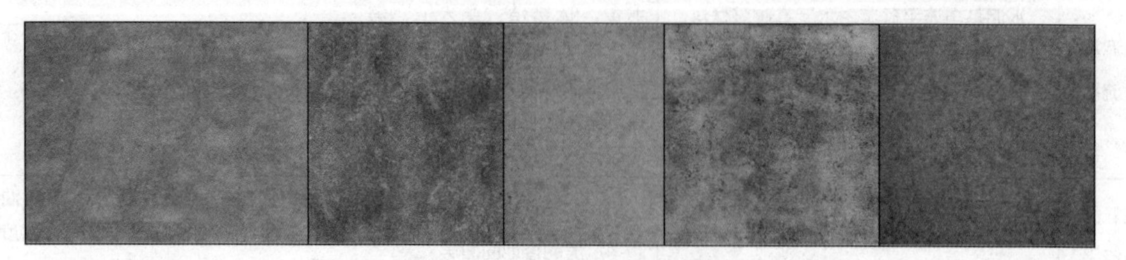

图1-2　水泥自流平地面材料纹理

图1-3　水泥自流平地面工程实景

2. 整体式弹性地面装饰构造

弹性地面是指材料在受压后产生一定程度的变形，当荷载消除后，材料能很快恢复到原有厚度的地面。弹性地面材料包括聚氯乙烯（PVC）地板、橡胶地板和亚麻地板。弹性地面材料具有脚感舒适、花色图案多、遇水不滑、耐磨、耐污染、材质轻、易清洁保养、安装快捷等特点。弹性地面材料分类、适用范围、性能特点见表1-5，弹性地板材料及工程实景见图1-4和图1-5。

表1-5 弹性地面材料分类、适用范围、性能特点

分类	定义	性能特点	适用范围	燃烧性能等级
聚氯乙烯（PVC）地板	PVC地板是以聚氯乙烯及其共聚树脂为主要原料，加入填料、增塑剂、稳定剂、着色剂等辅料，在片状连续基材上，经涂敷工艺或经压延、挤出或挤压工艺生产的地板	脚感舒适、花色图案多、耐磨、耐污染、材质轻、易清洁保养、安装快捷	新建及改造室内地面的面层，有洁净要求的场所	B1
橡胶地板	橡胶地板是由天然橡胶、合成橡胶和其他高分子材料所制成的地板	脚感舒适、花色图案多、耐磨、耐污染、材质轻、易清洁保养、安装快捷、可以回收	新建及改造室内地面的面层	B1
亚麻地板	亚麻地板是由亚麻籽油、松香、石灰石、黄麻、木粉和颜料六种天然原材料经物理方法合成的。产品生产过程中不添加任何增塑剂、稳定剂等化学添加剂	脚感舒适、花色图案多、耐磨、耐污染、材质轻、易清洁保养、安装快捷、环保	新建及改造室内地面的面层	B1

图1-4 橡胶地板材料与工程实景

（1）弹性地面材料常用规格

卷材规格：1200~2000 mm（宽）×16000~25000 m（长）×2~4 mm（厚）。

片材尺寸：300 mm×300 mm、608 mm×608 mm、152 mm×914 mm、457 mm×914 mm、304 mm×609 mm、457 mm×457 mm等。

（2）弹性地材的施工工艺与流程

①地坪检测。室内温度以及地表温度以15 ℃为宜，不应在5 ℃以下及30 ℃以上施工。宜于施工的空气湿度应在20%~75%。基层含水率应小于3%。地表应平整、干燥、坚固，没有灰尘和污浊，基层如有空鼓的情况，应把空鼓起层的地面剔掉，重新修补地面。

②地坪预处理。采用地坪打磨机对地坪进行整体打磨，除去油漆、胶水等残留物，凸起和疏松的地块、有空鼓的地块也必须去除。用工业吸尘器对地坪进行吸尘清洁。对于地坪上的裂缝应采取修补措施。

③预铺与裁割。卷材、块材都应在现场放置48小时，使材料温度与施工现场基本保持一致。使用专用的修边器对卷材的接缝边进行切割清理。块材铺设时，两块材料之间应紧贴，接缝密实。卷材铺设时，两块材料的搭接处应采用重叠切割，一般要求重叠25 mm。

④粘贴。选择适合弹性地材的专用胶粘剂及刮胶板。卷材铺贴时，将卷材的一端卷折起来。先清扫地坪和卷

材背面，然后于地坪之上刮胶。块材铺贴时，将块材从中间向两边翻起，将地面及地板背面清洁后上胶粘贴。不同的胶粘剂在施工中要求会有所不同，具体可参照具体产品说明书进行施工。

⑤排气与滚压。地板粘贴后，先用软木块推压地板表面进行平整，并挤出空气。随后用50 kg或75 kg的钢压辊均匀滚压地板，并及时修整拼接处的翘边。地板表面多余的胶粘剂应及时擦去。聚氯乙烯地板，24小时后再进行开槽和焊缝。开槽必须在胶水完全固化后进行。用专用的开槽器沿接缝处进行开槽，为使焊接牢固，开槽不应透底，建议开槽深度为地板厚度的2/3。在开缝器无法开刀的末端部位，使用手动开槽器以同样的深度和宽度开缝。焊缝之前，需清除槽内残留的灰尘和碎料。可用手工焊枪或自动焊接设备进行焊缝。焊枪的温度应设置在350 ℃左右，以适当的焊接速度匀速地将焊条挤压入开好的槽中。在焊条半冷却时，用焊条修平器或月型割刀将焊条高于地板平面的部分大体割去。当焊条完全冷却后，再使用焊条修平器或月型割刀把焊条余下的凸起部分割去。

⑥清洁与保养。亚麻地板不宜在室外场地铺设使用，应选用相应的清洁剂进行定期的清洁保养。应避免甲苯、香蕉水等溶液倾倒在地板表面；应避免使用不适当的工具和锐器刮铲损伤地板表面。

图1-5　亚麻地板材料与工程实景

（3）弹性地面材料装饰构造

弹性地面材料装饰构造，如图1-6所示。弹性地面材料与装饰效果如图1-7所示。

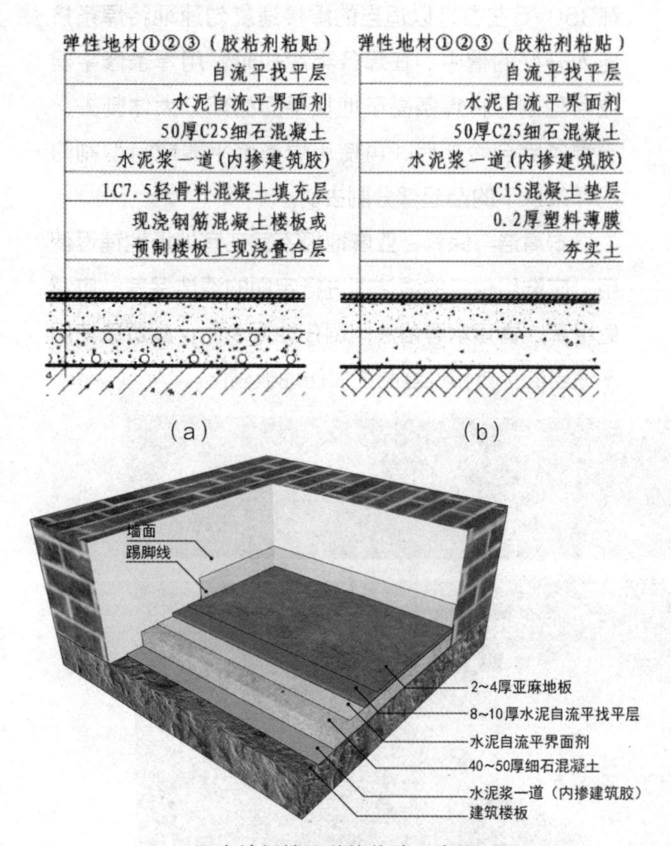

亚麻地板楼面装饰构造示意图

图1-6　弹性地面材料装饰构造详图

（a）弹性地材楼面；（b）弹性地材地面

注：1.弹性地材：①PVC；②橡胶；③亚麻。

2.楼面填充层厚度应根据实际工程需要由设计确定，地面垫层厚度应≥80 mm。

图1-7　PVC地板材料与工程实景

3. 地毯楼地面装饰构造

地毯是对软性铺地织物的总称。地毯具有保温、吸声、隔声、抑尘等作用，且质地柔软、脚感舒适，图案、色彩丰富，是一种高级地面装饰材料。适用于宾馆、写字楼等大型公共建筑及民用住宅等。

（1）地毯分类

①地毯按材质可分为天然纤维地毯、合成纤维地毯、混纺地毯、塑料地毯。

天然纤维地毯：织造地毯的天然纤维主要来自植物或动物，如棉、麻、丝、毛等。常见的高级地毯多为丝、毛织造。

合成纤维地毯即化纤地毯：是以丙纶、腈纶纤维为原料，经机织法制成面层，再与麻布底层加工制成地毯。品质与触感极似羊毛，耐磨而富有弹性，经过特殊处理，可具有防污、防静电、防虫等特点，并具有纯毛地毯的优点。

混纺地毯：常以毛纤维和各种合成纤维混纺。如在纯羊毛纤维中加入20%的尼龙纤维，耐磨性可提高5倍。

塑料地毯：是采用聚氯乙烯树脂、增塑剂等多种辅助材料，经均匀混炼，塑制而成的一种新型地毯材料。

②地毯按铺设方法可分为固定式和活动式。

固定式：分为两种固定方法。一种是设置弹性衬垫用木卡条固定；另一种是无衬垫用黏结剂黏结固定。为了防止走动后使地毯变形或卷曲，影响使用和美观，铺设地毯多采用固定式，如图1-8所示。

活动式：是指地毯搁置在基层上，铺设方法简单，容易更换。装饰性的工艺地毯一般采取活动式铺设，如图1-9所示。

③地毯按规格尺寸可分为方块地毯、成卷地毯。具体规格见表1-6，地毯纹理见图1-10。

图1-8　固定式铺设地毯工程案例

图1-9　活动式铺设地毯工程案例

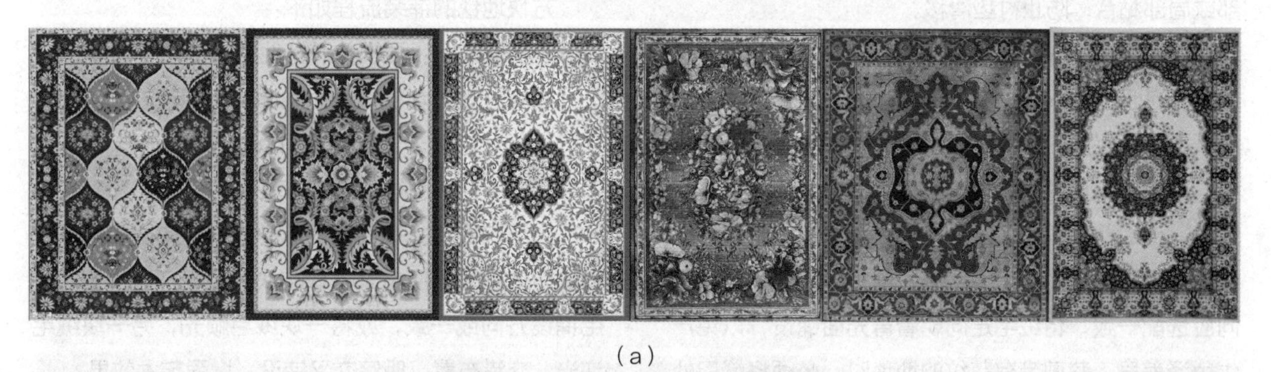

（a）

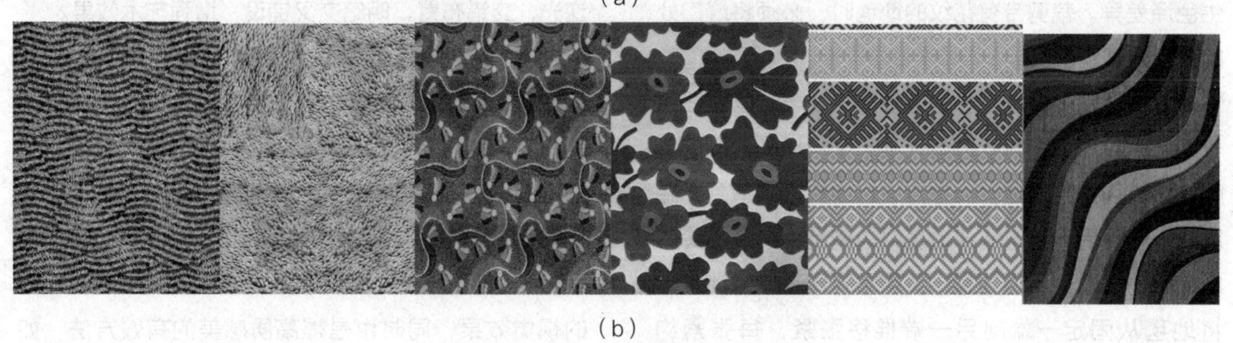

（b）

图1-10　地毯纹理

（a）传统花纹地毯；（b）单色与几何纹样地毯

表1-6 地毯的规格

<table>
<tr><th rowspan="2">地毯品种</th><th colspan="3">成卷地毯</th><th rowspan="2">方块地毯/（mm×mm）</th></tr>
<tr><th>宽/mm</th><th>长/mm</th><th>厚/mm</th></tr>
<tr><td>纯羊毛地毯</td><td>≤4000</td><td>≤25000</td><td rowspan="2">3~22</td><td rowspan="2">500x500、914x914、609.6x609.6</td></tr>
<tr><td>化纤地毯</td><td>1400~4000</td><td>5000~43000</td></tr>
</table>

（2）成卷地毯满铺的铺装工艺与流程

①处理基层：基层表面应平整，有高低不平处用水泥砂浆刮平；表面应干燥，面层含水率不大于9%；表面应清洁，如有灰尘等杂物需铲除打扫干净，有油污用丙酮或松节油擦净。

②钉木卡条，也称倒刺板：木卡条沿地面周边和柱脚的四周嵌钉，板上倒刺倾向墙面，板与墙面留有适当空隙，便于地毯掩边；在混凝土、水泥地面上固定采用钢钉，钉距为300 mm左右。如地毯面积较大，宜用双排木卡条，便于地毯张紧和固定。

③铺衬垫：铺弹性衬垫时应将胶粒面朝下，四周与木卡条的间距在10 mm左右。拼缝处用纸胶带全部或局部黏合，防止衬垫滑移。

④裁剪地毯：应按地面形状和净尺寸裁剪，用裁边机切下的地毯料每段要比房间长度多出20~30 mm，宽度以裁切后的尺寸计算。在拼缝处先弹出地毯裁割线，切口应顺直整齐以便于拼接。裁剪栽绒或植绒类地毯，相邻裁口边呈“八”字形，可使铺成后表面绒毛紧密碰拢。在同一房间或区段内每幅地毯的绒毛走向应选配一致，将绒毛走向朝着背光面铺设，以免产生色泽差异。裁剪带有花纹的地毯时，必须将缝口处的花纹对准吻合。

⑤铺地毯：将选配好的地毯铺平，一端固定在木卡条上，用压毯铲将毯边塞入木卡条与踢脚之间的缝隙内。常用两种方法：一种方法将地毯边缘掖到木踢脚的下端；另一种方法将地毯毛边掩到木卡条与踢脚的缝隙内，避免毛边外露，使用张紧器（地毯撑子）将地毯从固定一端向另一端推移张紧，每张紧约1000 mm后，使用钢钉临时固定，推到终端时，将地毯边固定在木卡条上。地毯的拼缝，一般采用对缝拼接。当拼完一幅地毯后，在拼缝一侧弹通线，作为第二幅地毯铺设张紧的标准线。第二幅经张紧后在拼缝处花纹、条格达到对齐、吻合、自然后，用钢钉临时固定。薄型地毯可搭接裁割，在头一幅地毯铺设张紧后，后一幅搭盖前一幅30 ~40 mm，在接缝处弹线将直尺靠线并用刀同时裁割两层地毯，裁去多余的边条后合拢严密，不显拼缝。

⑥接缝黏合：将已经铺设好的地毯侧边掀起，在接缝中间用专用接缝胶带黏结成整体。接缝也可采用缝合的方法，即把地毯两幅的边缘缝合连成整体。

（3）方块地毯的铺装工艺与流程

方块地毯的铺装流程如下：

①清理基层：要求与满铺地毯的铺设要求相同。

②弹控制线：根据房间地面的实际尺寸和方块地毯的实际尺寸，一般为500 mmx500 mm，在基层表面弹出方格控制线，线迹应准确。

③浮铺地毯：按控制线由中间开始向两侧铺设。铺放时地毯缝隙应挤紧，块与块密合，不显拼缝。绒毛铺设方向或一致，或将一块绒毛顺光，另一块绒毛逆光，交错布置，明暗交叉铺设，增强艺术效果。

④黏结地毯：在基层上刷胶粘剂，按预铺位置压固地毯。地毯铺设完成后应加强成品保护。

方块地毯是以有序或无序的图案单元为模数铺装的地面材料。不同的铺装图案形成不同的空间感。同一质感的组合可通过肌理横直、纹理走向、肌理微差、凹凸变化实现。地毯的不同组合形式会得到不同的视觉效果，同时也是提高质感美的有效方法，如图1-11所示。

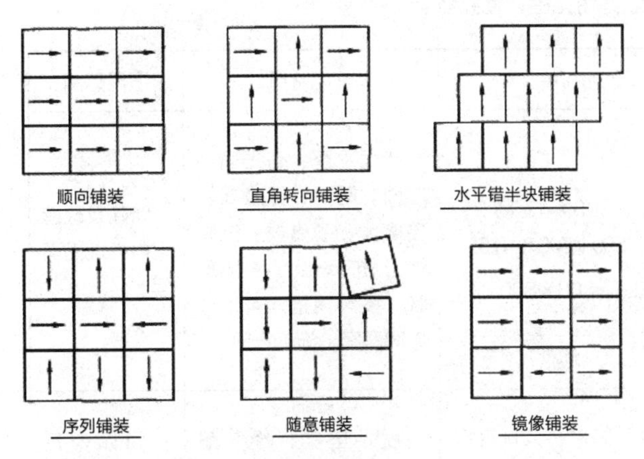

图1-11　方块地毯的铺装设计

（4）地毯边收口

地毯铺设后在墙和柱的根部、不同材质地面相接处、门口等地毯边缘应做收口固定处理。

①墙和柱的根部。将地毯毛边塞入木卡条与踢脚的缝隙内。

②不同材料地面相接处。如地毯与大理石地面相接处标高近似的，应镶嵌铜条或不锈钢条，起到衔接和收口的作用。

③门口和出入口处。铺地毯的标高与走道、卫生间地面的标高不一致时，在门口处应加收口条。用收口条压住地毯边缘，使其整齐美观。地毯毛边如不做收口处理容易被行人踢起，造成卷曲和损坏，有损室内装饰效果。接缝处绒毛有凸出的，使用剪刀或电铲修剪平齐；拔掉临时固定的钢钉。用软毛刷扫清毯面上的杂物，用吸尘器清理毯面上的灰尘。加强成品保护，以确保工程质量。

（5）地毯楼地面装饰构造

地毯楼地面装饰构造，如图1-12和图1-13所示。

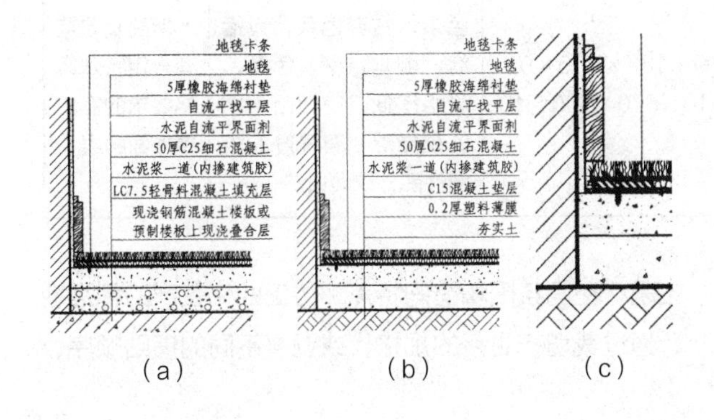

（a）　　（b）　　（c）

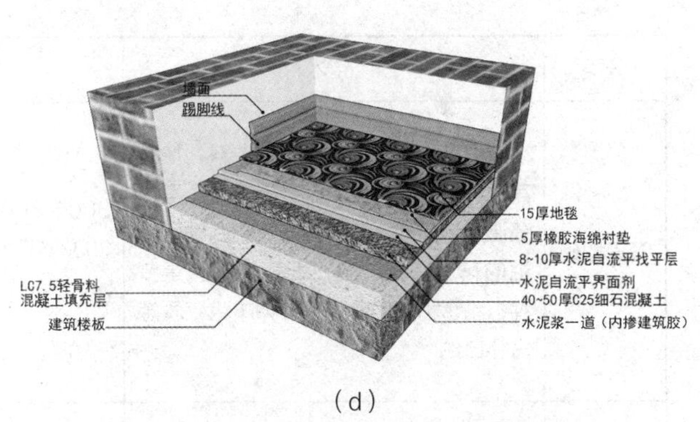

（d）

图1-12　地毯楼地面装饰构造

（a）地毯楼面装饰构造详图；（b）地毯地面装饰构造详图；（c）地毯与踢脚线衔接方式；（d）地毯楼面装饰构造示意图

图1-13　地毯楼地面装饰案例实景

4. 地砖楼地面装饰构造

地砖具有无毒、无味、易清洁、防潮、耐酸碱腐蚀、无有害气体散发、美观耐用等特点。地砖的分类、规格尺寸、适用范围、性能特点如表1-7所示。

表1-7　地砖的分类、规格、适用范围、性能特点

分类	定义	规格尺寸/mm	性能特点	适用范围
陶瓷地砖	陶瓷地砖是以优质陶土为原料，加上其他材料后配成生料，经半干法压型，高温焙烧而成，分无釉和有釉两种。带釉的花色有红、白、浅黄、深黄等多种；不带釉的地砖保持砖体本色，质感古朴自然	300×300×9、300×450×9、300×600×10、500×500×10.5、600×600×10.5、800×800×11	砖面平整，有光面和麻面。防滑、强度高、硬度大、耐磨损、抗腐蚀、抗风化，各种形状、多种规格，可组成不同图案，施工方便	新建及改造室内楼地面面层
陶瓷锦砖	陶瓷锦砖又名马赛克、纸皮砖，是用优质瓷土磨细成泥浆，经脱水至半干时压制成型，入窑烧制而成，表面有挂釉和不挂釉两种，形状多样，可拼成各式各样织锦似的图案	形状有正方形、矩形、六角形以及对角、斜长条。正方形尺寸一般为39×39、23.6×23.6、18.5×18.5、15.2×15.2。在工厂预先拼成300x300、600x600大小，再用牛皮纸粘贴正面，块与块之间留有1 mm左右的缝隙	质地坚实，经久耐用，耐酸、耐碱、耐火、耐磨、不透水、不滑、易清洗、色泽丰富，可根据设计组合各种花色品种，拼成各种花纹	门厅、走廊、浴室、游泳池等楼地面，餐厅、厨房等易污染的楼地面，不宜大面积使用
劈离砖	劈离砖是将原料粉碎，经炼泥、挤压成型、干燥后高温烧结而成，成型时为背靠背的双层，烧成的产品从中间劈成两片使用，是一种新型陶瓷墙地砖	240×52×8、240×115×8、194×94×8、190×190×8、240×115×8、194×94×8	强度高、粘结牢、色彩丰富、自然柔和、耐冲洗而不褪色	新建及改造室内、外楼地面面层
玻化砖	玻化砖是由石英砂、泥按照一定比例烧制而成，然后打磨光亮，但不需要抛光，表面如玻璃镜面一样光滑透亮，是所有瓷砖中最硬的一种	300×300×9、300×450×9、300×600×10、600×600×10.5、800×800×11、1000×1000×13	强度极高、吸水率低、抗冻性强、防潮防腐、耐磨耐压、耐酸碱、防滑	新建及改造室内楼地面面层
抛光砖	抛光砖用黏土和石材的粉末经液压机压制，然后烧制而成，正面和反面色泽一致，不上釉料，烧好后，表面再经过抛光处理，光滑、漂亮，背面是砖的本色。抛光砖是通体砖的坯体，表面经过打磨而成的一种光亮的砖	600×600×10.5、600×1200×11、800×800×11、1000×1000×13	表面光洁、坚硬耐磨，表面有极微小气孔易渗入灰尘、油污	新建及改造室内楼地面面层
仿古砖	仿古砖是上釉的瓷质砖。在烧制仿古砖过程中，仿古砖经液压机压制后，再经高温烧结，使仿古砖强度高，具有极强的耐磨性，经过精心研制的仿古砖兼具防水、防滑、耐腐蚀的特性	150×150×9、165×165×9、500×500×10、600×600×10	色彩丰富，有灰、黄色系、古典色系，包括红、咖啡、深黄色系，吸水率低，有凹凸不平的视觉感，有良好的防滑性能，纹理自然	新建及改造有一定特殊风格要求的室内楼地面面层

（1）地砖铺贴图案的设计方法

地砖不但可以按顺序铺贴，也可根据不同的设计主题、空间氛围和空间特点，将工业化生产的标准地砖通过裁切产生新的规格，或调整不同的铺贴顺序、

方向产生不同的艺术效果。地砖铺贴图案的设计方法如下：

①应根据空间的整体效果确定地面的设计思路。可以是整体单色的，也可以是几种颜色搭配拼铺。如为强调某一区域装饰效果，可换另外一种或多种颜色或型号的地砖组合铺贴等。

②应根据设计思路确定地砖的品种和型号。有时采用单一品种的单个型号就能达到设计效果，有时则需要多个品种、多个型号进行协调组合，来达到预期的装修效果。

③应根据室内装饰设计方案和具体材料设计地面装饰的艺术效果，具体方法可以采用传统二方连续、四方连续、不规则跳跃，或是面的构成等多种组合形式，并通过色彩、纹理对比与协调达到设计所需艺术效果，最终确定实施方案，绘制施工图纸。随着计算机控制与水刀切割技术的结合，地砖可以被精确地切割出设计师想要的任何形式的曲线。

（2）地砖楼地面施工要点

①将基层表面的砂浆、油污、垃圾等清除干净，对光滑的基层面应凿毛。

②检查材料的规格尺寸，对尺寸有偏差、表面残缺的材料予以剔除。

③地砖铺贴前应在水中充分浸泡，一般为2~3小时，阴干备用，吸水率小于2%的地砖可不用浸水。铺抹结合层砂浆前应提前一天浇水湿润基层，结合层做法一般为厚度不小于25 mm的1：3水泥砂浆。有地漏和排水孔的部位应做放射状标筋，坡度一般为1.0%~2.0%。

④铺贴地砖时水泥砂浆应饱满地抹于地砖背面，用橡皮锤敲实。

使用地砖胶粘剂粘贴地砖与传统水泥粘贴法相比更安全、更牢固，具有良好的抗渗与抗老化性能；施工时也无须浸砖，方便快捷；可减轻楼（地）面荷载，减少装修厚度，降低地砖粘贴空鼓情况的发生；可直接用于粗糙不平的基面或较光滑水泥地面和其他地面材料的翻新。

在实际工程中，应采用标准地砖，尽量不裁切。地砖铺装通常分密缝与空缝两种，密缝间距约2 mm，空缝间距为5 ~8 mm时，一般多用于大面积的场所，缝隙用白水泥浆或成品嵌缝剂嵌缝。

（3）地砖楼地面装饰构造

地砖楼地面装饰构造，如图1-14至图1-16所示。

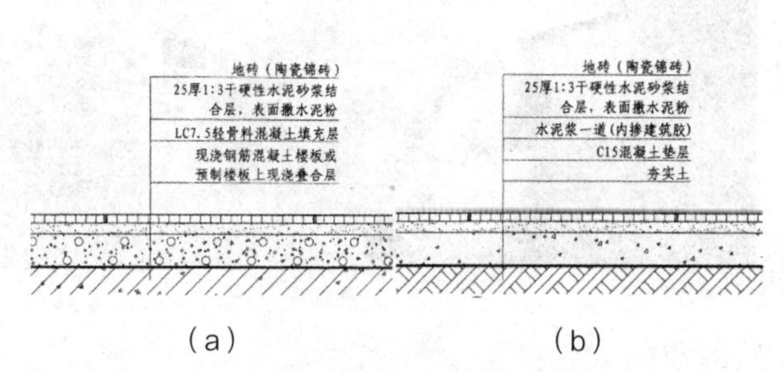

（a）　（b）

图1-14　地砖（陶瓷锦砖）楼地面装饰构造详图

（a）地砖（陶瓷锦砖）楼面；（b）地砖（陶瓷锦砖）地面

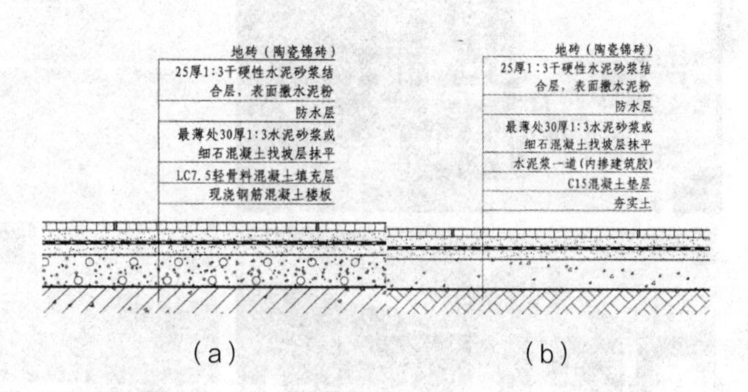

（a）　（b）

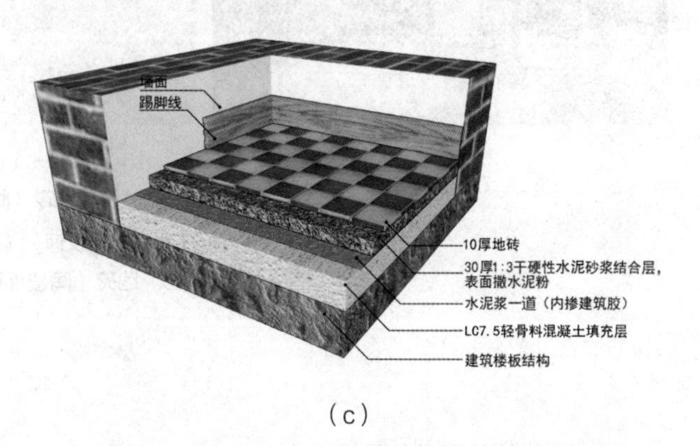

（c）

图1-15　地砖（陶瓷锦砖）楼地面装饰构造详图

（a）地砖（陶瓷锦砖）防水楼面；（b）地砖（陶瓷锦砖）防水地面；（c）地砖楼地面装饰构造示意图

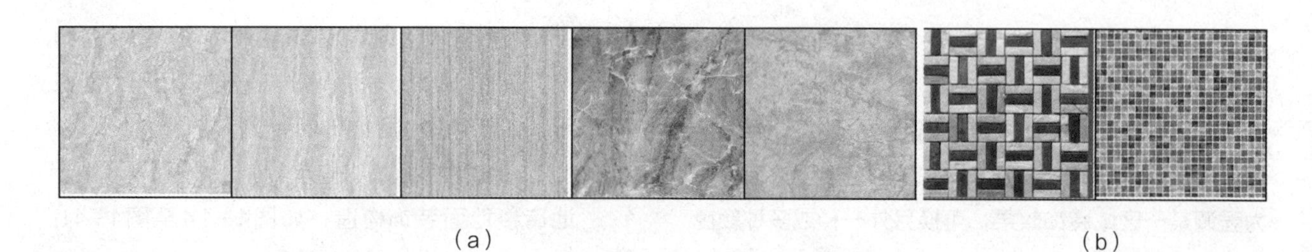

（a）　　　　　　　　　　　　　　（b）

（c）

图1-16　地砖（陶瓷锦砖）楼地面

（a）地砖纹理；（b）陶瓷锦砖纹理；

（c）地砖（陶瓷锦砖）楼地面工程实景

5. 石材楼地面装饰构造

石材分天然和人造两种。天然石材指从天然岩体中开采，并加工成块或板状材料的总称。人造石材是以石渣为骨料添加黏结料制成的块或板状材料的总称。饰面石材装饰性能主要是通过色彩、花纹、光泽及质地肌理等反映出来，同时还要考虑其可加工性。常见石材材料品种与纹理，如图1-17至图1-20所示。

（1）大理石、花岗岩、砂岩楼地面装饰与施工

大理石、花岗岩、砂岩适用范围、性能特点如表1-8所示。

表1-8 大理石、花岗岩、砂岩适用范围、性能特点

品种	矿物组成分类	性能特点	规格/mm	常见品种	适用范围
大理石	是石灰岩和白云岩在高温高压作用下，矿物质重新结晶和变质而成	质感柔和、美观庄重、花色繁多，化学稳定性较差，抗压强度较高，质地紧密但硬度不大、不耐酸，不宜用于室外，属中硬石材	300x600x20、600x600x20、800x800x20 可定制	汉白玉、雷花白、大花绿、木纹红、啡网纹、红线米黄、四川青花、红线玉等	室内楼地面
花岗岩	主要矿物成分为长石、石英、火成岩及少量云母	结构致密、质地坚硬、抗压强度大、空隙率小、吸水率低、导热快、耐磨性好、耐久性高、抗冻、耐酸耐腐蚀、不易风化、使用寿命长。天然花岗岩自重大，质脆，耐火性差	300x600x20、600x600x20、800x800x20 可定制	山西黑、芝麻白、冰花蓝、红钻、蓝珍珠、拿破仑红、白底黑花、绿星石、印度红等	室内外地面
砂岩	是一种沉积岩，主要由沙粒胶结而成，主要含硅、钙、黏土和氧化铁	结构稳定、颗粒细腻、颜色丰富、无污染、无辐射、吸热、保温、防滑、耐磨度低	300x600x20、600x600x20、800x800x20 可定制	黄木纹砂岩、山水纹砂岩、红砂岩、黄砂岩、白砂岩、青砂岩等	室内楼地面

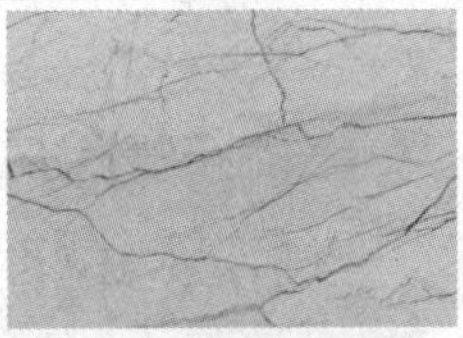

象牙金　山东白麻　美国灰麻　玫瑰白麻 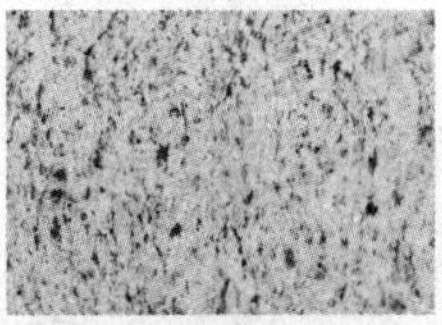　金山麻

黑金沙　黄洞石　皇室啡　啡珍珠　沙漠绿洲

蓝豹 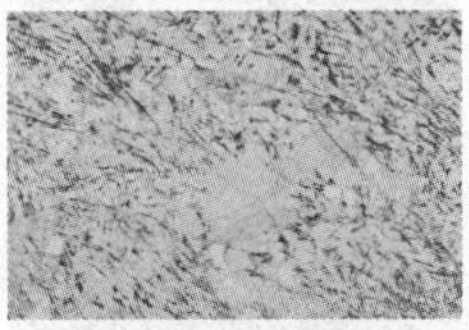　蓝冰 　森林飘雪　黄金白麻 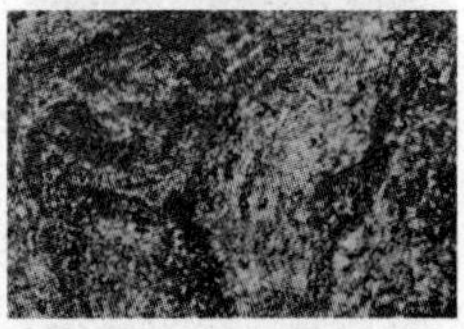　龙凤红

映山红　印度红　金丝麻 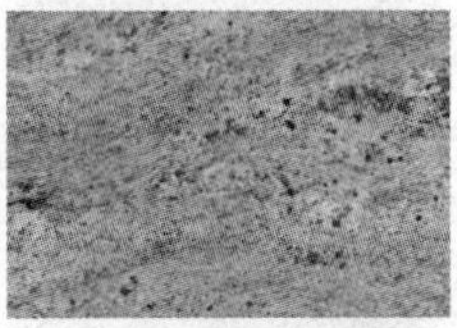　克什米尔金 　意大利幻彩绿

啡钻麻 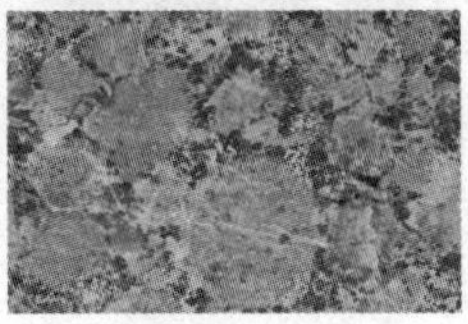　特级红钻　宝金石 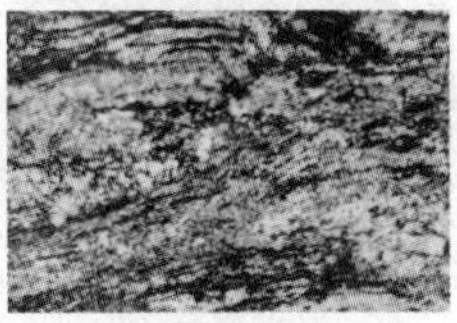　巴黎米黄 　爱思巴苏红

图1-17 花岗岩

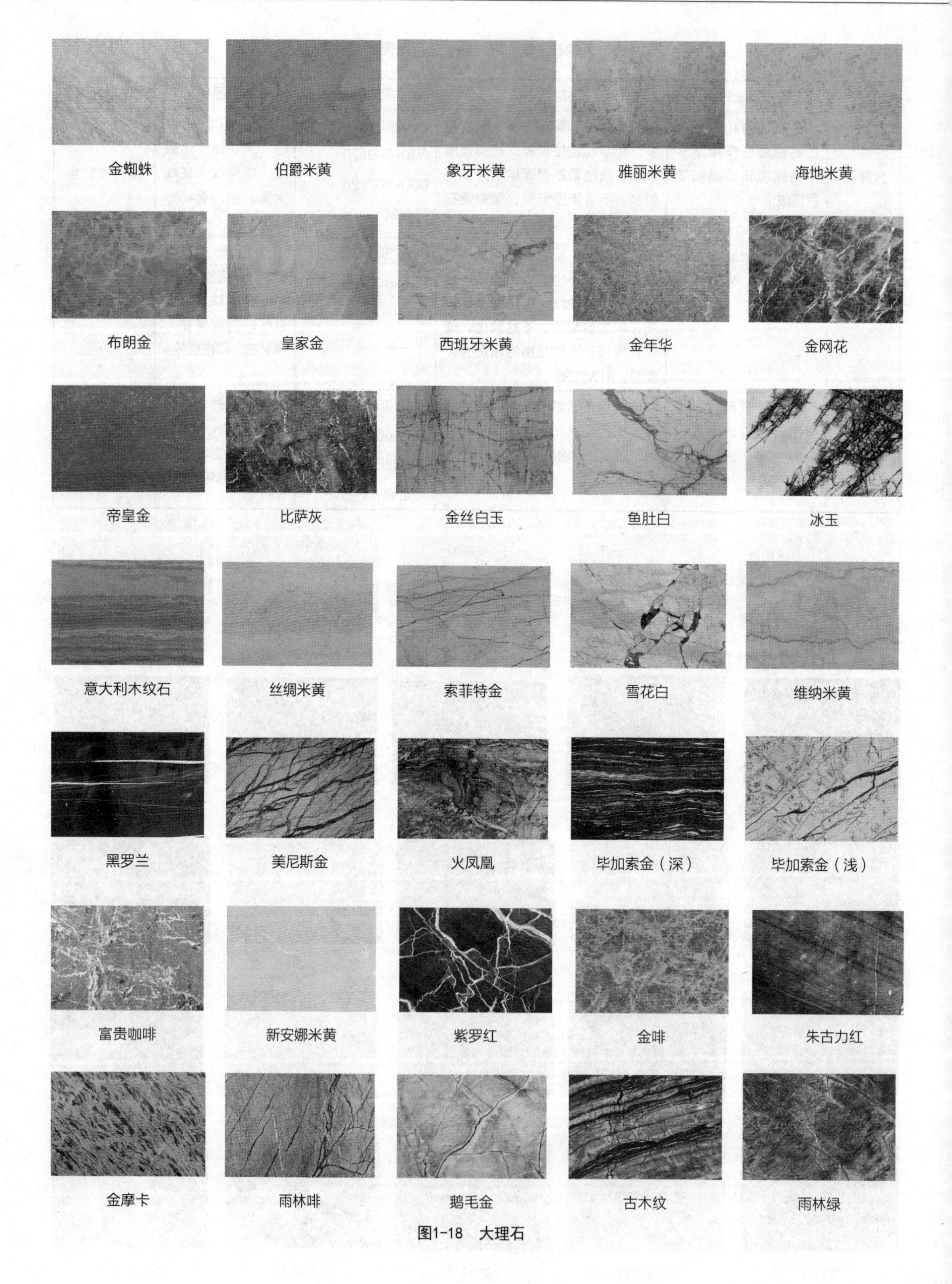
金蜘蛛
伯爵米黄
象牙米黄
雅丽米黄
海地米黄
布朗金
皇家金
西班牙米黄
金年华
金网花
帝皇金
比萨灰
金丝白玉
鱼肚白
冰玉
意大利木纹石
丝绸米黄
索菲特金
雪花白
维纳米黄
黑罗兰
美尼斯金
火凤凰
毕加索金（深）
毕加索金（浅）
富贵咖啡
新安娜米黄
紫罗红
金啡
朱古力红
金摩卡
雨林啡
鹅毛金
古木纹
雨林绿

图1-18　大理石

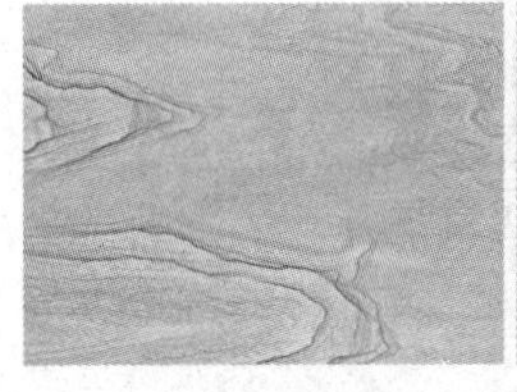
澳洲砂岩

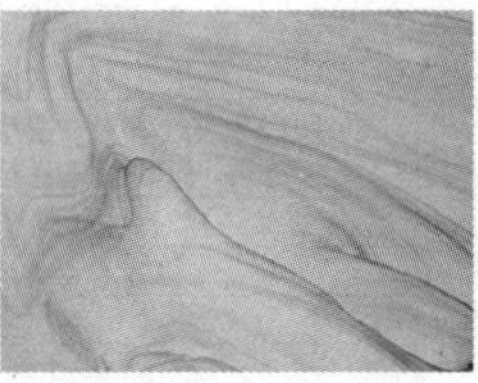
云南山水纹砂岩

云南木纹砂岩

淡色木纹砂岩

红砂岩

图1-19　砂岩

啡洞石

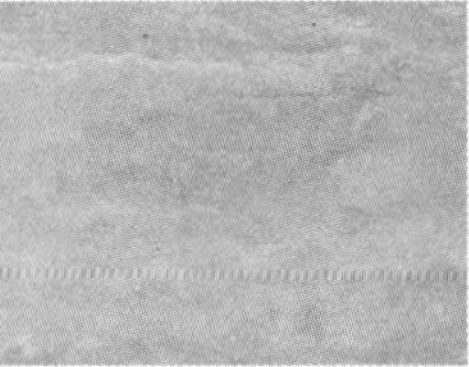
米黄洞石

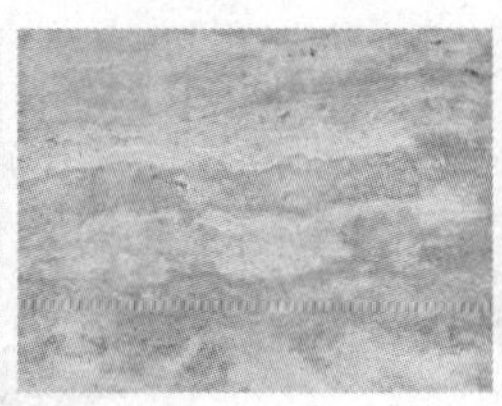
米白洞石

黄洞石

罗马洞石

图1-20　洞石

大理石、花岗岩、砂岩装饰施工工艺流程：基层清理→垫层找平→弹线→铺砌控制板块→素水泥浆打底→铺1：3干硬性水泥砂浆摊平→素水泥浆背抹→铺装调平→擦缝与养护。

大理石、花岗岩、砂岩装饰施工要点有以下几方面：

①大理石（花岗岩）均应按品种及规格架空支垫，宜室内侧立存放。有裂纹和缺棱掉角的不得使用。

②应在顶棚、墙面抹灰后进行，先铺地面后安装踢脚。

③在铺砌前，应先对色、拼花编号，以便对号入座。

④现场整体地面磨光和结晶硬化处理，是一种高档的石材现场加工和地面翻新工艺。可以解决石材加工平整度和天然石材自身特性不能满足室内装修施工验收标准之间的矛盾。可以使石材地面无高差，使石材地面装修效果达到高标准。对年久失修的石材地面，更可修复到原有设计风貌。

（2）人造石楼地面装饰与施工

人造石是一种应用比较广泛的室内地面装饰材料，常见的有水磨石板材、人造大理石板材、人造花岗岩板材、微晶石板材等。人造大理石、人造花岗岩是以石粉及颗粒直径为3 mm左右的石碴为主要骨料，以树脂或水泥为黏结剂，经搅拌、注入钢模、真空振捣压实成型，再锯开磨光，切割成材。微晶石又称微晶玻璃复合板，是用天然材料制作成的一种人造建筑装饰材料。

人造石有以下一些性能特点：

①装饰图案、花纹、色彩可根据需要加工，也可模仿天然石材。

②抗污力、耐久性及可加工性均优于天然石材，重量轻、强度高、耐腐蚀、耐污染、施工方便。

人造石施工要点有以下几方面：

①人造石板材铺贴前应浸水湿润。

②铺贴前应根据设计要求确定结合层砂浆厚度，拉十字线控制石材、地砖表面平整度。

③结合层宜采用体积比为1：3的干硬性水泥砂浆，厚度宜高出实铺厚度2 ~3 mm。铺贴前应在水泥砂浆上刷一道水灰比为1：2的素水泥浆或干铺水泥1 ~2 mm后洒水。

④人造石材铺贴时应保持水平，用橡皮锤轻击使其与砂浆黏结紧密，同时调整其表面平整度及缝宽。

⑤铺贴后应及时清理表面，24小时后灌缝。

（3）石材楼地面装饰构造

石材楼地面装饰构造，如图1-21所示。石材楼地面装饰效果如图1-22所示。

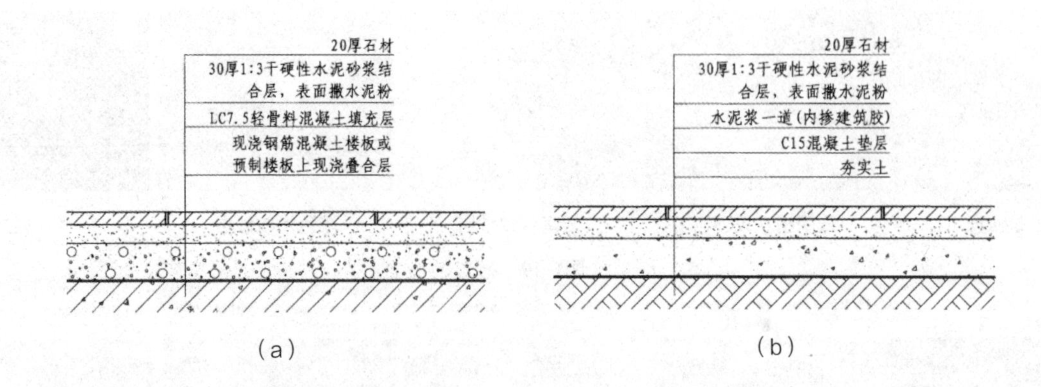

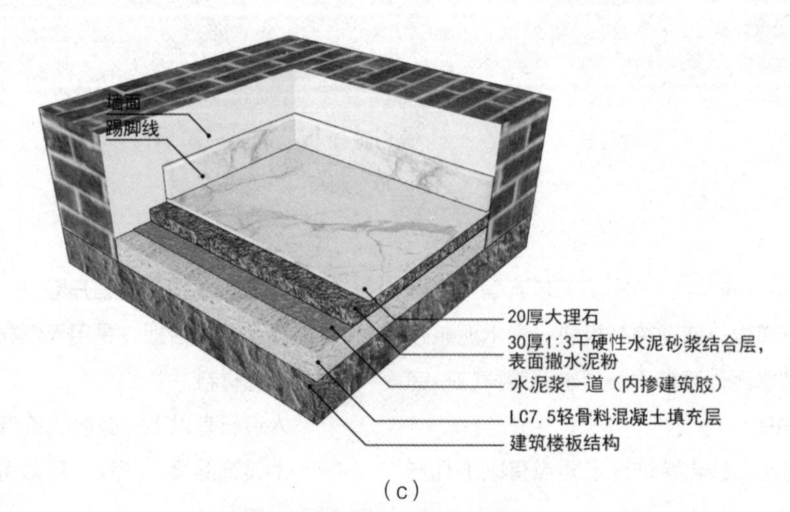

图1-21　石材楼地面装饰构造

（a）石材楼面；（b）石材地面；（c）石材楼面装饰构造示意图

图1-22　石材楼地面装饰工程实景

6. 竹木地板楼地面装饰构造

竹木地板具有天然纹理，给人以淳朴、自然的亲切感，弹性良好、脚感舒适。一般木地板也存在天然缺欠：易虫蛀、易燃。由于取材部位不同，而造成木地板构造不均，胀缩变形。因此，使用木地板要注意采取防虫蛀、防腐、防火和通风措施。竹木地板分类与性能特点，如表1-9所示。

表1-9　竹木地板分类与性能特点

分类	定义	类别	基本特点	性能特点
实竹木地板	普通条木地板（单层）常选用松、杉等软木树材，硬木条板多选用水曲柳、柞木、枫木、柚木、榆木等硬质树材。竹地板是以毛竹为原料，经切削加工、防霉防虫处理、控制含水率、侧向粘拼和表面处理、开榫槽、施涂油漆而成	平口实木地板	长方形条块，生产工艺简单	具有天然纹理、弹性良好、脚感舒适；天然缺欠：易虫蛀、易燃、胀缩变形
		企口实木地板	板面长方形一侧有榫一侧有槽，背面有抗变形槽	
		拼花实木地板	由多块木条按一定图案拼成方形，生产工艺要求高	
		竖木地板	以木材横截面为板面，加工中做改性处理，耐磨性较高	
		指接地板	由宽度相等、长度不等的小木板条指接而成，不易变形	
		集成地板	由宽度相等的小木板指接再横拼，性能稳定，天然美感	
实竹木复合地板	由3～5层实木板相互垂直层压、胶合而成。表面经过砂光之后，采用高硬度紫外线固化亚光漆，表层为优质硬木规格条板拼镶，板芯层为针叶林木板材，底层为旋切单板。各层木材相互垂直胶合缓减了木材的胀缩率，变形小，不开裂。表层优质硬木板只需3～5 mm厚，节约木材	企口型复合木地板	由三层或多层纵横交错，经过防虫、防霉处理的木材单板做基材逐层压合而成	保留了天然实木地板的优点，变形小、不开裂
		锁扣免胶型复合木地板		
		竹片竹条复合地板		
强化地板	强化地板也称浸渍纸层压木质地板，由耐磨层、装饰层、芯层、防潮层胶合而成。装饰层为木材花纹印刷纸，芯层为高密度纤维板、中高密度纤维板或优质刨花板	标准强化地板	耐磨层耐磨转数高于6000转	质硬耐磨、变形小、不开裂、易于安装、无须打蜡保养
		耐磨强化地板	耐磨层耐磨转数高于9000转	
软木地板	软木地板以栓皮栎橡树的树皮为原料加工而成	粘贴式软木地板	粘贴式软木地板由（由上至下）耐磨面层（树脂/UV漆）、软木薄板、合成软木基层、树脂平衡层（兼防潮作用）组成	脚感舒适、弹性好、绝热、减振、吸声、耐磨
		锁扣式软木地板	锁扣式软木地板由（由上至下）树脂耐磨面层、软木薄板、合成软木基层、高密度的纤维板（HDF）、用于平衡作用的夹板底层（或软木垫层）组成	

木地板常见规格如表1-10所示。

表1-10　木地板常见规格

分类	类别	长/mm	宽/mm	厚/mm
实木地板	平口实木地板	900、1200、1500	90、120、150	12、15、18、20
	企口实木地板	900、1200、1500	90、120、150	12、15、18、20
	拼方拼花实木地板	150、300、450	150、300、450	8~15
复合地板规格	嵌板	610、915	91	7~25
	T字板	610、915	91	7~25
	平拼板	610、915	91	7~25
	方形板	300	300	7~25

（1）木地板楼地面设计要点

木地板由于天然的优良特性被广泛用于各类空间的楼地面装修，木地板的设计应考虑以下几点。

①确定地面在整个装修工程中的预算，根据预算确定地板的具体品种，实木地板相对于复合地板价格高。

②根据地面完成面与结构板间的距离来确定木地板的铺设方式，如实铺或架空。相对于实铺方式铺设的木地板，架空式铺设的木地板可以获得更好的脚感和舒适度。实木地板架空式铺设过程中应根据在架空层放置驱虫药剂或樟木碎块以起到驱虫效果。在架空层与木地板表层之间也可增加1~2层衬板，也称毛地板，可获得更好的脚感和表面平整度，衬板与地板成45°斜铺。

③当木地板有防火要求时，应对木地板及龙骨进行防火处理，可满刷防火涂料以达到防火设计要求。防火涂料需选用与木材黏结力强的薄型防火涂料。

④木地板拼铺的方式不同所产生的视觉效果也不一样，如图1-23所示。

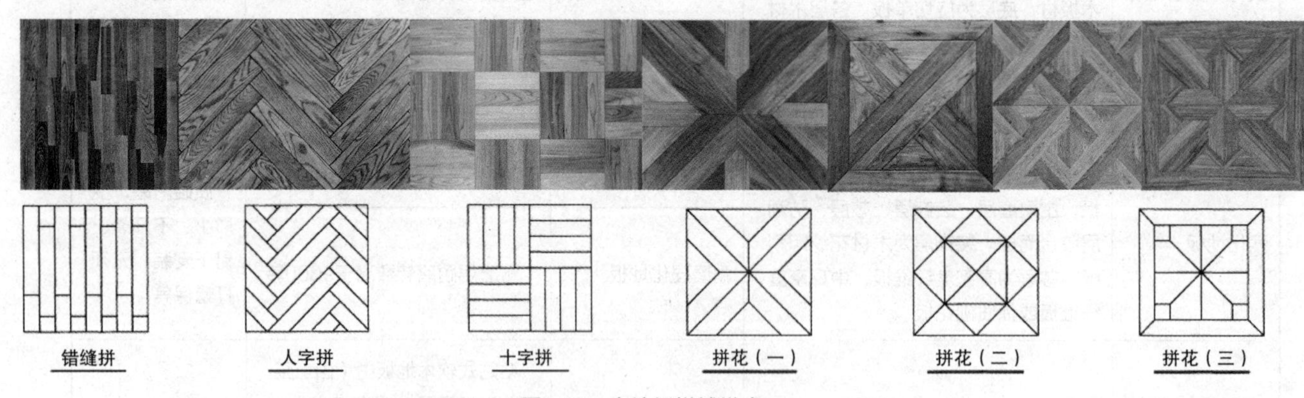

图1-23　木地板拼铺样式

（2）木地板楼地面施工要点

1）实木地板楼地面施工要点

①实木、竹地板选材应采用符合现行标准的优等品。应严格控制实木地板及木龙骨的含水率，待两者均干燥后再铺设。

②实木、竹地板与木龙骨固定时应采用配套木地板钉钉牢。钉的长度应为面板厚度的2~2.5倍，并从地板企口凸槽处斜向钉入木地板内，钉头不能露出。钉子的间距根据地板种类和施工工艺确定，条件允许最好用木螺钉。

③木龙骨的铺设方向应与实木地板的铺设方向垂直，根据木地板尺寸调整木龙骨间距。

④为使防潮效果更好，木龙骨上应再铺设专用防潮垫层。

⑤竹地板斜向固定钉的要求：当竹地板长度为600 mm时不得少于2个；长度为1000 mm时不得少于3个；为1500 mm时不得少于4个；超过1500 mm时不得少于5个。

2）实木复合地板楼地面施工要点

①复合多层木地板的厚度在8 ~25 mm不等，厚度不同其结构及铺装方法也不同。

②复合木地板的厚度在7 ~15 mm时可直接铺在干燥水平的地面上，并加铺专用防潮垫层。

③铺设木地板时长边板端接缝应间隔错开，错开长度不小于300 mm。面层周边与墙体之间应预留5 ~10 mm缝隙，预留缝根据不同木地板面层材质的物理伸缩比率而不同。

④企口型复合木地板铺设，应采用配套专用胶。地板胶应均匀打在凸槽的上方，不得漏涂，应用湿棉丝擦除多余胶，地板正面上不得有胶痕。

⑤锁扣免胶型复合木地板直接采用斜插式安装。

强化地板及软木地板的错缝拼接要求、用胶要求、与四周墙体留缝要求均与复合木地板相同。

3）舞台木地板构造做法

①舞台用木地板分单层（30 ~50 mm厚）和双层（50 mm厚）两种做法，以松木或杉木为宜。

②架空舞台木地板用木龙骨宜选用50 mmx 80 mm，龙骨中距不超过400 mm，厚硬木长条地板衬板四周用30 mmx20 mm硬木压条封边。

（3）木地板楼地面装饰构造

木地板楼地面装饰构造，如图1-24~图1-26所示。

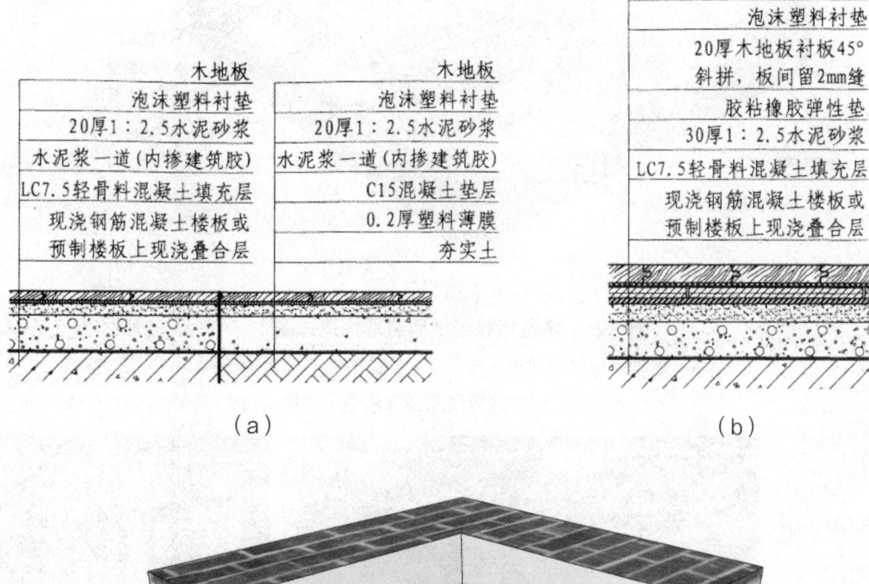

（a）　　（b）

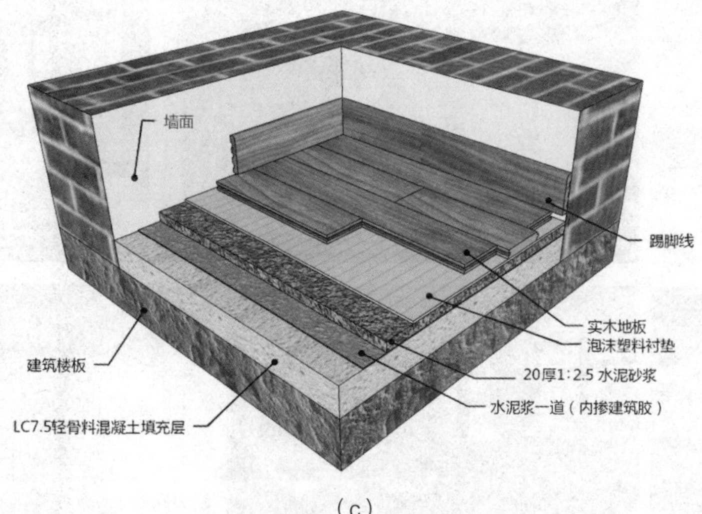

（c）

图1-24　木地板楼地面装饰构造详图

（a）实铺木地板楼（地）面；（b）实铺舞台木地板；

（c）实铺木地板楼面装饰构造示意图

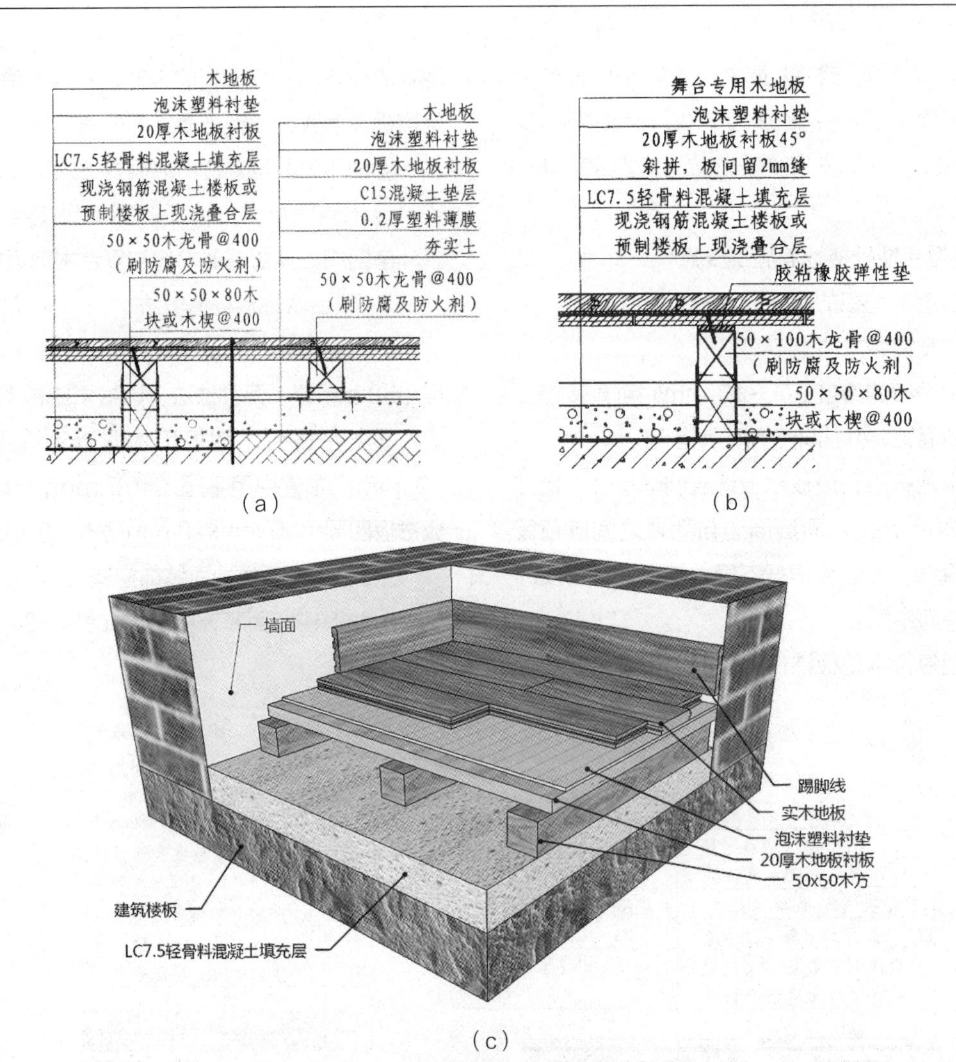

（c）

图1-25　木地板舞台地面装饰构造详图

（a）架空木地板楼（地）面；（b）架空铺舞台木地板；

（c）架空铺木地板楼面装饰构造示意图

图1-26　木地板地面装饰工程实景

7. 不同地面装饰材料交接构造

不同地面装饰材料交接构造，如图1-27至图1-30所示。

图1-27　地砖与木地板交接构造

图1-28　地砖与地毯交接构造

图1-29　水泥自流平与亚麻地板交接构造

图1-30　大理石与木地板交接构造

二、楼地面装饰设计与实例

楼地面是人在建筑空间活动中接触最为频繁的空间界面，地面的材料与装饰除了应满足基本构造要求外，还可充分利用材料的材质特征与铺装方式提升地面装饰效果（图1-31）。

（一）楼地面装饰设计

楼地面作为室内空间装饰的重要组成部分，在进行楼地面设计时应综合考虑以下几个方面：

①楼地面装饰设计应和室内空间整体装饰相协调，统一中求变化。楼地面材料的色彩和材质搭配应和室内空间的整体风格协调统一，或在满足与整体风格相协调的前提下适度变化，达到渲染空间氛围、提升空间的整体格调的作用。楼地面装饰设计应综合考虑和顶棚、墙面装饰的呼应与协调，与家具、陈设等的相互衬托作用。采用特殊铺贴图案设计时，应注意家具与陈设品对地面的遮挡因素，以及与顶棚造型与尺寸的对应关系。

②充分考虑材料的材质特征和铺贴排布方式，丰富地面的装饰效果。同一种材料可以通过充分利用材料的材质与规格、通过改变铺装排布方式，形成更为美观的新的视觉效果。两种或两种以上不同颜色地面材料混铺，往往比单一材料铺贴更容易凸显地面的装饰效果，但应避免造成视觉混乱、过于花哨、喧宾夺主的不良效果，应注意与整体环境的协调关系。

③满足楼地面装饰构造的现实条件需要。楼地面装饰设计应充分利用材料的规格，尽量减少材料混用

品种、减少对材料的切割加工，给予构造施工上的方便，降低造价，不能盲目追求地面图案的装饰效果。

（二）楼地面装饰设计图纸表达内容

①图纸中应清楚表达出地面装饰材料的种类、拼接图案（大样图）、不同材料之间的分界线及收口方法、措施（节点详图）。

②图纸中应清楚表达出地面装饰的定位尺寸、标准或异形材料的单位尺寸、施工方法。

③图纸中应清楚表达出地面装饰嵌条的定位尺寸、材料种类及做法。

④图纸中应清楚表达出空间名称、面积、材料名称或代号。

⑤图纸中应清楚表达出地面完成面的相对标高。

⑥准确标注索引符号和编号、图纸名称及制图比例。

（三）楼地面设计案例

案例一：家居地面铺装设计，如图1-32所示。

图1-31 餐厅装饰设计方案
（08级环艺一班 曹平安）

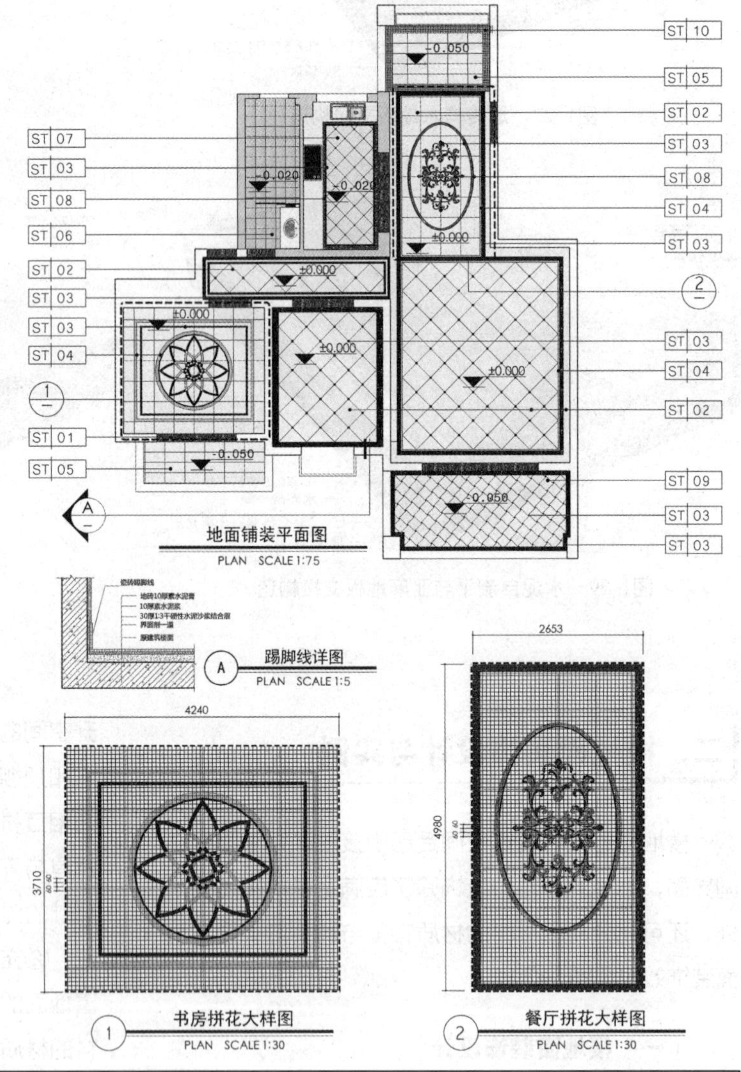

材料说明：					
ST01	深色大理石	ST05	300x600防滑地砖	ST09	300x300防滑地砖
ST02	600x600白色暗纹地砖	ST06	300x300防滑地砖	ST10	仿马赛克瓷砖
ST03	黑白银石材	ST07	400x400防滑地砖		
ST04	啡网石材	ST08	啡色雨淋石材		

图1-32 家居地面铺装设计（10级环境艺术设计2班 欧阳世梅）

案例二：售楼部地面铺装设计，如图1-33所示。

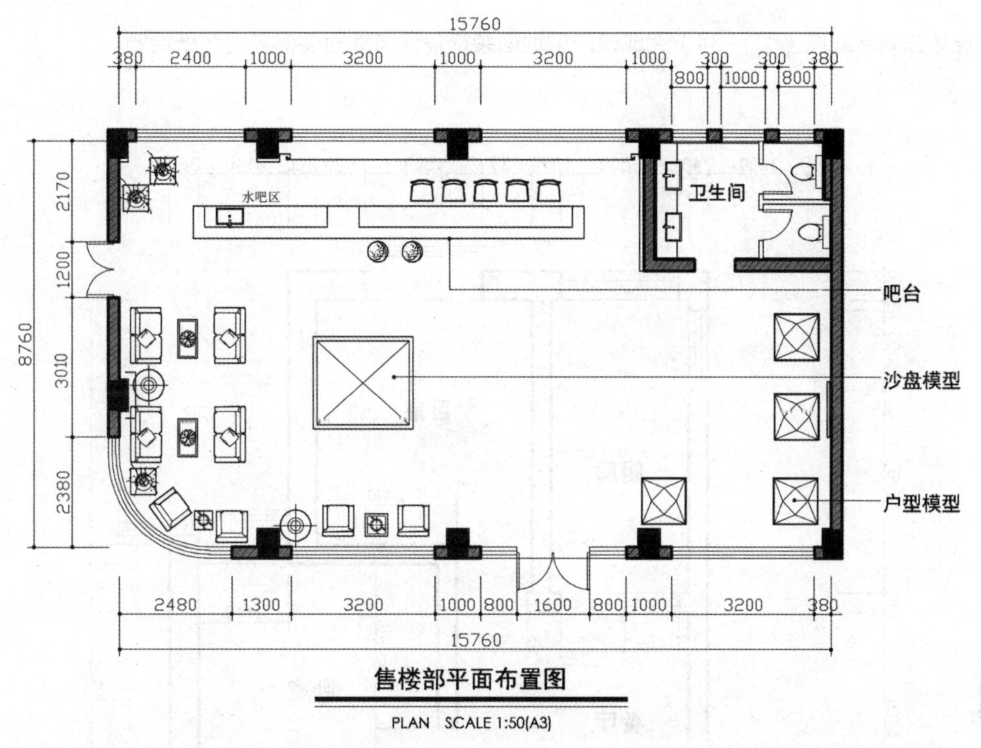

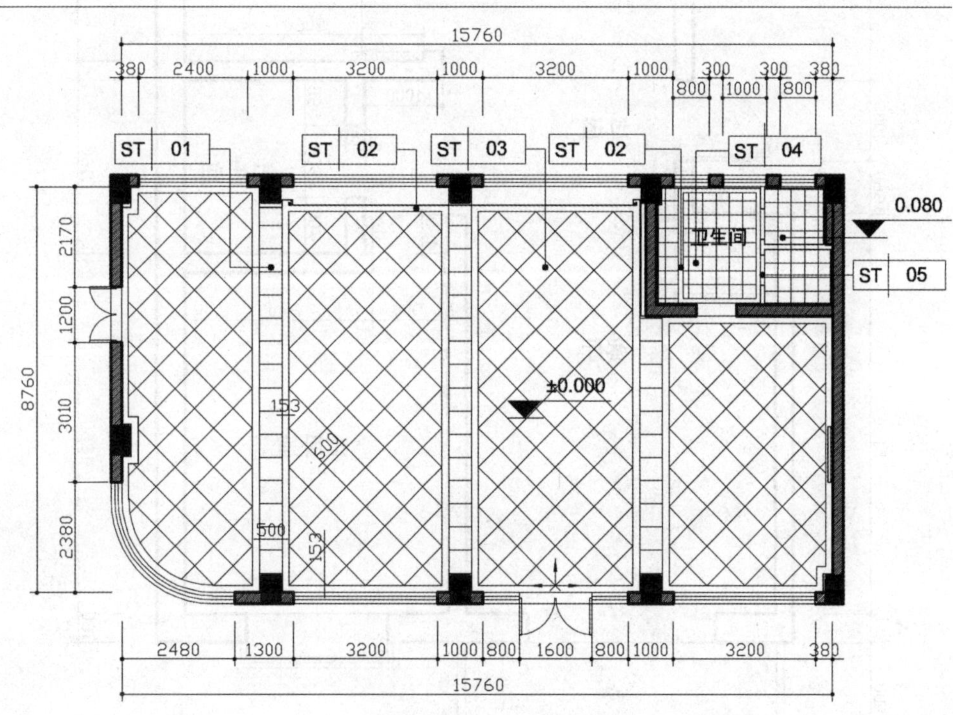

售楼部地面铺装图

PLAN SCALE 1:50(A3)

材料说明：					
ST01	米黄色仿古砖	ST03	浅褐色仿古砖	ST05	黑金沙石材
ST02	啡网纹石材	ST04	米黄色仿古砖		

图1-33　某地产售楼部平面布置图与地面铺装设计（贺剑平）

家居空间地面铺装设计实践

请根据原始建筑平面图（图1-34）完成该户型地面装饰设计与地面装饰构造图纸绘制。

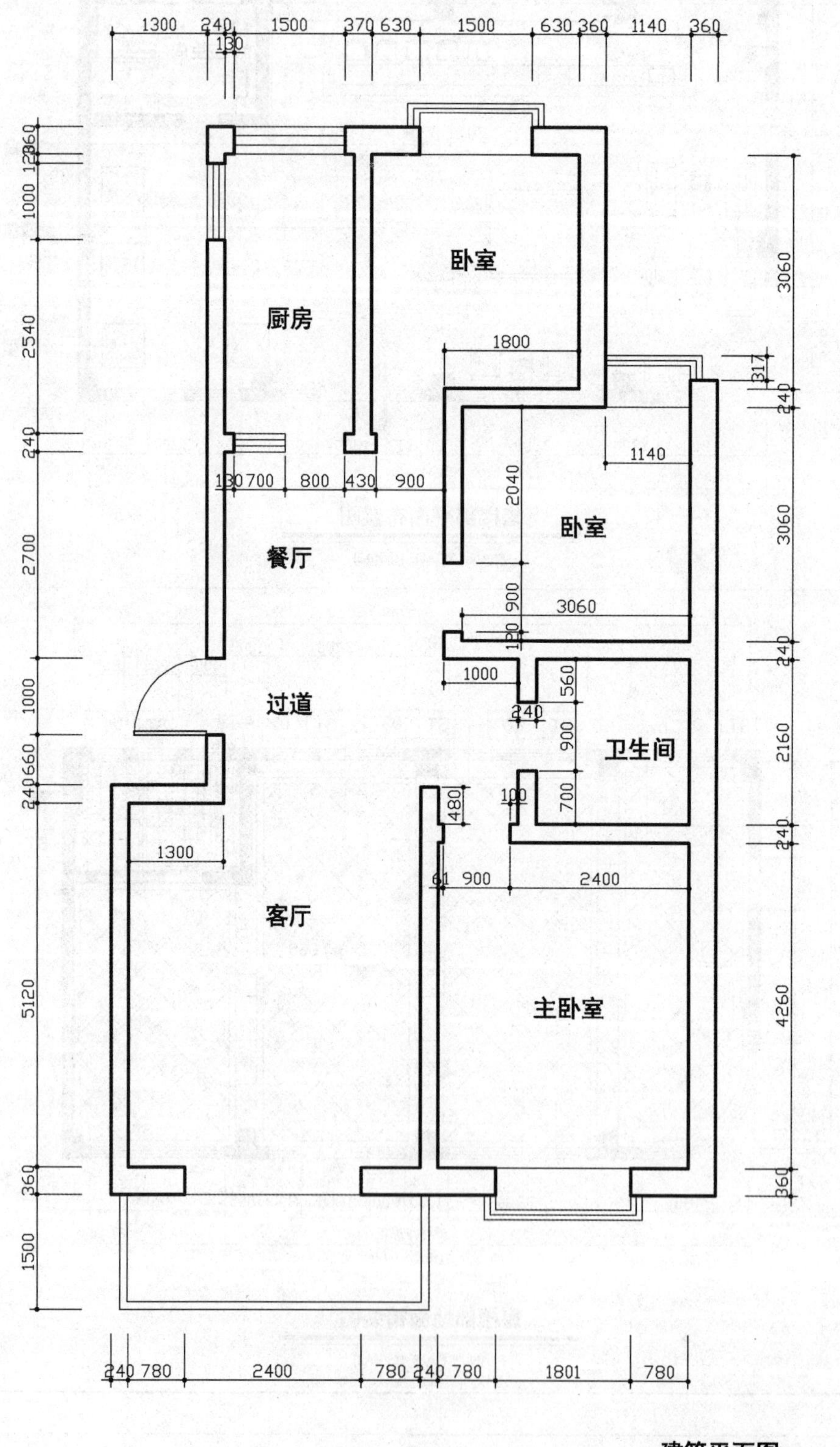

图1-34 住宅建筑平面图

一、任务目标

①能识读楼地面装饰构造节点详图；

②能设计绘制楼地面材料铺装平面图；

③能设计绘制楼地面装饰构造节点详图；

④能根据图纸设计并绘制楼地面材料布置平面图（铺装平面图）和装饰构造节点详图。

二、工作任务

①查找地面铺装设计案例，了解地面装饰铺贴样式，查找地面常见饰面材料如地砖、木地板、地毯等的尺寸规格、颜色肌理特征与构造方法等资料，资料的形式可以是文本、图片和动画，并整理成PPT文件；

②设计并绘制地面材料铺装布置平面图；

③绘制楼地面装饰构造分层构造剖面图；

④绘制楼地面踢脚构造节点详图；

⑤如需定制地面拼花，应绘制地坪材料拼花大样图；

⑥绘制门洞口、不同材质交接处的节点详图。

三、任务成果要求

（一）资料查询成果要求

资料查找成果应分类整理成PPT文件，按包含材料的名称、基本特性文字描述、规格尺寸、颜色与肌理特征（附图说明）、适用范围、构造做法（附图说明）、应用案例（附图说明）等内容，分类整理成图文结合的PPT文件。

（二）设计任务成果要求

设计任务的成果以图纸形式呈现，图纸内容与要求：

①图纸规格与要求：A3幅面，应有标题栏，标题栏须按要求绘制并填写完整相关内容；

②图纸制图应符合《房屋建筑室内装饰装修制图标准》（JGJ/T 244—2011）的要求；

③图纸应注明地坪界面所在空间名称；

④图纸应注明地坪材料及其规格、编号等信息；

⑤如需定制地面拼花，应绘制地坪材料拼花大样图，并在地面材料铺装图中绘制大样索引号；

⑥不同材质地面的交接，应绘制节点图，表达清楚不同材料衔接的构造节点，并在地面材料铺装图中绘制索引号；

⑦注明地坪相对标高；

⑧注明轴号及轴线尺寸或建筑结构的主要尺寸；

⑨地坪装饰完成面如有标高上的落差，应绘制节点图，通过剖切表达清楚该部位收口、材料的构造做法，并在地面材料铺装图中绘制索引号；

⑩地面与墙面的交接处理、踢脚线与地面装饰的构造关系应表达清楚。

四、工作思路建议

①收集地面铺装设计与材料构造的相关详细信息，了解不同材料地面的装饰效果、铺装方式、规格尺寸、颜色与肌理特征；查阅标准图集如《内装修一楼（地）面装修》（13J502-3），了解地面装修构造做法；查阅质量与验收标准如《住宅装饰装修工程施工验收规范》（GB 50327—2012），了解地面装饰装修的质量控制等资料。

②参观装饰工地现场，实地考察地面的装饰构造方法、构造尺度、材料、收口与过渡、铺贴设计等，并用手机或相机尽可能详细地做好影像记录。

③确定各空间地面铺装材料。

④绘制地面铺装设计草图与构造详图草图。

⑤规范绘制地面铺装平面图与详图。

五、地面铺装平面图绘制步骤

①根据绘制对象尺寸与图纸规格确定比例；

②画出包括建筑门窗、墙体等建筑结构和固定家具、装饰构件、隔断等内容的平面图；

③根据地面材料规格和铺装设计构思绘制铺装图

线，对于地砖、石材与木地板等装饰块材应注明铺贴的起始位置；

④根据地面铺装平面图，绘制楼地面装饰构造分层构造剖面图索引符号；

⑤根据楼地面装饰选择踢脚线材料，并绘制踢脚构造节点详图索引符号；

⑥根据地面门洞口、不同材质交接处的装饰材料构造做法，绘制门洞口不同材质交接处的节点详图索引符号；

⑦根据楼地面拼花图案画出地面的拼花造型图案大样图索引符号；

⑧标注尺寸，完成面标高、图纸名称、比例、材料名称规格与工艺做法等文字说明；

⑨描粗整理图线，建筑主体结构和隔墙轮廓线用粗实线表示，装饰面层剖切轮廓线用中实线表示，地面铺贴及其他图线用细实线表示。

六、地面装饰详图绘制步骤

详图指局部详细图样，由大样图、节点图和剖面图三部分组成。地面装饰详图绘制步骤如下：

①根据绘制对象尺寸确定比例，画出地面、楼板或墙面等基层结构部分轮廓线；

②根据构造层次与材料的规格或构造厚度，依次由里至外绘制地面装饰构造分层图线，图线应能表达出由建筑构件至饰面层的构造层次或材料的连接固定关系；

③根据不同材料的图例使用规范，绘制建筑构件、断面构造层及饰面层的材料图例；

④绘制详细的施工尺寸标注、详图符号，工整书写包括详图名称、比例、注明材料与施工所需的文字说明；

⑤描粗整理图线，建筑构件的梁、板、墙轮廓线用粗实线表示，装饰构造分层剖切轮廓线用中实线表示，其他图线用细实线表示。

项目二

室内建筑顶棚装饰构造与工艺

学习目标

1. 了解室内建筑装饰装修材料市场顶棚装饰材料的品种、规格与价格；

2. 了解室内建筑装饰装修中顶棚装饰构造类型与工艺；

3. 熟悉顶棚装饰构造设计通用节点详图与大样图的画法。

任务描述

1. 深入当地装饰建材市场，调查了解顶棚装饰材料的品种规格、颜色与质地特征、价格信息；

2. 走访考察当地装饰公司施工工地，了解顶棚的装饰构造方法与施工工艺流程；

3. 掌握不同装饰材料顶棚的装饰构造做法；

4. 掌握常见装饰材料顶棚装饰的构造设计图绘制；

5. 掌握顶棚设计与图纸绘制。

知识链接

一、顶棚装饰构造概述

顶棚是指建筑室内空间顶部的结构层或为满足室内美观需要将梁和暖通、消防、水电等管道设备隐蔽而增设的装修层，又称天花。

（一）顶棚装饰的作用

顶棚作为楼板层下表面的构造层，其主要功能是保护楼板、安装灯具、隔音吸音、保暖隔热、装饰室内空间，如图2-1所示。

顶棚装饰的作用主要有以下两方面：

①增强室内装饰效果，通过顶棚对建筑的梁体结构与消防、电器、暖通等工程的管线与设备的隐藏、顶棚的造型处理、色彩与材质搭配、灯光布置增强室内空间的整体装饰效果。

②改善室内环境，满足空间使用功能的要求，满

足空间在隔音吸音、隔热保暖、防尘清洁、防火、防潮等方面的要求。

（二）顶棚装饰构造的基本要求

①顶棚装饰材料选用应满足空间的使用要求，顶棚的构造连接应安全稳固可靠，顶棚的造型应满足空间的整体装饰效果。

②顶棚构造设计应满足各专业设计要求。在材料选用、吊点设置、灯具安装固定、通风换气设备、扬声器、消防系统、水电管路设施、空调风口位置、检修孔等方面，在顶棚设计时各专业应密切配合，协调统一。顶棚内的管线和设备需经常检修时，应设检修口和检修马道，马道应单独吊挂在主体结构上。顶棚净空较低，人员又不便进入检修时，应选用便于拆卸的装配式顶棚，或在需经常检修部位设检修孔。

③有洁净要求的房间，顶棚构造均应采取整体无缝吊顶，表面要平整、光滑，不掉尘、不积尘。

④顶棚不宜设置产生大量热能的灯具。顶棚照明灯具的高温部位，应采取隔热、散热等防火保护措施。

⑤可燃气体管道不得在封闭的吊顶内敷设。

⑥顶棚内的上水管道应做保温隔热处理，防止产生凝结水。

⑦多雨潮湿地区或潮湿房间的顶棚，应采用耐水材料。如为石膏板吊顶应采用防水石膏板。

⑧吊顶材料应满足防火要求，顶棚设计应妥善处理装饰效果和防火安全的要求，做到安全适用、经济合理，符合建筑内部装饰装修设计防火规范的相关规定。

图2-1　顶棚的装饰效果

⑨玻璃顶棚其玻璃应选用夹丝玻璃、夹层玻璃或钢化玻璃。玻璃顶棚若兼有人工采光要求时，应尽量采用冷光源或具有足够的散热空间。任何空间，普通玻璃均不应该作为顶棚材料使用。

⑩避免使用或少用石材作为吊顶饰面材料，需要时也可用仿石材材质的复合材料，可同样实现装饰效果，安全性能和经济性都较好。

⑪室内吊顶均应符合我国现行的标准规范、施工操作规程及施工质量验收规范的有关规定。

（三）顶棚装饰构造分类

顶棚装饰构造按顶棚表面与结构层关系可分为直接式顶棚和悬吊式顶棚两种形式。

直接式顶棚是指直接在楼盖底面和屋盖底面层进

行抹灰或粉刷、粘贴壁纸、钉接石膏板或其他板材等饰面材料的顶棚。这种顶棚装饰构造层厚度小，可以充分利用空间，材料用量少，施工方便。直接式顶棚按构造形式可分为：直接抹灰顶棚、直接式板材顶棚、直接式藻井顶棚、结构顶棚等，如图2-2（a）、（b）所示。

悬吊式顶棚又称吊顶棚，饰面层通过龙骨和吊挂件与主体结构连接在一起，通常由面层、龙骨和吊挂件三部分组成［图2-2（c）］。吊顶的类型多种多样，按构造形式可分为：整体式吊顶、活动式吊顶和开敞式吊顶。

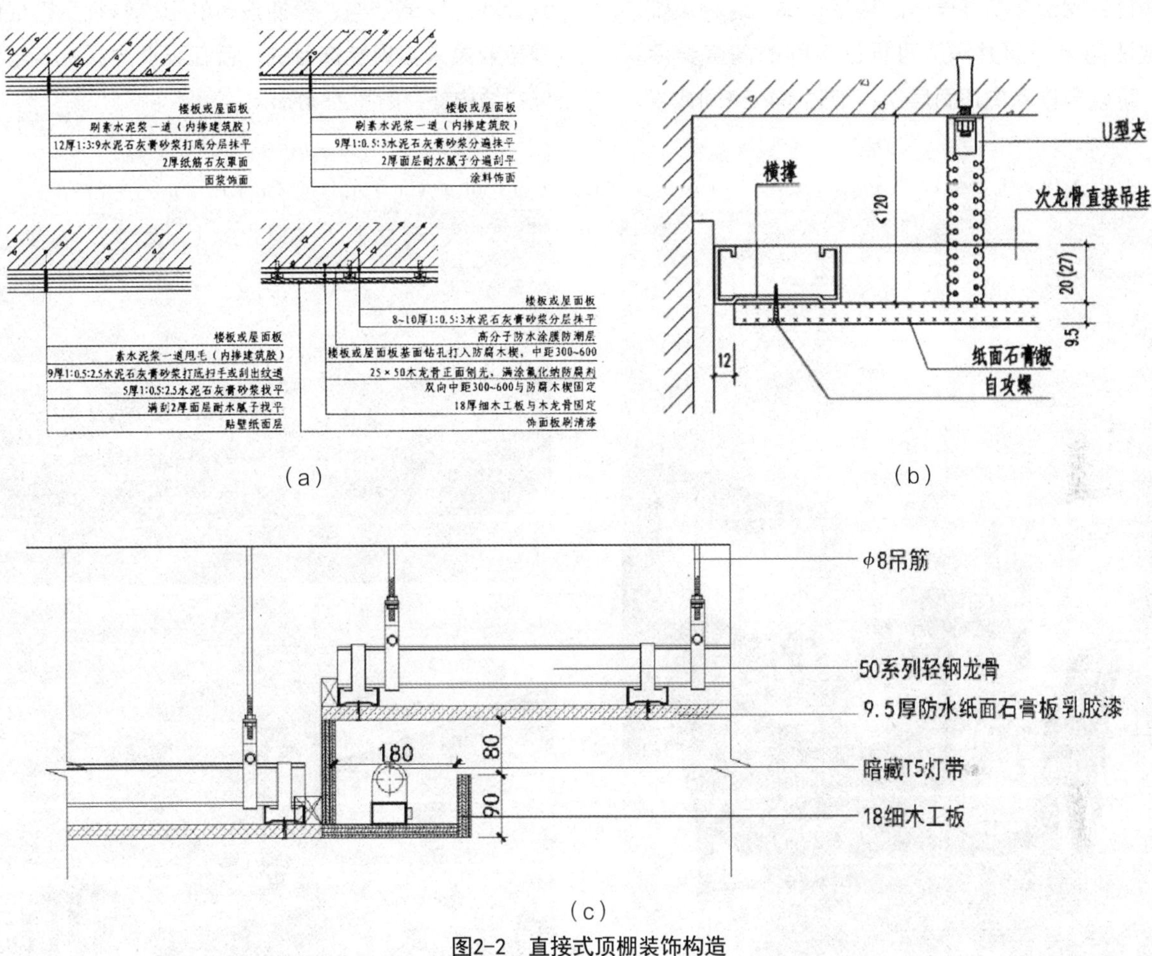

（a）

（b）

（c）

图2-2　直接式顶棚装饰构造

1. 抹灰顶棚装饰构造

直接抹灰顶棚装饰构造是指在楼盖底面或屋盖底面面层直接进行抹灰饰面的顶棚构造形式，其做法是首先将混凝土楼板、梁下的拼缝填实，去除松动表层，平整凸起，然后喷水润湿，为保证抹灰层与楼板、梁结合牢固，先刷稀水泥浆一遍，然后用1：1：6混合砂浆（水泥：白灰膏：砂）打底，再做面层抹灰，最后做饰面装饰，饰面做法可以是涂刷或喷涂各种内墙涂料或浆料，也可以裱糊墙纸或墙布。直接抹灰顶棚装饰构造由底层、中间层、面层构成。

2. 直接式板材顶棚装饰构造

直接式板材顶棚装饰构造是指在楼板底面直接固定木制或金属格栅，格栅纵横间距根据装饰板材规格确定，然后将装饰板材固定在格栅上的构造方法。格栅主要起找平作用，这种装饰构造占用空间小。

直接式板材顶棚装饰构造方法如下：

①铺设固定龙骨格栅：用射钉、胀管螺栓或埋设木楔将龙骨格栅固定在楼板上。

②铺钉面板：用木螺钉、气钉或黏结剂将面板固定在龙骨格栅上。

③板面饰面处理：根据面板材料选用喷涂涂料、粘贴墙纸或喷涂油漆等方法做表面饰面处理。

3. 直接式藻井顶棚装饰构造

直接式藻井顶棚装饰构造是指将木制格栅或轻钢格栅直接固定在楼板底面，格栅间距根据藻井设计规格确定，然后将石膏板、石膏线、木板条、木线等饰面材料固定在格栅表面的构造形式。这种装饰构造做法简单，藻井深度可根据空间的高度灵活调整，可以丰富室内顶面层次，增强室内空间效果，如图2-3所示。

4. 结构顶棚装饰构造

结构顶棚装饰构造是指将楼盖、屋盖的结构和管道设施等直接暴露在室内空间中的装饰形式。现代建筑室内空间装饰中常将钢筋混凝土楼板、井字梁、网架结构、拱形结构以及管道设备暴露在外，充分利用建筑结构、管道设备的形态特征所形成的视觉效果来实现装饰目的，旨在强调显露建筑与设施的结构美，如图2-4所示。

图2-3 直接式藻井顶棚

结构顶棚装饰构造通常利用楼盖或屋盖的结构构件、管道设施等作为顶棚装饰元素，其形式与楼盖和屋盖结构形式一致，主要有网架结构、拱结构、悬索结构、井格式梁板结构等。常采用在结构和管道设施表面直接喷涂、包裹等方法调节色彩和材质来实现装饰目的。

图2-4 结构顶棚参考图

5. 木龙骨吊顶装饰构造

木龙骨吊顶装饰构造是指采用木方作为龙骨骨架，在木龙骨上安装各类罩面板的顶棚装饰构造。木龙骨吊顶分为有主龙骨木格栅和无主龙骨木格栅。有主龙骨木格栅吊顶多用于比较大的建筑空间，目前采用得比较少。无主龙骨木格栅由纵向龙骨和横向龙骨组成，吊筋采用方木或金属吊挂件。木龙骨吊顶因所用木材具有容易加工的特点，是家庭装修常用的一种形式，但因木材容易腐朽、易燃，要做好防虫、防腐、防火处理，见图2-5。

（1）吊筋

吊筋，又称为吊杆，是将吊顶与建筑结构连接的构件，通过吊筋来调整、确定顶棚的空间高度。吊筋材料有角钢、扁铁、圆钢、方木等。角钢吊筋规格为30 mm × 30 mm × 3 mm或40 mm × 40 mm × 4 mm，用于重型顶棚或整体刚度要求特高的顶棚；木吊杆规格为50 mm × 50 mm或40 mm × 40 mm。吊筋布设间距为900 ~ 1200 mm。

（2）木龙骨骨架

木龙骨材料应为烘干，无扭曲的红、白松树种。木龙骨规格按设计要求，如设计无明确规定时，龙骨规格为50 mm × 50 mm或40 mm × 50 mm，龙骨纵横间距一般为400 ~ 600 mm。

（3）面层

木龙骨吊顶面层常用饰面材料有石膏板、纤维水泥加压板、刨花板、实木板、矿棉板、吸声穿孔石膏板、矿棉装饰吸声板、塑料装饰板、铝塑板等，品种十分丰富，可根据设计和造价灵活选用。安装饰面板前应完成吊顶内管道和设备的调试与验收。

纸面石膏板的常用规格有：长度为2400mm、2700 mm、3000 mm、3300 mm，宽度为1200 mm，厚度为9.5 mm、12 mm、15 mm，还可根据需要裁切或拼接为任意尺寸。

纤维水泥加压板的常用规格有：1200 mm × 2400 mm，厚度为4~30 mm，具体厚度分为4 mm、6 mm、8 mm、10 mm、12 mm、15 mm、20 mm、24 mm、30 mm等。

硅钙板的常用规格有：长度为1800 mm、2400 mm、2440 mm、3000 mm，宽度为800 mm、900 mm、1000 mm、1200 mm、1220 mm等，厚度

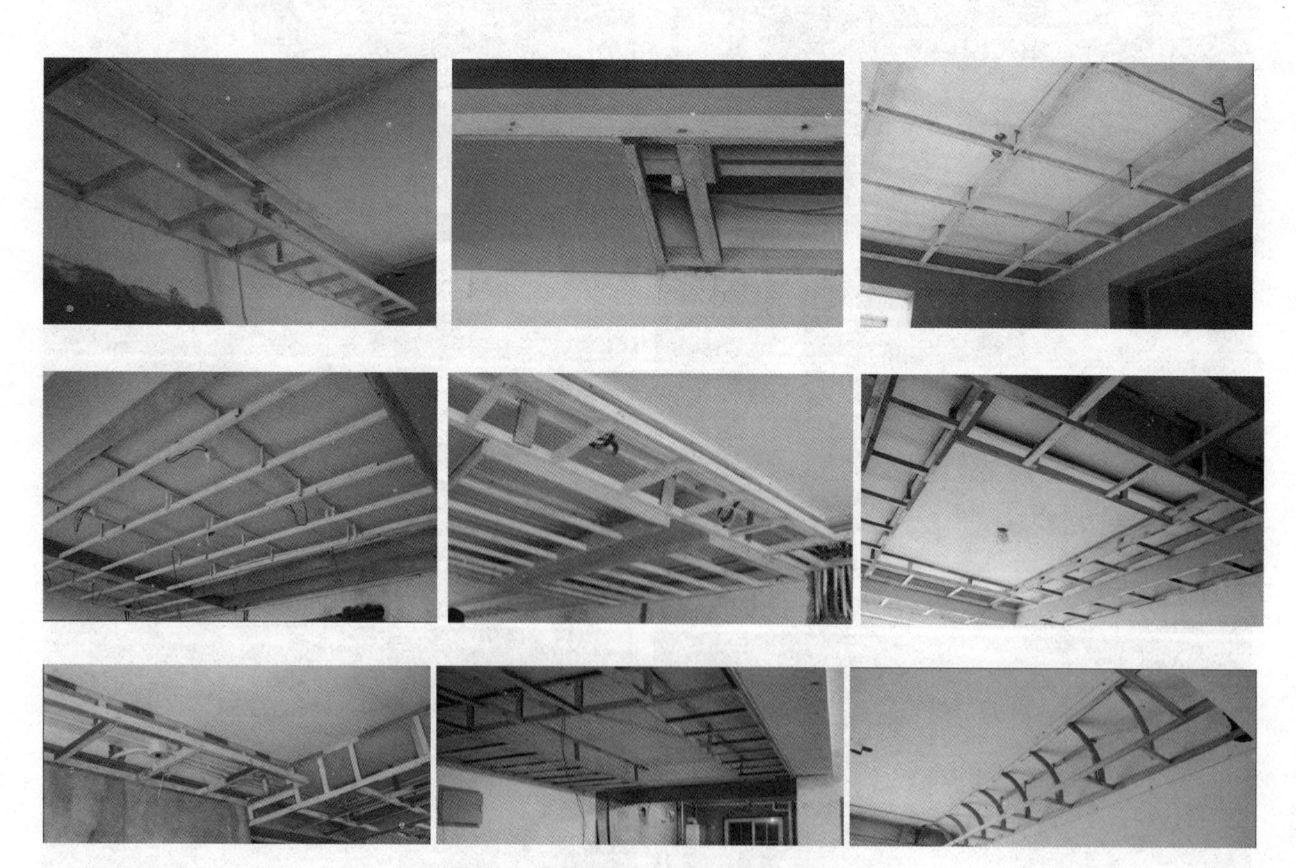

图2-5　木龙骨吊顶装饰构造工地实景图

为5 mm、6 mm、8 mm、10 mm、12 mm、15 mm、20 mm、25 mm等。

（4）木龙骨吊顶施工工艺流程

①抄平弹线。

弹线包括：标高线、顶棚造型位置线、吊挂点布局线、大中型灯位线。

确定标高线：根据室内墙上+50 cm水平线，用尺量至顶棚设计标高，在该点画出高度线，用一条塑料透明软管灌满水后，将软管的一端水平面对准墙面上的高度线。再将软管的另一端头水平面，在同侧墙面找出另一点，当软管内水平面静止时，画下该点的水平面位置，再将这两点连线，即得吊顶高度水平线。用同样方法在其他墙面做出高度水平线。操作时应注意，一个房间的基准高度点只用一个，各个墙的高度线测点共享。沿墙四周弹一道墨线，这条线便是吊顶四周的水平线，其偏差不能大于5 mm。

确定造型位置线：对于较规则的建筑空间，其吊顶造型位置可先在一个墙面量出竖向距离，以此画出其他墙面的水平线，即得吊顶位置外框线，而后逐步找出各局部的造型框架线。对于不规则的空间画吊顶造型线，宜采用找点法，即根据施工图纸测出造型边缘距墙面的距离，从墙面和顶棚基层进行实测，找出吊顶造型边框的有关基本点，将各点连线，形成吊顶造型线。

确定吊点位置：对于平顶天花，吊点一般是按每平方米布置1个，在顶棚上均匀排布。对于有跌级造型的吊顶，应注意在分层交界处布置吊点，吊点间距0.9～1.2 m。较大的灯具应安排单独吊点来吊挂。

②木龙骨处理。

木龙骨安装前应进行筛选，将其中腐蚀、开裂、虫蛀等部分剔除，并进行防火处理，将防火涂料涂刷于木材表面，也可把木材放在防火涂料槽内浸泡。对于直接接触建筑结构的木龙骨，如墙边龙骨、梁边龙骨、端头伸入或接触墙体的龙骨应预先刷防腐剂，防腐剂应具有防潮、防蛀、防腐朽等功效。在暖通消防水电工程完工后再安装木龙骨。

龙骨接头应错开布置，不得在同一直线上，相邻接头错开距离不宜小于300 mm。木龙骨的悬臂段不应大于300 mm。

③顶棚内各种管线安装。

吊顶时要结合灯具位置、风扇位置做好预留洞穴及吊钩。当平顶内有管道或电线穿过时，应预先安装管道及电线，然后再铺设面层，若管道有保温要求，应在完成管道保温工作后，才可封钉吊顶面层。

④安装吊杆，如图2-6所示。

吊杆，通过吊点与建筑结构层连接。吊点通常用M8或M10膨胀螺栓将∠25 mm×25 mm×3 mm或∠30 mm×30 mm×3 mm角铁或40 mm×40 mm木方固定在现浇楼板底面。M8膨胀螺栓钻孔深度≥50 mm，钻孔直径10.5 mm；M10膨胀螺栓钻孔深度≥60 mm，钻孔直径13 mm。吊杆可用钢筋、角钢或木方，吊点与吊杆之间采用焊接、螺栓或螺钉等方式连接。吊顶灯具、通风口及检修口等处应增设附加吊杆。

⑤安装主龙骨。

⑥安装次龙骨，见图2-7。

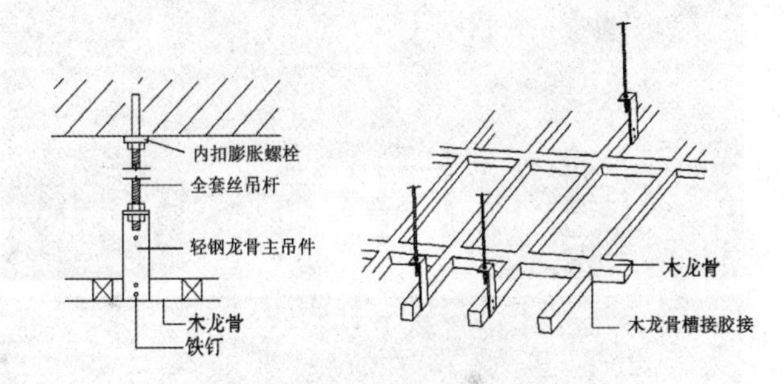

图2-6　吊杆安装示意图

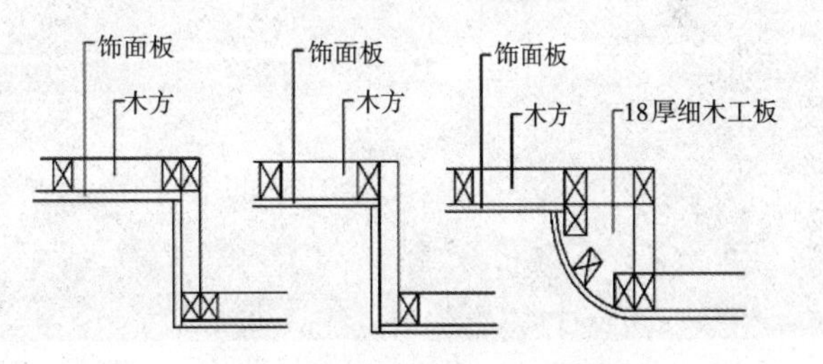

图2-7　跌级木龙骨安装示意图

木龙骨通过吊杆与楼板连接，在角钢或扁铁吊杆与木龙骨结合处钻孔并穿过龙骨用螺栓紧固，或用钉接方式将木吊筋与木龙骨连接固定。

木龙骨与墙面的连接，根据吊顶的设计标高在四周墙上弹线。弹线应清晰、位置准确。边龙骨应按弹线位置，通过膨胀螺栓或胀管螺钉固定在四周墙面。

⑦安装罩面板。

罩面板安装必须在顶棚内管道安装、试水、保温等一切工序全部验收后进行。石膏板、纤维水泥加压板用木螺钉与木龙骨固定。纸面石膏板螺钉与板边距离应不小于15 mm；纤维水泥加压板螺钉与板边距离宜为8.15 mm。板中钉间距以170～200 mm均匀布置。螺钉帽应嵌入石膏板深度1 mm，并应涂刷防锈涂料，钉眼用石膏腻子抹平。

木质板材用铁钉或木螺钉与龙骨固定，钉长为20～30 mm，钉距不大于120 mm，钉子敲进板面0.5~1 mm，然后用与板面相同颜色的腻子填平（图2-8）。

⑧接缝压条。

罩面板材装钉完成后，用石膏腻子填抹板缝和钉孔，用接缝纸带或玻璃纤维网格胶带等板缝修补材料粘贴板缝，各道嵌缝均应在前一道嵌缝腻子干燥后再进行。最后做表面饰面涂料喷涂（图2-9）。

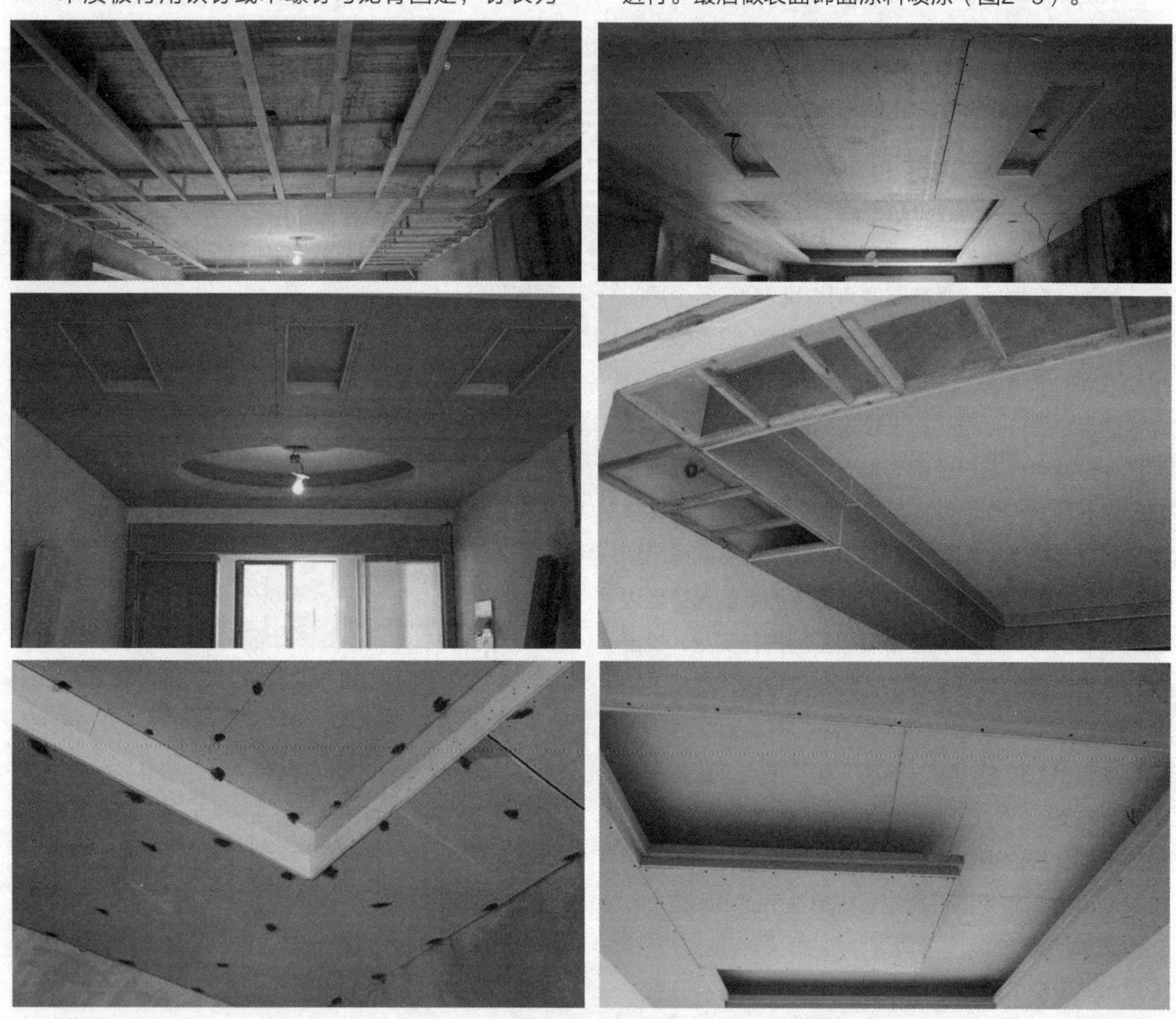

图2-8　木龙骨吊顶纸面石膏板饰面工程实景图

图2-9　木龙骨吊顶装饰完工实景图

（5）木龙骨吊顶装饰构造

木龙骨吊顶装饰构造，通常由木质吊杆或金属吊杆、木龙骨骨架和面层三部分组成（图2-10）。

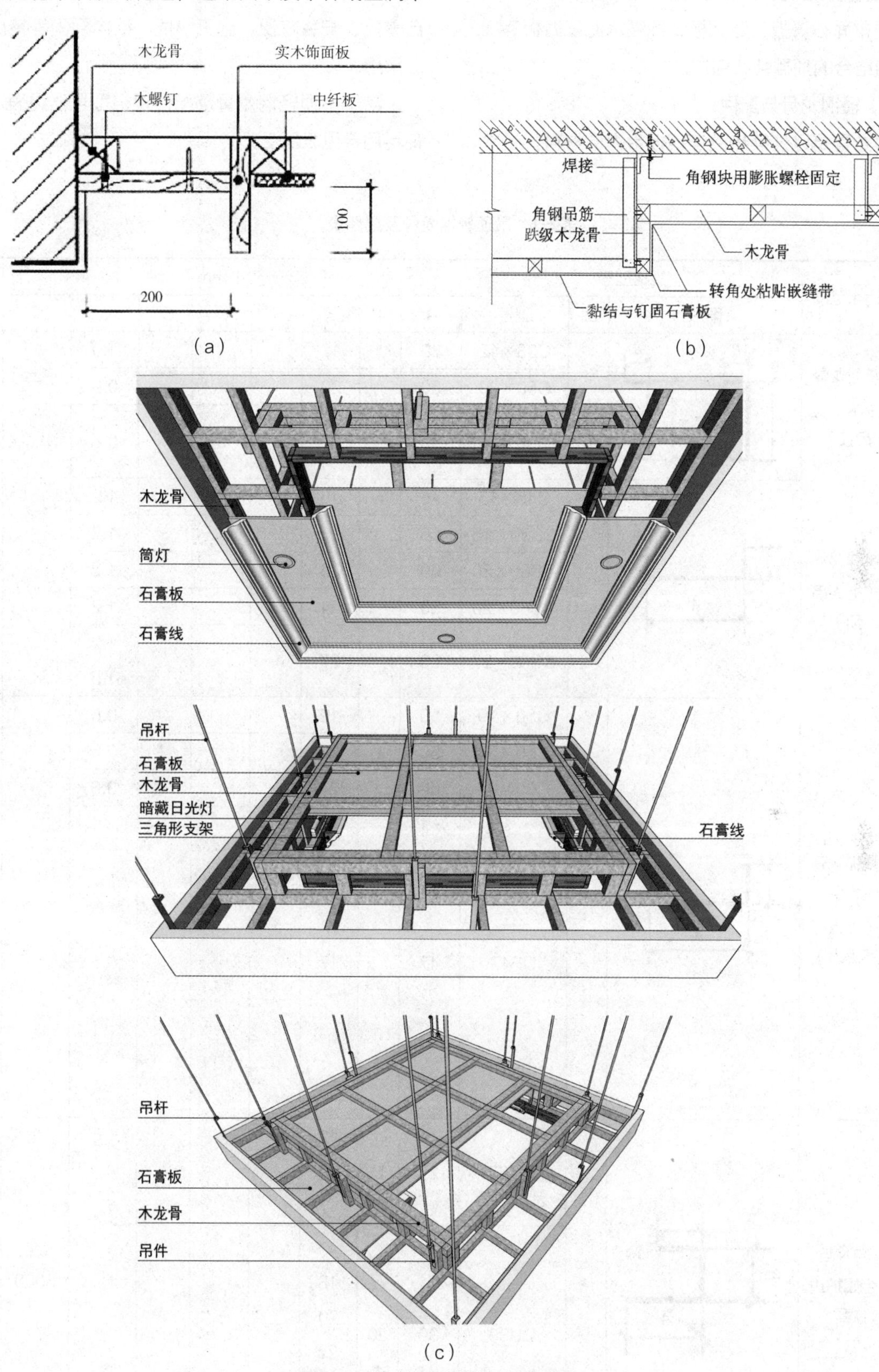

图2-10　木龙骨吊顶装饰构造详图

（a）木龙骨吊顶窗帘盒节点图；（b）木龙骨跌级吊顶节点图；

（c）木龙骨石膏板吊顶构造做法示意图

6. 轻钢龙骨吊顶装饰构造

轻钢龙骨吊顶装饰构造是指采用以轻钢龙骨系统与纸面或布面石膏板、硅钙板、纤维水泥压力板等饰面板材相结合的顶棚装饰构造。

（1）轻钢龙骨与配件

轻钢龙骨是以连续热镀锌钢板带为原材料，经冷弯工艺轧制而成的建筑用金属骨架。轻钢龙骨与石膏板及其配套产品组成的轻质建筑室内吊顶体系，以其自重轻、安装方便、施工快捷、结构稳固等特点被广泛采用。

常用吊顶轻钢龙骨及配件规格型号详见表2-1，辅料用料见表2-2。

表2-1　吊顶轻钢龙骨及配件表

产品名称	适用范围	规格型号			尺寸/mm								备注
		图形	图	型号	A	A'	B	B'	C	C'	t	长	
主龙骨（承载龙骨）	承载龙骨（不上人吊顶）			C38×12	38		12				1.0	3000	吊顶骨架主要受力构件
				C50×20	50		20				0.6		
				C60×27	60		27				0.6		
	承载龙骨（上人吊顶）			C45×15	45		15				1.2	3000	
				CS50×15	50		15				1.2		
				CS60×20	60		20				1.2		
				CS60×20	60		24				1.2		
				CS60×27	60		27				1.2 1.5		
次龙骨（横撑龙骨）	横撑龙骨骨架（上人、不上人）			C50×19	50		19				0.5	3000	吊顶骨架中固定饰面板的构件，次龙骨通长布置，横撑龙骨与次龙骨在一个平面内垂直相交
				C50×20	50		20				0.6		
				C60×27	60		27				0.6		
				DF47	47		17				0.5		
收边龙骨	石膏板金属护边套			DU27	27	11	12 14 17					3000	同样适用于硅酸钙板、纤维增强水泥加压板、无石棉纤维增强硅酸盐平板
				DU30	30	20	18 20 22 28						

续表

产品名称	适用范围	规格型号			尺寸/mm								备注
		图形	图	型号	*A*	*A′*	*B*	*B′*	*C*	*C′*	*t*	长	
边龙骨	F型边龙骨、L型边龙骨、W型边龙骨	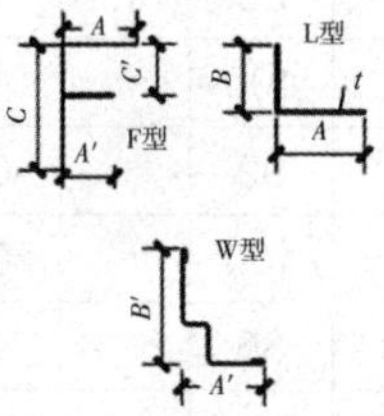			30	20	23	25	50	19	0.6	3000	—
V型直卡式承载龙骨	不上人承载骨架	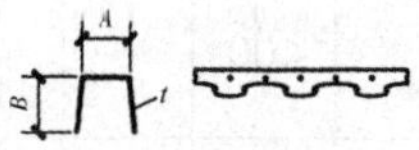		DV20×37	20		37				0.8	3000	吊顶主要受力骨架
				DV22×37	22		37				0.8		
				DV37×37	25		37				0.8		
直卡式造型用承载龙骨	不上人承载骨架	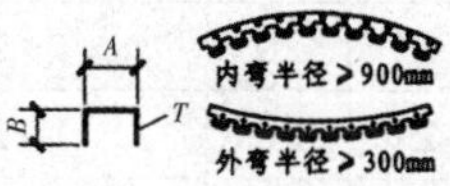		DV20×20	20		20				1.0	3000	吊顶主要受力骨架，可内弯或外弯，经由机器人工加工成造型弧度
				DV25×20	25		20				1.0		
				DV50×20	50		20				1.0		
挂件	用于不上人吊顶次龙骨	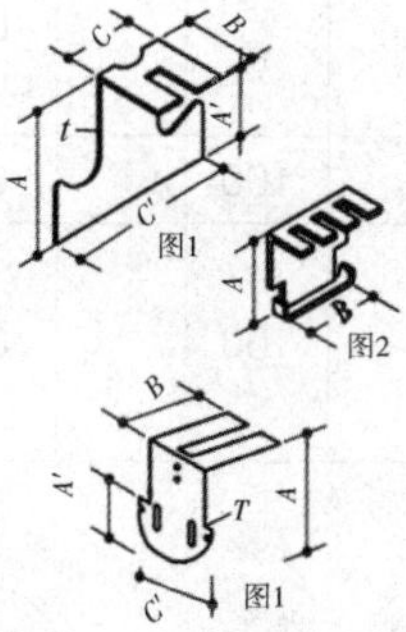	1	C50	39		20		20	48	0.8		横撑龙骨和承载骨之间的连接件
			1	C60	53		20		20	58	0.8		
				C38—2	50		23		54	45	0.8		
			3	C38—DC	53	20	38.7		33	48	0.75		
			2	C38	50		47.5				0.7		
	用于上人吊顶次龙骨		2	CS50	62.5		47.5				0.7		
				CS50—2	70		17		25	48	1.0		
			3	CS50—DC	65	20	41.7		33	48	0.75		
			2	CS60	72.5		47.5 57.5				0.8 0.7		
			3	CS60—DC	75	20	46.7		33 43	48 58	0.75		
				CS60—2	80 88		17		20	48 58	1.0		

续表

产品名称	适用范围	规格型号			尺寸/mm								备注
		图形	图	型号	*A*	*A*′	*B*	*B*′	*C*	*C*′	*t*	长	
连接件	用于吊顶主龙骨、次龙骨的连接（延长）		2	C38—L	35		13		85		1.0		主龙骨和次龙骨的接长件
				C38—C	40		13		100		1.0		
			1	C50—L	51		16		90		0.5		
			1	C60—L	62		25		100		0.5		
			2	CS50—L	47		16		85		1.2		
				CS50—C	52		16		100		1.2		
			3	CS60—L	57		22		120		1.5		
				CS60—C	62		26 29		100		1.2 1.5		
吊件	用于不上人吊顶主龙骨		1	CK38	101	57	17	21	18		2		承载龙骨和吊杆的连接构件图1、图2为卡挂
			2	CSK50	123	69	20	21	18		2		
			2	CSK60	144	79	32	21	20		2		
				C38-DH	100	60	17	17	20		2.4		
			3	C38	81	59	18	21	20		2		
			3	C50	93	71	21	21	20		2		
			3	C60	103	81	31	21	20		2		
	用于上人吊顶主龙骨			CS50-DH	112	72	20	20	20		2.4		
				CS60-DH	122	82	29 32	29 32	20		2.4		
			3	CS50	113	78	24	30	25		3/2		
			3	CS60	130	88	35	40	20		3/2.5		
	用于不上人吊顶主龙骨			C-50	100 122		50 52		30 35		0.8		吸顶式吊挂，承载全部吊顶荷载
				C-60	100 122		60 62		30 35		0.8		
连接件	用于次龙骨的连接（延长）			C50	17		47		100		0.6		—
				C60	22		57		100		0.6		

续表

产品名称	适用范围	规格型号			尺寸/mm								备注
		图形	图	型号	*A*	*A′*	*B*	*B′*	*C*	*C′*	*t*	长	
吊杆	与吊件连接，承受全部荷载	钢筋吊杆 全牙吊杆		ϕ4									ϕ4、ϕ6钢筋用不上人吊顶，ϕ8钢筋用于上人吊顶。当钢筋为通长套时也称为全牙吊杆，分别用M6、M8
				ϕ6、M6									
				ϕ8、M8									
转角连接件	角与楼板之间固定件			L钢	40		40		40		4		—
双扣卡挂件	用于承载龙骨和次龙骨的连接固定			CK38	47		15		54		0.8		也可用于单层龙骨吊顶、连接吊件横撑龙骨
				CK50	59		18		54		0.8		
				CK60	69		30		54 60		0.8		
卡扣件	塑料吸顶吊件			CK50	11		50		50				—
				CK50	11		42		50				
	金属吸顶吊件			CK60	11		42		62				
挂插件（水平件）	平面连接次龙骨与横撑龙骨			C50	17		22 25		44 47		0.5		—
				C60	22 25		22 25		54 57		0.5		

表2-2　轻钢龙骨吊顶配套材料表

名称	图示	用途	名称	图示	用途
直角形金属护角条		用于石膏板的阳角接缝，美观且抗冲击	圆弧形金属护角条		用于石膏板圆弧形处的阳角接缝
嵌缝石膏		石膏板拼缝的黏结嵌缝处理对表面破损进行修补	黏结石膏		用于石膏板直接黏结墙系统，用于普通板、防火板与砌体墙的黏结固定

续表

名称	图示	用途	名称	图示	用途
自攻螺钉		φ35x25 （单层石膏板固定）	嵌缝带或 （玻纤网格带）		用于石膏板的接缝处理
		φ35x35 （双层石膏板固定）	拉铆钉		用于龙骨与龙骨之间的连接及固定
		φ35x50 （三层石膏板固定）	伸缩缝条		用于大面积隔墙吊顶的伸缩缝处理

轻钢龙骨与配件装配系统，如图2-11~图2-13所示。

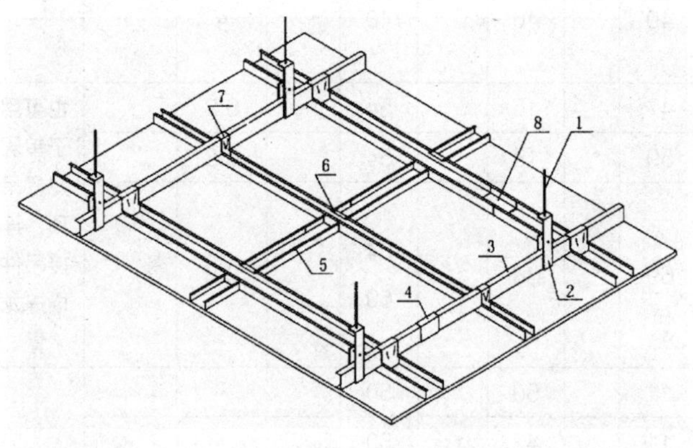

1—吊杆；2—吊件（承载龙骨）；3—承载龙骨；4—承载龙骨连接件；5—覆面龙骨；6—挂插件；7—挂件；8—覆面龙骨连接件

（a）

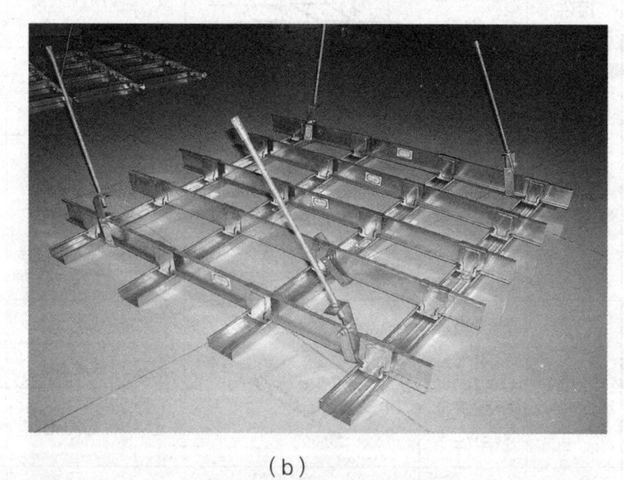

（b）

（c）

图2-11　U型、C型轻钢龙骨构造

（a）U型、C型龙骨吊顶示意图；（b）U型、C型龙骨吊顶安装示意图；（c）U型、C型龙骨安装示意图

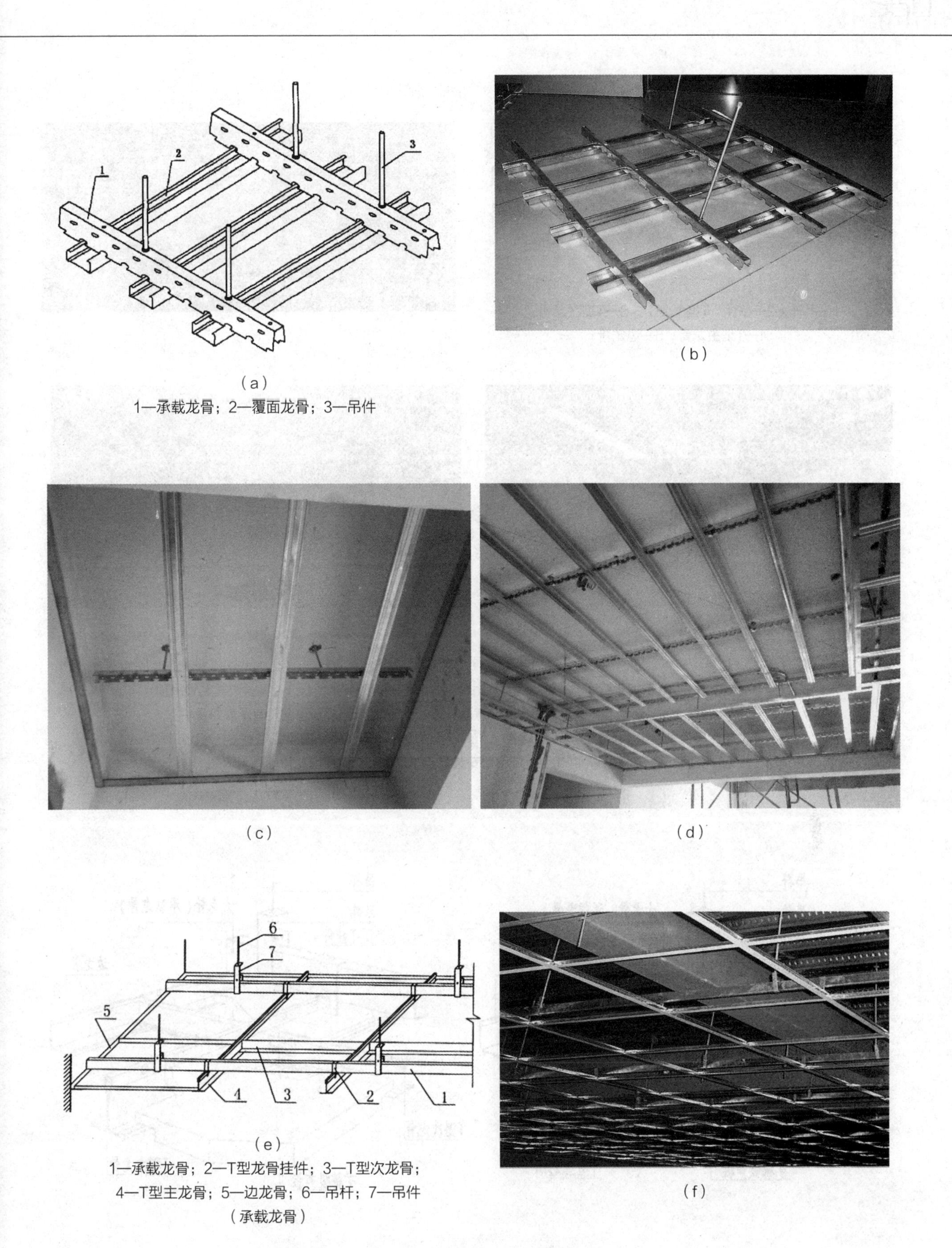

（a）

1—承载龙骨；2—覆面龙骨；3—吊件

（b）

（c）

（d）

（e）

1—承载龙骨；2—T型龙骨挂件；3—T型次龙骨；
4—T型主龙骨；5—边龙骨；6—吊杆；7—吊件
（承载龙骨）

（f）

图2-12　卡式龙骨与T型龙骨构造

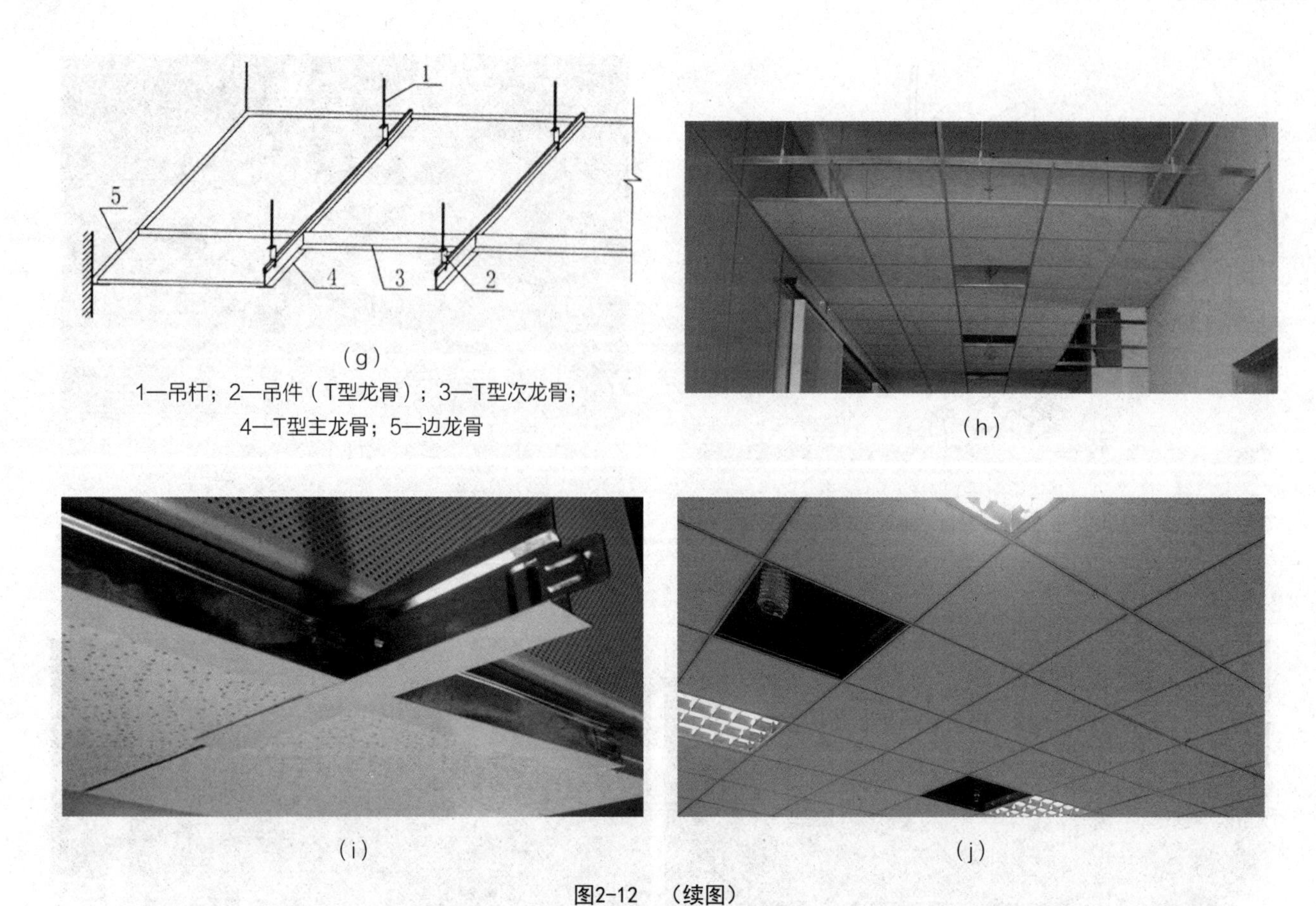

（g）

1—吊杆；2—吊件（T型龙骨）；3—T型次龙骨；4—T型主龙骨；5—边龙骨

（h）

（i）

（j）

图2-12　（续图）

（a）V型直卡式龙骨吊顶示意图；（b）V型直卡式龙骨吊顶安装示意图；（c）V型直卡式龙骨吊顶安装示意图；（d）V型直卡式龙骨吊顶安装示意图；（e）T型龙骨吊顶示意图（有承载龙骨）；（f）T型龙骨吊顶安装示意图（有承载龙骨）；（g）T型龙骨吊顶示意图（无承载龙骨）；（h）T型龙骨吊顶安装示意图；（i）T型龙骨吊顶安装节点示意图；（j）T型龙骨吊顶示意图

吊杆
吊件
D-T挂件
大龙骨（承载龙骨）
边龙骨
T型次龙骨
矿棉吸声板
T型主龙骨

（a）

吊杆
吊件
D-T挂件
大龙骨（承载龙骨）
边龙骨
T型次龙骨
矿棉吸声板
T型主龙骨

（b）

图2-13　T型龙骨吊顶构造示意图

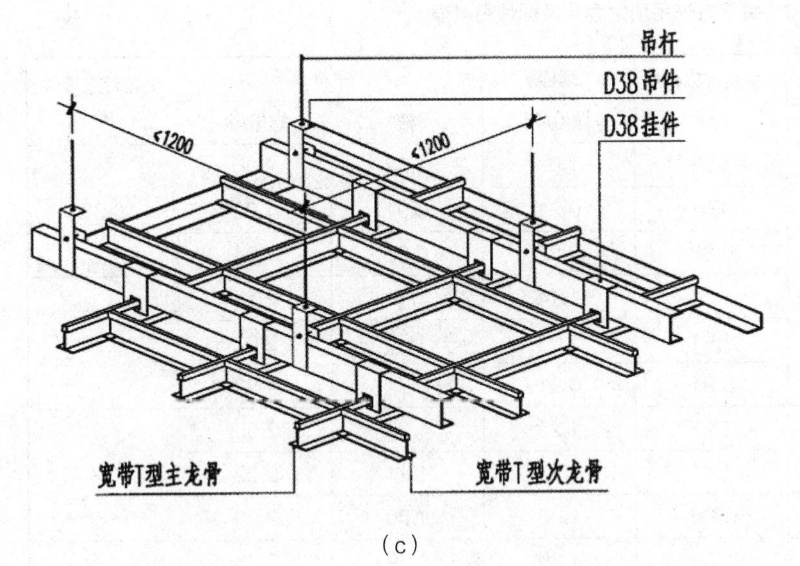

（c）

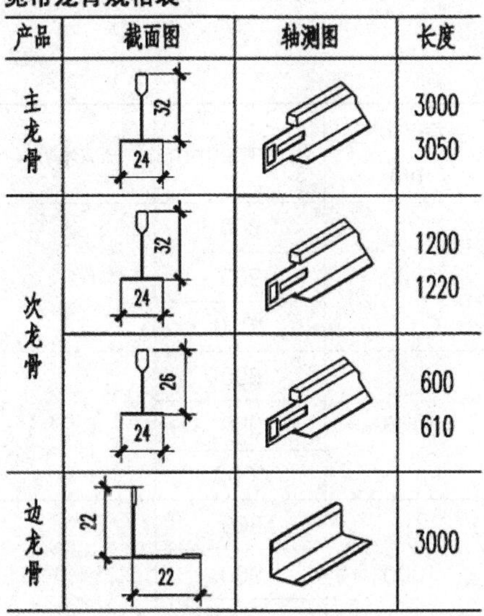

宽带龙骨规格表

产品	截面图	轴测图	长度
主龙骨	32 24		3000 3050
次龙骨	32 24		1200 1220
	26 24		600 610
边龙骨	22 22		3000

（d）

D38大龙骨

窄带边龙骨

吊杆

D38吊件

D38挂件

≤1200

≤1200

窄带T型主龙骨

窄带T型次龙骨

（e）

窄带龙骨规格表

产品	截面图	轴测图	长度
主龙骨	32 14		3000 3050
次龙骨	32 14		600 610
边龙骨	22 14		3000
	25 15 11		3000

（f）

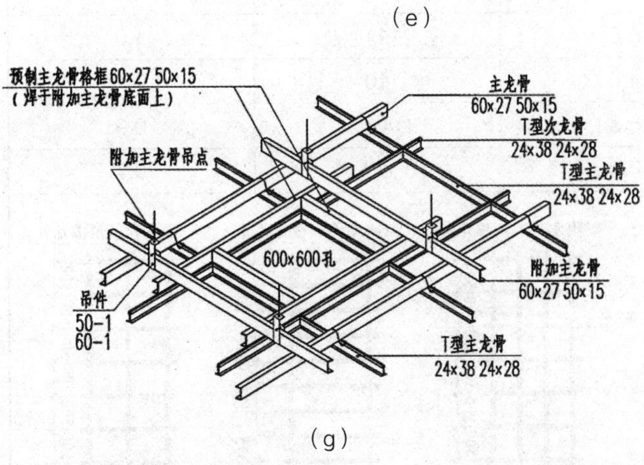

（g）

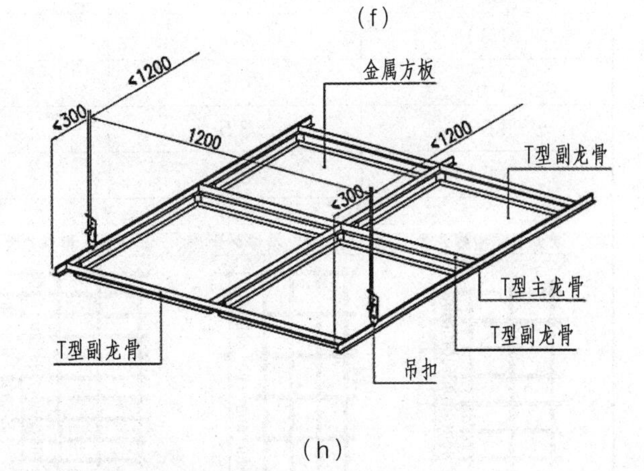

（h）

图2-13 （续图）

（a）T型龙骨明架矿棉板吊顶构造示意图；（b）T型龙骨半明架矿棉板吊顶构造示意图；（c）明架宽带T型龙骨吊顶构造示意图；（d）宽带龙骨规格表；（e）明架窄带T型龙骨吊顶构造示意图；（f）窄带龙骨规格表；（g）T型龙骨吊顶检修口（上人）构造示意图；（h）明架金属方板T型龙骨吊顶构造示意图

每平方米吊顶主龙骨及配件用量如表2-3所示。

表2-3　每平方米吊顶主龙骨及配件用量表

主龙骨中距/mm	吊件中距/mm	主龙骨/m	主龙骨吊件/个	螺栓	吊杆		主龙骨连接件/个
				螺母/套	根	螺母/个	
1200	800	0.82	1.03	1.03	1.03	2.06	0.33
	900		0.91	0.91	0.91	1.92	
	1000		0.82	0.82	0.82	1.64	
1100	800	0.91	1.14	1.14	1.14	2.28	0.36
	900		1.01	1.01	1.01	2.02	
	1000		0.91	0.91	0.91	1.82	
1000	800	1.0	1.25	1.25	1.25	2.50	0.4
	900		1.11	1.11	1.11	2.22	
	1000		1.00	1.00	1.00	2.00	
900	800	1.11	1.39	1.39	1.39	2.78	0.44
	900		1.23	1.23	1.23	2.46	
	1000		1.11	1.11	1.11	2.22	
800	800	1.25	1.56	1.56	1.56	3.12	0.5
	900		1.39	1.39	1.39	2.78	
	1000		1.25	1.25	1.25	2.50	

每平方米吊顶次龙骨及配件用量如表2-4所示。

表2-4　每平方米吊顶次龙骨及配件用量表

排布图	次龙骨/m	挂件/个	挂插件/个	次龙骨连接件/个
(1)	4.2	5.0	8.2	0.8
(2)	4.2	3.3	8.2	0.6
(3)	4.7	6.6	11	1.0
(4)	4.5	4.0	10	0.7
(5)	3.5	5.3	4.4	0.9
(6)	3.7	4.0	6.7	0.7

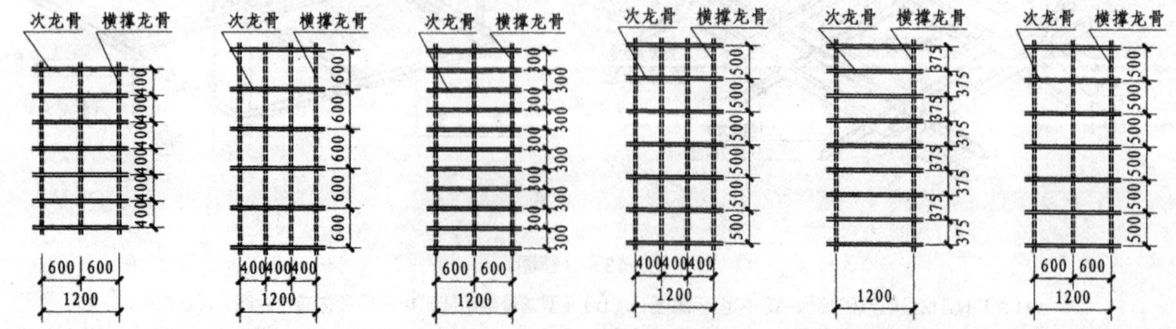

(1)适用于板长2400　(2)适用于板长2400/3000　(3)适用于板长2400/3000　(4)适用于板长3000　(5)适用于板长3000，单层纸面石膏板吊顶　(6)适用于板长3000

次龙骨及横撑龙骨排布图

（2）纸面石膏板与其他饰面板

纸面石膏板采用建筑石膏为主要原料，掺加适量添加剂和纤维以挤压成型工艺做成板芯，用特制的纸作面层，牢固黏结而成。纸面石膏板具有质量轻、品种规格多、质量稳定可靠、不受环境温度影响、便于再加工等特点，能满足建筑防火、隔声、保温隔热、抗震等要求，可与轻钢龙骨及其他配套材料组成吊顶。

纸面石膏板的品种大致可分为四种：普通纸面石膏板、耐火纸面石膏板、耐水纸面石膏板、耐火耐水纸面石膏板。

普通纸面石膏板适用于一般防火要求的各种工业和民用建筑；耐火纸面石膏板适用于有较高防火要求的场所；耐水纸面石膏板适用于潮湿环境下的建筑室内吊顶。石膏板常见规格见表2-5。

表2-5　常见石膏板规格表

产品名称	品种	适用建筑档次及范围	板型尺寸/mm		基本组成
			长×宽	厚	
纸面石膏板	普通纸面石膏板	一般建筑室内吊顶	2400×1200、2700×1200、3000×1200	9.5、12、15	以建筑石膏、轻集料、纤维增强材料与外加剂为主要原料构成芯材，以护面纸黏结为面层，而制成的建筑板材
	耐水纸面石膏板	一般建筑潮湿环境吊顶			以建筑石膏、纤维增强材料、耐水外加剂为主要原料构成耐水芯材，以耐水护面纸黏结为面层，而制成的吸水率较低的建筑板材
	耐火纸面石膏板	一般建筑防火吊顶			以建筑石膏、轻集料、无机耐火纤维增强材料与外加剂为主要原料构成耐火芯材，以护面纸黏结为面层制成的耐火建筑板材
	耐水耐火纸面石膏板	一般建筑防潮、防火吊顶		15	以建筑石膏、轻集料、无机耐火纤维增强材料及耐水外加剂为主要原料构成耐火、耐水芯材，以护面纸黏结为面层，而制成的耐火、耐水建筑板材
穿孔吸声石膏板	穿孔石膏板	需要吸声、降噪、调节音质的室内吊顶	600×600、600×1200、2400×1200、2700×1200、3000×1200	9.5、12	以特制纸面石膏板为基板，并垂直于板面穿孔而制成的建筑板材
	覆膜石膏板				以特制纸面石膏板为基板，表面贴附装饰材料，垂直于板面穿孔而制成的建筑板材
装饰纸面石膏板	覆膜石膏板	有洁净要求的室内吊顶			以特制纸面石膏板为基板，表面贴附装饰材料
装饰石膏板	—	一般建筑室内吊顶	600×600	8、10、12、15	以建筑石膏、纤维增强材料与外加剂为主要原料，浇铸成型的建筑装饰板材
纤维石膏板	纸纤维石膏板	一般建筑室内吊顶	2400×1200、2440×1220、3000×1200	10、12.5、15	以熟石膏、纸纤维增强材料为主要原料，采用半干法加工的建筑板材
	木纤维石膏板	一般建筑室内吊顶	3050×1200	8、10、12、15	以熟石膏、木纤维增强材料为主要原料，采用半干法加工的建筑板材
注：本表选用的板型尺寸为吊顶工程常用的规格。					

轻钢龙骨吊顶除了适用于纸面石膏板饰面，也适用于布面石膏板、硅酸钙板、纤维增强水泥加压板、无石棉纤维增强硅酸盐平板等饰面材料（见表2-6）。

表2-6　轻钢龙骨吊顶饰面板

产品名称	品种	适用范围	板型尺寸/mm		基本组成
			长×宽	厚	
硅酸钙板	平板	适用于低收缩防火、防潮吊顶	2440x1220、3000x1200	4~20	以钙质材料、硅质材料与非石棉纤维等作为主要原料，经制浆、成坯、蒸压养护等工序而制成的建筑板材
	装饰板	一般建筑室内吊顶	600x600、300x1200、600x1200	4、5、8、10、12	
	穿孔板	有吸声降噪、调节音质需求的室内吊顶	1200x600	6、8	
纤维增强水泥加压板	FC板	建筑室内吊顶	1800x1200、400x1200、3000x1200	5、6、8、10、12	以水泥、水泥加轻骨料与纤维等作为主要原料，经制浆、成坯、蒸压养护等工序而制成的建筑板材
无石棉纤维增强硅酸盐平板	低密度	适用于有防火、防潮要求的吊顶	2440x1220	7、9、10、12	以水泥、植物纤维与天然矿物质，经流浆法高温蒸压而制成的建筑板材
	中密度	适用于潮湿、高温环境吊顶	2440x1220	6、8	

（3）轻钢龙骨纸面石膏板施工工艺流程

①吊顶高度定位。

按照设计确定吊顶的位置。在墙体四周弹出标高线，根据石膏板的厚度确定次龙骨的底面标准线，后续吊顶龙骨的调平以该标准线为基准。

②边龙骨的安装。

将U型或L型边龙骨安装在周边墙上，下边缘与标准线齐平，用射钉或膨胀螺栓固定，两点间距600 mm，龙骨两端各留50 mm。

③确定吊点位置。

按设计要求确定主（承载）龙骨吊点间距和位置。当设计无要求时吊点横、竖向间距一般为900~1200 mm。与主龙骨平行方向吊点位置必须在一条直线上。

为避免暗藏灯具、管道等设备与主龙骨、吊杆相撞，可预先在地面画线、排序，确定各对象的位置后再吊线施工。排序时注意第一根及最后一根主龙骨与墙侧向间距应小于200 mm。第一吊点及最后吊点距主龙骨端头应小于300 mm。

④安装吊杆。

上人吊顶选用M8镀锌通丝吊杆，不上人吊顶选用φ6镀锌通丝吊杆或8号镀锌铅丝（适用于弹簧吊件）。吊杆应通直，长度按吊顶高度切割适中，上端与顶棚固定。如与灯槽、马道、空调、电缆架等设备相遇时，应在石膏板安装前调整吊点构造或增设吊杆。吊顶工程中的预埋件、金属吊杆及自攻螺钉都应进行防锈处理。

⑤吊件的安装与调平。

根据主龙骨规格型号选择配套专用吊件，当主龙骨竖吊时用垂直吊件。吊件与吊杆应安装牢固，并按吊顶高度上下调整至合适位置。

⑥主龙骨的安装。

主龙骨又称承载龙骨。根据主龙骨标高位置，对角拉水平标准线，主龙骨安装调平以该线为基准。

当主龙骨竖吊时，则将主龙骨放入垂直吊件U形槽内，左右移至合适位置，再用横穿螺栓固定夹紧。

主龙骨基本安装完后，应根据吊顶标高线再一次调节吊件，找平下皮（包括必要的起拱量），当面积 $<50m^2$ 时一般按房间短向跨度的1‰～3‰起拱；当面积 $>50m^2$ 时一般按房间短向跨度的3‰～5‰起拱。主龙骨长度不够时，应用专用接长件连接。

重型灯具、电扇、风道等有强烈震动荷载的设备，严禁安装在吊顶龙骨上。

⑦次（覆面）龙骨的安装。

次龙骨应紧贴主龙骨垂直安装，用专用挂件连接。每个连接点挂件应双向互扣成对或相邻的挂件应对向使用，以保证主次龙骨连接牢固，受力均衡。

次龙骨间距应准确、平均，一般按石膏板的尺寸模数确定，以保证使石膏板两端正好落在次龙骨上，石膏板的长边应该垂直于次龙骨铺板。石膏板长边接缝处应增加背衬横撑龙骨，一般用水平件将横撑龙骨两端固定在通长次龙骨上。当吊顶长度>12000 mm或遇建筑结构伸缩缝时，必须设置石膏板伸缩缝。

次龙骨安装完后应保证底面与顶高标准线在同一水平面。次龙骨长度不够时，使用专用连接件接长。吊杆和龙骨的间距以及水平度、连接位置等全面符合设计要求后，将所有吊挂件、连接件拧紧、夹牢。次龙骨的间距根据实际情况选用，潮湿环境宜选用300 mm间距。

⑧龙骨的中间验收。

吊顶龙骨安装完后应进行中间验收并作记录。验收内容包括龙骨是否有扭曲变形；抽查吊点拉接力，是否有松动；吊挂件、接长件永久连接牢固程度。

⑨石膏板安装。

石膏板安装前，各种电缆管线、灯架、管道等设备均应施工完毕并调试，经检验合格后方可进行石膏板安装。

根据使用功能的不同，可选择普通纸面石膏板、耐潮纸面石膏板、耐水纸面石膏板和耐火纸面石膏板。在南方潮湿地区或潮湿季节施工建议选用≥12 mm厚石膏板。石膏板安装时应正面（有字面为反面）朝外，铺设方向应与次龙骨垂直。一般两人托起从顶棚一角开始固定，向中间延伸，用自攻螺钉和专用工具，先固定板的中部再逐渐向周边固定，不得多点同时作业。严禁先用电钻打眼后再用螺钉刀固定的做法。

⑩接缝处理方法。

石膏板安装14小时后方可进行嵌缝处理。嵌缝前应对石膏板表面、板缝做清洁检查，缝内不应有污物。

拌制嵌缝腻子，扫净缝中浮尘，用小刮刀将腻子嵌入缝内与板缝取平。待嵌缝腻子终凝后，在两块板的接缝处刮涂不少于1 mm厚的嵌缝腻子，将嵌缝带贴于接缝处，并用50 mm宽的刮铲将嵌缝带压入嵌缝腻子内，使多余的腻子从嵌缝带两侧或孔中挤出。待第一层腻了凝固但仍处于潮湿状态时，用100 mm宽的刮铲再刮第二层腻子，将嵌缝带遮盖。待第二层腻子凝固后，再用150 mm宽的刮铲刮第三层腻子，将纸面石膏板的楔形边填满找平，并使表面光滑。待最后一层完全干燥后（大于12小时），将接缝处表面磨平。注意打磨时不要擦伤纸面。

阴角做法：先将角缝用嵌缝石膏填满，然后将嵌缝带向内折成90° 贴于阴角处用抹灰刀压实；用阴角抹子在嵌缝带上抹一薄层嵌缝石膏，宽度比嵌缝带两边各宽约50 mm；待完全干燥后，用细砂纸或电动打磨器打磨平整。

阳角做法：先将金属护角用小钉将其固定在石膏板阳角上，钉距<200 mm，如板边是楔形边，要先刮平腻子，再上护角；在护角表面抹一层嵌缝石膏将金属护角完全埋入其中，使其不外露，嵌缝石膏宽度比护角两边各宽30 mm；待完全干燥后（大于12小时），用细砂纸打磨平整。

⑪检修孔或灯口的处理。

检修孔或灯口周边必须有龙骨予以加强，受载较重时背衬龙骨还必须与承载龙骨或顶棚相连，检修孔盖要用配套专用活动开启龙骨安装。石膏板应事先在检修孔或灯口位置使用专用工具开孔。切忌板安装完后挖灯槽、检修孔的做法，开孔作业截裁次龙骨时，注意考虑对纸面石膏板的影响。较大的孔洞的做法与检修孔做法相同，并与相关设备配合施工。

（4）轻钢龙骨纸面石膏板装饰构造

轻钢龙骨纸面石膏板吊顶装饰构造，通常是由龙骨、配件、饰面板等组成（图2-14）。

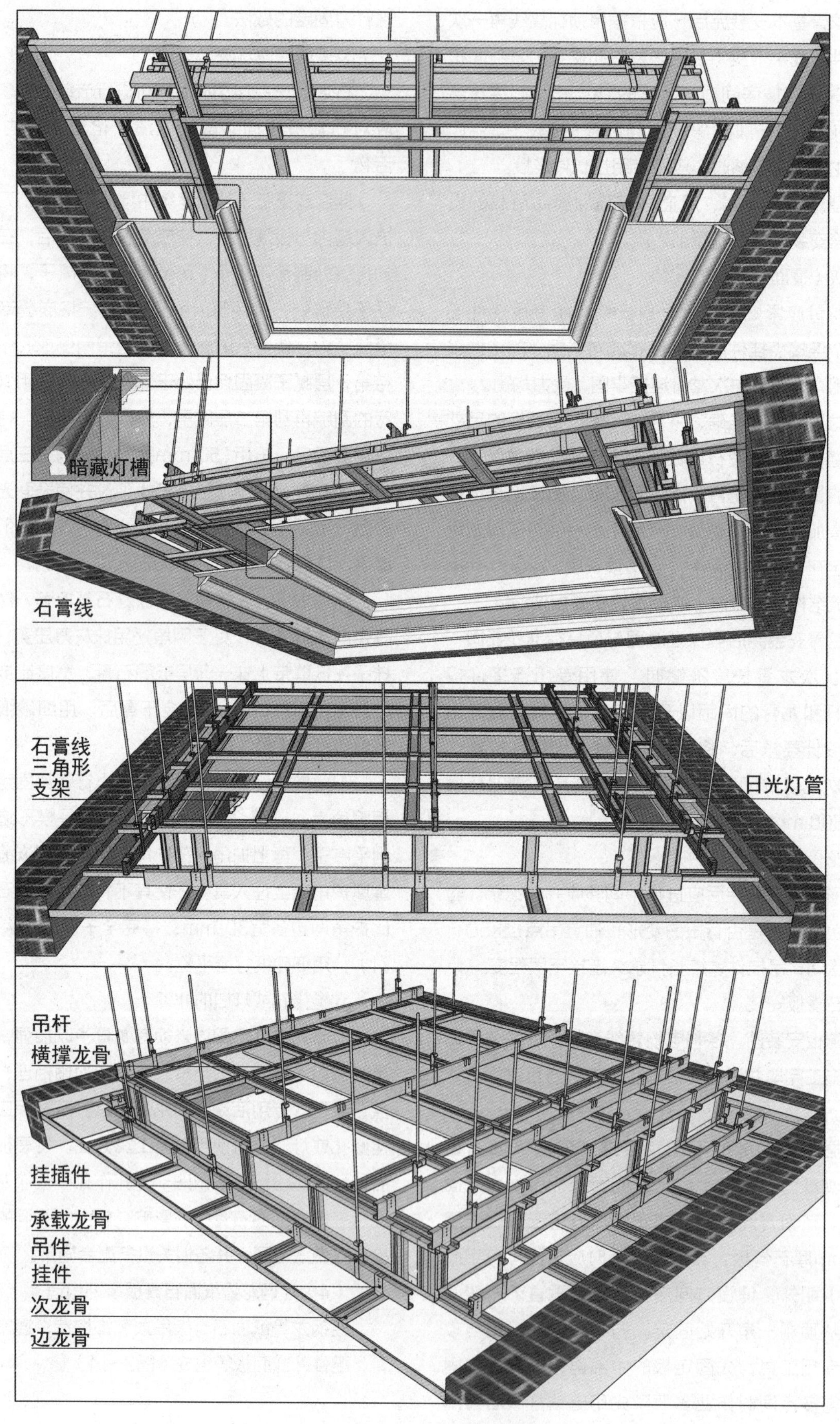

图2-14　轻钢龙骨石膏板吊顶构造

轻钢龙骨纸面石膏板吊顶，根据是否需要进入吊顶内检修的要求，分为上人和不上人两种。

上人吊顶：承载龙骨（也称主龙骨）上可铺设临时性轻质检修马道。马道应与吊顶系统完全分开。上人吊顶通常采用φ8钢筋吊杆或M8全牙吊杆。上人承载龙骨（主龙骨）规格为50 mm×15 mm、60 mm×24 mm、60 mm×27 mm。上人轻钢龙骨纸面石膏板吊顶装饰构造如图2-15所示。

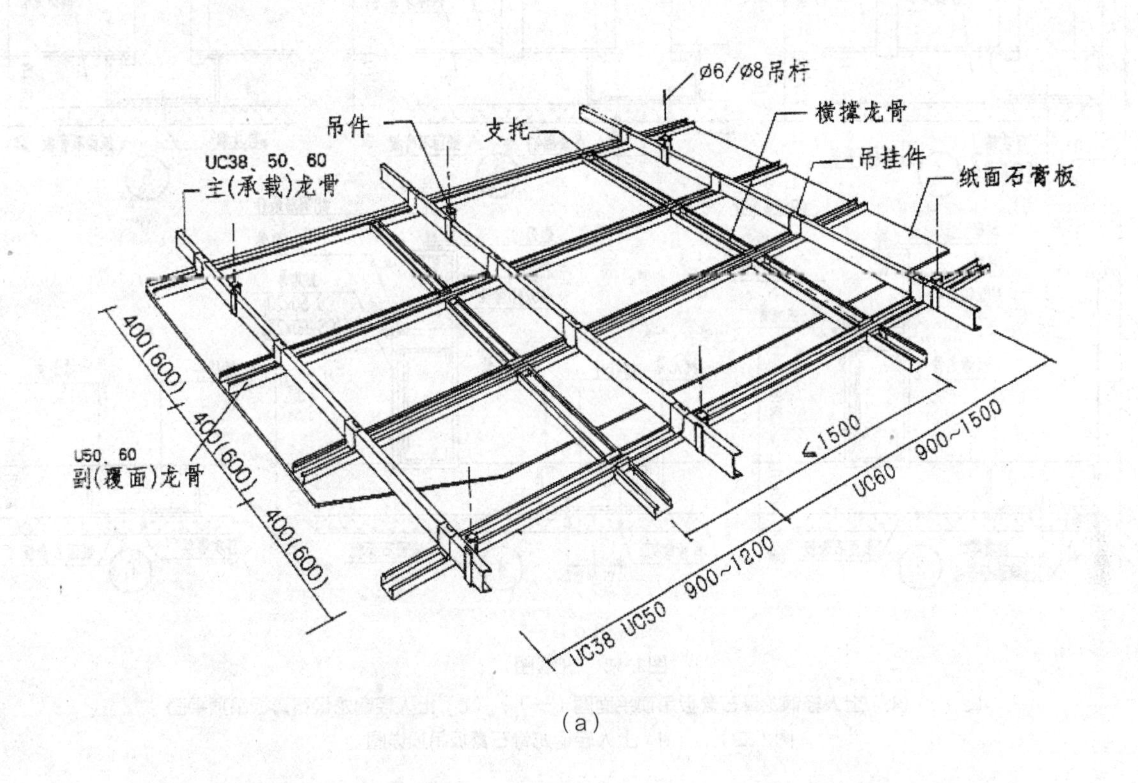

（a）

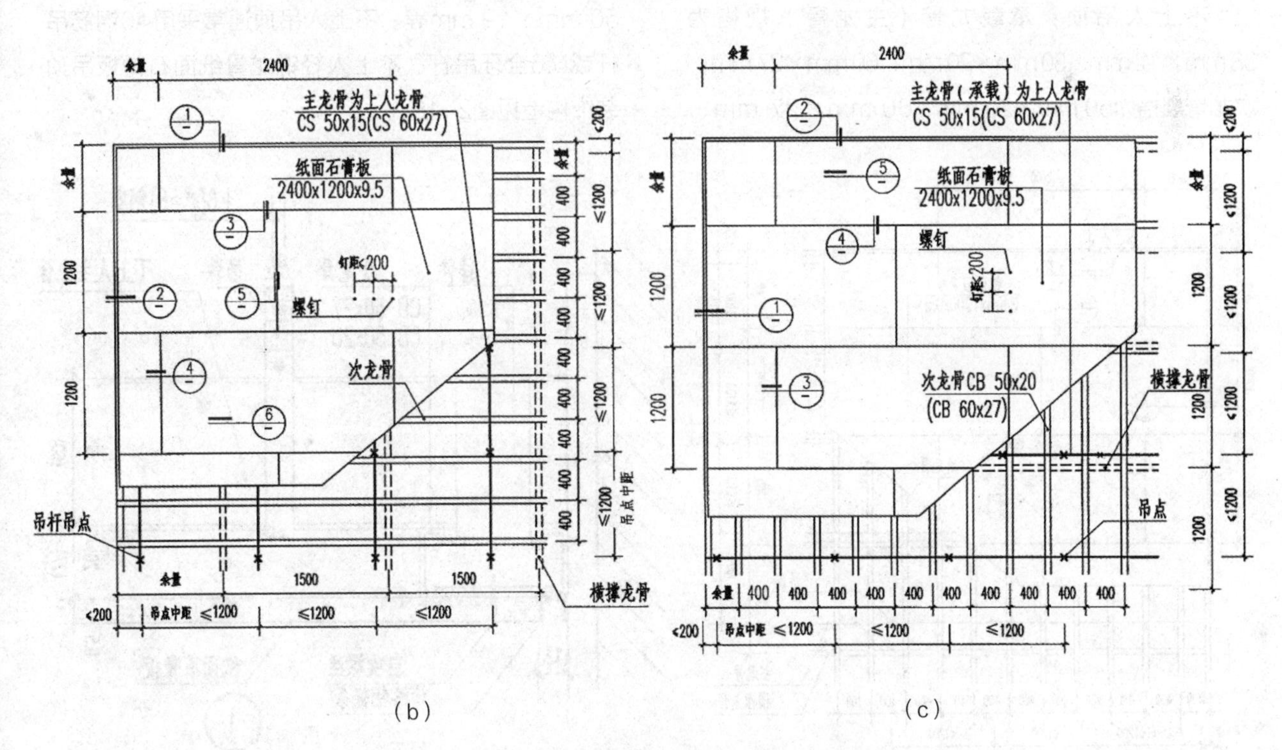

（b）　　　　（c）

图2-15　上人轻钢龙骨纸面石膏板吊顶装饰构造

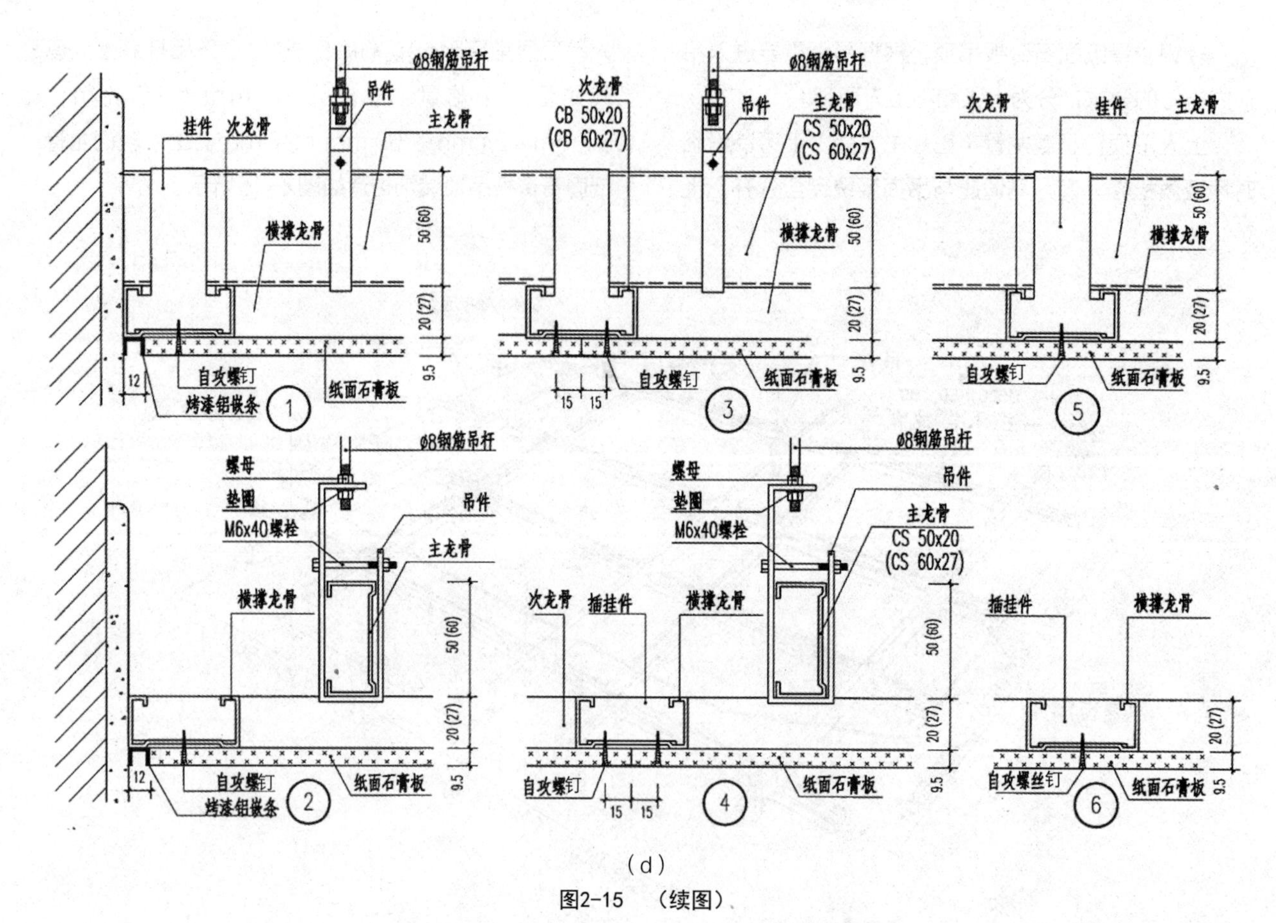

(d)

图2-15 （续图）

（a）；（b）上人轻钢龙骨石膏板吊顶平面图（一）；（c）上人轻钢龙骨石膏板吊顶平面图（二）；（d）上人轻钢龙骨石膏板吊顶详图

不上人吊顶：承载龙骨（主龙骨）规格为38 mm × 12 mm、50 mm × 20 mm、60 mm × 27 mm；次龙骨规格为50 mm × 20 mm、60 mm × 27 mm、50 mm × 19 mm等。不上人吊顶通常采用φ6钢筋吊杆或M6全牙吊杆。不上人轻钢龙骨纸面石膏板吊顶装饰构造见图2-16。

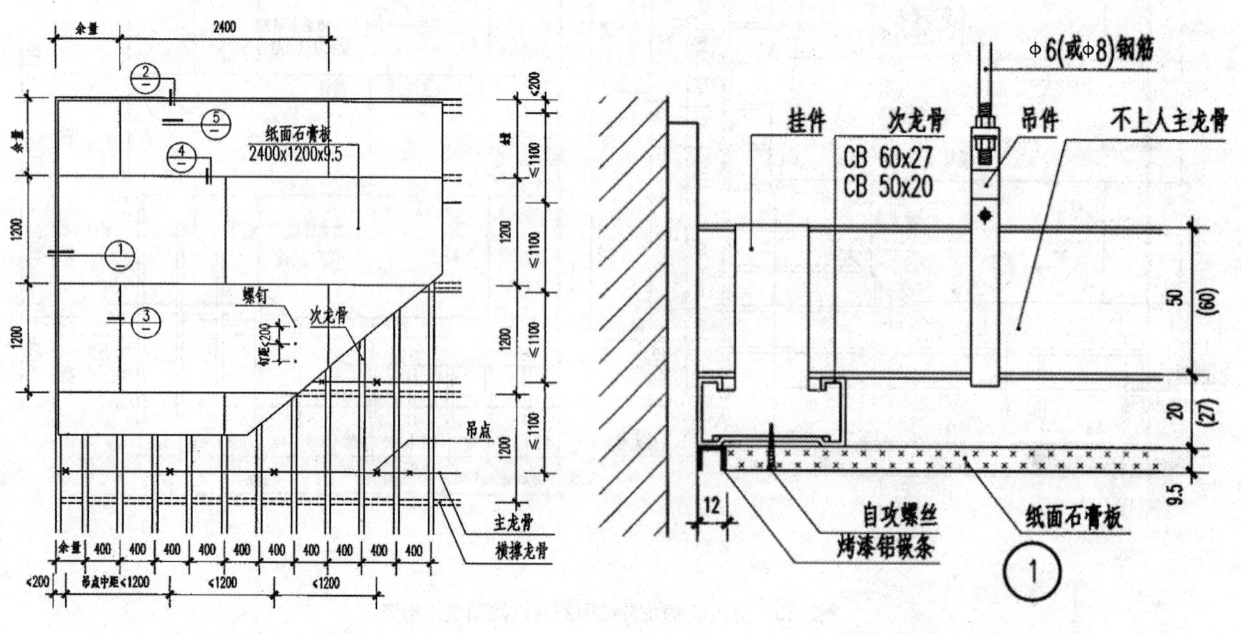

不上人轻钢龙骨纸面石膏板吊顶平面图

不上人轻钢龙骨纸面石膏板吊顶详图

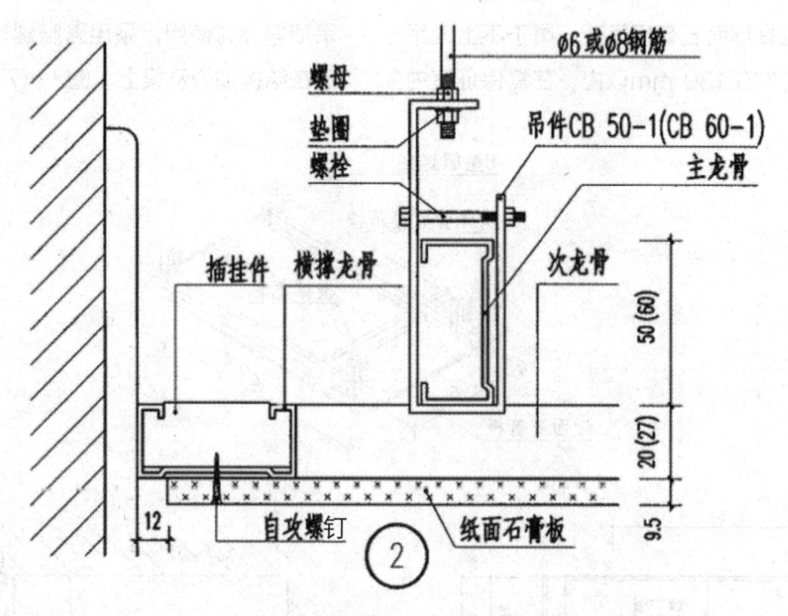

不上人轻钢龙骨纸面石膏板吊顶详图

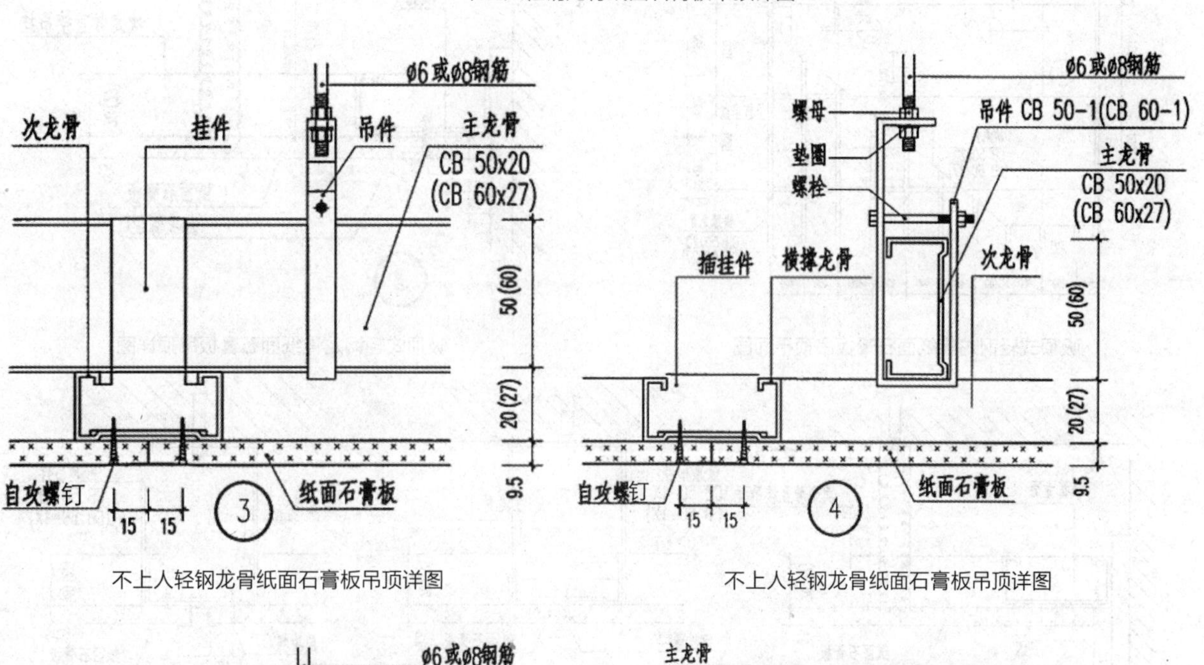

不上人轻钢龙骨纸面石膏板吊顶详图

不上人轻钢龙骨纸面石膏板吊顶详图

不上人轻钢龙骨纸面石膏板吊顶详图

龙骨轴侧示意图

图2-16 不上人轻钢龙骨纸面石膏板吊顶装饰构造

吸顶式轻钢龙骨纸面石膏板吊顶，属于不上人吊顶，总厚度可以控制在130 mm以内，在需保证室内吊顶净高时使用，采用膨胀螺栓将吸顶式吊件直接固定在结构顶板及梁上（图2-17）。

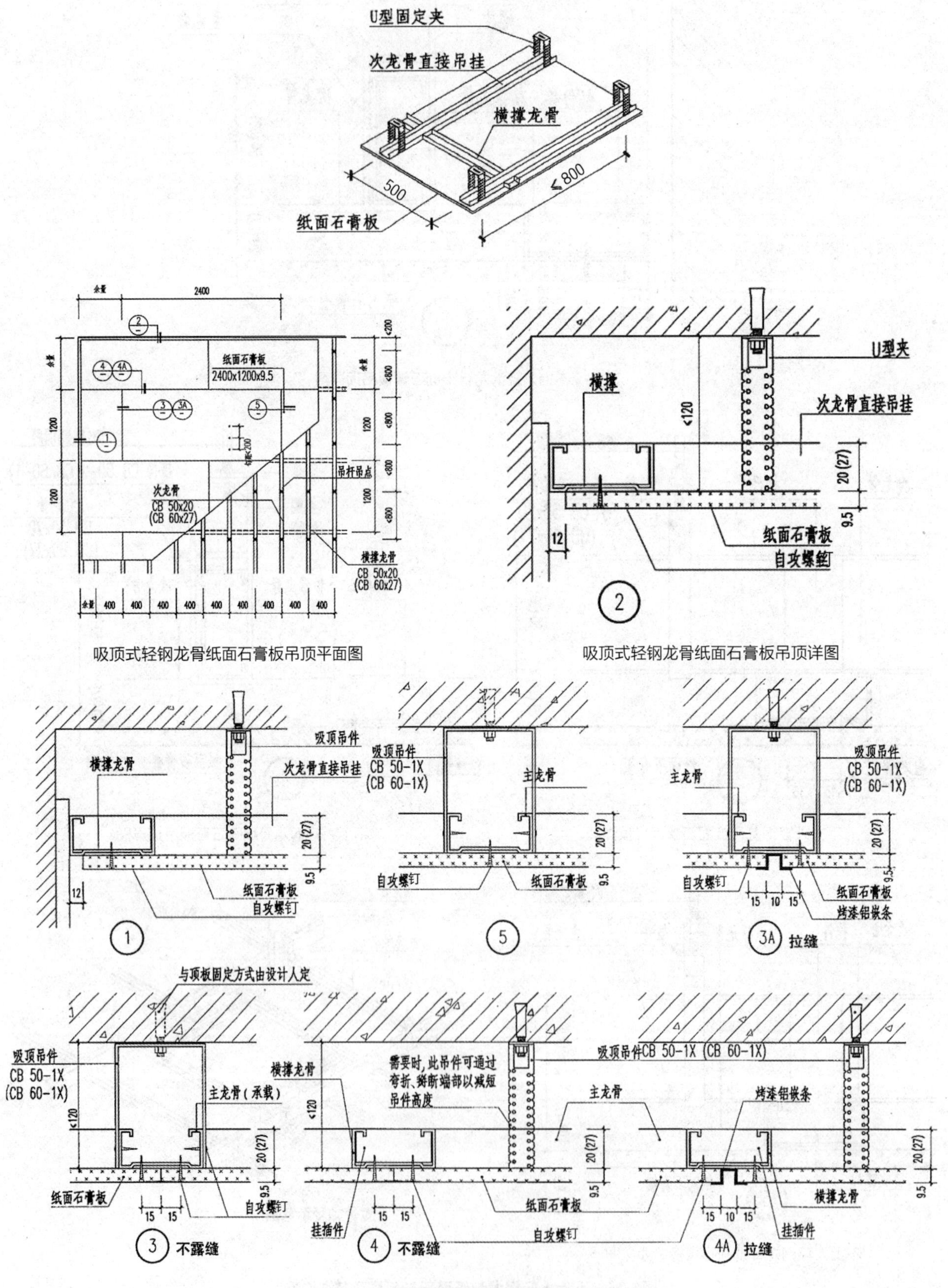

图2-17　吸顶式轻钢龙骨纸面石膏板吊顶装饰构造

直卡式轻钢龙骨纸面石膏板吊顶装饰构造，见图2-18。

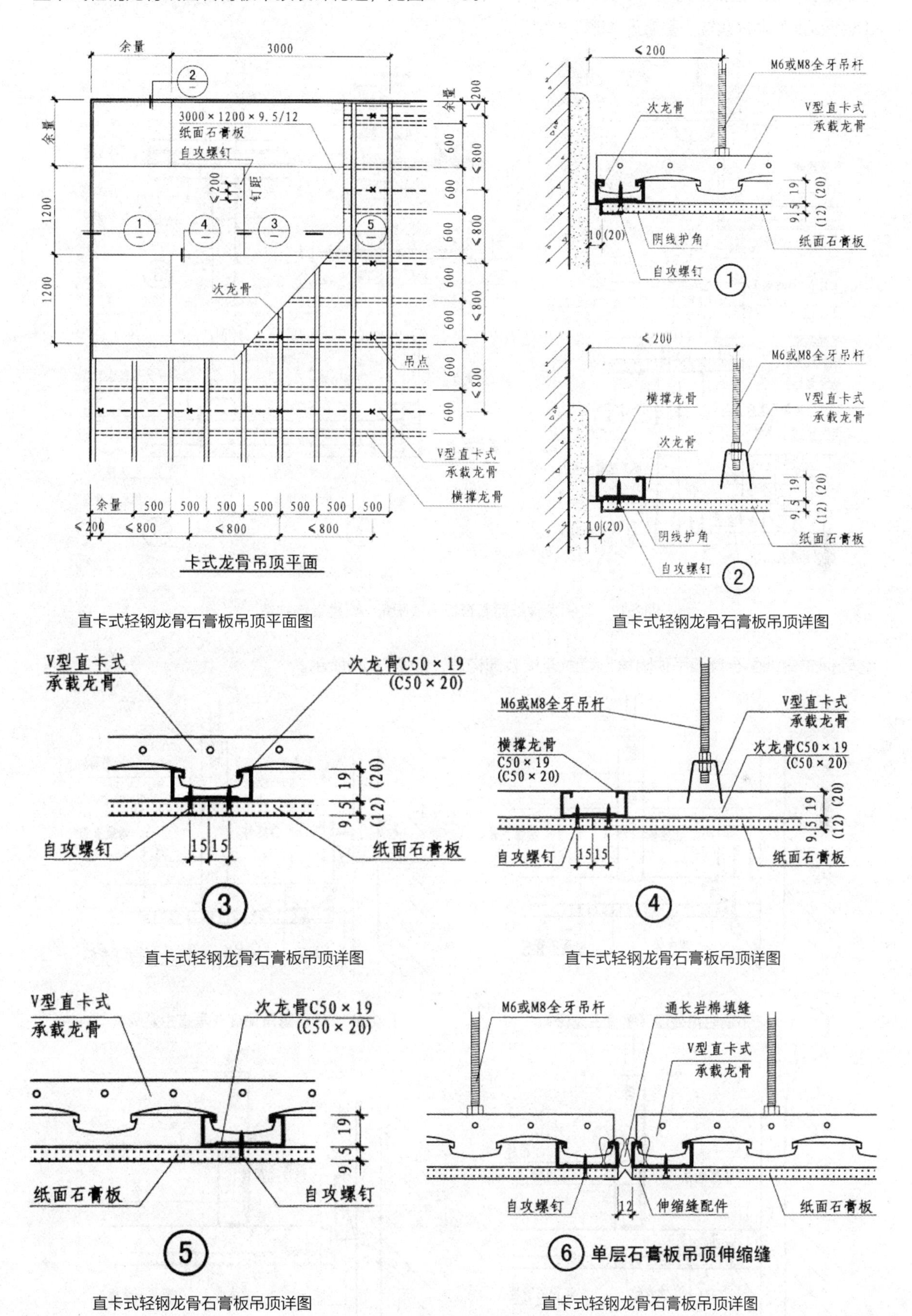

直卡式轻钢龙骨石膏板吊顶平面图

直卡式轻钢龙骨石膏板吊顶详图

直卡式轻钢龙骨石膏板吊顶详图

直卡式轻钢龙骨石膏板吊顶详图

直卡式轻钢龙骨石膏板吊顶详图

直卡式轻钢龙骨石膏板吊顶详图

图2-18　直卡式轻钢龙骨纸面石膏板吊顶装饰构造

轻钢龙骨吊顶构造应注意以下一些局部细节：

①轻钢龙骨阳角构造与灯槽构造，如图2-19所示。

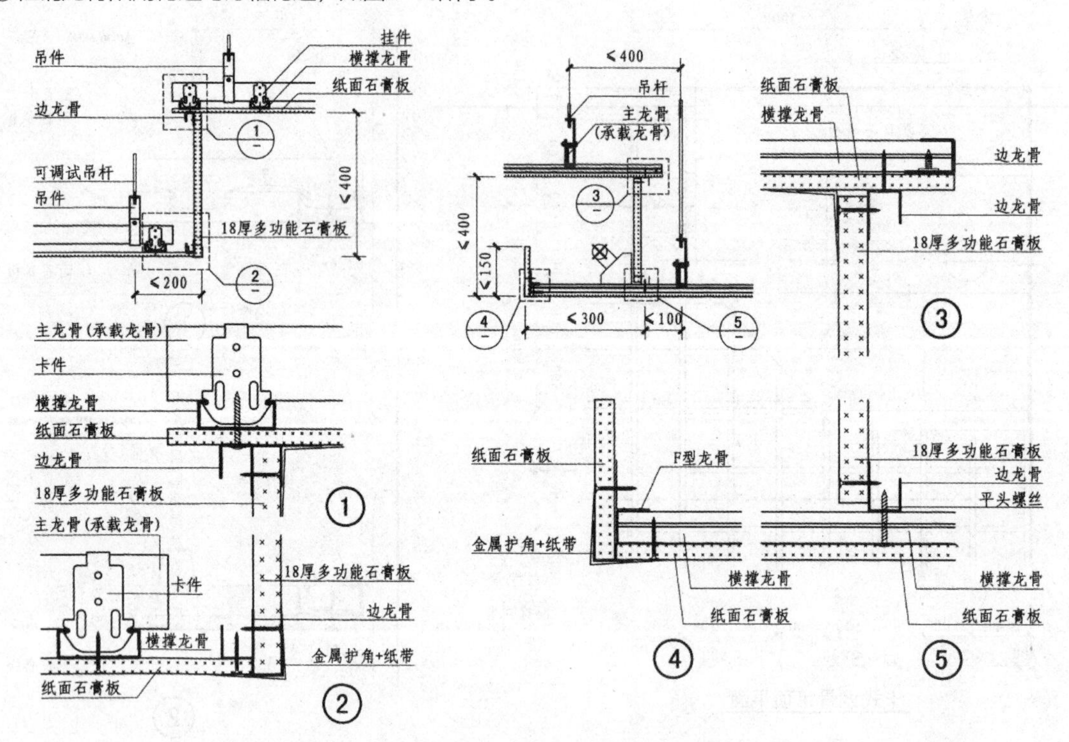

图2-19　轻钢龙骨纸面石膏板吊顶阳角与灯槽装饰构造

②轻钢龙骨纸面石膏板吊顶阴角与墙面连接装饰构造，如图2-20所示。

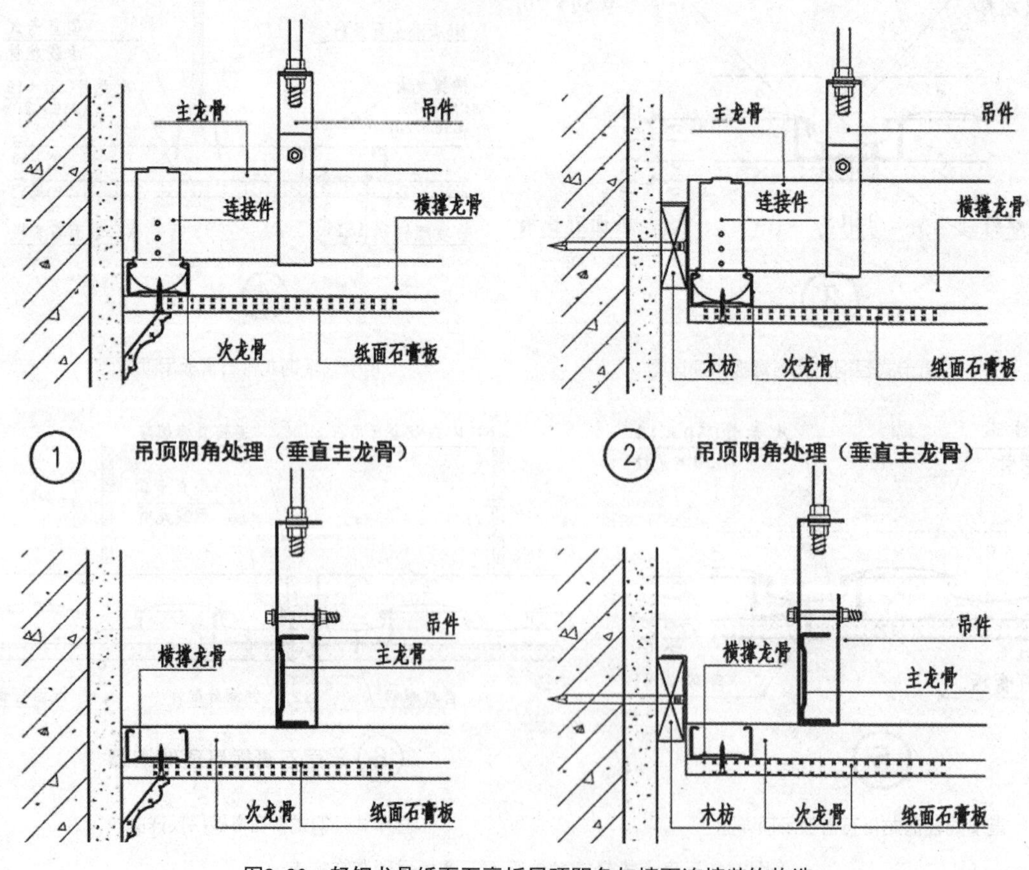

图2-20　轻钢龙骨纸面石膏板吊顶阴角与墙面连接装饰构造

③轻钢龙骨纸面石膏板吊顶伸缩缝装饰构造，如图2-21所示。

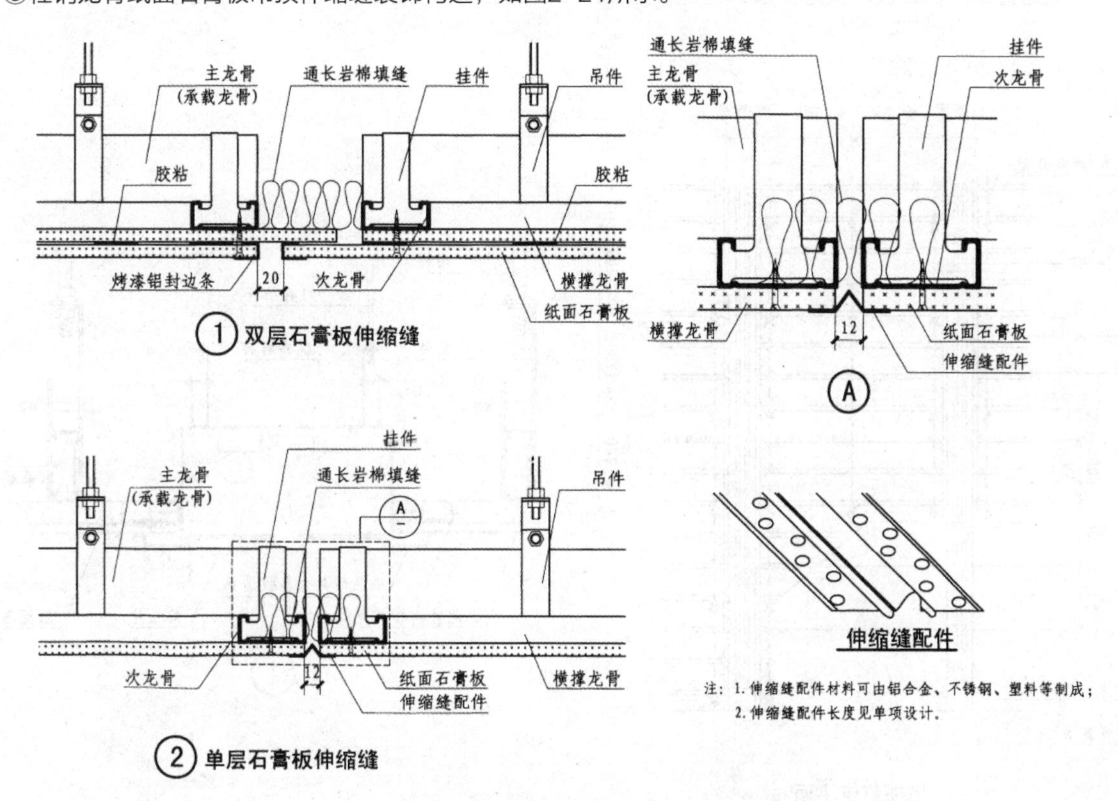

图2-21　轻钢龙骨纸面石膏板吊顶伸缩缝装饰构造

④轻钢龙骨纸面石膏板吊顶嵌灯具装饰构造，如图2-22所示。

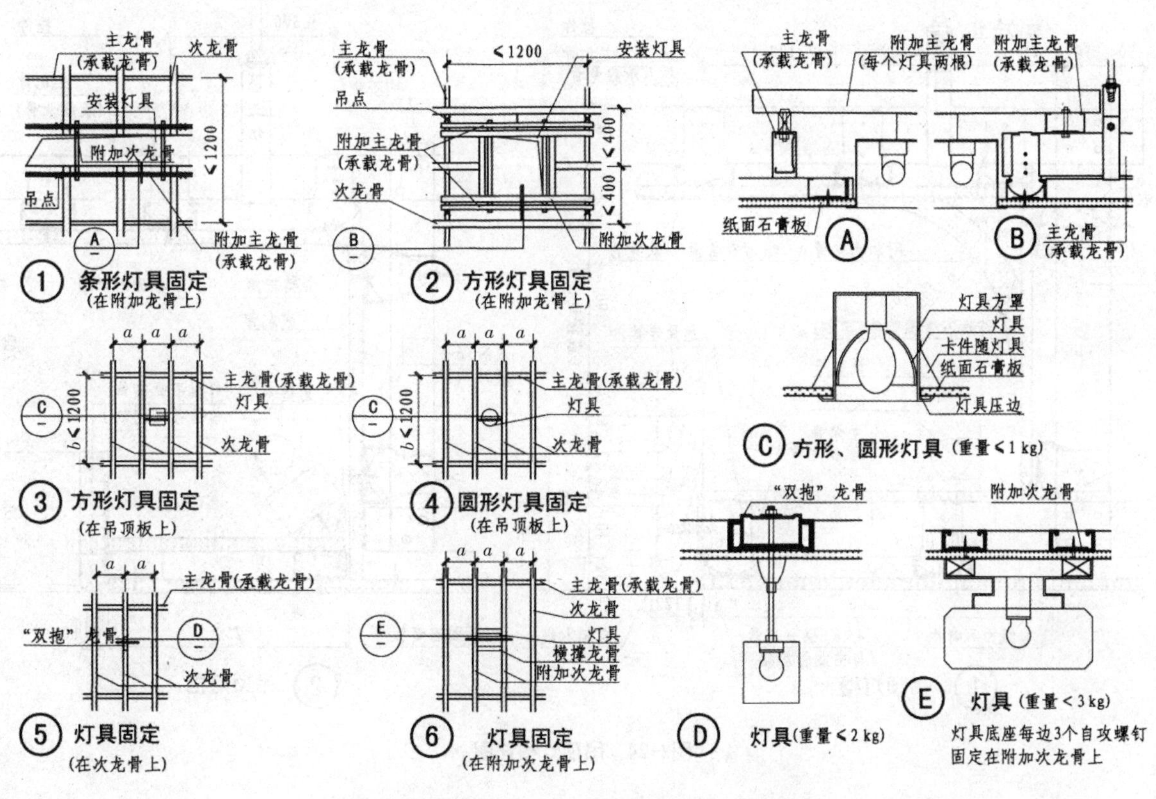

图2-22　轻钢龙骨纸面石膏板吊顶嵌灯具装饰构造

⑤轻钢龙骨纸面石膏板吊顶灯带装饰构造，如图2-23和图2-24所示。

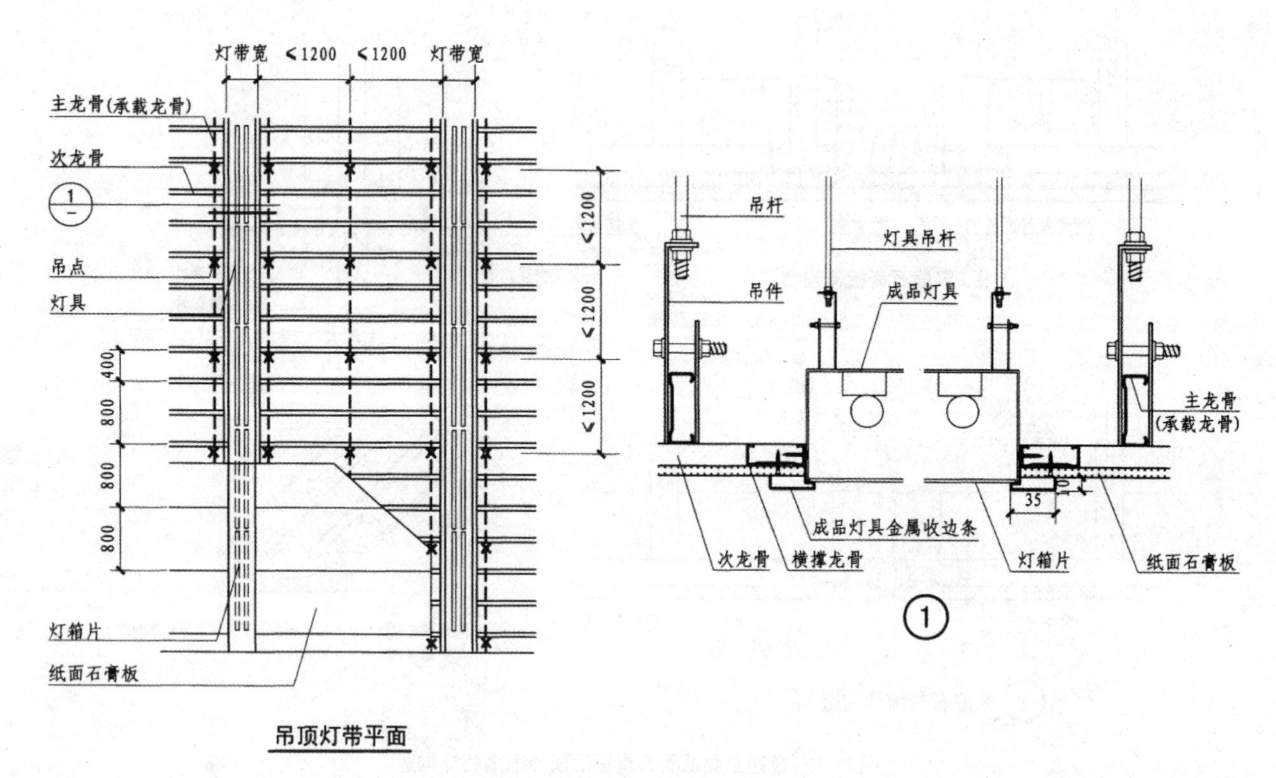

图2-23 轻钢龙骨纸面石膏板吊顶灯带装饰构造

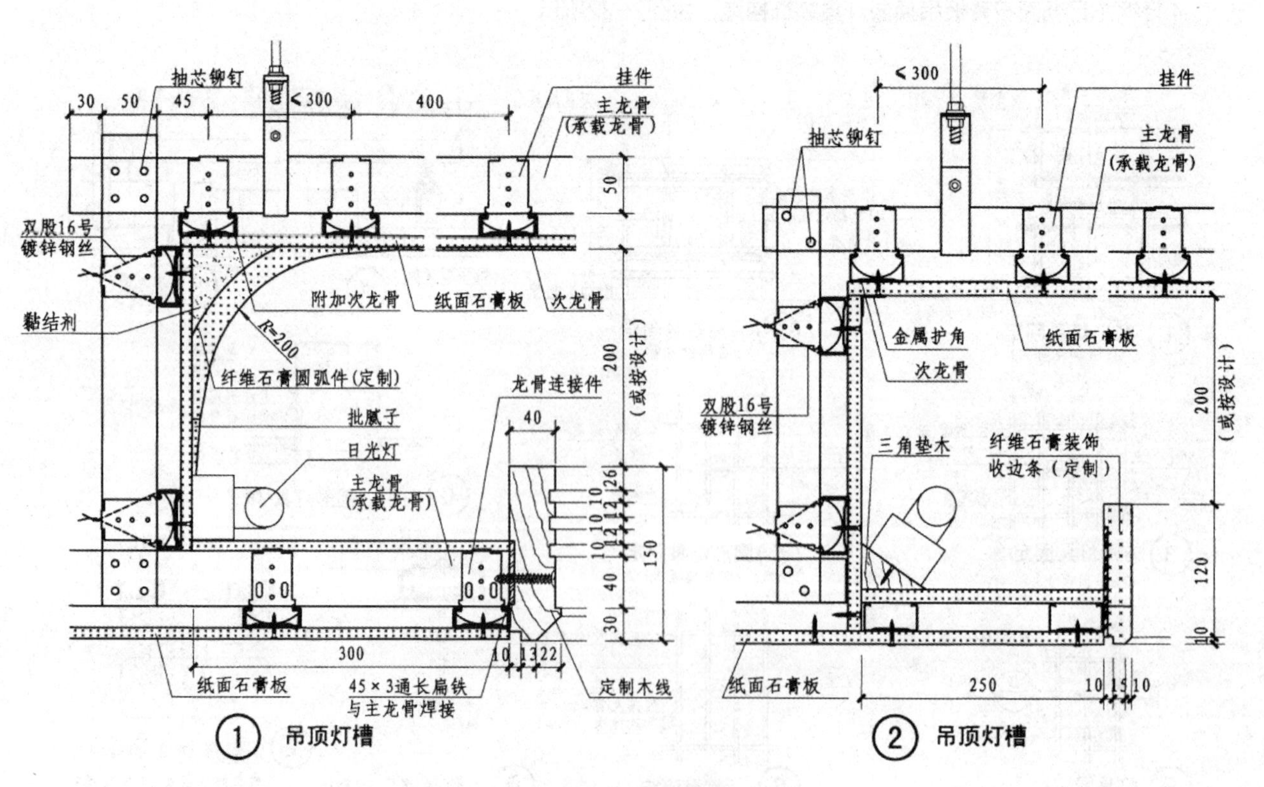

图2-24 吊顶灯槽详图

⑥轻钢龙骨纸面石膏板吊顶窗帘盒装饰构造，如图2-25所示。

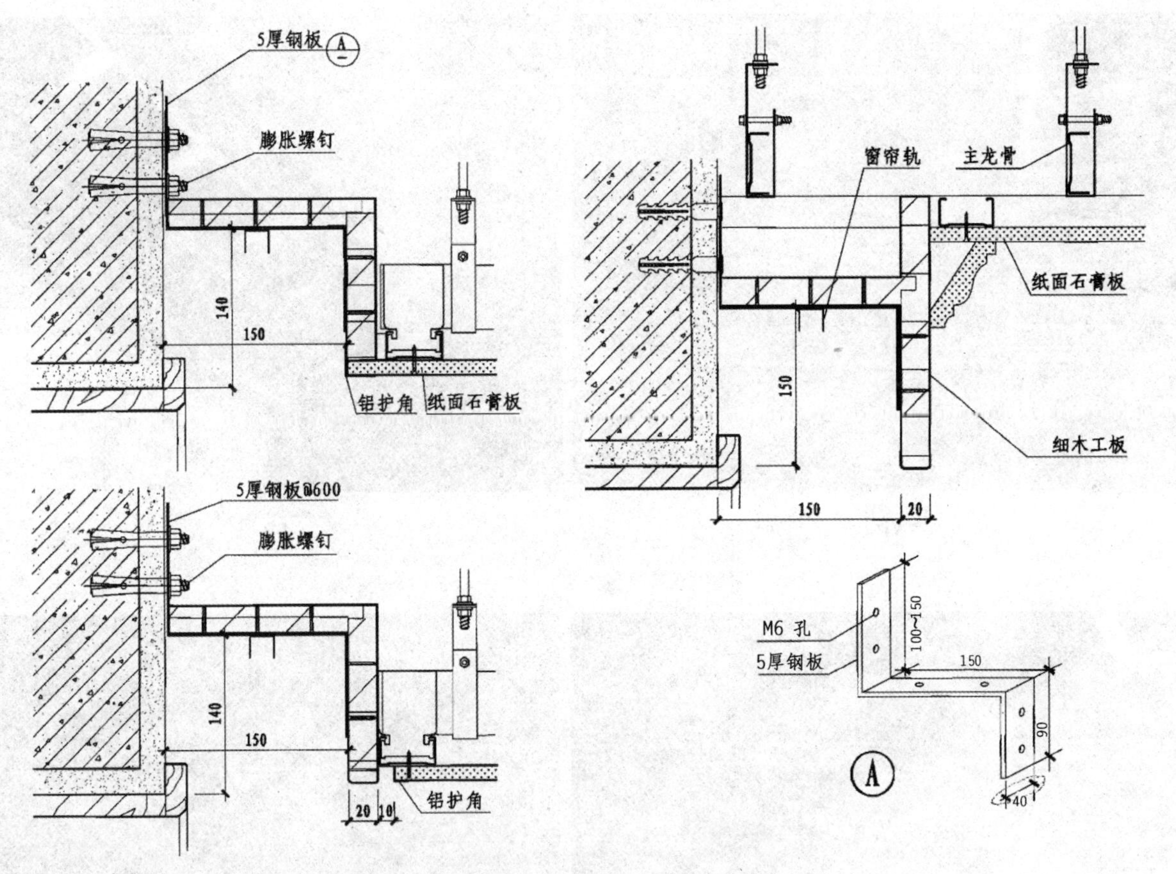

图2-25　轻钢龙骨纸面石膏板吊顶窗帘盒装饰构造

⑦轻钢龙骨纸面石膏板吊顶跌级装饰构造，如图2-26所示。

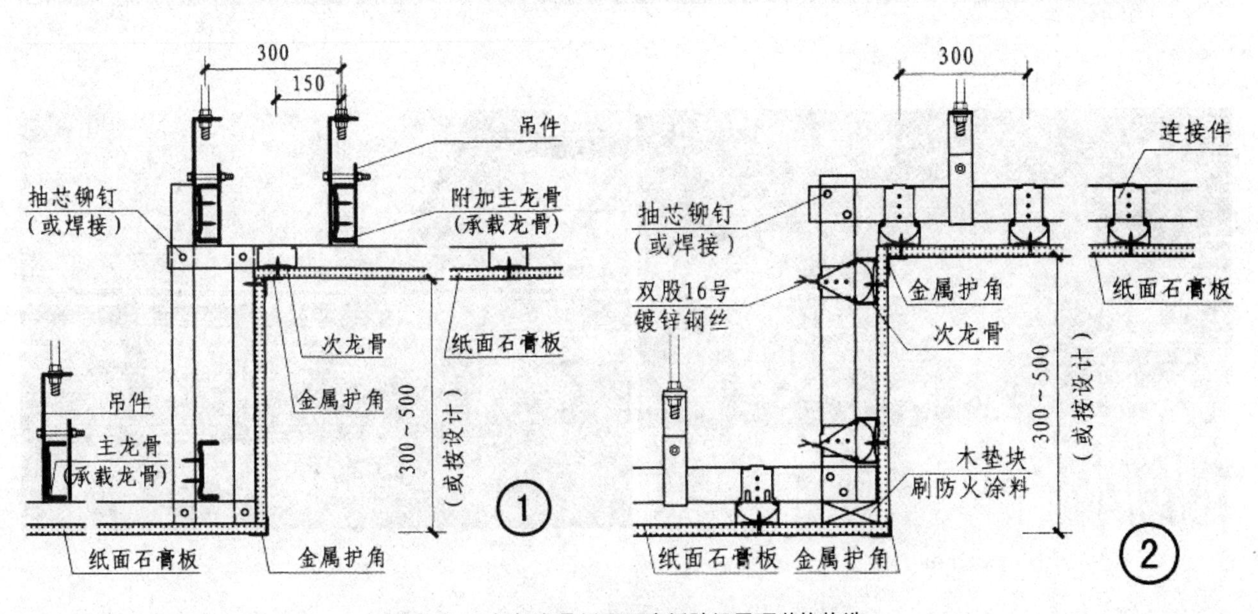

图2-26　轻钢龙骨纸面石膏板跌级吊顶装饰构造

⑧轻钢龙骨装饰构造施工现场，如图2-27所示。

(a)　(b)　(c)　(d)　(e)　(f)

图2-27　轻钢龙骨装饰构造施工现场图

（g）　　　　　　　　　　　　　　　　（h）

图2-27　（续图）

（a）直卡式轻钢龙骨石膏吊顶（吊满顶）施工现场；（b）轻钢龙骨石膏吊顶窗帘盒构造施工现场；（c）轻钢龙骨石膏板吊顶（局部吊顶）构造施工现场；（d）轻钢龙骨吊顶灯槽细节构造施工现场；（e）U型、C型轻钢龙骨石膏吊顶（吊满顶）施工现场；（f）轻钢龙骨吊顶灯槽细节构造施工现场；（g）U型、C型轻钢龙骨石膏吊顶施工现场；（h）吸顶式轻钢龙骨吊顶施工现场

（5）轻钢龙骨矿棉吸声板吊顶

矿棉吸声板简称矿棉板，是以矿渣棉为主要原材料，加入适量的配料黏结剂及附加剂，经成型、烘干、切割、表面处理而成的室内吊顶板材料。

矿棉板具有优良的防火、吸声、装饰、隔热性能，广泛应用于公共建筑和居住建筑室内吊顶。根据矿棉板裁口方式、板边形状的不同，有复合粘贴、暗插、明架、明暗结合等灵活的吊装方式。矿棉板吊顶还可与纸面石膏板吊顶或金属板吊顶形成多种组合吊顶形式。矿棉板品种、规格与边头形式详见表2-7，矿棉吸声板吊顶龙骨系列见表2-8。

表2-7　矿棉板品种、规格与边头形式

板材品种		规格/mm	边头形式	板材品种		规格/mm	边头形式
复合粘贴矿棉板	复合平贴矿棉板	300x600x9/12/13/14/15/18	纸面石膏板 矿棉板	明架矿棉板	明架跌级板系列	300x1200x15/18、600x600x12/13/14/15/18、600x1200x15/18	
	复合插贴矿棉板	300x600x9/12		暗架矿棉板	不可开启式暗架矿棉板	300x300x13、300x600x13/15/18/19、600x600x12/13/14/15/18、600x1200x12/13/15/18	
明架矿棉板	平板系列	300x600x9/12/13/14/15/18、300x1200x15/18、300x1500x15/18、300x1800x15/18、300x2100x18、300x2400x18、600x600x12/13/14					
	厚板	600x600x15/18		—	—	—	—
	深立体	600x600x24					
	特殊板系列	400x1200x13/15、600x600x15、600x1200x15					

1）矿棉吸声板吊顶设计要点

①首先确定吊顶形式，选定安装方式、配套龙骨及矿棉板品种型号进行顶平面设计，确定风口、灯具、喇叭、喷淋、烟感等设施的位置。

②按选定安装方式的构造特点，设计顶平面的分块及龙骨分布。吊顶设计排线分割由房间中间向两边延伸。

③吊顶系统的稳定牢固至关重要，因此主龙骨、T型主龙骨、T型次龙骨的组合搭配及配件一定要适配成系统。

④矿棉板吊顶属轻型吊顶，但根据使用情况分为上人吊顶和不上人吊顶两种，特别是明架或开启式暗架。由于矿棉板可以托起，不需上人即可检修，主龙骨通常采用C38，吊杆一般采用φ6钢筋吊杆或M6全牙吊杆以及相应吊件。吊顶如需上人检修，必须考虑80 kg的集中荷载，主龙骨需采用CS50或CS60及相应配件，吊杆采用φ8钢筋吊杆或全牙吊杆。直接吊装时可采用12#镀锌钢丝。

⑤重量超过3 kg的灯具、水管和有振动的电扇、风道等，则需直接吊挂在结构顶板或梁上，不得与吊顶系统相连。

⑥造型吊顶如荷载较大，需经结构专业验算确定，并采取相应加固措施。

⑦有特殊要求的矿棉板，如防潮、防水、燃烧性能等级达到A级等，在设计时应予以注明。

⑧洁净室矿棉板应有密封条，与T型龙骨黏合无缝，应设保持夹、压入式夹子，将板面与龙骨紧紧压实无缝，并防止板面因风压弹起。

⑨有特殊声学要求的室内吊顶，应配合声学设计选配吊顶板。

表2-8　矿棉吸声板吊顶龙骨系列

产品名称	适用范围及特点	规格型号		尺寸/mm								备注
		轴测图	剖面图	A	A'	B	B'	C	C'	t	长	
主龙骨（承载龙骨）	吊装用承载龙骨，C38主龙骨用于不上人吊顶，CS50与CS60用于上人吊顶	U型		12		38				1.0 1.2		
				15		50				1.2 1.5		
		C型		27		60	5.5			1.2		
				30		60	10			2.0		
次龙骨（覆面龙骨）	与承载龙骨配合使用，吊顶轻钢龙骨C50用于复合矿棉板，起面覆龙骨作用	C型		19		50	2.5	5.5		0.5		

续表

产品名称	适用范围及特点	规格型号		尺寸/mm								备注
		轴测图	剖面图	*A*	*A′*	*B*	*B′*	*C*	*C′*	*t*	长	
宽带 T型主龙骨（烤漆龙骨）	适用于明架平板或跌级矿棉板	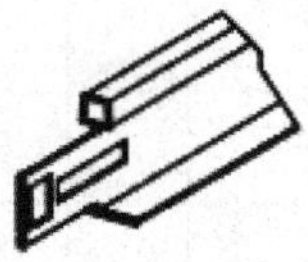	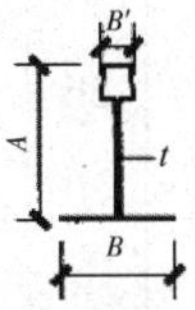	43 38 32 28		24	7			0.28 0.30 0.35	3000 3050	
宽带 T型次龙骨（烤漆龙骨）			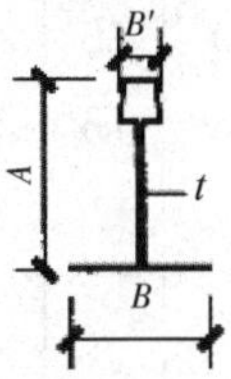	43 32 28 26 25		24	5			0.28 0.30 0.35	1200 1220 1200 600 610	
窄带 T型主龙骨（烤漆龙骨）	适用于明架平板或跌级矿棉板		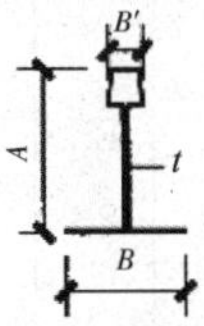	43 38 32		15 14 14				0.28 0.30 0.35	3000 3050	
烤漆T型主龙骨	承载吊顶荷载的主要构件		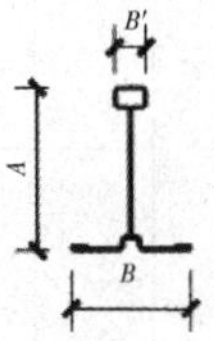	32		24				0.28 0.30 0.35		
烤漆T型次龙骨	用于承载吊顶荷载的辅助构件，通过插头与主龙骨固定（烤漆次龙骨之间的固定）		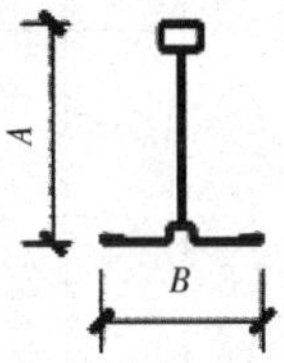	32		15				0.28 0.30 0.35	600 1200	
边龙骨	适用于矿棉板吊顶收边	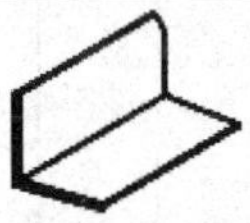	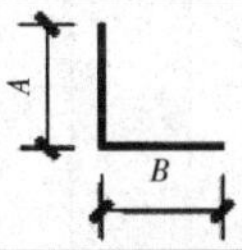	10		10				0.4	288 388 588	
			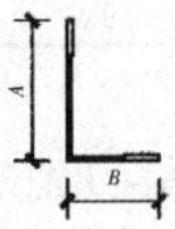	21		14				0.4	3000	
			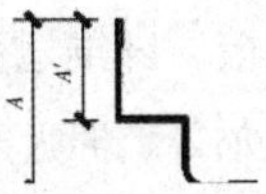	25	15	21				0.4	3000	

续表

产品名称		适用范围及特点	规格型号		尺寸/mm								备注
			轴测图	剖面图	A	A'	B	B'	C	C'	t	长	
垂直吊挂件	C38吊件	主龙骨垂直吊件			95	55	18	22	20		2		C38吊件用于不上人吊顶，配合C38主龙骨使用；CS50或CS60吊件用于上人吊顶，分别配合CS50或CS60主龙骨使用
	CS50吊件				110 113	65 78	21 24	23 30	20 25		2		
	CS60吊件				130	86 88	36 34	40 40	20 25		3		
	D-T吊件	暗架吊顶主龙骨与H型龙骨连接			48		30		20				CS38主龙骨与T型主龙骨连接
					117.8		30		25				CS50主龙骨与T型主龙骨连接
	D-H吊件	主龙骨吊件			50		30		25				CS50主龙骨与H型主龙骨连接

2）T型龙骨矿棉吸声板吊顶装饰构造

T型龙骨吊顶可采用T型烤漆龙骨或T型凹槽烤漆龙骨，也可采用铝合金T型龙骨，T型龙骨单层排列吊顶平面，是不上人体系，采用吊杆、弹簧吊件直接吊挂T型龙骨于结构顶板上，称作吊杆式；采用直接吊挂T型龙骨，紧贴结构顶板，称作吸顶式。饰面板材料为矿棉吸声板，也可以选用装饰石膏板、硅酸钙板、纤维增强硅酸盐平板等其他建筑板材饰面。T型龙骨矿棉吸声板吊顶装饰构造见图2-28。

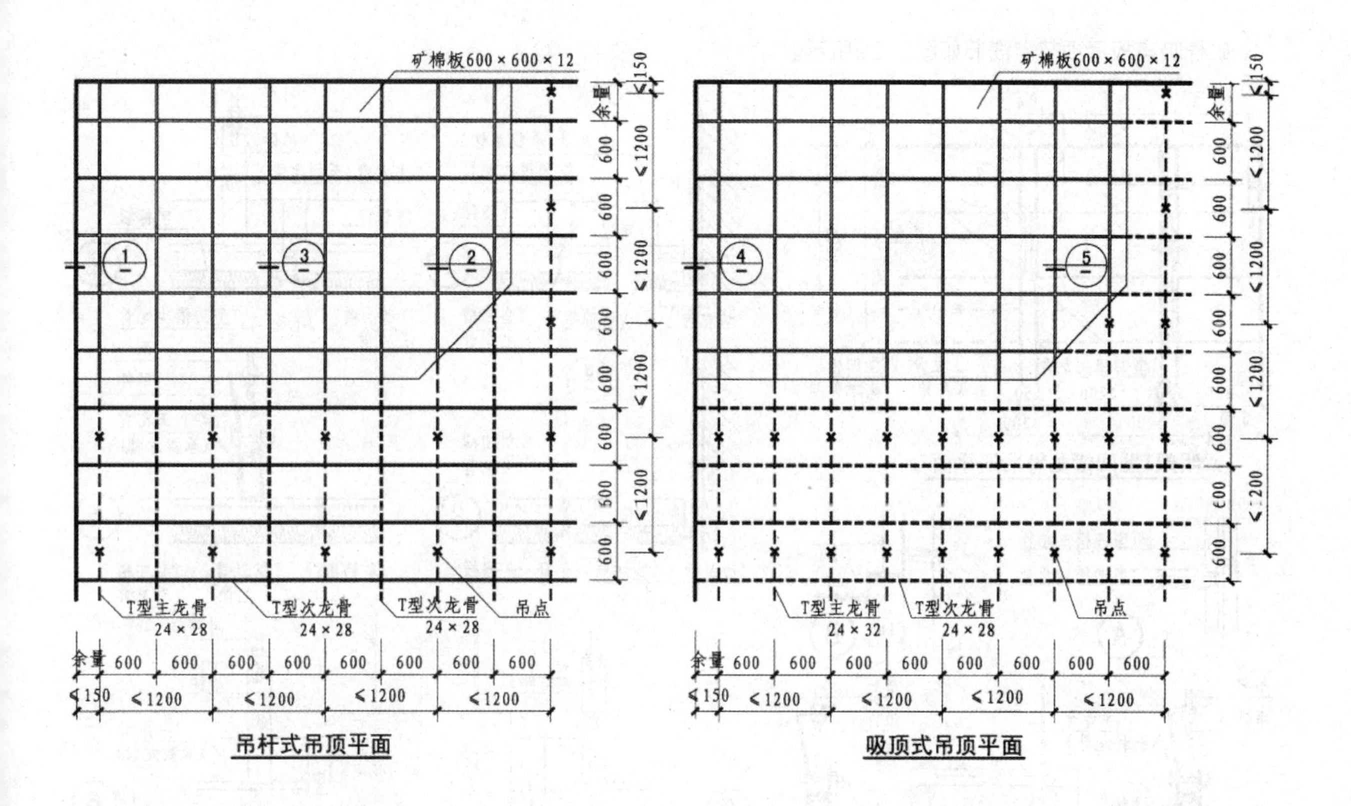

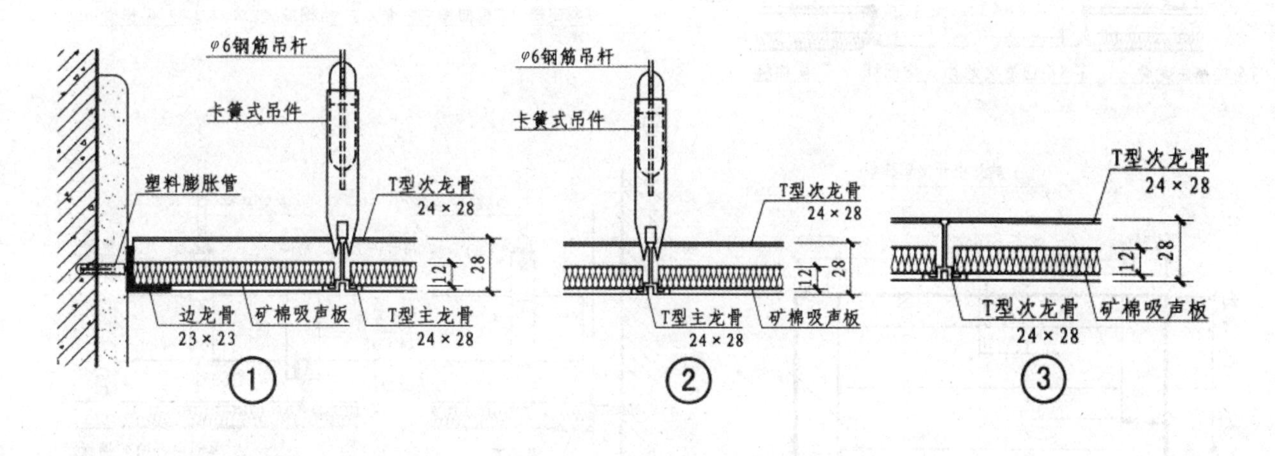

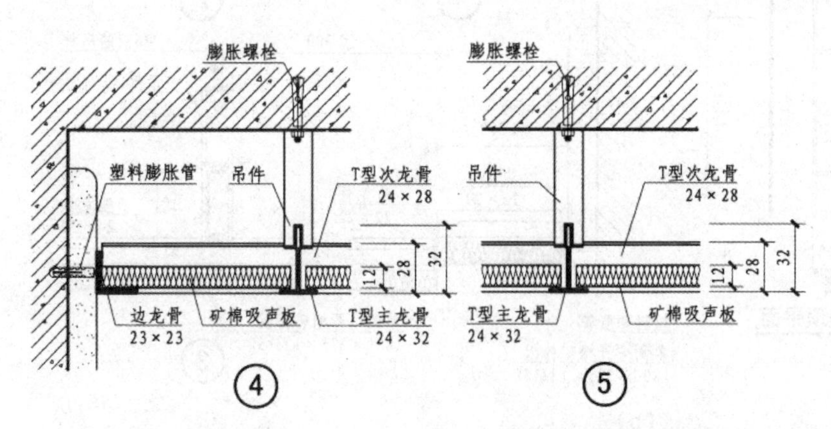

本图为明架不上人吊顶详图，①~③采用弹簧式吊件吊挂T型凹槽主龙骨、T型凹槽次龙骨，单层排列；④、⑤采用吊件吊挂T型主龙骨、T型次龙骨配套，单层排列。①~③为明架矿棉板吊顶中的吊杆式安装详图；④、⑤为明架矿棉板吊顶中的吸顶式安装详图。

图2-28　T型龙骨矿棉吸声板吊顶装饰构造

矿棉吸声板吊顶节点细节如图2-29所示。

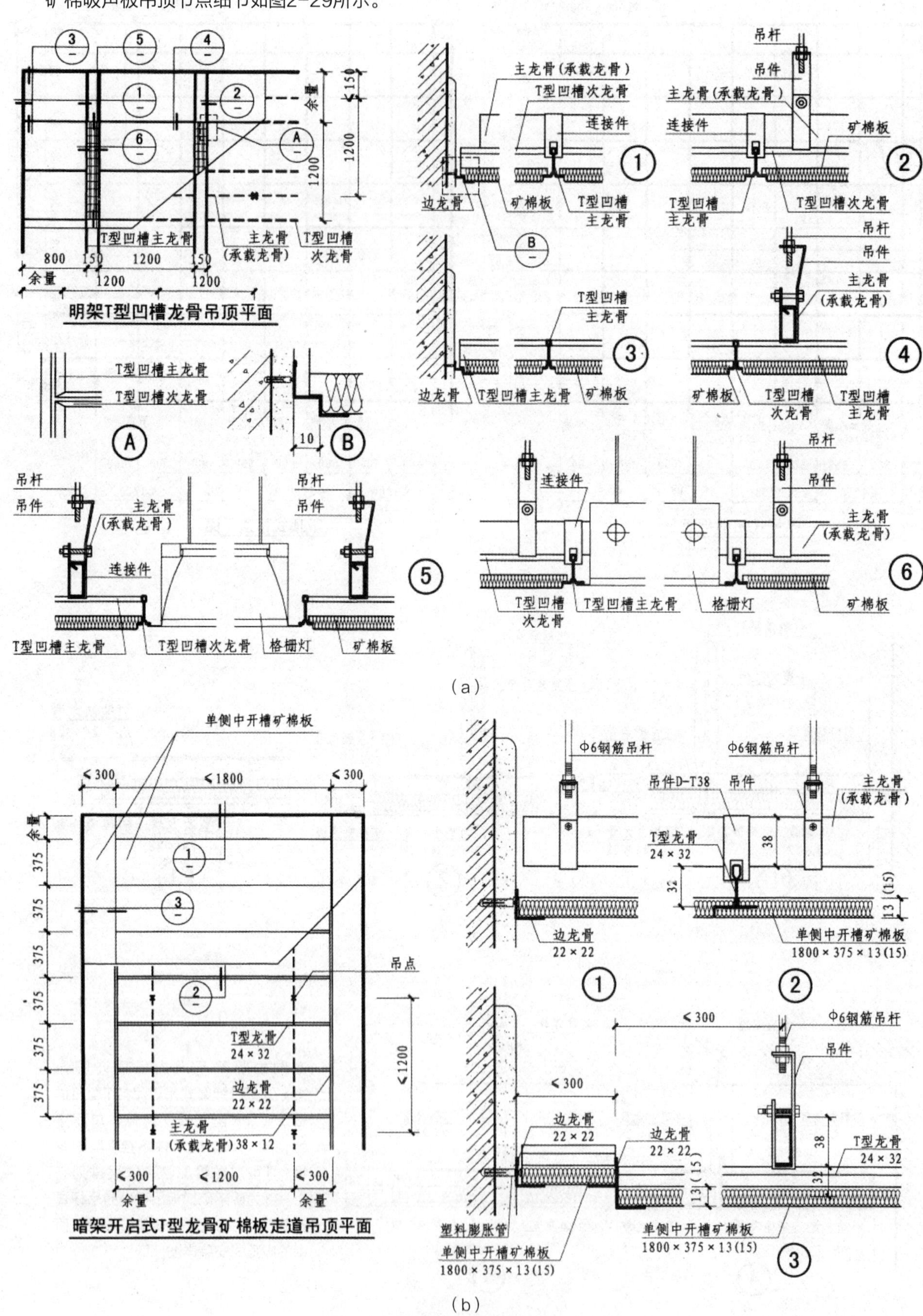

图2-29　T型龙骨矿棉板吊顶节点细节

（a）明架T型凹槽龙骨矿棉板吊顶平面及详图；（b）暗架开启式T型龙骨矿棉板走道吊顶平面及详图

（6）金属板吊顶

金属板吊顶系统由金属面板或金属网板、龙骨及安装辅配件（如面板连接件、龙骨连接件、安装扣、调校件等）组成。金属板吊顶装饰效果，如图2-30所示。

图2-30 金属板吊顶装饰效果

金属板吊顶是采用铝及铝合金基材、钢板基材、不锈钢基材、铜基材等金属材料经机械加工成型，而后在其表面进行保护性和装饰性处理的吊顶装饰工程系列产品。金属板吊顶广泛用于公共建筑、民用建筑的各种场所吊顶，品种繁多、变化丰富。

金属吊顶产品按使用区域可分为室内型、室外型，按面板形状可分为条板、块板、异形板、格栅、网状，按材质可分为铝合金、镀锌钢。

金属板吊顶安装工序：划线定标高→吊杆安装→安装龙骨→调校水平→固定修边→安装面板→清洁保养。

条状吊顶板型号及配套龙骨，如表2-9所示。

表2-9 条状吊顶板型号及配套龙骨

序号	产品型号	剖面图	配套龙骨
1	84宽C型条板		84C型条板龙骨等
2	84宽R型（R型弧形）条板		V系列龙骨、弧形龙骨、可变曲龙骨（配合弧形钢基架）、无钩齿龙骨（配合蝶形夹）等
3	30、80、130、180宽多模数B型条板、30BD型30宽条板	15 38.5	多模数B型龙骨、可变曲龙骨（配合弧形钢基架）、无钩齿龙骨（配合蝶形夹）等
4	75、150、225宽C型条板		75C、150C、225C型条板龙骨
5	300宽C型条板		吊架式、暗架式龙骨，吊扣、垂直吊扣等
6	300宽弧形条板		暗架/吊架龙骨、暗架专用卡件、离缝卡件、防风夹、螺钉固定夹、吊扣、垂直吊扣等
7	150、200条板		150、200龙骨，150、200螺钉固定夹，U型防风扣等

块状吊顶型号及配套龙骨，如表2-10所示。

表2-10 块状吊顶配套龙骨

序号	产品型号	剖面图	配套龙骨
1	暗架式		暗架龙骨、十字连扣、旋转十字连扣、吊扣、垂直吊扣等
2	明架式		T型龙骨、专用吊件等
3	钩挂式		Z型龙骨、L型基脚钢、Z型防风扣等
4	网架式		C型网架吊板、吊板连接件、墙身固定件、C型网架吊板十字连扣、L型基脚钢等

金属板吊顶装饰构造有以下几种。

①84宽C型铝合金条板吊顶，如图2-31所示。

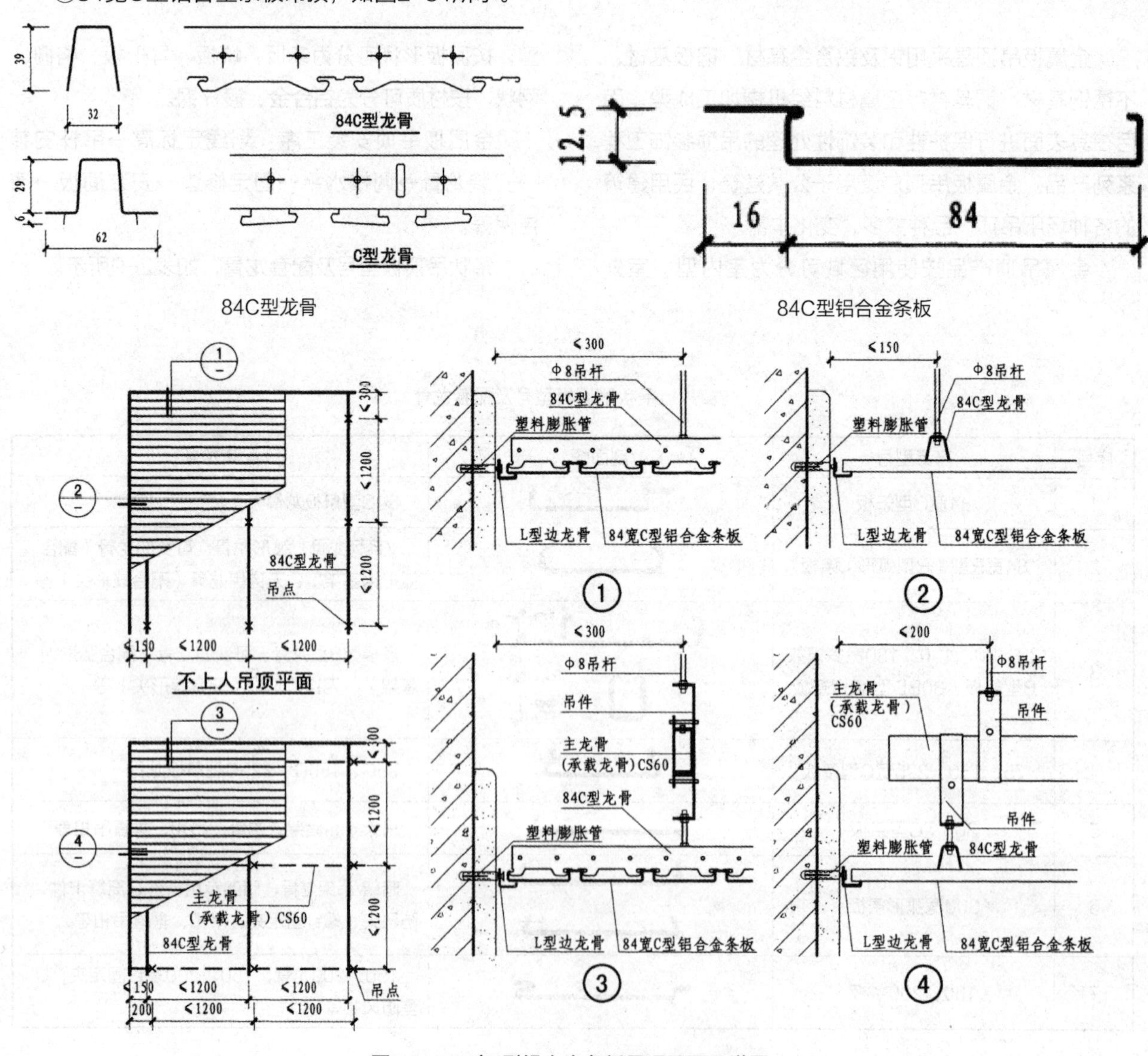

图2-31 84宽C型铝合金条板吊顶平面及详图

②多模数B型铝合金条板吊顶，如图2-32所示。

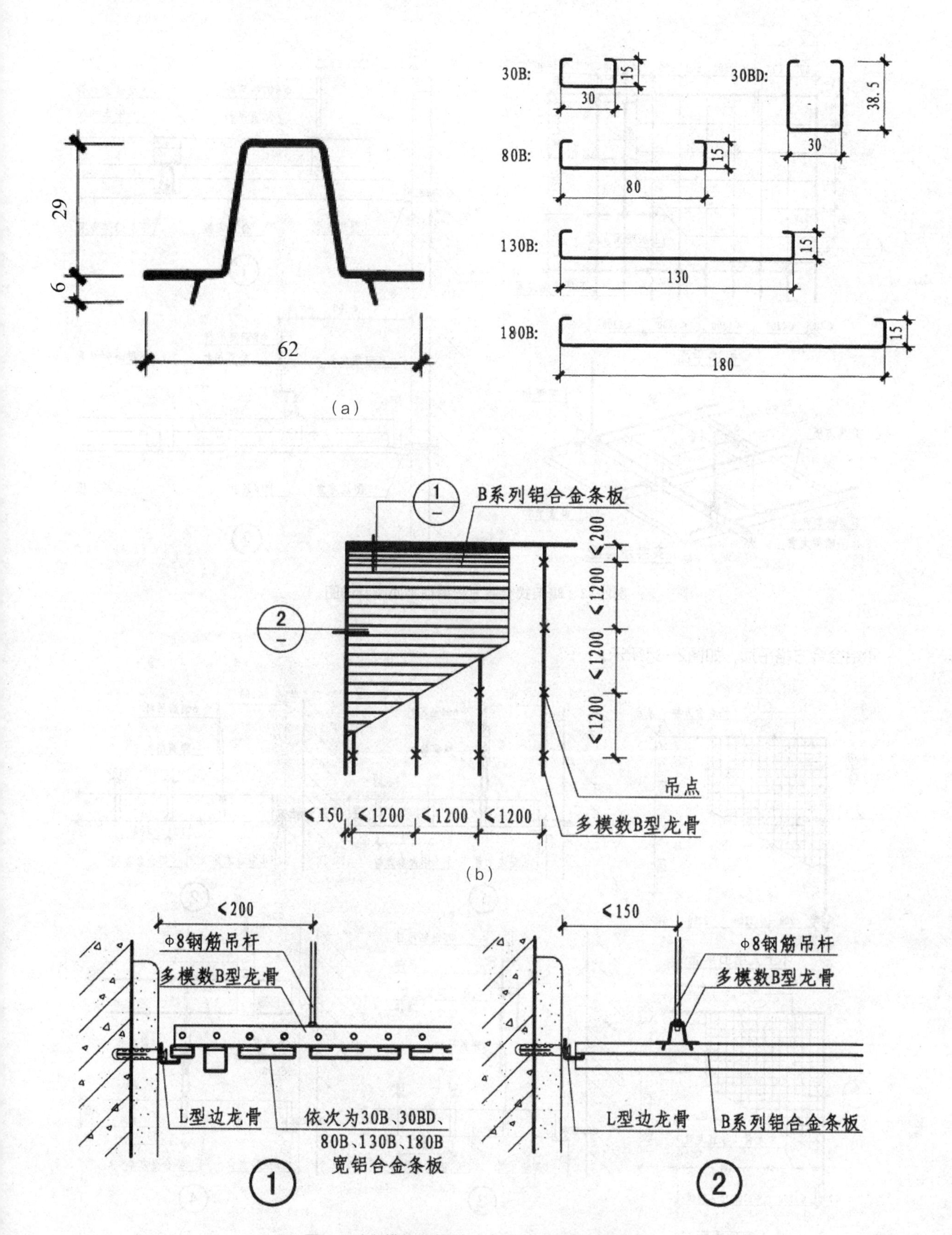

图2-32 多模数B型铝合金条板吊顶平面与详图

（a）多模数B型铝合金条板截面形式与龙骨截面形式；（b）多模数B型铝合金条板吊顶平面图

③暗架式金属方根吊顶，如图2-33所示。

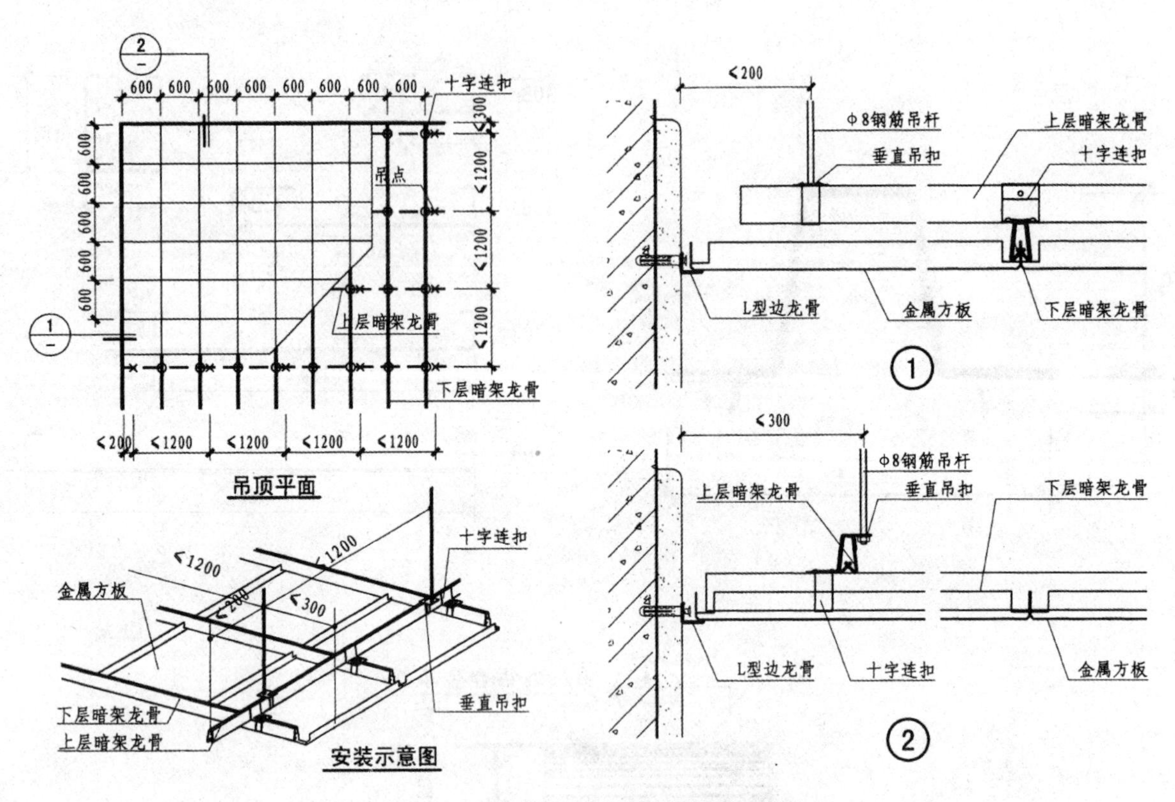

图2-33　暗架式金属方根吊顶平面图及详图

④铝合金方格吊顶，如图2-34所示。

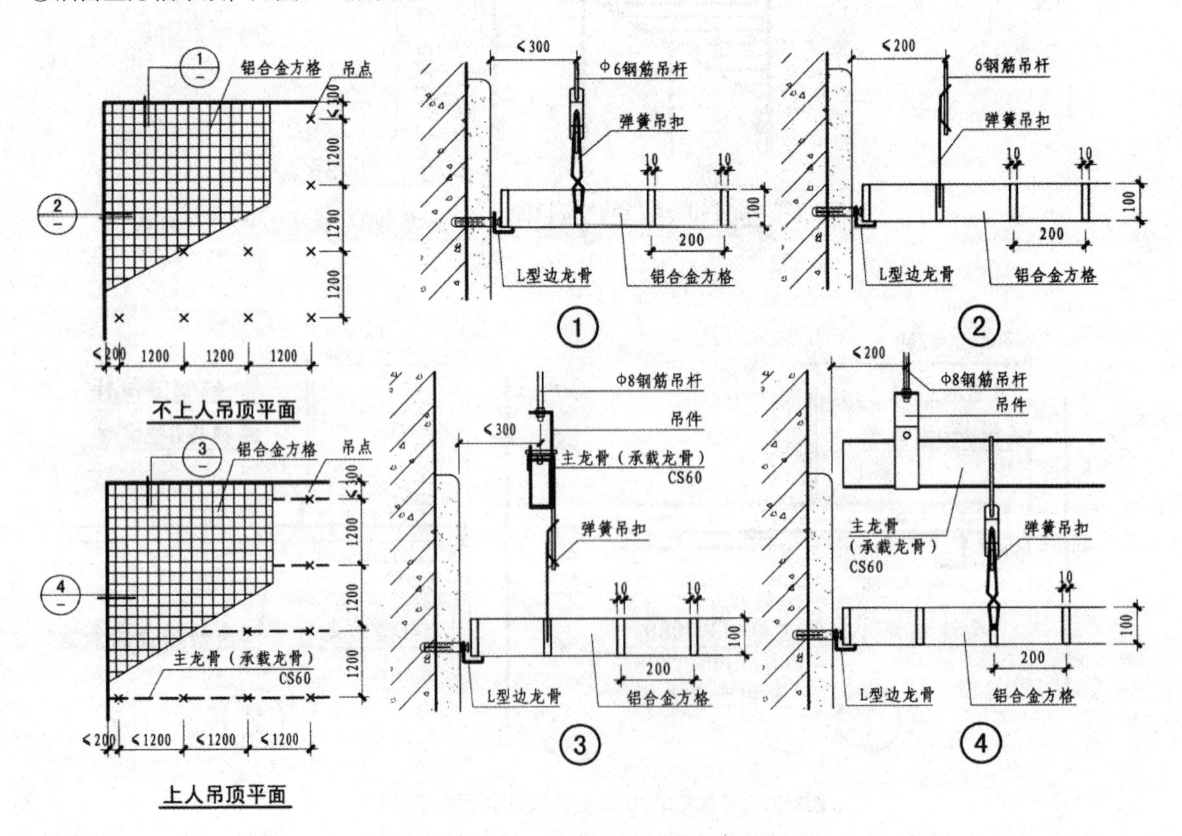

图2-34　铝合金方格吊顶平面图及详图

二、顶棚装饰设计与实例

（一）顶棚装饰设计

顶棚装饰设计是室内装饰设计的重要组成部分，应服从空间的整体设计要求，并确保顶棚装饰构造的合理性和可靠性。

顶棚设计时应注意顶面的各种设备与管道的位置和尺寸，协调好管道、设备、通风口、烟感器、消防喷淋、扬声器、灯具等因素与顶棚造型尺度的关系。还应考虑与地面及家具布置的呼应关系。

顶棚的装饰处理形式可根据室内装饰设计的格调和空间使用性质，从顶棚的形式、色彩、质地、光影等方面充分考虑、灵活设计，同时还可使用灯光渲染顶棚的装饰效果，为室内空间照明营造氛围（图2-35）。

顶棚装饰设计的常见形式有直接裸露式顶棚、平整式顶棚、井格顶棚、跌级式顶棚、孤岛式吊顶、格栅式顶棚等形式，在设计实践中可灵活运用。

（二）顶棚平面图表达内容

①建筑主体结构的主要轴线、轴号，如开间、进深等主要尺寸。

②顶棚造型、灯饰、空调风口、排气扇、消防喷头、烟感器、扬声器的轮廓线及名称或图例标注。

③顶棚造型及灯具、空调风口、排气扇等设施的形状定位尺寸、标高。

④顶棚的各类设施、各部位的饰面材料、涂料的规格、名称、工艺说明等。

⑤节点详图索引或剖面、断面等符号的标注。

图2-35　客餐厅顶棚设计整体图（09级环艺一班　邹方敏）

⑥顶棚的装修施工图除顶棚平面图外，还要画出顶棚的剖面详图，才能完整地将其构造表达清楚。在顶棚平面图中需要注出剖面符号或详图索引符号（图2-36和图2-37）。

（三）顶棚装饰设计案例

案例一：客餐厅天花平面图与详图，如图2-36所示。

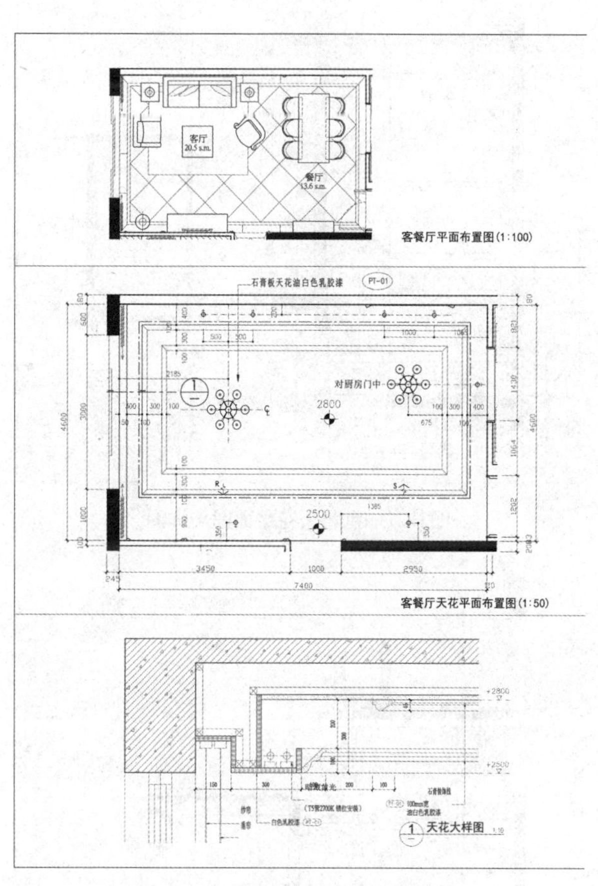

图2-36　客餐厅天花平面图与详图

案例二：包厢天花平面图与详图，如图2-37所示。

家居空间顶棚装饰设计实践

请根据原始建筑平面图（图2-38）、客厅装饰设计方案透视图（图2-39）、主卧室装饰设计方案透视图（图2-40）完成客餐厅与主卧室顶棚装饰施工图设计。

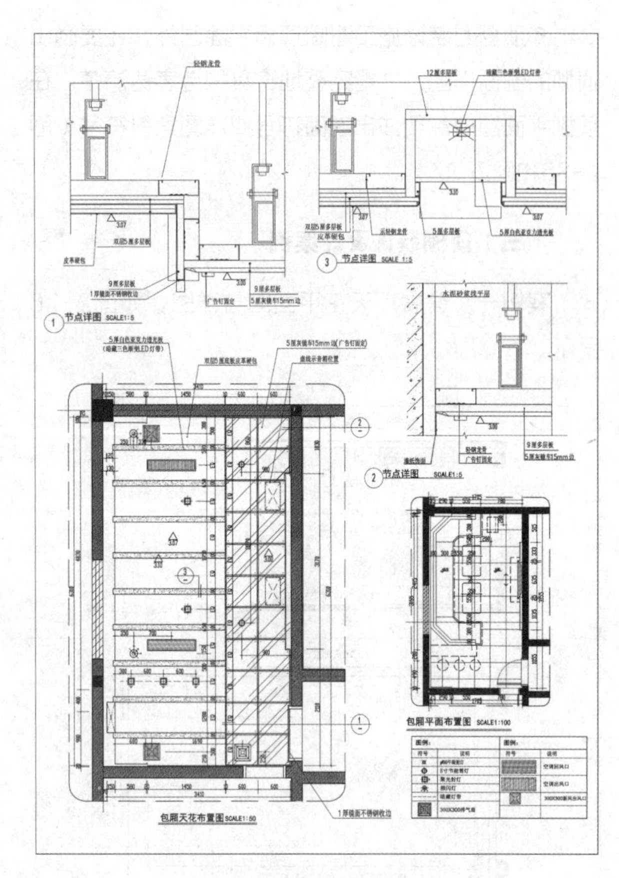

图2-37　包厢天花平面图与详图

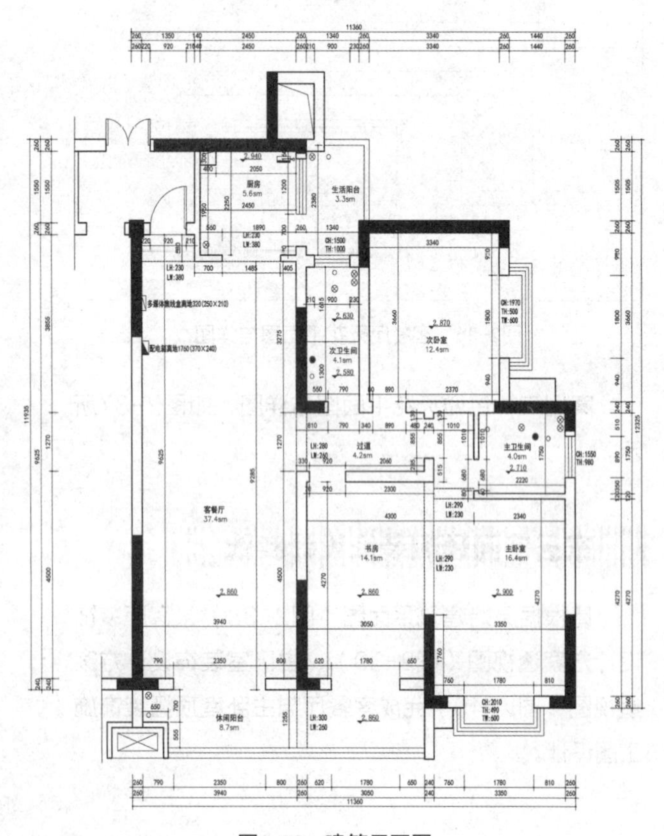

图2-38　建筑平面图

图2-39　客厅装饰设计方案透视图（贺剑平）

图2-40　主卧室装饰设计方案透视图（贺剑平）

一、任务目标

①能识读顶棚装饰构造节点详图；

②能根据顶棚装饰设计方案图分析顶棚装饰构造做法；

③能根据顶棚装饰设计方案图绘制顶棚装饰平面图；

④能根据顶棚装饰平面图绘制顶棚装饰剖面图；

⑤能根据顶棚装饰平面图绘制顶棚装饰构造节点详图、大样图。

⑥能根据图纸设计绘制顶棚装饰平面图、剖面图、节点详图、大样图。

二、工作任务

①查找顶棚装饰设计案例与常见顶棚装饰材料品种、规格、构造做法、工艺等资料，资料的形式可以是文本、图片和动画，并整理成PPT文件；

②绘制顶棚装饰平面图；

③绘制顶棚装饰剖面图；

④绘制顶棚装饰构造节点详图、大样图。

三、任务成果要求

（一）资料查询成果要求

资料查找成果应分类整理成PPT文件，按包含材料的名称、基本特性文字描述、规格尺寸、颜色与肌理特征（附图说明）、适用范围、构造做法（附图说明）、应用案例（附图说明）等内容，分类整理成图文结合的PPT文件。PPT文件排版应美观，内容条理清晰。

（二）设计任务成果要求

设计任务的成果以图纸形式呈现，图纸内容与要求：

①图纸规格与要求：A3幅面，应有标题栏，标题栏须按要求绘制并填写完整相关内容；

②图纸制图应符合《房屋建筑室内装饰装修制图标准》（JGJ/T 244—2011）的要求；

③顶棚装饰平面图采用镜像投影法绘制，顶棚装饰平面图应清晰表明顶棚造型与建筑结构关系、顶棚装修安装尺寸；

④图纸应交代清楚窗帘、窗帘盒与窗帘轨道的安装位置图线；

⑤图纸应交代清楚门、窗洞口的位置；

⑥图纸应交代清楚出风口、烟感、温感、喷淋、广播、检查口等设备安装位置，如无上述设备可省略；

⑦图纸应交代清楚灯具的安装位置、绘制相应的灯具图例；

⑧图纸应交代清楚吊顶各高差平面的标高，室内顶棚平面图不同层次的标高一般以该层次顶棚平面至本层楼面装饰完成面的高度进行标注；

⑨图纸应交代清楚墙体轴号及轴线关系，或建筑结构（如开间、进深等）主要尺寸；

⑩图纸应注明顶棚装饰材料名称、品种及其规格、编号、工艺等信息；

⑪不同顶棚装饰材料的交接，应绘制节点图，表达清楚不同材料衔接的构造节点，并在顶棚装饰布置平面图中绘制索引号；

⑫顶棚装饰完成面如有标高变化，应绘制节点图，通过剖面图或断面图表达清楚该部位收口、材料的构造做法，并在顶棚装饰布置平面图中绘制索引号；

⑬图纸应交代清楚顶棚与墙面的连接构造处理方式。

四、工作思路建议

①收集顶棚装饰设计案例，了解不同材料的顶棚装饰效果以及顶棚设计样式；收集顶棚装饰材料与构造的相关详细信息，了解顶棚材料的规格尺寸、顶棚饰面材料的颜色与肌理特征；查阅标准图集如《内装修－室内吊顶》（12J502-2），了解顶棚装修构造做法；查阅相关规范标准如《住宅装饰装修工程施工验收规范》（GB 50327—2012），了解顶棚装饰设计要求与装修质量控制要求等资料。

②参观装饰施工现场，实地考察顶棚的设计样式、装饰构造方法、构造尺度、材料、收口与过渡等，并用手机或相机尽可能详细地做好影像记录。

③在调研分析常见顶棚装饰构造做法的基础上，确定各空间顶棚装饰处理方法及装饰材料。

④分析并绘制顶棚装饰设计平面图草图与构造详图草图。

⑤规范绘制顶棚装饰布置平面图、剖面图、节点详图、大样图。

五、顶棚装饰平面图绘制步骤

顶棚装饰平面图通常采用“镜像”投影作图，其绘制步骤如下：

①根据绘制对象尺寸与图纸规格确定比例；

②画出建筑平面及门窗洞口，门画出门洞边线即可，不画门扇及开启线；

③画出顶棚造型平面轮廓线、窗帘及窗帘盒平面轮廓线；

④画出与顶棚相接的家具、设备的位置及尺寸；

⑤画出灯具图例及其他设备图例；

⑥在顶棚平面图中选定适当剖切位置（能清楚表达顶棚装饰造型细节）并画出顶棚剖面图索引符号；

⑦在顶棚平面图中选定适当剖切位置（能清楚表达窗帘盒、灯槽做法、顶棚与墙面衔接处理细节、灯具与设备安装细节），画出相应剖面图索引符号；

⑧标注尺寸、标高、图纸名称、比例、材料名称规格与工艺做法等文字说明；

⑨描粗整理图线，建筑主体结构和隔墙轮廓线用粗实线表示，顶棚主要造型轮廓线用中实线表示，装饰线等次要轮廓用细实线表示。

六、顶棚装饰详图绘制步骤

①根据绘制对象尺寸确定比例，画出楼板或墙面等基层结构部分轮廓线；

②根据顶棚的构造层次与材料的规格，依次由楼板底面轮廓线或内墙面轮廓线至饰面轮廓线，分层绘制图线，图线应能表达出由建筑构件至饰面层材料的连接与固定关系；

③根据不同材料的图例使用规范，绘制建筑构件、断面构造层及饰面层的材料图例；

④绘制详细的施工尺寸标注、详图符号，工整书写包括详图名称、比例、注明材料与施工所需的文字说明；

⑤描粗整理图线，建筑构件的梁、板、墙剖切轮廓线用粗实线表示，装饰构造分层剖切轮廓线用中实线表示，其他图线用细实线表示。

项目三

室内建筑墙柱面装饰构造与工艺

学习目标

1. 了解装饰装修材料市场内墙面装饰材料的品种、规格与价格；
2. 了解室内装饰装修中内墙面装饰构造类型与工艺；
3. 熟悉内墙面装饰构造设计通用节点详图与大样图的画法。

任务描述

1. 深入当地装饰建材市场，调查了解内墙面装饰材料的品种规格、颜色与质地特征、价格信息；
2. 走访考察当地装饰公司施工工地，了解内墙面的装饰构造方法与施工工艺流程；
3. 掌握不同装饰材料内墙面的装饰构造做法；
4. 掌握内墙面装饰设计与图纸的绘制；
5. 掌握常见内墙面饰面材料的装饰构造设计图绘制。

知识链接

一、墙柱面装饰构造概述

墙是建筑物竖直方向的空间隔断构件，主要起围合、分隔或承重作用，兼具隔声、保温、隔热、防火、防风等作用。

在建筑物中，墙按结构受力情况，可分为承重墙和非承重墙。承重墙是建筑结构的一部分，直接承接墙上部楼层建筑构件的荷载以及水平风荷载与地震作用力。非承重墙，不承受外来荷载，是指建筑中主要起分隔作用的墙体，对墙体上部建筑构件不起支撑作用。通常砖混结构建筑的外墙和主要内墙均为承重墙；框架结构建筑的内墙多为非承重墙；剪力墙结构建筑的剪力墙为承重墙。

隔墙作为分隔建筑物内部空间的墙，是非承重墙的一种。在房屋装修过程中，禁止改变承重墙位置，或在承重墙上开孔；由于隔墙不对建筑物起支承作用，在室内空间规划时可以根据设计要求增减隔墙。

柱是建筑物中垂直的主要结构件，起支承它上方建筑构件重量的作用。

（一）墙柱面装饰的作用

墙柱面装饰构造主要指对建筑物的各个墙面、活动隔断、隔墙、立柱的表面所进行的装饰装修的构造做法。墙柱面装饰可以保护墙体结构，改善和美化建筑空间与环境。墙柱面作为建筑物的立面，是人们在平视中能看到的主要面，墙柱面的装饰装修对营造建筑总体艺术效果具有十分重要的作用，主要表现在以下几方面：

①保护墙体和柱体。墙柱面的装饰装修，可保护墙柱体免受环境侵蚀以及人的活动带来的损坏，提高墙柱体防潮、抗腐蚀、抗老化的能力，提高墙体的耐久性和坚固性。

②改善墙体的物理性能。通过对墙柱面的装饰装修，能够提高和改善墙体在保温、隔热、隔声、吸音、防水等方面的功能。

③美化室内环境。内墙面与柱体表面装饰，对室内环境的美化起着主要作用。墙柱面的装饰还应注意与室内装饰风格相协调。

（二）墙柱面装饰构造的基本要求

墙柱面装饰构造材料与做法应满足以下要求：

①内墙柱面装修做法均应符合我国现行标准规范、施工操作规程及施工质量验收规范的有关规定。

②装修材料应满足防火、环保、隔声、保温、隔热、防水和防潮要求。

③各类装修部件与结构主体固定时，必须安全可靠。当采用膨胀螺栓、塑料膨胀管等固定时，要按照规定慎重选择型号。

（三）墙柱面装饰构造分类

根据所采用的装饰材料和施工方法，墙柱面装饰构造大致可划分为：

①抹灰刷涂料饰面装饰。主要包括简易抹灰墙面、刮腻子涂料墙面、水泥砂浆墙面、水泥石膏砂浆墙面等饰面装饰。

②建筑涂料饰面装饰。主要包括有机涂料、无机涂料、复合涂料、硅藻泥等涂料墙面饰面装饰。

③裱糊饰面装饰。主要包括壁纸、壁布及其他装饰贴膜墙面饰面装饰。

④木质饰面装饰。主要包括木饰面板、实木板条、人造合成木质板材和竹木制品等墙面饰面装饰。

⑤石材饰面装饰。主要包括大理石、花岗岩、人造石材等墙面饰面装饰。

⑥陶瓷墙砖饰面装饰。主要包括陶瓷墙砖、马赛克等墙面饰面装饰。

⑦织物皮革软包饰面装饰。主要包括纺织布料、真皮与人造皮革等墙面饰面装饰。

⑧金属板材饰面装饰。主要包括铝合金装饰板、金属蜂窝板、搪瓷钢板、不锈钢装饰板等墙面饰面装饰。

⑨装饰玻璃饰面装饰。主要包括镜面玻璃、磨砂玻璃、夹丝玻璃、安全玻璃、釉面玻璃等墙面饰面装饰。

室内建筑装饰装修所使用的材料和构造形式十分丰富，可根据设计和工程实际需要，在满足国家现行相关规范基础上灵活选用材料和构造做法。

1. 抹灰刷涂料墙面装饰构造

抹灰刷涂料墙面装饰是用水泥砂浆、石灰砂浆或混合砂浆等做成的各种饰面抹灰层。其可分为简易抹灰墙面、刮腻子涂料墙面、水泥砂浆墙面、水泥石膏砂浆墙面等（图3-1）。

抹灰墙面是由底层、多层中间层和面层构成的，一般内墙抹灰刷涂料构造总厚度控制在15~20 mm、顶棚为12~15 mm。在抹灰前应做基面处理，清理干净基层表面的浮尘、灰尘、油污等。

底层抹灰，主要起到与基层墙体黏合和初步找平作用。中间层抹灰在于进一步找平，以减少打底砂浆层干缩后可能出现的裂纹，材料与底层基本相同。面层抹灰主要起装饰作用。

（1）水泥石灰砂浆墙面构造做法

水泥石灰砂浆墙面构造做法因基层不同而有所区别。

①砖墙面水泥石灰砂浆墙面构造做法。

基层用14 mm厚1：3：9水泥石灰膏砂浆打底分层抹平，2 mm厚纸筋灰罩面；或9 mm厚1：0.5：3水泥石灰膏砂浆打底扫毛或划出纹道，5 mm厚1：0.5：2.5水泥石灰膏砂浆找平。面层涂刷面浆或

图3-1　抹灰刷涂料墙面饰面效果

涂料。

②混凝土墙体水泥石灰砂浆墙面构造做法。

基层先刷素水泥浆一道，内掺建筑胶，用12 mm厚1：3：9水泥石灰膏砂浆打底分层抹平，再用2 mm厚纸筋石灰罩面；或先刷素水泥浆一道，内掺建筑胶，用9 mm厚1：0.5：2.5水泥石灰膏砂浆打底扫毛或划出纹道，再用5 mm厚1：0.5：2.5水泥石灰膏砂浆找平。面层涂刷面浆或涂料。

③轻质砌块墙体水泥石灰砂浆墙面构造做法。

基层先用3 mm厚专用砂浆打底刮糙或专用界面剂一道甩毛，甩前喷湿墙面，用8 mm厚1：1：6水泥石灰膏砂浆打底扫毛或划出纹道，再用5 mm厚1：0.5：2.5水泥石灰膏砂浆找平；或涂刷专用界面剂一道甩毛，甩前喷湿墙面，用8 mm厚1：1：6水泥石灰膏砂浆分层抹平，再用2 mm厚纸筋石灰罩面。面层涂刷面浆或涂料。

（2）刮腻子涂料墙面构造做法

刮腻子涂料墙面构造做法因基层不同而有所区别。

①砖墙面刮腻子涂料墙面构造做法。

基层先用9 mm厚1：0.5：3水泥石灰膏砂浆分遍抹平，再用2 mm厚面层耐水腻子分遍刮平；或基层先用12 mm厚粉刷石膏砂浆打底分遍抹平，再用2 mm厚面层耐水腻子分遍刮平。面层涂刷面浆或涂料。

②混凝土墙体刮腻子涂料墙面构造做法。

基层先刷素水泥浆一道，内掺建筑胶，再用9 mm厚1：0.5：3水泥石灰膏砂浆分遍抹平，2 mm厚面层耐水腻子分遍刮平。面层涂刷面浆或涂料。

③轻质砌块墙体刮腻子涂料墙面构造做法。

基层先用3 mm厚专用砂浆打底刮糙或专用界面剂一道甩毛，甩前喷湿墙面，用8 mm厚1：1：6水泥石灰膏砂浆打底扫毛或划出纹道，然后用5 mm厚1：0.5：2.5水泥石灰膏砂浆抹平，再用2 mm厚面层耐水腻子分遍刮平。面层涂刷面浆或涂料。

④纸面石膏板墙体刮腻子涂料墙面构造做法。

基层板缝处贴50 mm宽涂塑中碱玻璃纤维网格布，再刷防潮涂料两道，横纵方向各刷一道，用防水石膏板时可省略此道工序，然后用3 mm厚底基防裂腻子分遍找平，再用2 mm厚面层耐水腻子分遍刮平。面层涂刷面浆或涂料。

（3）水泥砂浆墙面构造做法

水泥砂浆墙面构造做法因基层不同而有所区别。

①砖墙面水泥砂浆墙面构造做法。

基层用9 mm厚1：3水泥砂浆打底扫毛或划出纹道，再用5 mm厚1：2.5水泥砂浆抹平。面层涂刷面浆或涂料。

②混凝土墙体水泥砂浆墙面构造做法。

基层先刷素水泥浆一道，内掺建筑胶，用9 mm厚1：3水泥砂浆打底扫毛或划出纹道，再用5 mm厚1：2.5水泥砂浆抹平。面层涂刷面浆或涂料。

③轻质砌块墙体水泥砂浆墙面构造做法。

基层先喷湿墙面，用3 mm厚专用砂浆打底刮糙或专用界面剂一道甩毛，用8 mm厚1：1：6水泥石灰膏砂浆打底扫毛或划出纹道，再用5 mm厚1：2.5水泥砂浆抹平。面层涂刷面浆或涂料。

（4）水泥砂浆防潮墙面构造做法。

水泥砂浆防潮墙面构造做法因基层不同而有所区别。

①砖墙面水泥砂浆防潮墙面构造做法。

基层7 mm厚1：3水泥砂浆打底扫毛，用7 mm厚1：3水泥砂浆，内掺防水剂扫毛，再刷素水泥浆一道。面层用5 mm厚1：2.5水泥砂浆罩面压实赶光。

②混凝土墙体水泥砂浆防潮墙面构造做法。

基层先刷素水泥砂浆一道，内掺建筑胶，用9 mm厚1：3水泥砂浆打底扫毛，内掺防水剂，再刷素水泥浆一道。面层用5 mm厚1：2.5水泥砂浆罩面压实赶光。

③轻质砌块墙体水泥砂浆防潮墙面构造做法。

基层先用3 mm厚专用砂浆打底刮糙或专用界面剂一道甩毛，甩前喷湿墙面，用8 mm厚1：1：6水泥石灰膏砂浆打底扫毛，然后用5 mm厚1：3水泥砂浆扫毛，内掺防水剂，再刷素水泥浆一道。面层用5 mm厚1：2.5水泥砂浆罩面压实赶光。

2. 建筑涂料墙面装饰构造

建筑涂料，泛指能涂覆并牢固附着建筑各部件表面，能与基层形成完整牢固的保护膜的涂层饰面材料。建筑涂料是由基料、颜料、填料、溶剂、助剂等材料组成的，涂料的成膜物质主要为基料。建筑涂料种类多、色彩多样、质感丰富、易于维修翻新（图3-2）。

（1）建筑涂料分类

建筑涂料按建筑物的使用部位可为外墙涂料、内墙涂料等。外墙涂料是指外墙混凝土及抹灰面建筑涂料。内墙涂料是指内墙、墙裙、顶棚混凝土及抹灰面、板材面建筑涂料，内墙漆应满足环保、耐洗刷、耐碱、难燃与不燃、美观及防腐蚀、防霉菌等基本要求。建筑常用内、外墙涂料见表3-1。

图3-2　建筑涂料饰面墙面

表3-1　建筑常用内、外墙涂料

分类		成分	品种	特点	适用范围	
					内墙	外墙
无机涂料		生石灰、碳酸钙、滑石粉加适量胶混合制成	无机硅酸盐水玻璃类涂料、硅溶胶类建筑涂料、聚合物水泥类涂料、粉刷石膏抹面材料	资源丰富、保色性好、耐久性长、耐热、不燃、无毒、无味，但耐水性差、涂膜质地酥松、易起粉	√	√
有机涂料	溶剂型涂料	以高分子合成树脂为主要成膜物质，有机溶剂为稀释剂加适量颜料、填料及辅助材料研磨而成	丙烯酸酯类溶剂型涂料、聚氨酯丙烯酸酯复合型涂料、聚酯丙烯酸酯复合型涂料、有机硅丙烯酸酯复合型涂料、聚氨酯类溶剂型涂料、聚氨酯环氧树脂复合型涂料、过氯乙烯溶剂型涂料、氯化橡胶建筑涂料	涂膜细腻、光洁、坚韧，有较好的硬度、光泽、耐水和耐候性，但易燃、涂膜透气性差，价格较高	√	
	水溶性涂料	以水溶性合成树脂为主要成膜物质，以水为稀释剂加适量颜料、填料及辅助材料研磨而成	聚乙烯醇类建筑涂料、耐擦洗仿瓷涂料	原材料资源丰富。可直接溶于水中，价格较低，无毒、无味、耐燃，但耐水性较差、耐候性不强、耐洗刷性也较差	√	
	乳液型涂料（又称乳胶漆）	以乳液为主要成膜物质，加适量颜料、填料及辅助材料研磨而成	聚醋酸乙烯乳液涂料、丙烯酸酯乳液涂料、苯乙烯-丙烯酸酯共聚乳液（苯丙）涂料、醋酸乙烯-丙烯酸酯共聚乳液（乙丙）涂料、醋酸乙烯-乙烯共聚乳液（VAE）涂料、环氧树脂乳液涂料、硅橡胶乳液涂料	价格便宜，对人体无害，有一定的透气性，耐擦洗性较好	√	√
复合涂料		无机与有机涂料结合	丙烯酸酯乳液+硅溶胶复合涂料、苯丙乳液+硅溶胶复合涂料、丙烯酸酯乳液+环氧树脂乳液+硅溶胶复合涂料	相互取长补短	√	
硅藻泥		以硅藻土为主要原材料，添加多种助剂的装饰涂料	—	绿色环保、净化空气、防火阻燃、呼吸调湿、吸声降噪、保温隔热等	√	

建筑涂料按涂膜外观透明状况可分为清漆、色漆等；按涂饰方法可分为喷漆、烘漆等；按漆膜外观光泽可分为有亮光漆、亚光漆等；按主要成膜物进行分类，有油基漆、含油合成树脂漆、不含油合成树脂漆、纤维衍生物漆、橡胶衍生物漆等。建筑常用涂料见表3-2。

表3-2　建筑常用涂料

类别	主要成膜物质	装修档次			产品名称												备注
		普	中	高	清油	清漆	厚漆	调和漆	磁漆	底漆	防锈漆	粉末	防腐漆	透明漆	木器漆	其他	
油脂漆类	天然植物油、动物油脂、合成油等	√			√		√	√			√					√	用于木构件、装饰性不高构件

续表

类别	主要成膜物质	装修档次			产品名称												备注
		普	中	高	清油	清漆	厚漆	调和漆	磁漆	底漆	防锈漆	粉末	防腐漆	透明漆	木器漆	其他	
天然树脂漆类	松香、虫胶、奶酪素、动物胶及其衍生物	√				√		√	√	√						√	用于木构件、装饰性不高构件的底层漆
酚醛树脂漆类	酚醛树脂、改性酚醛树脂	√	√			√		√	√	√	√		√			√	普通油漆
醇酸树脂漆类	甘油醇酸树脂、季戊四醇酸树脂、其他醇酸树脂、改性醇酸树脂		√	√		√		√	√	√	√				√	√	常用普通油漆
丙烯酸酯树脂漆类	热塑性丙烯酸酯类树脂			√		√			√			√		√	√	√	用于高级装饰
聚酯树脂漆类	不饱和聚酯树脂			√							√	√			√	√	用于高级木器及其他高级装修
硝基漆类	硝基纤维素（酯）、改性硝基漆		√	√		√			√						√	√	硝基漆必须多遍做法、装饰性能好
聚氨酯树脂漆类	聚氨（基甲酸）酯树脂			√		√			√				√		√	√	用于高级木器、钢琴，双组分用于地面涂料
过氯乙烯树脂漆类	过氯乙烯树脂等					√			√				√			√	耐腐、光泽高须多遍做法，可用于耐腐蚀地面涂料
环氧树脂漆类	环氧树脂、改性环氧树脂									√		√				√	地面涂料应双组分，不起尘，耐腐、耐油、耐重压及冲击，另有画线漆
元素有机漆类	有机硅、氟碳树脂等												√			√	有机硅耐水性好，氟碳超耐候性
橡胶漆类	氯化橡胶、氯丁橡胶等					√			√	√			√			√	有防火漆、画线漆、防腐漆

（2）建筑涂料的涂装施工

①内墙涂料施工工序。

清扫基底面层→填补缝隙、局部刮腻子→磨平→第一遍满刮腻子→磨平→第二遍满刮腻子→磨平→涂刷封底涂料→涂刷主层涂料→第一遍罩面涂料→第二遍罩面涂料。

涂料抹灰基层的质量要求，墙面表面平整度用2 m直尺和楔形塞尺（图3-3）检查为：普通抹灰≤5 mm，中级抹灰≤4 mm，高级抹灰≤2 mm；顶棚抹灰只要求顺平。内隔墙纸面石膏板基层，要求对板缝、钉眼进行处理后，满刮腻子、砂纸打光。

②涂料涂饰施工要点。

清理基底：对泛碱、析盐的基层应先用3%的草酸溶液清洗，然后用清水冲刷干净或在基层上满刮一遍底漆，待其干后刮腻子，再涂刷面层涂料。

涂饰的方法有喷涂、滚涂、弹涂，在涂料施工中滚涂是最普遍的。滚涂法是将蘸取涂料的毛辊先按“W”方式滚动将涂料大致涂在基层上，然后用不蘸取涂料的毛辊紧贴基层上下、左右来回滚动，使涂料在基层上均匀展开，最后用蘸取涂料的毛辊按一定方向满滚一遍。角及洞口周边宜采用排笔刷涂找齐。

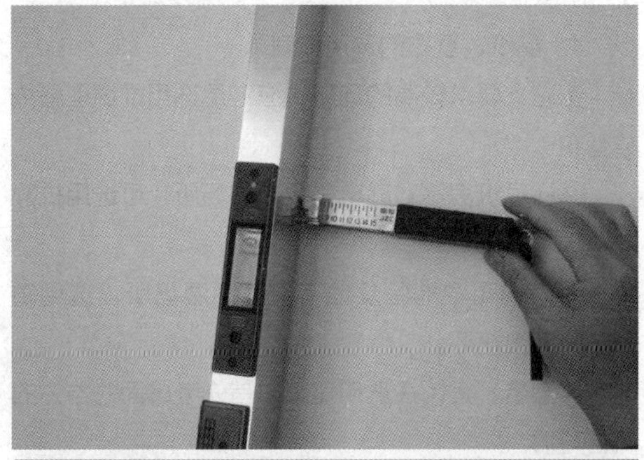

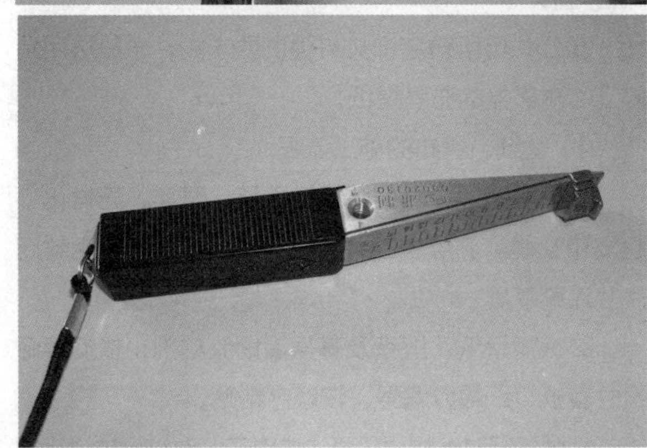

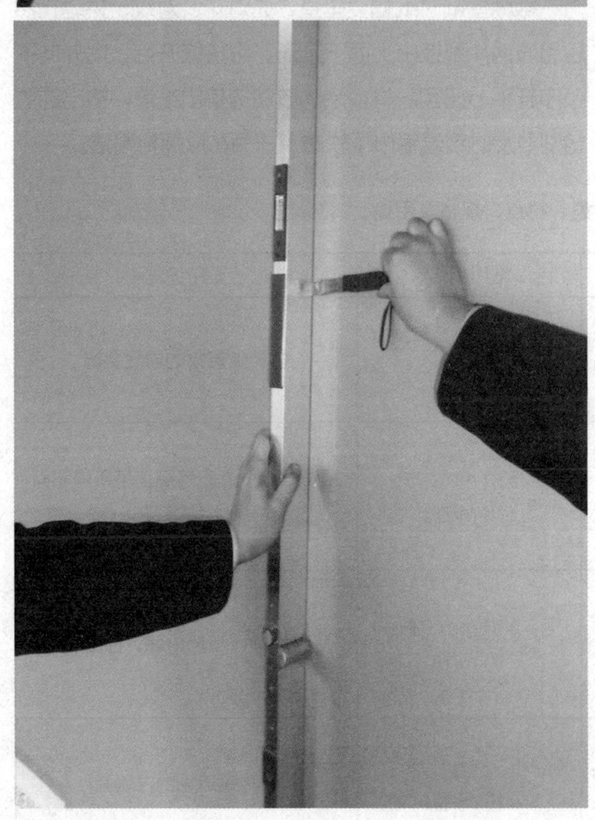

图3-3 靠尺与塞尺用法示意图

③金属表面涂装施工工序。

基层处理，打毛刺、除锈、去污渍→刷防锈漆、局部刮腻子、磨光→第一遍满刮腻子、磨光→第二遍满刮腻子、磨光→第一遍涂料→补腻子、磨光→第二遍涂料→磨光、擦净→第三遍涂料→水砂纸磨光、擦净→第四遍涂料。

④木材面涂溶剂型色漆工序。

基层处理，包括清扫去油污、修补平整、磨砂纸、色漆，还包括结疤处的处理→干性油打底→局部刮腻子、磨光→腻子处涂干性油→第一遍满刮腻子→磨光→第二遍满刮腻子→磨光→刷底层涂料→第一遍涂料→复补腻子→磨光→湿布擦净→第二遍涂料→磨光→湿布擦净→第三遍涂料。

⑤木材面涂清漆工序。

基层处理，包括清扫去油污、修补平整、磨砂纸→第一遍满刮腻子、磨光→第二遍满刮腻子、磨光→刷油色→第一遍清漆→拼色→复补腻子、磨光→第二遍清漆→磨光→第三遍清漆→磨水砂纸→第四遍清漆→磨光→第五遍清漆→磨退，用醇酸树脂刷涂磨退→打砂蜡、打油蜡→擦亮。

（3）建筑涂料墙面装饰构造

建筑涂料饰面的涂层构造，一般分为三层，即底层、中间层和面层（图3-4）。

①底层。俗称刷底漆，其主要作用是增加涂层与基层之间的黏附力，进一步清理基层表面的灰尘，使一部分悬浮的灰尘颗粒固定于基层。底层涂层还具有基层封闭剂的封底作用，可以防止木脂、水泥砂浆抹灰层中的可溶性盐等物质渗出表面，造成对涂饰饰面的破坏。

②中间层。中间层是整个涂层构造中的成型层。其作用是通过适当的工艺，形成具有一定厚度、匀实饱满的涂层，达到保护基层和形成所需的装饰效果。中间层的质量好，不仅可以保证涂层的耐久性、耐水性和强度，在某些情况下对基层还可起到补强的作用，近年来常采用厚涂料、白水泥、砂粒等材料配制中间造型层的涂料。

③面层。其作用是体现涂层的色彩和光感，提高饰面层的耐久性和耐污染能力。为了保证色彩均匀，并满足耐久性、耐磨性等方面的要求，面层最低限度应涂刷两遍。一般来说油性漆、溶剂型涂料的光泽度

普遍要高一些。采用适当的涂料生产工艺、施工工艺，水性涂料和无机涂料的光泽度可以赶上或超过油性涂料、溶剂型涂料的光泽度。

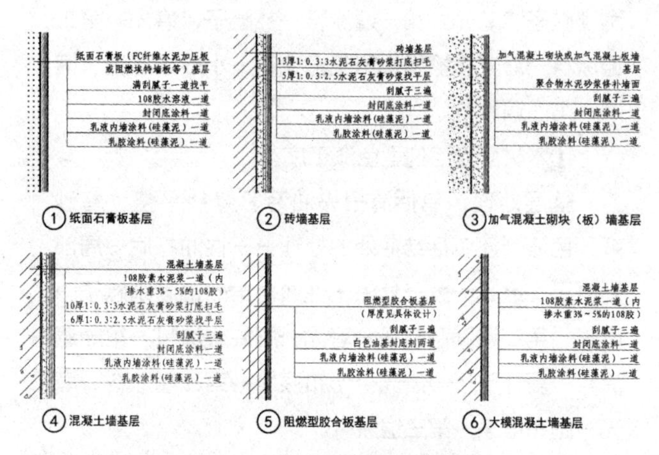

图3-4　建筑涂料墙面构造做法

3. 裱糊饰面墙面装饰构造

裱糊饰面墙面装饰，主要包括壁纸、壁布及其他装饰贴膜饰面装饰。

（1）壁纸、壁布墙面装饰构造

壁纸、壁布是以纸或布为基材，上面覆有各种色彩或图案的装饰面层，用于室内墙面、吊顶装饰的一种饰面材料（图3-5和图3-6）。

壁纸和壁布具有品种多样、色彩丰富、图案变化多样、质轻美观、装饰效果好、施工效率高的特点，是使用最为广泛的内墙装饰材料之一。除装饰外，还有吸声、保温、防潮、抗静电等特点。经防火处理过的壁纸和壁布还具备相应的防火功能。

常见壁纸、壁布的类型、特点、规格及用途如表3-3所示。

1）壁纸、壁布的选用原则

①防火要求较高的场所，应考虑选用难燃型壁纸或壁布。

②计算机房等对静电有要求的场所，可选用抗静电壁纸。

③气候潮湿地区及地下室等潮湿场所，选用防霉、防潮型壁纸。

④酒店、宾馆在选用壁纸时首先考虑面对群体的风俗习惯。

⑤公共场所对装饰材料强度要求高，一般选用易施工、耐碰撞的布基壁纸。

2）壁纸、壁布的施工流程

①基层处理：基层腻子应平整、坚实，无粉化、起皮和裂缝。基层表面颜色应一致，裱糊前应用封闭底胶涂刷基层。

②裱糊壁纸：壁纸及基层涂刷胶粘剂；根据实际尺寸裁纸，纸幅应编号，按顺序粘贴。

裱糊壁纸时纸幅要垂直，先对花、对纹、拼缝，然后用薄钢片刮板由上而下赶压，由拼缝开始，向外向下顺序赶平、压实。将多余的胶粘剂挤出纸边，挤出的胶粘剂要及时用湿毛巾（软布）抹净，以保持整洁。

表3-3　常用壁纸、壁布的类型、特点、规格及用途

类型	特点	常用规格	用途
PVC塑料壁纸	以优质木浆纸或布为基材，PVC树脂为涂层，经复合、印花、压花、发泡等工序制成。具有花色品种多、耐磨、耐折、耐擦洗、可选性强等特点	宽：530 mm，长：10 m/卷	各种建筑物的内墙装饰
织物复合壁纸	将丝、棉、毛、麻等天然纤维复合于纸基上制成。具有色彩柔和、透气、调湿、吸声、无毒、无异味等特点，但价格偏高，不易清洗，美观、大方、典雅、豪华，但防污性差	宽：530 mm，长：10 m/卷	用于饭店、酒吧等高档场所内墙面装饰
金属壁纸	以纸为基材，在其上真空喷镀一层铝膜形成反射层，再进行各种花色饰面，效果华丽、不老化、耐擦洗、无毒、无味。虽喷镀金属膜，但不形成屏蔽，能反射部分红外线辐射	宽：530 mm，长：10 m/卷	高级宾馆、舞厅内墙、柱面装饰
复合纸质壁纸	将双层纸（表纸和底纸）施胶、层压复合在一起，再经印刷、压花、表面涂胶制成，具有质感好、透气、价格较便宜等特点	宽：530 mm，长：10 m/卷	各种建筑物的内墙面

续表

类型	特点	常用规格	用途
锦缎壁布	华丽美观、无毒、无味、透气性好	宽：720~900 mm，长：20 m/卷	高级宾馆、住宅内墙面
装饰壁布	强度高、无毒、无味、透气性好	宽：820~840 mm，长：50 m/卷	招待所、会议室、餐厅等内墙面
无机质壁纸	面层为各种无机材料，如珍珠岩壁纸、云母壁纸等，具有防火、保温、吸潮、吸声等特点	–	有防火要求的房间墙面装饰
石英纤维壁布	面层是以天然石英砂为原料，加工制成柔软的纤维，然后织成粗网格状、人字状等壁布。具有不怕水、不锈蚀、无毒、无味、对人体无害、使用寿命长等特点	宽：530 m，长：33.5 m/卷或17 m/卷	各种建筑物内墙装饰
壁毡（壁毯）	各类素色的毛、棉、化纤纺织品，质感、手感都很好，吸声保温、透气性好。但易污染，不易清洁	—	点缀性内墙面装饰
无纺墙布	富有弹性、不易折断、不易老化、对皮肤无刺激、色彩鲜艳、透气、防潮、不褪色，采用棉麻等天然纤维或涤腈等合成纤维经过无纺成型，上树脂、印花而成的一种新型饰面材料	—	高级宾馆、住宅内墙面装饰

图3-5　壁纸、壁布应用案例

图3-6　壁纸

图3-6 （续图）

纸面石膏板裱糊壁纸、壁布工序如表3 4所示。

表3-4 壁纸、壁布在纸面石膏板上裱糊的主要工序

工序名称 / 壁纸名称	1.清扫基层、填补缝隙、磨砂纸	2.接缝处贴嵌缝膏	3.找平，刮腻子、磨砂纸	4.涂刷泥胶一遍	5.墙面划准线	6.壁纸浸水湿润	7.壁纸涂刷胶粘剂	8.基层涂刷胶粘剂	9.壁纸上墙裱糊拼缝搭接对花	10.赶压胶粘剂	11.裁边	12.擦净挤出的胶液，清理、修整
复合壁纸	+	+	+	+	+	−	+	+	+	+	−	+
PVC壁纸	+	+	+	+	+	+	−	+	+	+		+
带背胶壁纸	+	+	+	+	+	+	−	−	+	+	−	+
壁布	+	+	+	+	+	−	−	+	+	+	−	+
注：“+”表示应进行的工序。												

3）壁纸、壁布的施工质量要求

壁纸、壁布的质量与裱糊应符合《住宅装饰装修工程施工规范》（GB 50327—2001）、《建筑装饰装修工程质量验收规范》（GB 50210—2001）中的规定要求。

①裱糊后的壁纸、壁布表面应平整、色泽应一致，不得有波纹、起伏、气泡、裂缝、皱褶及斑污，斜视时应无胶痕。

②复合压花壁纸的压痕及发泡层应无损坏。

③壁纸、壁布与各种装饰线、设备线盒应交接严密。

④壁纸、壁布边缘应平直整齐，不得有纸毛、飞刺。

⑤壁纸、壁布阴角处搭接应顺光，阳角处应无接缝。

⑥裱糊后各幅壁纸、壁布拼接应横平竖直，拼接处花纹、图案应吻合，不离缝、不显拼缝。壁纸、壁布应粘贴牢固，不得有漏贴、补贴、脱层、空鼓和翘边。

⑦壁纸粘贴过程中还应注意所使用的胶粘剂应符合《室内装饰装修材料 胶粘剂中有害物质限量》（GB 18583—2008）的要求。

壁纸、壁布墙面装饰构造，如图3-7和图3-8所示。

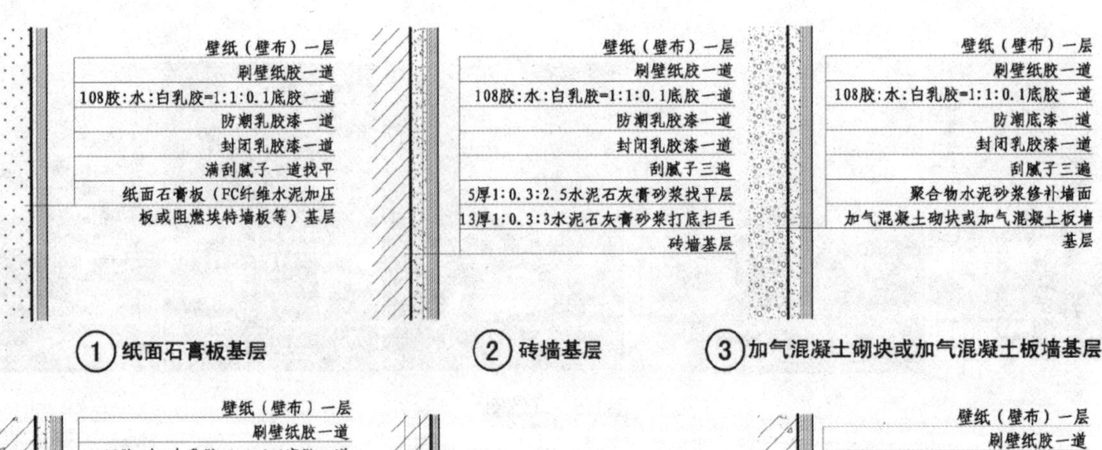

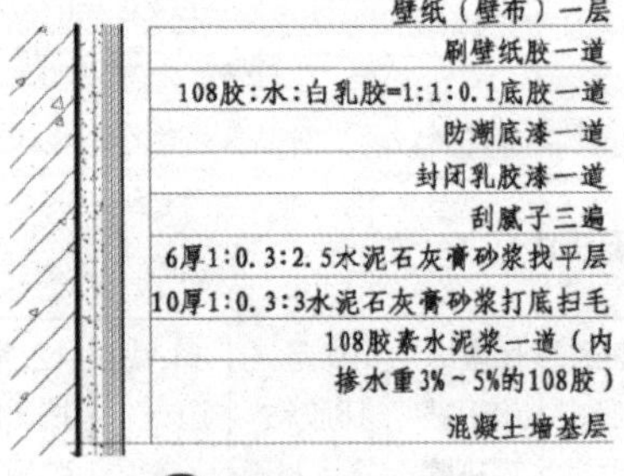

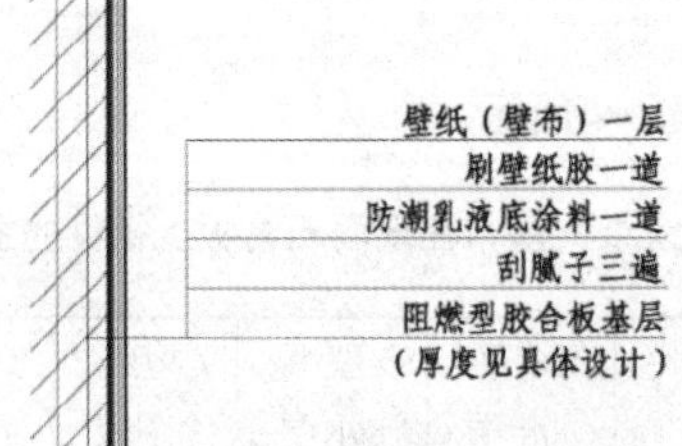

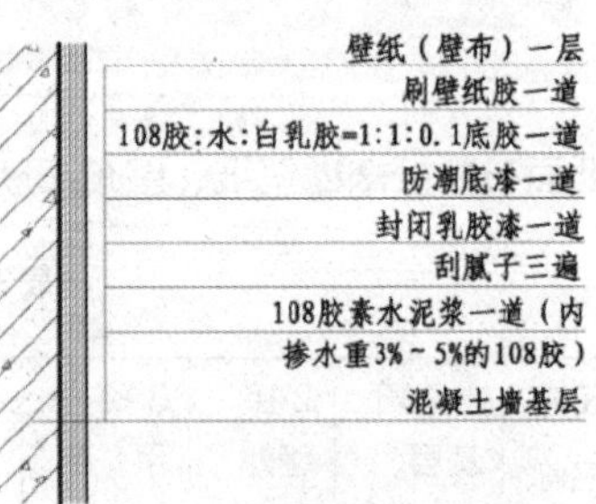

④ 混凝土墙基层　⑤ 阻燃型胶合板基层　⑥ 大模混凝土墙基层

图3-7　壁纸、壁布墙面构造做法

图3-8　壁布墙面案例

（2）装饰贴膜墙面装饰构造

装饰贴膜是一种强韧柔软的特殊贴膜。在表面印刷木纹、石纹、金属、抽象图案等，颜色、质感种类丰富。有高度仿真实材的视觉和触觉效果，施工方便、维护简单，成本比真实材料低，能够满足装饰材料防火要求。通过反面涂覆的胶粘剂，可以贴在金属、石膏板、硅酸钙板、木材等各种基层上，适合平面、曲面等多种形式的表面施工。具有优良的物理、化学特性。抗弱酸、弱碱及多种化学制品腐蚀，抗冲击、耐磨损、耐潮湿、耐火、绿色环保。

装饰贴膜按表面效果可分为仿木纹、单色、仿金属、仿石纹，多种色彩纹样选择等（图3-9）。按原材料可分为PVC类贴膜和非PVC类贴膜。按使用区域可分为室内贴膜和室外贴膜。

装饰贴膜的常用规格：长宽为1220 mm×25000 mm、1220 mm×50000 mm，厚度为0.17 ~0.30 mm。

装饰贴膜适用范围：胶合板、刨花板、高密板等木材、经涂装的原木板、石膏板、硅酸钙板、砂浆、烤漆钢板、防腐蚀涂装钢板、镀锌板、铝板、不锈钢板。

图3-9　贴膜

装饰贴膜的施工方法主要有现场粘贴法和工厂预制法。工厂预制法是指在加工车间通过人工或机械设备将装饰贴膜预先贴覆在基材表面，制成挂板现场安装；现场粘贴法是指现场人工直接将装饰膜粘贴在经过处理的基材表面。装饰贴膜不同基材面层处理如表3-5所示。

表3-5　装饰贴膜不同基材面层处理

<table>
<tr><th>基材
面层处理</th><th>密度板、胶合板</th><th>石膏板、硅酸钙板、石棉板</th><th>PVC涂装钢板</th><th>水泥砂浆</th><th>烤漆铜板</th><th>铝板、不锈钢板</th></tr>
<tr><td>预处理</td><td colspan="3">去除钉头或使其低于板材表面</td><td>灰刀铲平，干燥表面</td><td colspan="2">去除表面灰尘</td></tr>
<tr><td>使用涂料</td><td>无须使用或使用木工白胶、聚氨脂类涂料、硝基涂料</td><td>木工白胶或聚氨脂类涂料</td><td>无须使用</td><td>硝基涂料、乙烯基涂料、乳胶漆</td><td colspan="2">无须使用</td></tr>
<tr><td>腻子补平</td><td colspan="2">石膏粉、乳胶腻子等补平粗糙表面、接缝、钉孔等</td><td>腻子</td><td>石膏粉、乳胶腻子等补平粗糙墙体</td><td colspan="2">腻子</td></tr>
<tr><td>抛光砂平</td><td colspan="4">100～180号砂纸</td><td colspan="2">砂轮磨平焊缝等，100～180号砂纸抛光</td></tr>
<tr><td>表面清洁</td><td colspan="6">酒精</td></tr>
<tr><td rowspan="2">使用底涂剂</td><td>溶剂型底涂剂</td><td>水性或溶剂型底涂剂</td><td colspan="4">溶剂型底涂剂</td></tr>
<tr><td colspan="4">整面涂布</td><td colspan="2">仅在边缘涂布</td></tr>
</table>

装饰贴膜的基本流程如下：

①量尺寸、裁剪：首先必须正确测量出粘贴部分面积，再将测量后面积，预留40~50 mm后裁剪下来，裁剪作业必须在平滑的作业板上进行。

②确定位置：将装饰贴膜放在粘贴的基材上，确定粘贴位置，位置确定后，不可移动。特别是粘贴面积大时，必须是衬纸由顶端撕下50~100 mm后往后折，拇指由上轻压装饰贴膜，使其与基层板紧密贴合。

③粘贴：沿着往后折的衬纸顶端，开始由下而上，用刮板加压装饰贴膜，使其与基层板紧密贴合，加压时必须由中央部分开始，再向两旁刮平。顺势将衬纸撕下200~300 mm，同时，由上至下加压粘贴。贴完后，整体再一次加压，特别是顶端部分必须加压。

④气泡处理：若在作业过程中产生较大气泡，则必须撕下有气泡部分重新再粘贴，并以刮板加压结合。小气泡则用针管刺破，再用刮板将气泡或胶液挤出、刮平。

⑤完成：将最后多余的部分裁下，完成粘贴。

装饰贴膜墙面装饰构造，如图3-10所示。

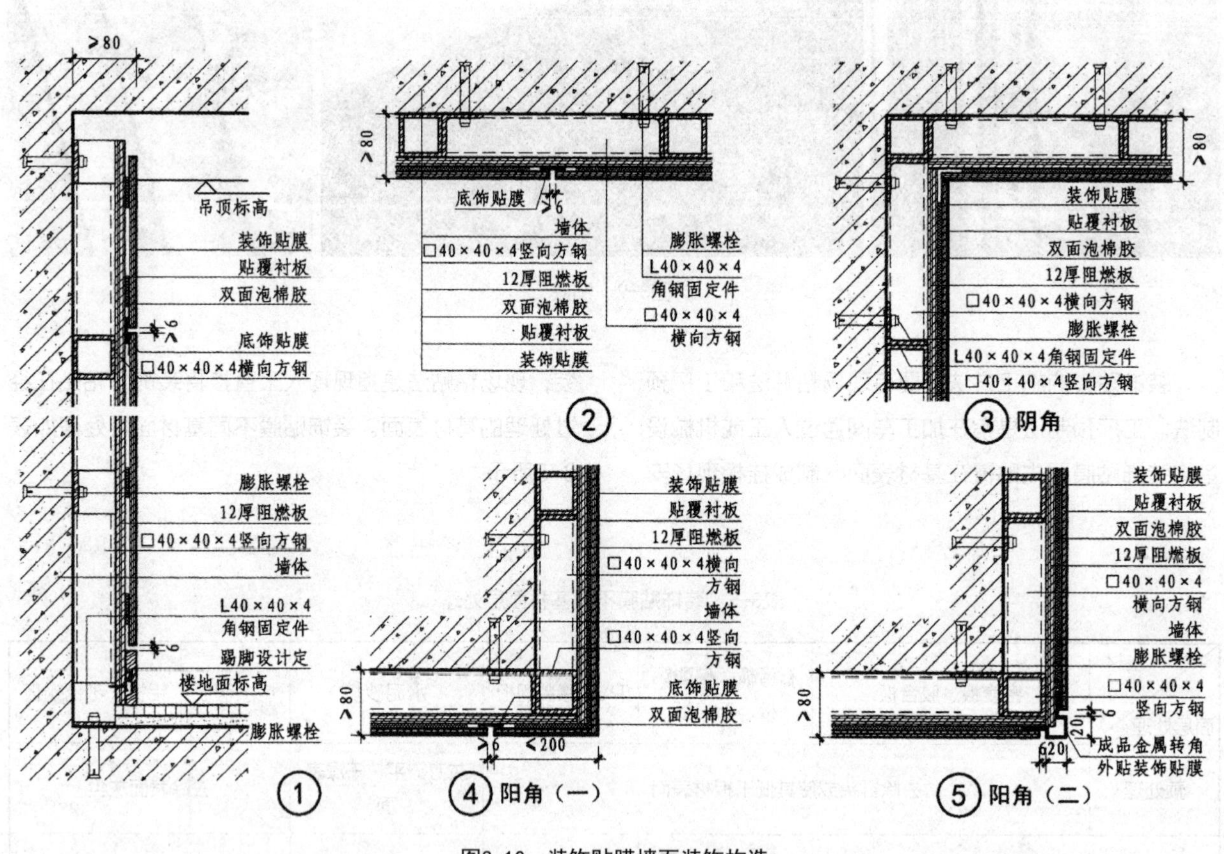

图3-10 装饰贴膜墙面装饰构造

4. 陶瓷墙砖墙面装饰构造

（1）陶瓷墙砖的特点及分类

陶瓷墙砖是由陶土、瓷土或其他无机非金属原料，经压制成型、烧结等工艺处理，用于装饰和保护建筑物、构筑物墙面的板块状陶瓷制品。它具有无毒、无味、易清洁、防潮、耐酸碱腐蚀、美观耐用等特点（图3-11）。

陶瓷墙砖产品种类、品种、特点及适用范围如表3-6所示。

表3-6　陶瓷墙砖产品种类、品种、特点及适用范围

产品种类	品种	特点	适用范围
釉面砖	彩色釉面砖	颜色丰富、多姿多彩、经济实惠	室内墙面
	闪光釉面砖	明亮、光洁、美观、色彩丰富、品种多样	室内墙面
	透明釉面砖		
	普通釉面砖		
	浮雕艺术砖		
	腰线砖		
瓷质砖	同质砖（通体砖）	强度高、防滑、耐磨、防划痕、美观高雅	室内墙面 室外墙面
	瓷质彩釉砖（全瓷釉面砖）		
	瓷质渗花抛光砖（仿大理石砖）		
	瓷质抛光砖		
	瓷质艺术砖		
	全瓷渗花砖		
	全瓷渗花高光釉砖		
	玻化砖		
	仿古砖		
	瓷质仿石砖（仿花岗石砖）		
	陶瓷马赛克（陶瓷锦砖）		
劈离砖	—	色调古朴高雅、背纹深、燕尾槽构造、粘贴牢固、不易脱落、防冻性能好	室外墙面

图3-11　陶瓷墙砖墙面

陶瓷墙砖常用产品规格尺寸如表3-7所示。

表3-7　陶瓷墙砖常用产品规格尺寸

mm

项目	彩釉砖	釉面砖	瓷质砖	劈离砖
规格尺寸	100×200×7	100×100×5	200×300×8	40×240×12
	150×150×7	152×152×5	300×300×9	70×240×12
	200×150×8	152×200×5	400×400×9	100×240×15
	200×200×8	100×200×5.5	500×500×11	200×200×15
	250×150×8	150×250×5.5	600×600×12	240×60×12
	250×250×8	200×200×6	800×800×12	240×240×16
	200×300×9	200×300×7	1000×1000×13	240×115×16
	300×300×9	250×330×8	1000×600×13	240×53×16
	400×400×9	300×450×8	1200×1200×13	—
	其他尺寸	其他尺寸	其他尺寸	其他尺寸

（2）陶瓷墙砖的选用原则

①陶瓷墙砖的质量应符合现行国家标准《建筑材料放射性核素限量》（GB 6566—2010）中A类装修材料的要求。

②住宅装修中主要用于厨房、卫生间的内墙装饰。有各色釉面砖、透明釉面砖、浮雕艺术砖及腰线砖等。厨房、浴室选择陶瓷墙砖时，首先要考虑整体装修风格、空间大小、采光情况及投入的经济费用。

③质量判定：吸水率不大于21%；优等品色差要基本一致，一级品色差应不明显。

表面质量：有无剥边、落坑、釉彩斑点、枯釉、图案缺陷、正面磕碰等，无可见缺陷为优等品。

④陶瓷墙砖最好选择全瓷砖，坯体为白色；坯体红色为陶土砖，强度稍差。

（3）陶瓷墙砖的施工方法

陶瓷墙砖的施工方法常见有两种：粘贴法、干挂法。

粘贴陶瓷墙砖的施工流程：清洁墙体基底→刷界面剂→聚合物砂浆，根据陶瓷墙砖吸水率选择胶粘剂→贴陶瓷墙砖→嵌缝剂填缝→修整清理。

陶瓷墙砖饰面安装允许偏差如表3-8所示。

表3-8　陶瓷墙砖饰面安装允许偏差

序号	项目		允许偏差			检查方法
			外墙面砖	面砖	陶瓷锦砖	
1	立面垂直	室内	2	2	2	用2 m托线板检查
		室外	3	3	3	
2	表面平整		2	2	2	用2 m靠尺和楔形塞尺检查
3	阳角方正		2	2	2	用200 mm方尺检查
4	接缝平直		3	2	2	用5 m线检查，不足5 m拉通线检查
5	墙裙上口平直		2	2	2	
6	接缝高低	室内	0.5	0.5	0.5	用直尺和楔形塞尺检查
		室外	1	1	1	
7	接缝宽度		0.5	0.5	0.5	用尺检查

1）陶瓷墙砖粘贴施工要点

①施工前，应对进场的陶瓷墙砖全部开箱检查，不同色泽的砖要分别码放，按操作工艺要求分层、分段、分部位使用材料。

②陶瓷墙砖应对质量、型号、规格、色泽进行挑选，应平整、边缘棱角整齐，不得缺损，表面不得有变色、起碱、污点、砂浆流痕和显著光泽受损处。

③按设计要求采用横平竖直通缝式粘贴或错缝粘贴。质量检查时，要检查缝宽、缝直等内容（图3-12）。

④凸出物、管线穿过的部位应用整砖套割吻合，凸出墙面边缘的厚度应一致。如有水池、镜框等部位施工，应从中心开始，向两边分贴。

⑤陶瓷墙砖的粘贴：选择配套的胶粘剂是能否粘牢的关键，选择胶粘剂的依据是看瓷砖的吸水率，吸水率$E \geqslant 5\%$时，可选用水泥基胶粘剂；吸水率$0.2\%<E<5\%$时，可选用膏状乳液胶粘剂；吸水率$E \leqslant 0.2\%$（如玻化砖）时，可选用反应型树脂胶粘剂或其他专用胶粘剂根据产品而选择，粘贴牢固即可。施工中如发现有粘贴不密实的陶瓷墙砖，必须及时添加胶粘剂重贴，以免产生空鼓。

⑥施工顺序：先墙面，后地面；墙面由下往上分层粘贴，先粘墙面砖，后粘阴角及阳角，最后粘顶角。

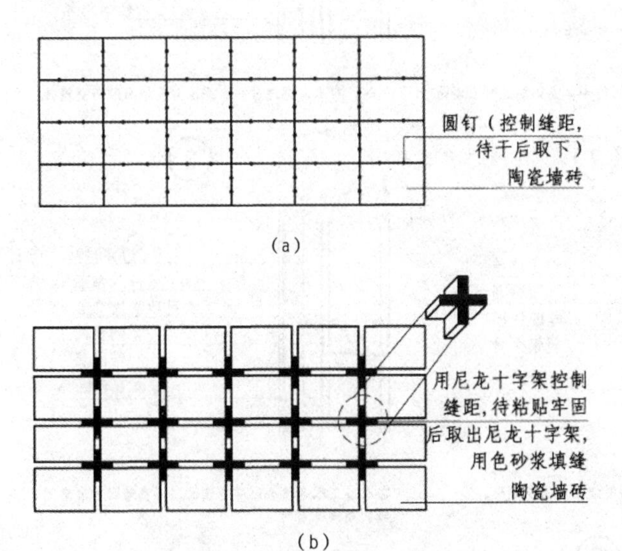

图3-12 陶瓷墙砖缝隙控制示意图

（a）陶瓷墙砖密缝示意图（缝隙不大于2 mm）；

（b）陶瓷墙砖空缝示意图（缝隙一般不小于5 mm）

2）干挂陶瓷墙砖的施工流程

干挂陶瓷墙砖的施工流程：初排弹线分格→确定竖向龙骨位置→安装角钢固定件→安装竖向、横向龙骨→安装金属连接件→陶瓷墙砖钻孔→安装陶瓷墙砖→紧固找平。

①初排弹线分格：根据设计图纸和陶瓷墙砖的尺寸先在墙上预排，要保证窗间墙排板的一致性。若建筑物实际尺寸与设计图纸有出入而出现不整板现象，要把不完整的陶瓷墙砖调整至墙面的角处，并做到窗两边对称。

②确定竖向龙骨位置：初排经调整保证窗间墙排板一致后，用红外线水平仪确定竖向龙骨位置。

③安装角钢固定件：按竖向龙骨位置确定角钢固定件位置，用膨胀螺栓在墙面上固定角钢固定件，角钢固定件应提前打好孔。

④安装竖向、横向龙骨：龙骨的大小根据设计图纸确定，竖向龙骨间距宜与陶瓷墙砖墙面竖向分缝位置相对应。横向龙骨间距不大于1200 mm，安装前应打好孔，用于安装陶瓷墙砖的金属连接件。

⑤安装金属连接件：金属连接件一端与横向龙骨用螺栓连接，另一端有上下垂直分开的承插板，先不紧固螺栓，待陶瓷墙砖固定好，检查平整度后再拧紧。

⑥陶瓷墙砖钻孔：先在陶瓷墙砖的两端钻孔。孔中心距板端80～100 mm，孔深6～7 mm。钻孔的工人必须是经过专业培训、熟练的操作工人，采用水钻钻孔。

⑦安装陶瓷墙砖：先在孔内涂满胶粘剂，然后安装配套背栓和连接件，由于孔内涂满胶粘剂，所以与配套背栓很快固结。安装陶瓷墙砖时应自下而上安装，与配套背栓固定的挂件对准已初步安装好的金属连接件。

⑧紧固找平：经检查竖直缝、水平缝、板的平整度、垂直度合格后，拧紧螺栓，陶瓷墙砖位置应逐一固定。

（4）陶瓷墙砖墙面装饰构造

陶瓷墙砖墙面装饰构造，如图3-13~图3-15所示。

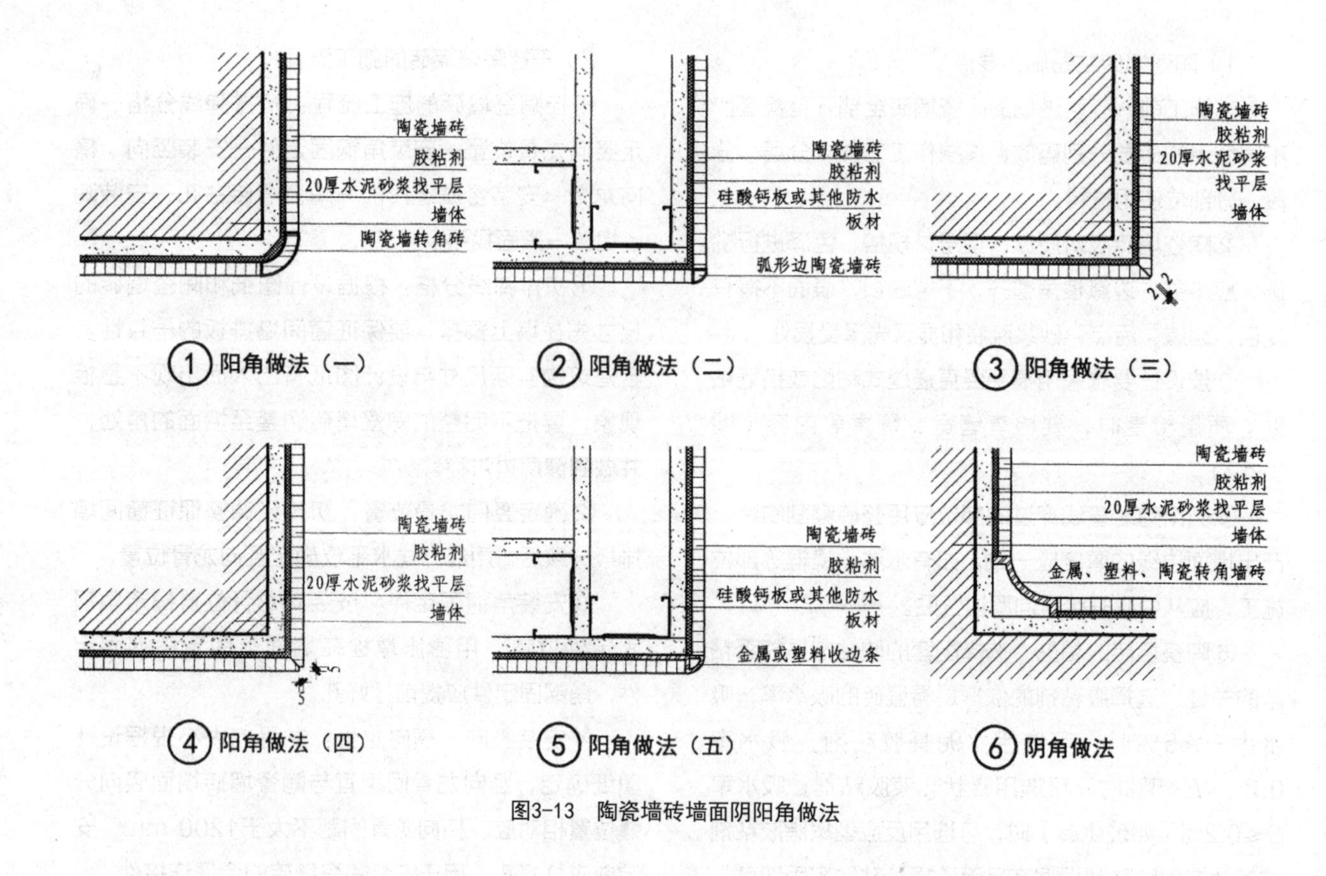

图3-13　陶瓷墙砖墙面阴阳角做法

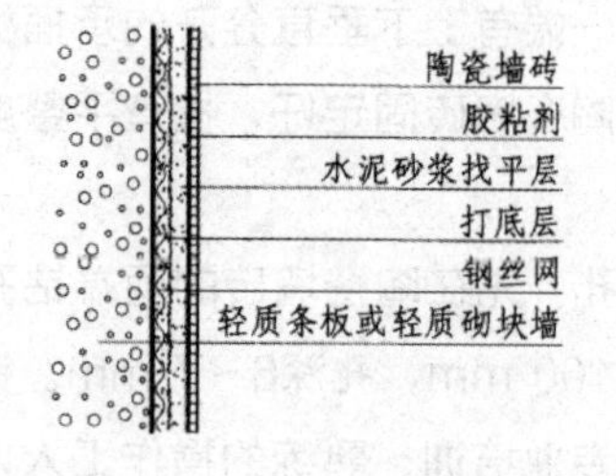

注：用于改造工程有结合困难的轻质条板或轻质砌块墙面贴陶瓷墙砖。

①

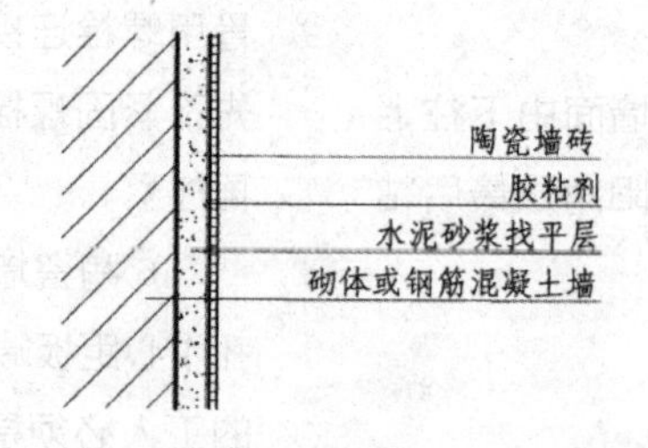

注：在洁净、完整、坚固的砌体或钢筋混凝土墙面贴陶瓷墙砖。

②

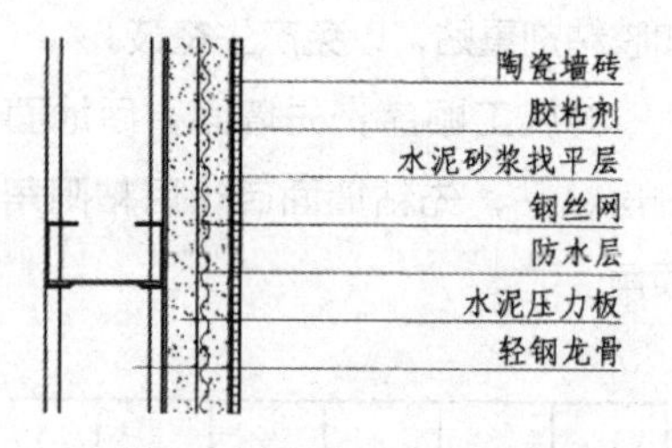

注：有水或潮湿房间水泥压力板墙面贴陶瓷墙砖。

③

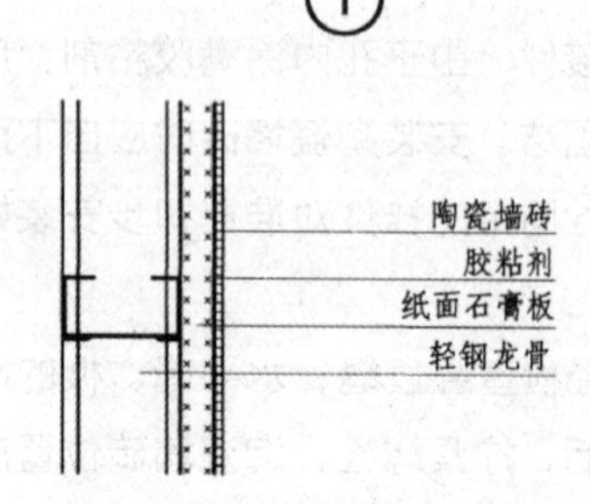

注：在轻钢龙骨纸面石膏板上贴陶瓷墙砖。

④

陶瓷墙砖
胶粘剂
硅酸钙板
轻钢龙骨

注：有水或潮湿房间硅酸钙板墙面贴陶瓷墙砖。

⑤

陶瓷墙砖
胶粘剂
水泥砂浆找平层
钢丝网
防水层
防水石膏板

注：在改造工程有结合困难的墙面、浴室墙面和淋浴间墙面贴陶瓷墙砖。

⑥

图3-14　陶瓷墙砖墙面做法

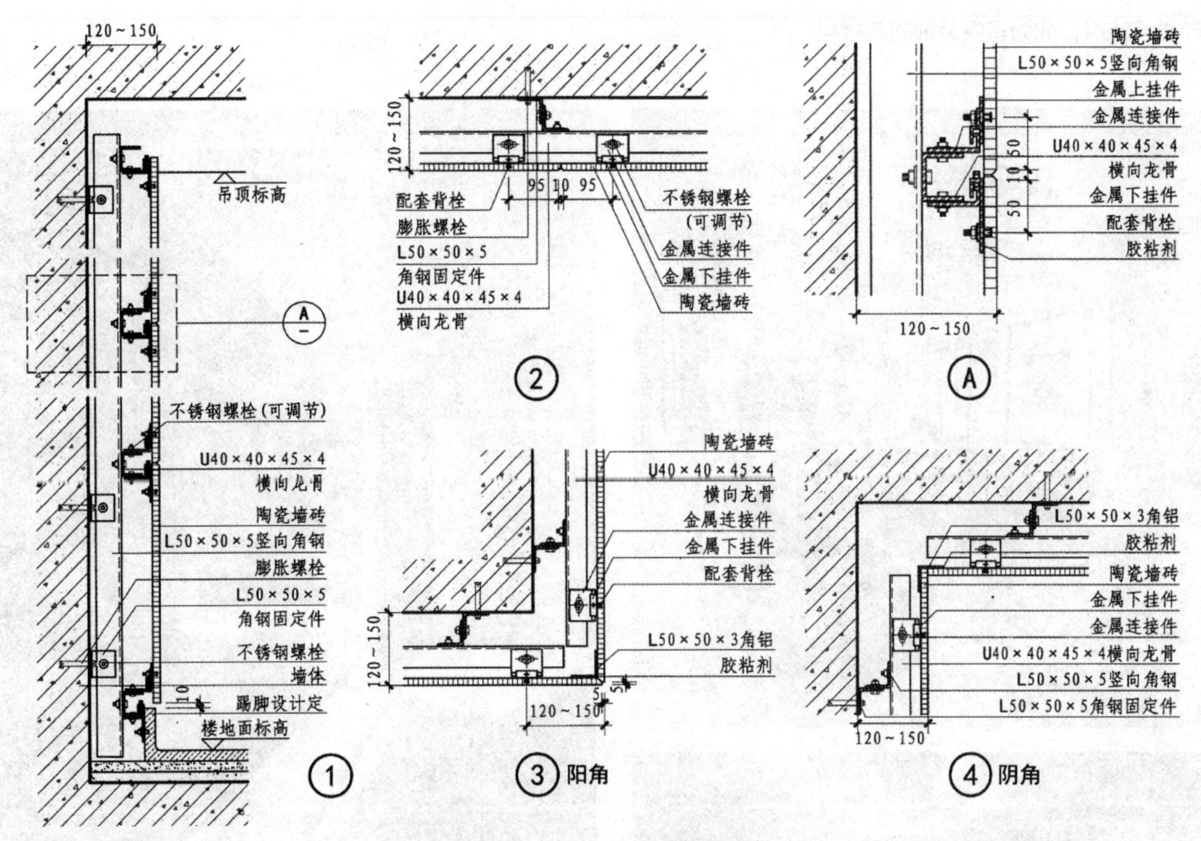

图3-15　干挂陶瓷墙砖墙面做法

5. 石材墙面装饰构造

石材是从天然岩体中开采出来，加工成块状或板状，具有装饰性的建筑石材（图3-16）。

（1）装饰石材的分类

天然大理石：按材料表面加工方法区分，主要有镜面板材、亚光板材、粗面板材，具有品种繁多、花纹多样、色泽丰富、材质细腻、有良好的抗压性、不变形、易于清洁等特点，一般常用于室内墙面。

天然花岗岩：主要有磨光板材、亚光板材、烧毛板材、机刨板材、剁斧板材、蘑菇石等，具有色彩丰富、结构致密、质地坚硬、耐高温、耐摩擦、吸水率小、耐候性好等特点，可用于室内、外墙面。

砂岩：主要有巨粒砂岩、粗粒砂岩、中粒砂岩、细粒砂岩、微粒砂岩等，具有色彩丰富、质感好、隔声、吸潮等特点，可用于室内外墙面。

（2）石材的选材要点

花岗石或大理石做饰面材料时，所选用石材必须质地密实。石材加工应符合现行国家标准《天然花岗石建筑板材》（GB/T 18601—2009）、《天然大理石建筑板材》（GB/T 19766—2005）的相关要求，板材的尺寸允许偏差应符合国家标准中优等品的要求。

①根据设计要求选择石材花色品种的同时，还应对所选用石材的特性有一定的了解，避免用材不当。

②选材时应注意石材纹理走向，从选择荒料开始，相邻的荒料先编号，石材加工时工厂编号加工。加工后还应按顺序再编号预拼、选色对纹。由设计人员或监理确认后，方可包装出厂。

③天然石材存在一些缺陷，例如大理石有毛细孔，油污易渗入石材内部，引起变色；大理石光泽不够，因此需打蜡、上光。石材在加工过程中，往往有铁分子残留，与水泥易发生化学作用，使得石材变色。因此，在石材加工、铺贴、养护和使用过程中需要采取大理石花岗岩底油、加光蜡、浸透防水剂、石材专用清洁剂，以提高石材的使用价值和装饰效果。

④复合石材：用天然石材为面材，以天然石材或其他材料为基材，通过专用胶粘剂将两者黏合成整体，人工合成的装饰板，具有尺寸大、自重轻、安装

方便等特点，成为室内装饰的新材料。

图3-16　石材饰面墙面实景（叶颢坚）

（3）石材的施工方法

石材的施工方法主要有钢筋网固定挂贴法、金属件锚固挂贴法、干挂法、干粘法、树脂胶粘结法等几种。

钢筋网挂贴法：首先凿出在结构中预留的钢筋头或预埋铁环钩，绑扎或焊接与板材相应尺寸的一个直径6 mm的钢筋网，横筋必须与饰面板材的连接孔位置一致，钢筋网与基层预埋件焊牢，按施工要求在板材侧面打孔洞；然后，将加工成型的石材绑扎在钢筋网上，或用不锈钢挂钩与基层的钢筋网套紧，石材与墙面之间的距离一般为30～50 mm，墙面与石材之间灌注1：2.5水泥砂浆，第三层灌浆至板材上口80～100 mm，所留余量为上排板材灌浆的结合层，以使上下排连成整体（图3-17）。

金属件挂贴法：金属件挂贴法又称木楔固定法，其主要构造做法：首先，对石板钻孔和切槽，对应板块上孔的位置对基体进行钻孔；板材安装定位后将U形钉一端勾进石板直孔，并随即用硬木楔楔紧，U形钉另一端勾入基体上的斜孔内，调整定位后用木楔塞紧基体斜孔内的U形钉部分，接着用大木楔塞紧于石板与基体之间；最后，分层浇铸水泥砂浆（图3-18）。

干挂法：在石材上直接打孔或开槽，通过连接件与钢骨架固定在墙面上或通过连接件直接固定在墙面上的方法称为干挂法。这种施工方法在饰面石材与墙体间会形成80～150 mm宽的空气流通层（图3-19~图3-21）。

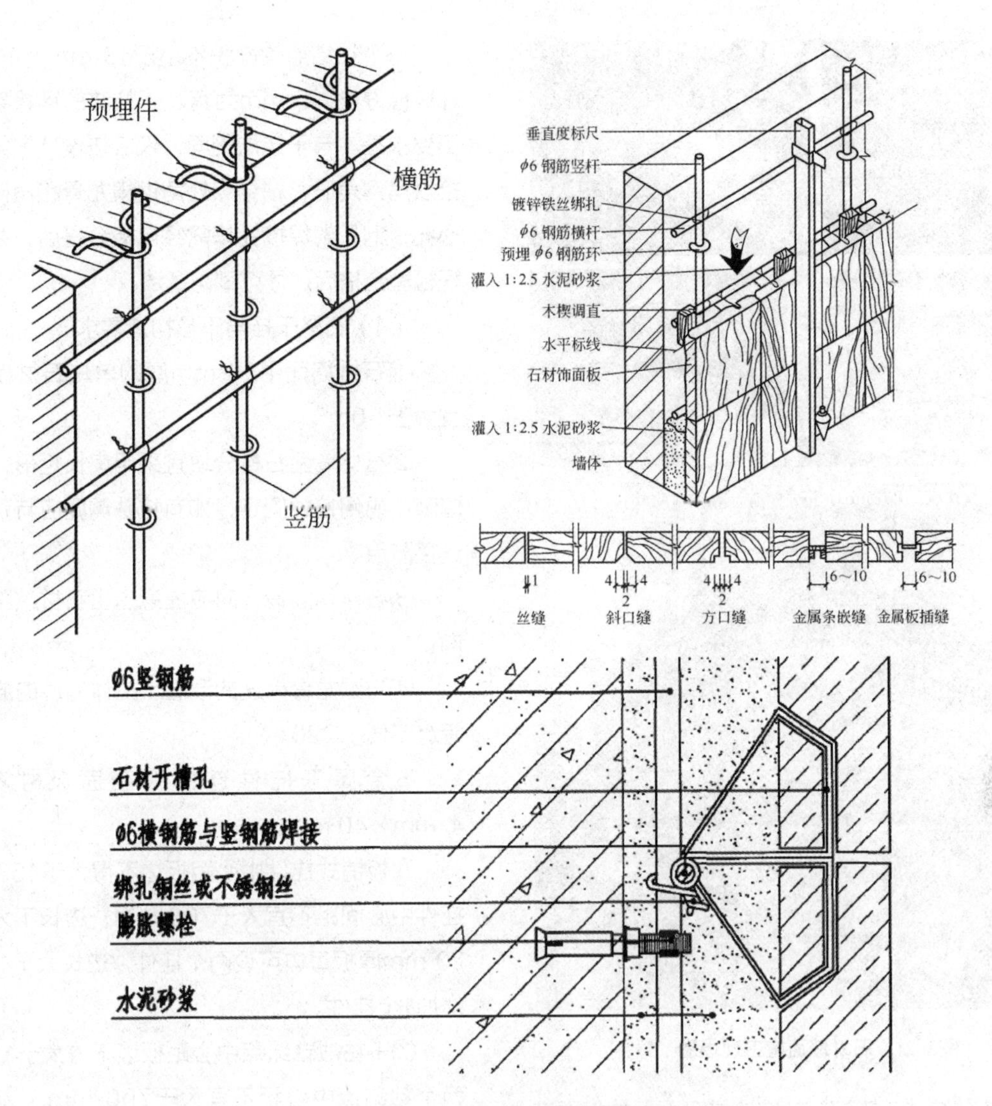

图3-17　石材墙面钢筋网挂贴法构造

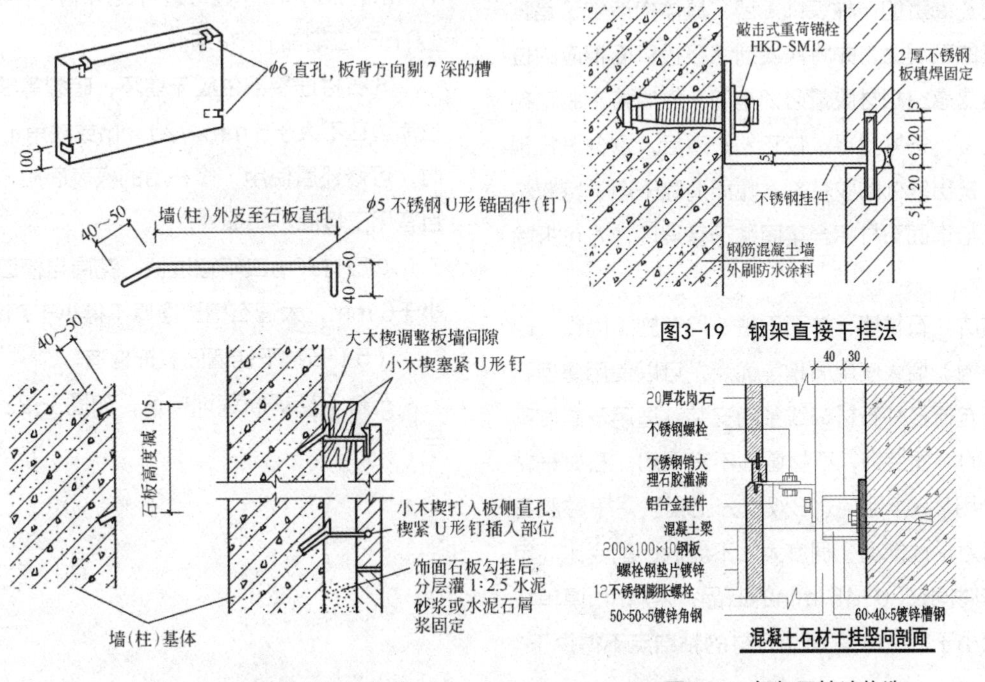

图3-18　金属件挂贴法构造

图3-19　钢架直接干挂法

图3-20　钢架干挂法构造

图3-21　石材墙面施工现场图

树脂胶粘结法：树脂胶粘结法是石面板材墙面装饰最简捷、经济的一种装饰工艺，具体构造做法是：在清理好的基层上，先将胶凝剂涂在板背面相应的位置，尤其是悬空板材胶量必须饱满，然后将带胶粘剂的板材就位，挤紧找平、校正、扶直后，立刻进行预卡固定。挤出缝外的胶粘剂，随即清除干净。待胶粘剂固化至与饰面石材完全牢固贴于基层后，方可拆除固定支架。

干粘法：石材墙、柱面干粘法具有施工简便、改善施工环境、增大使用面积等优点，可以使用薄型石材，尤其方便各种石材饰线条的安装，适用于高度不大于3 m的墙面装饰，石材圆柱不宜采用。石材干粘法必须选用环氧树脂A、B双组分工程胶。干粘胶宜优先选用力学性能高、稠度大、不流淌、配合比简单和可操作时间在30~45 min的产品。20 mm厚单块石材面积小于1.0 m^2，每块石材的粘结点不得少于4个，每个粘结点的面积不小于40 mm×40 mm，设计胶缝厚度以5 mm为宜。干粘法的钢骨架设计和施工要求基本与干挂法相同，仅应按设计黏结点位置焊接短角钢角码，粘结点处角钢横龙骨和角码上应钻中心孔，钢骨架焊接完毕需经自检合格后，并待隐蔽工程检验合格后，才可刷防锈漆。

（4）石材干挂与干粘构造要求

①石材墙面中20 mm厚的单块石材板面面积不宜大于1.0m^2。

②石材墙面石材分块宜采用扁长矩形，因为竖向缝隙不易用挂件固定，如有特殊需要应特殊设计竖向连接节点。

③石材墙面设计时应注意提出石材纹路的排列方向。

④与竖龙骨相连的混凝土主体构件的混凝土强度等级不低于C20。

⑤金属干挂件连接板截面尺寸不宜小于4 mm×40 mm。

⑥板销式挂件中心距板边不得大于150 mm，两挂件中心间距不宜大于700 mm；边长不大于1 m的20 mm厚板每边可设两个挂件，边长大于1 m时，应增加1个挂件。

⑦干粘法粘结点中心距板边不得大于150 mm，两个粘结点中心距不宜大于700 mm，边长不大于1.0 m的20 mm厚板每边可设两个粘结点，边长大于1.0 m时应增加1个粘结点。

⑧石材连接部位应无崩坏、暗裂等缺陷，其他部位崩边在不大于5 mm×20 mm或缺角不大于20 mm时，可修补后使用，修补后的板表面应无明显胶痕，且宜用于墙面不明显处。

⑨石材开槽口不宜过宽，花岗岩槽口边净厚不得小于6 mm，大理石槽边净厚不得小于7 mm。

（5）石材干挂墙面装饰构造

石材干挂墙面装饰构造，如图3-22~图3-28所示。

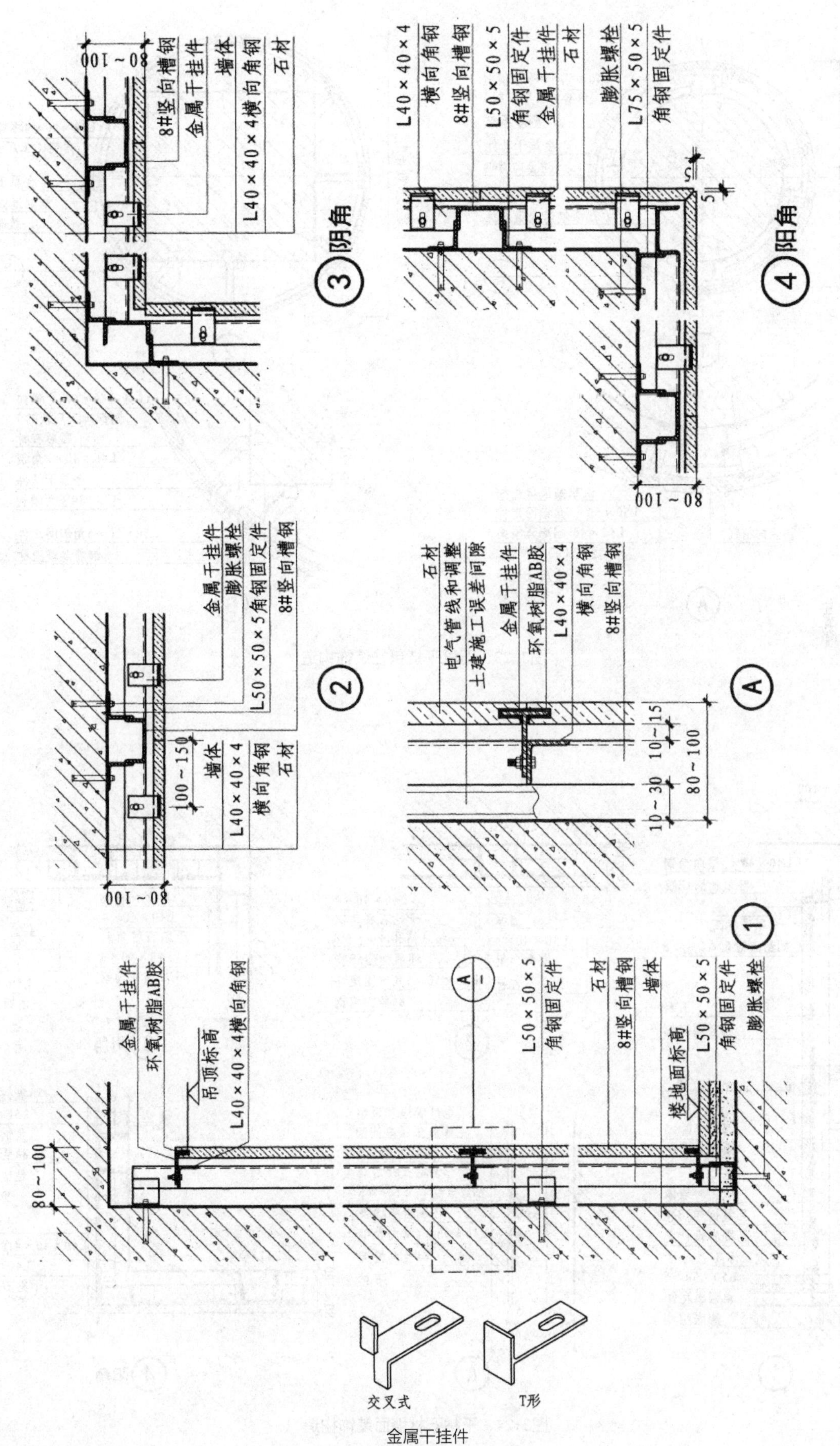

金属干挂件

图3-22 石材干挂墙面装饰构造

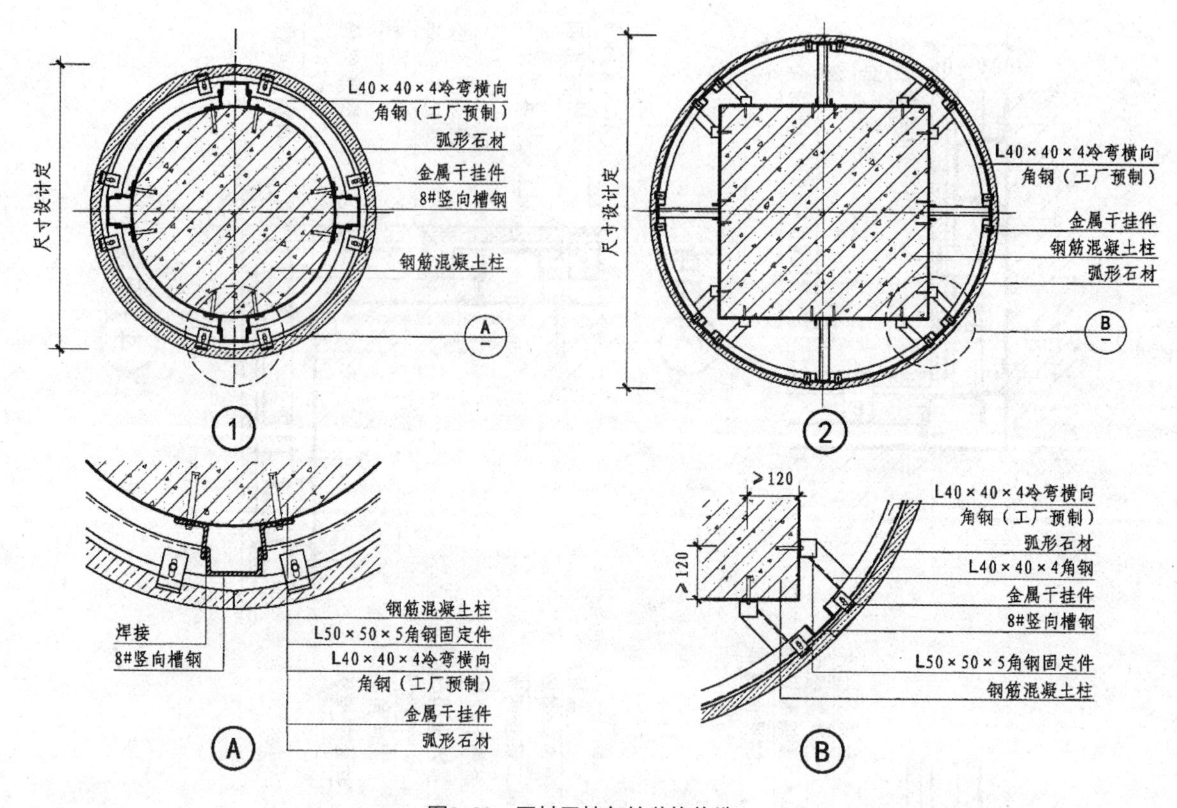

图3-23　石材干挂包柱装饰构造

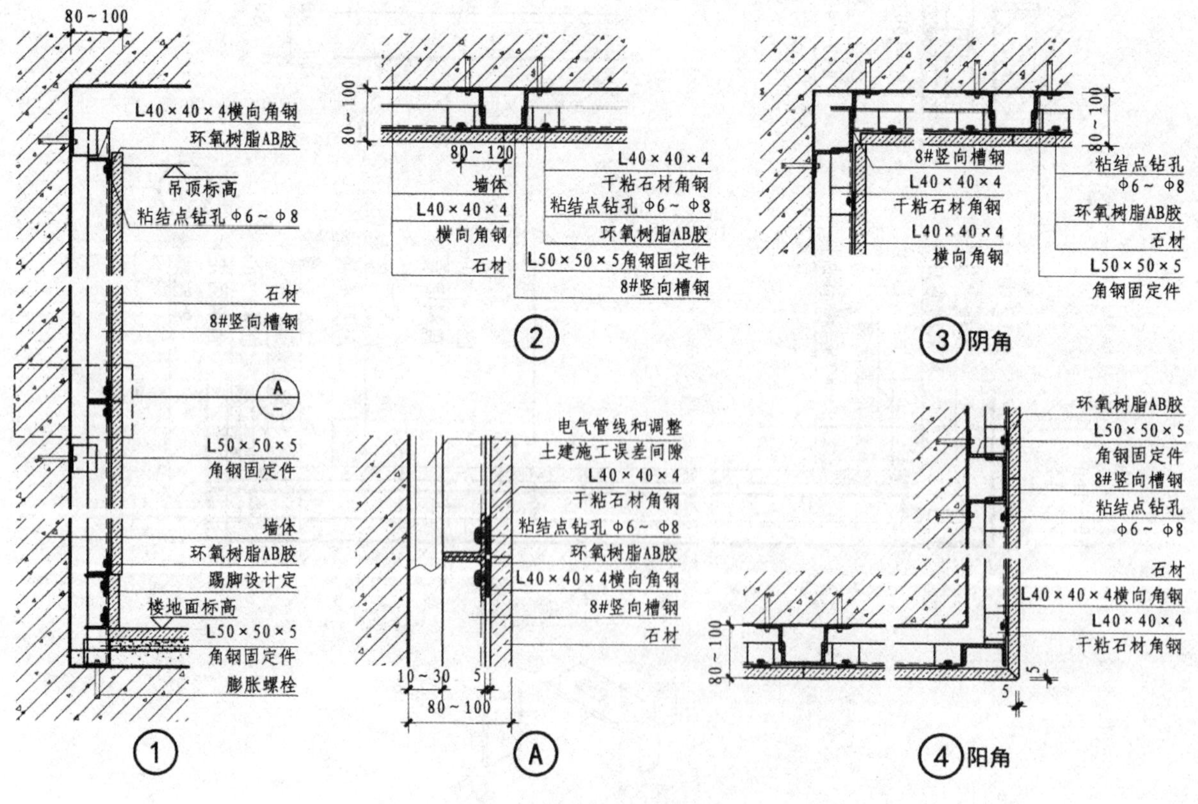

图3-24　干粘石材墙面装饰构造

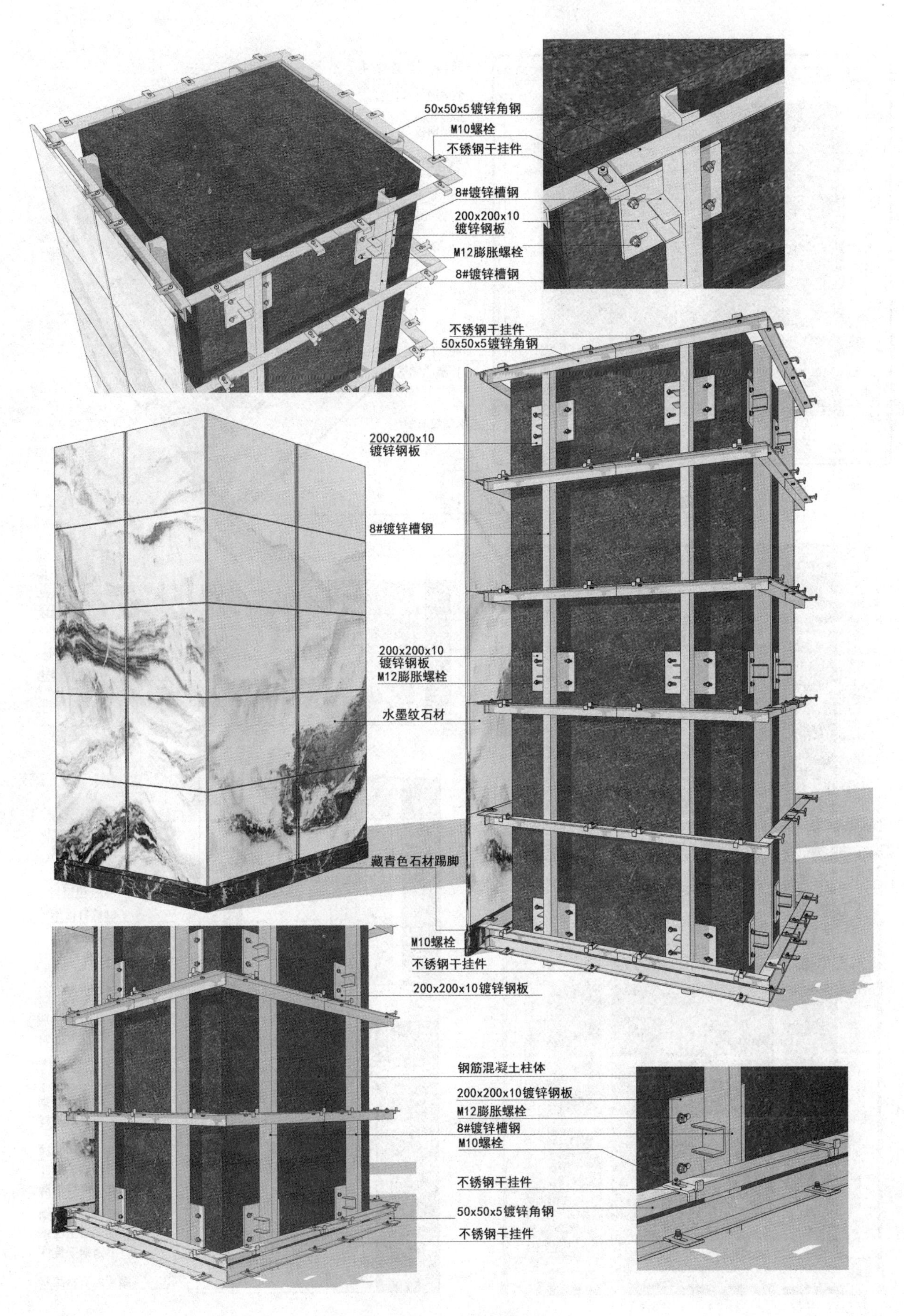

图3-25　石材干挂柱体装饰构造示意图（一）

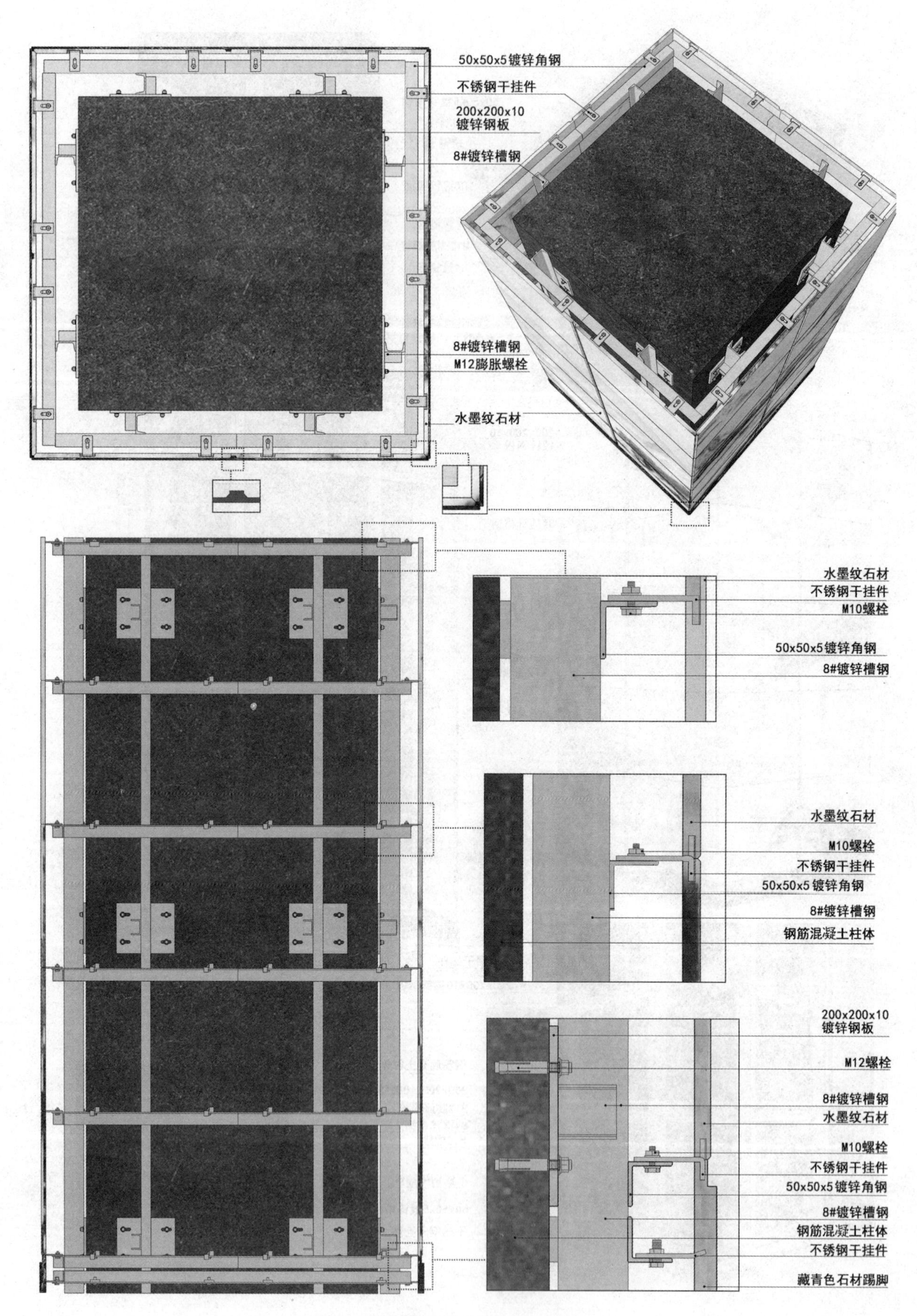

图3-26 石材干挂柱体装饰构造示意图（二）

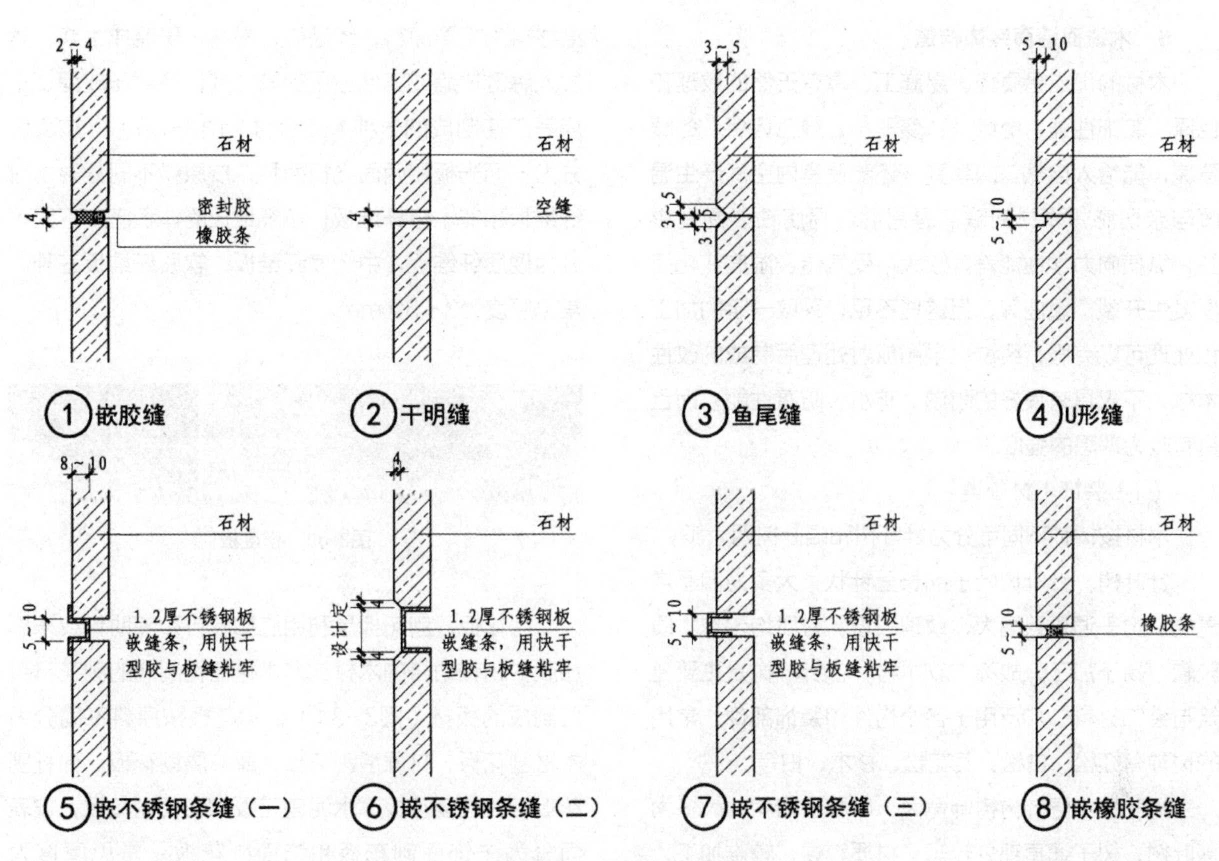

图3-27　石材嵌缝节点

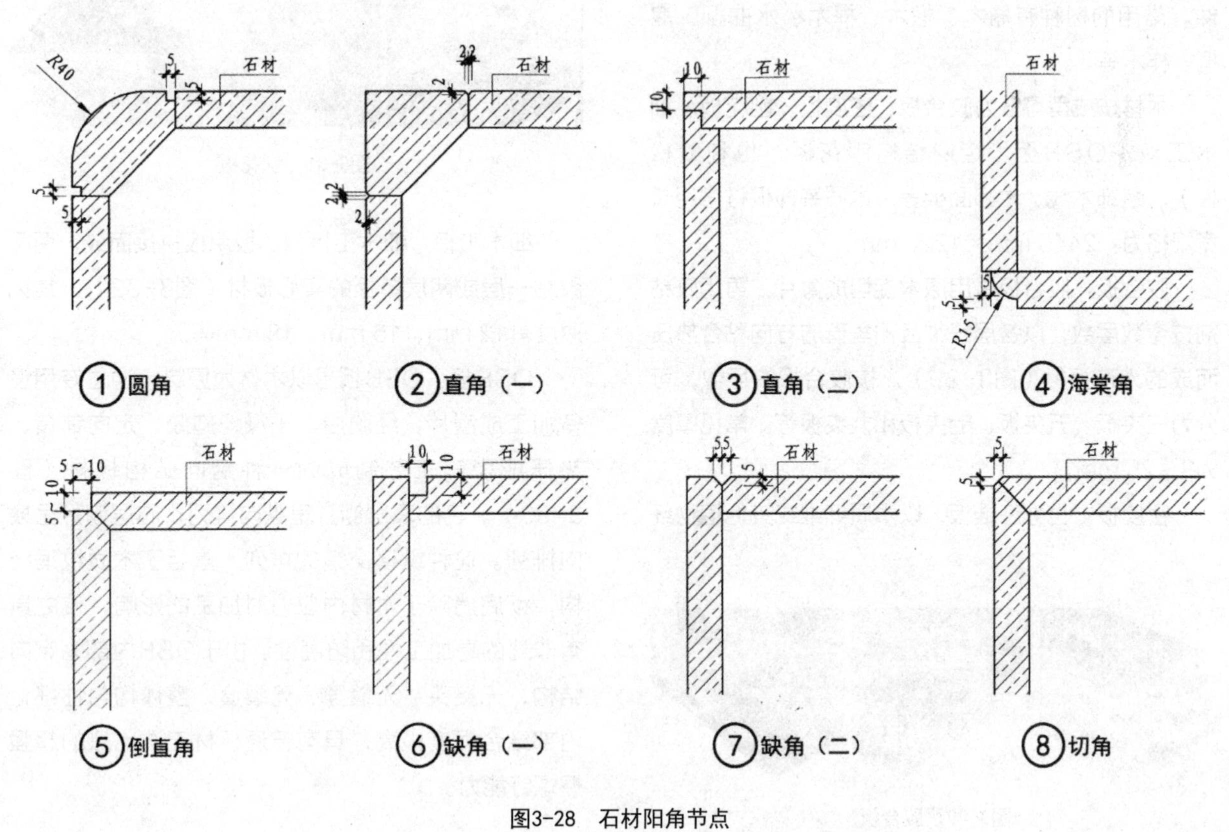

图3-28　石材阳角节点

6. **木饰面墙面装饰构造**

木材的优点是质轻、易施工、具有天然的纹理和色泽、装饰性强、绝缘好、变形小、绿色环保、冬暖夏凉，能给人自然美的享受，还能使室内空间产生温暖与亲切感。木材的缺点是易燃、易腐蚀、易受虫蛀，纵横向力学性能差异较大，受气温、湿度变化后易发生开裂、翘曲等，但这些不足，采取一定的加工和处理可以克服，经过化学和放射处理后制成的改性木材，不仅具有良好的耐湿、防水、防腐性能，而且具有较为理想的强度。

（1）装饰木材分类

木材按树种不同可分为针叶树和阔叶树两大类。

针叶树：针叶树叶子细长呈针状，大多为四季常青树。树干通直且高大，纹理顺直，材质均匀，木质较软，易于加工，故称“软木材”。针叶树是主要建筑与装饰材料，广泛用于各个构件和装饰部件。常用的树种有红松、白松、黄花松、杉木、柏等。

阔叶树：阔叶树树叶宽大，叶脉呈网状，大多为落叶树，树干通直部分较短，材质较硬，较难加工，故称“硬木材”。阔叶树木材表观密度大，干缩变形大，易翘曲或开裂，建筑上常用来制作尺寸较小的构件。常用的树种有榆木、椴木、榉木、水曲柳、泡桐、柞木等。

木材按成型可分为胶合板、密度板、刨花板、细木工板、OSB板（定向结构刨花板，也称欧松板）、装饰木线、木饰面板等。木质装饰板材常用长宽规格为：2440 mm × 1220 mm。

胶合板：胶合板是用原木旋切成薄片，再用胶粘剂按奇数层数，以各层纤维互相垂直的方向黏合热压而成的人造板材（图3-29）。按胶合板的层数，可分为三夹板、五夹板、七夹板和九夹板等。常见厚度为3 ~ 25 mm。

密度板：也称纤维板，以木质纤维或其他植物纤维材料为主要原料，经破碎、浸泡、研磨成木浆，再加入脲醛树脂或其他适用的胶粘剂，经热压成型、干燥等工序制成的一种人造板材（图3-30）。按表面分为一面光板和两面光板两种；按原料不同分为木材纤维板和非木材纤维板；按纤维板的体积密度不同可分为硬质纤维板、中密度纤维板、软质纤维板三种。常见厚度为3 ~ 30 mm。

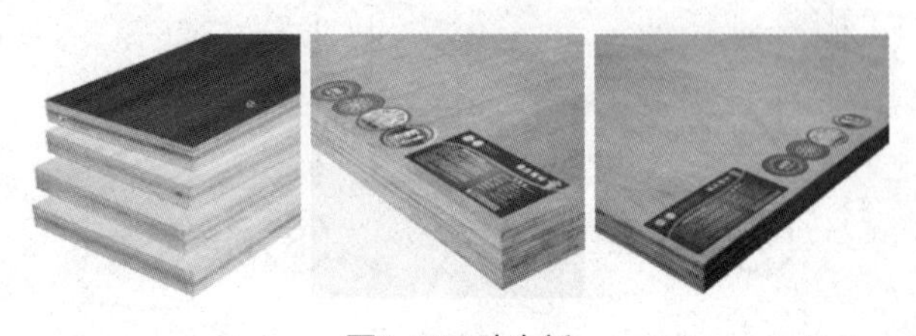

图3-29　胶合板

图3-30　密度板

刨花板：刨花板是利用施加胶料和辅助料或未施加胶料和辅助料的木材或非木材植物制成的刨花材料压制成的板材（图3-31）。刨花板按原料不同分为木材刨花板、甘蔗渣刨花板、亚麻屑刨花板、棉秆刨花板、竹材刨花板、水泥刨花板、石膏刨花板；按表面分为未饰面刨花板和饰面刨花板。常见厚度为9 ~ 30 mm。

图3-31　刨花板

细木工板：细木工板为芯板用板拼接而成，两面胶粘一层或两层单板的实心板材（图3-32）。常见厚度有12 mm、15 mm、18 mm等。

OSB板：OSB板是以木材为原料，通过专用设备加工成刨片，经脱油、干燥、施胶、定向铺装、热压成型等工艺制成的一种定向结构板材（图3-33）。它的表层刨片呈纵向排列，芯层刨片呈横向排列。这种纵横交错的排列，重组了木质纹理结构，彻底消除了木材内应力对加工的影响，使之具有非凡的易加工性和防潮性。由于OSB内部为定向结构，无接头、无缝隙、无裂痕，整体均匀性好，内部结合强度极高，具有普通板材无法比拟的超强握螺钉能力。

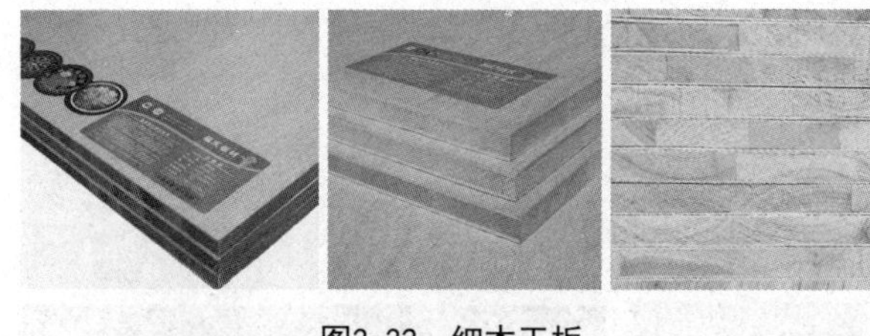

图3-32　细木工板

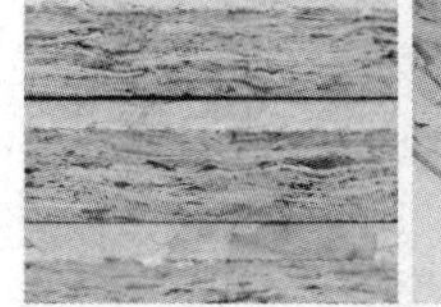

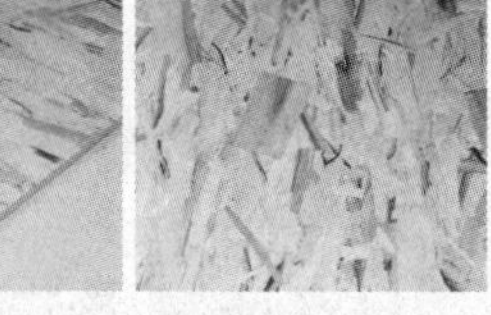

图3-33　OSB板

装饰木线：装饰木线条简称木线，是选用质硬、结构细密、材质较好的木材，经过干燥处理后，再机械加工成型（图3-34）。木线在室内装饰中主要起着收边固定、连接、加强饰面装饰作用。木线按材质不同可分为硬度杂木线、水曲柳木线、山樟木线、柚木线等；按功能可分为压边线、柱角线、压角线、墙角线、墙腰线、上楣线、覆盖线、封边线、镜框线等；按外形可分为半圆线、直角线、斜角线、指甲线等。

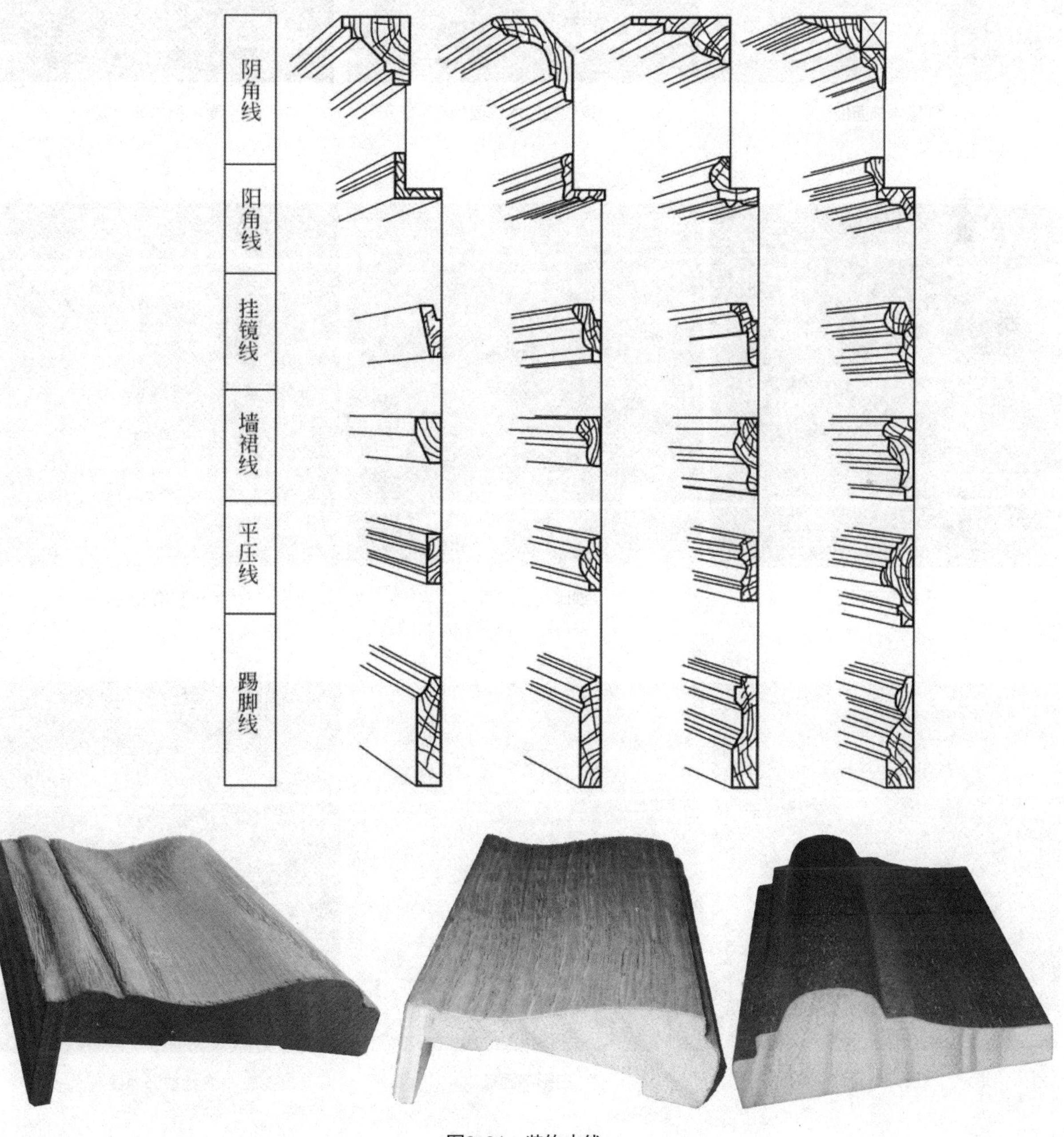

图3-34　装饰木线

木饰面板：薄木贴面的装饰板材，是将天然木材刨切成一定厚度的薄片，黏附于胶合板表面，然后热压成型的一种用于室内装修或家具制造的木质装饰板材（图3-35和图3-36）。常见厚度为2.7 mm、3 mm、4 mm。

红橡木饰面板

直纹铁刀木饰面板

麦格利木饰面板

花梨木饰面板

沙比利装饰面板

仿古水曲柳木饰面板

红影饰面板

白影饰面板

金丝柚饰面板

图3-35　木饰面板

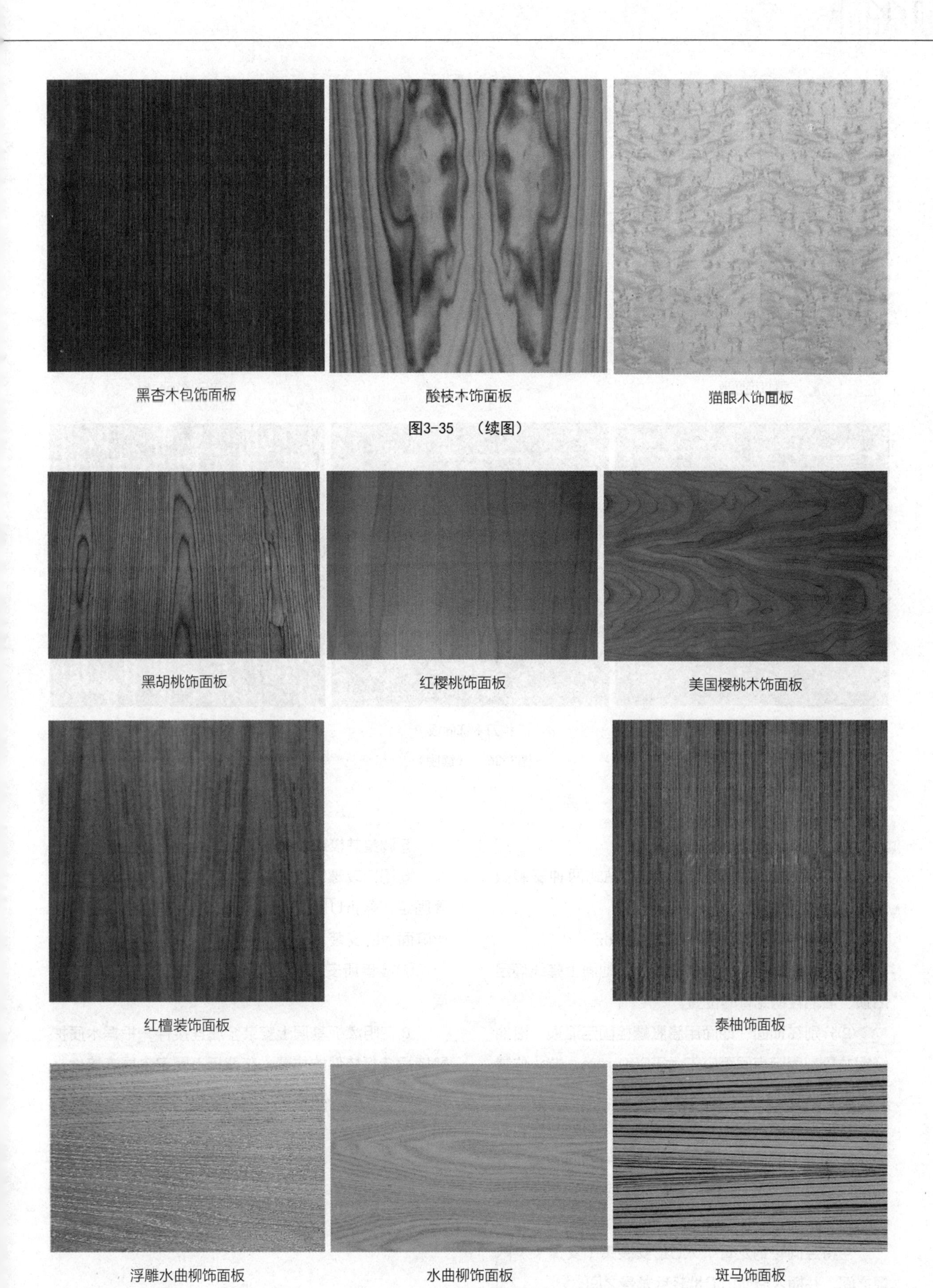

图3-35 （续图）

图3-36 木饰面板

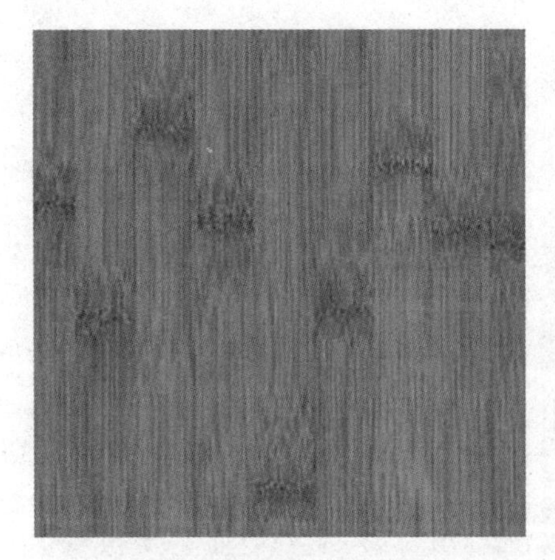
黄竹饰面板

直纹白橡饰面板

直纹黑胡桃饰面板

铁刀木饰面板

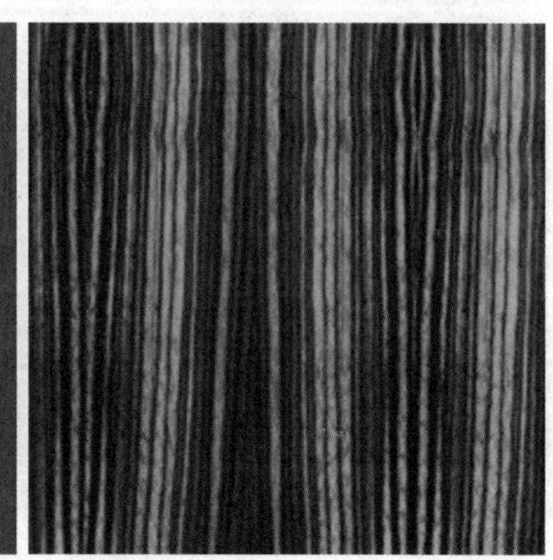
黑檀饰面板

图3-36 （续图）

（2）木质护壁墙裙的施工方法

木饰面护壁墙裙有干挂式和钉粘式两种安装做法。

1）木饰面护壁墙裙干挂式安装做法

①按照设计要求，分别在顶面、地面上弹线确定沿顶、沿地轻钢龙骨的位置。

②分别在顶面、地面用膨胀螺栓固定沿顶、沿地轻钢龙骨。固定点间距应不大于600 mm，端头位置应不大于300 mm。

③根据墙面高度，在垂直基准线上确定U形安装夹（支撑卡）的位置，采用膨胀螺栓与墙面固定，横向间距应与竖向轻钢龙骨一致，竖向间距应不大于600 mm。

④将竖向轻钢龙骨卡入U形安装夹（支撑卡）两翼之间，并插入沿顶、沿地轻钢龙骨之间。

⑤调整并校正轻钢龙骨垂直度。

⑥用自攻螺钉或拉铆钉将其与竖向轻钢龙骨的两翼固定，弯折U形安装夹（支撑卡）的两翼，使其不影响面板的安装。

⑦检查所安装轻钢龙骨，合格后满铺阻燃板基层。

⑧在阻燃板基层上安装金属连接件，根据木质护壁墙裙挂板挂件的位置，在背板上固定金属连接件，由下至上安装木质护壁墙裙。木质护壁墙裙装饰效果如图3-37所示。

图3-37　木质护壁墙裙装饰效果

2）木饰面护壁墙裙钉粘式安装做法

①轻钢龙骨墙面应符合相关规范要求，钉粘木饰面护壁墙裙时，应检查基层墙面的平整度和垂直度。

②将墙裙板和分隔木线按顺序插进踢脚线。粘钉分隔木线，企口式可直接插装。企槽式插一块裙板及一块分隔线，然后在封顶木线上涂胶粘钉。台阶式和平板式，宽度在300～600 mm，采取插好裙板封顶，然后涂胶粘剂钉分隔木线，最后涂胶封钉口、补漆，将挤出的胶料擦净。

（3）木质护壁墙裙装饰构造要求

①龙骨与基层板必须牢固可靠安装，安装后应检查基层的垂直度和平整度，有防潮要求的应进行防潮处理。

②饰面板所用树种、材质等级、含水率和防腐措施必须符合设计要求和施工规范规定。

③饰面板制作应尺寸正确、表面平直光滑、棱角方正、线条顺直、无刨痕、无毛刺等。

④饰面板安装前应进行选配，颜色、木纹对接应协调。

⑤在饰面板安装前，应先设计好分块尺寸，并将每块饰面板在墙面上试装，经调整修理后再正式安装。

⑥饰面板固定应采用干挂或胶粘，接缝应在龙骨上，并应平整。

⑦安装饰面板应位置准确、割角整齐、接缝严密、平直通顺、与墙面紧贴，出墙尺寸应一致。

⑧木质护壁墙裙安装应符合国家标准《建筑装饰装修工程质量验收规范》（GB 50210—2001）的规定。

（4）木质饰面墙面装饰构造

木质饰面墙面装饰构造，如图3-38和图3-39所示。

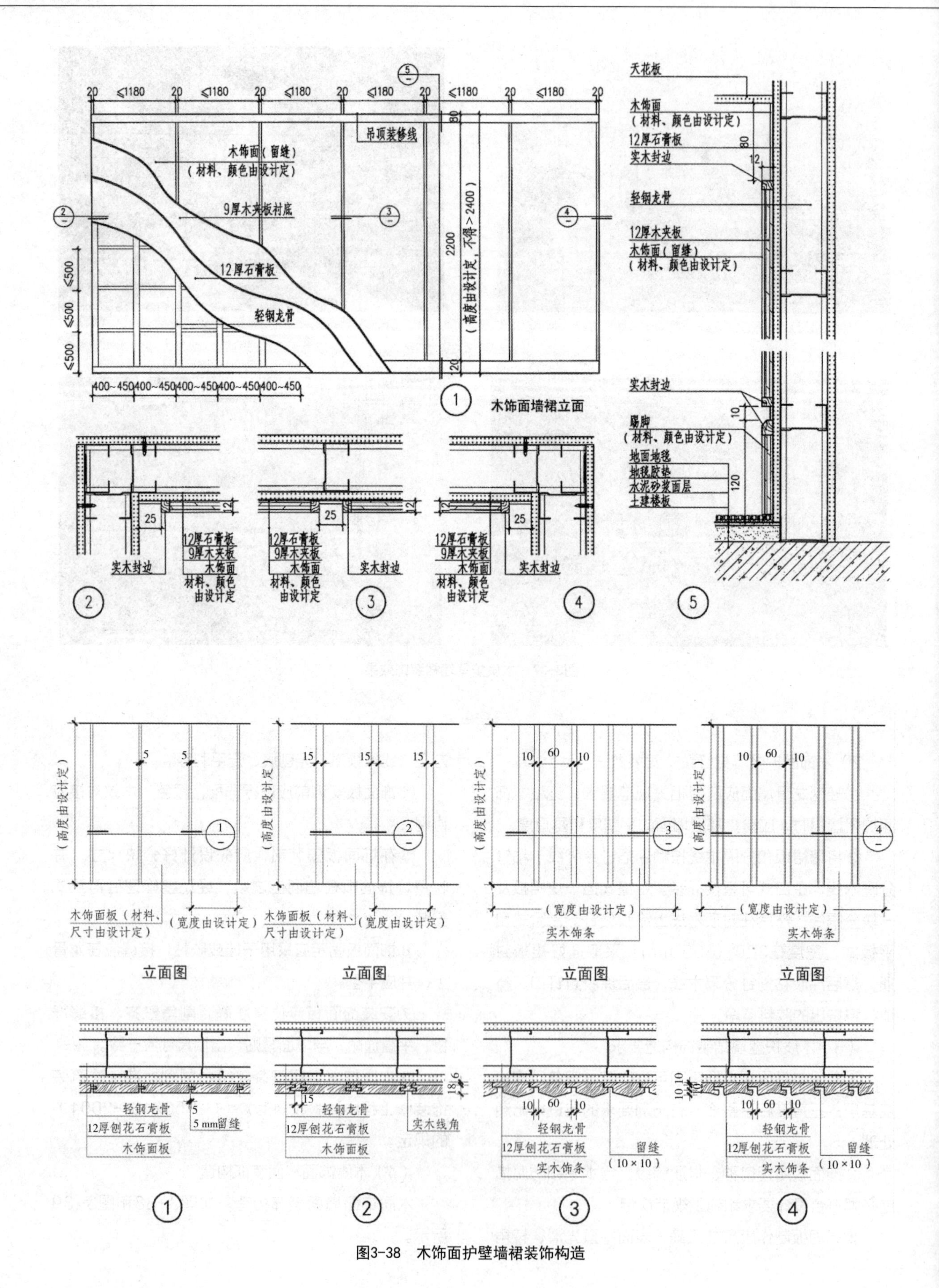

图3-38　木饰面护壁墙裙装饰构造

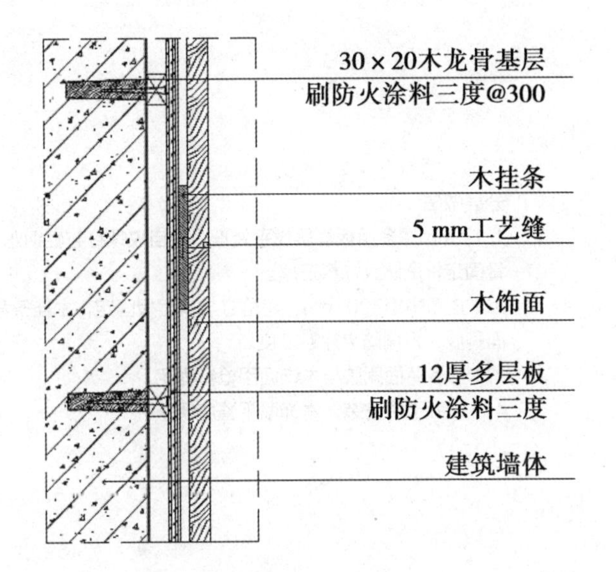

分层做法：

1.30 mm×40 mm木龙骨中距300 mm，刷防火涂料三度，用钢钉与木桢固定，木桢固定在混凝土墙体内。

2.12 mm厚多层板基层找平处理，用钢钉与木龙骨固定，刷防火涂料三度。

3.木挂条中距300 mm，用枪钉与多层板固定，木挂条背面刷胶，且刷防火涂料三度。

4.木挂条背面刷胶与木饰面用枪钉固定。

5.木饰面卡件安装，木饰面平整度调整。

（a）

建筑墙体
M10膨胀螺栓
卡式龙骨竖档@450
12厚多层板
刷防火涂料三度
成品木饰面
卡式龙骨横档@300
木挂条

分层做法：

1.用膨胀螺栓与卡式龙骨固定在墙面上，安装U型轻钢龙骨与卡式龙骨卡槽链接固定中距300 mm。

2.用自攻螺钉固定12 mm厚多层板基层（刷防火涂料三遍）与U形轻钢龙骨固定。

3.用自攻螺钉固定木挂条与多层板基层。

4.木饰面卡件安装，木饰面平整度调整。

（b）

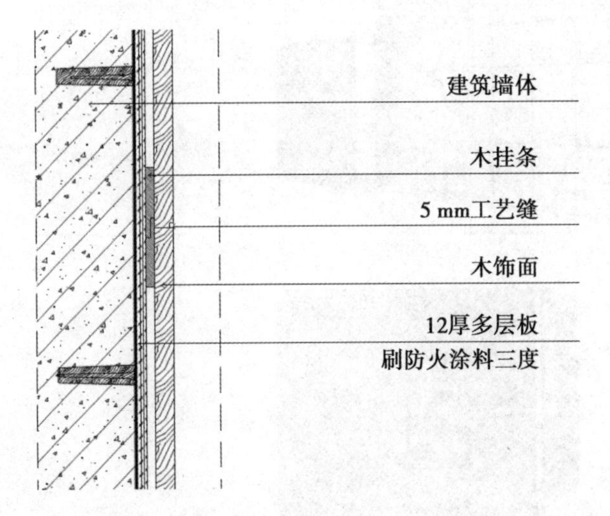

分层做法：

1.12 mm厚多层板基层找平处理，用钢钉与木桢固定，木桢固定在混凝土墙体内。刷防火涂料三度。

2.木挂条中距300 mm，用枪钉与多层板固定，木挂条背面刷胶，且刷防火涂料三度。

3.木挂条背面刷胶与木饰面用枪钉固定。

4.木饰面卡件安装，木饰面平整度调整。

（c）

图3-39　木饰面装饰构造

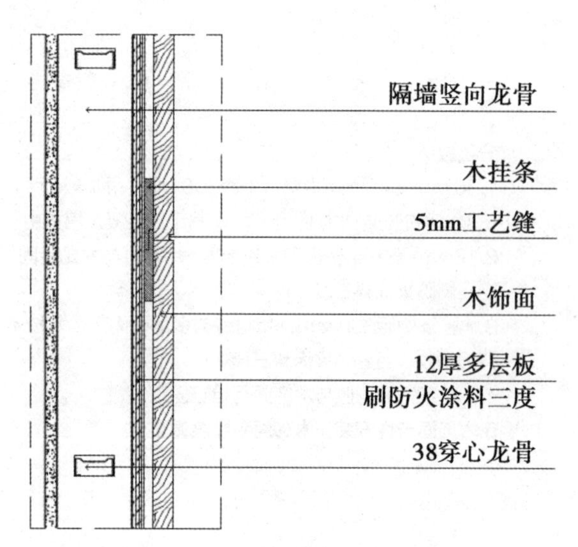

分层做法:

1.12 mm厚多层板基层找平处理，用自攻螺钉与轻钢龙骨固定，刷防火涂料三度。

2.木挂条中距300 mm，用枪钉与多层板固定，木挂条背面刷胶，且刷防火涂料三度。

3.木挂条背面刷胶与木饰面用枪钉固定。

4.木饰面卡件安装，木饰面平整度调整。

（d）

图3-39 （续图）

（a）木龙骨干挂木饰面墙面装饰构造；（b）轻钢龙骨干挂木饰面装饰构造；
（c）无龙骨干挂木饰面装饰构造；（d）轻钢龙骨隔墙木饰面装饰构造

木饰面墙面装饰构造示意图，如图3-40所示。

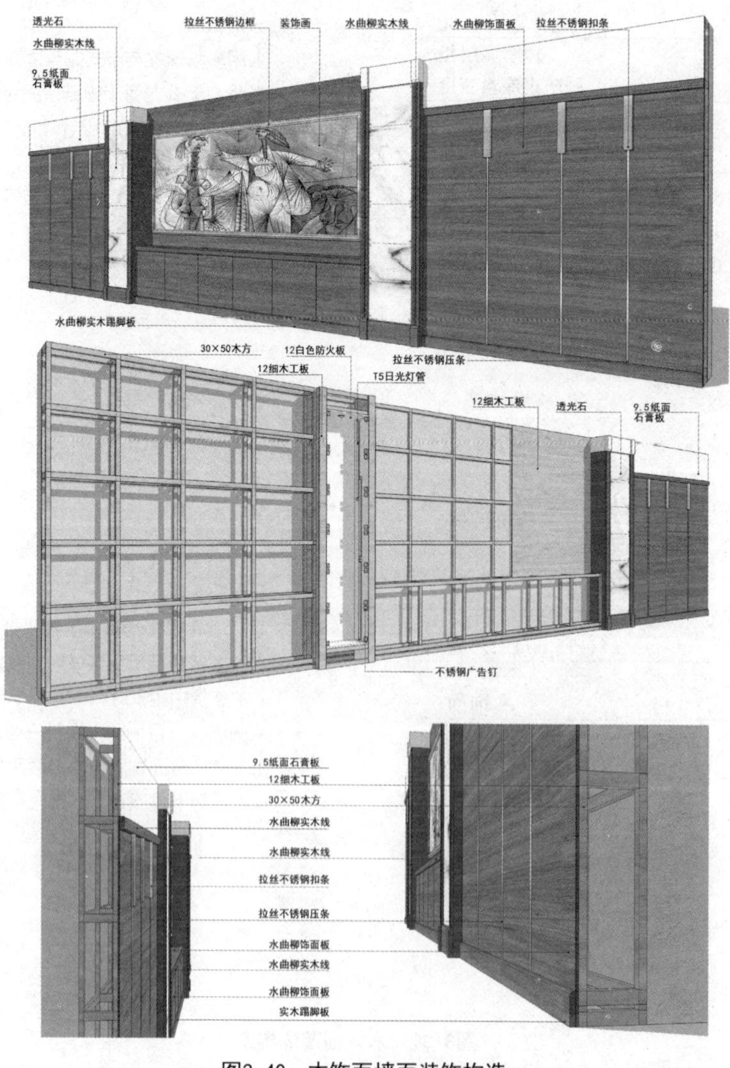

图3-40 木饰面墙面装饰构造

7. 玻璃饰面墙面装饰构造

玻璃是以石英砂、纯碱、长石、石灰石等为主要原料，经熔融、成型、冷却、固化后得到的透明固体材料。玻璃饰面装饰效果如图3-41所示。

（1）玻璃的分类

玻璃的名称、分类、特点、规格及适用范围如表3-9所示。

表3-9　玻璃的名称、分类、特点、规格及适用范围

名称	分类	特点	常用厚度/mm	适用范围
平板玻璃	垂直引上法、平拉法、压延法和浮法玻璃	透光、隔热、隔声、耐磨、耐候	3、4、5、6、8、10、12	室内墙面、门、窗等
装饰玻璃	釉面玻璃	强度高、良好的耐热性、耐酸、耐碱、色彩多样、耐磨、反射和不透视	4～19	室内墙面、门
	镜面玻璃	反射率高、色泽还原度好、影像亮丽自然、经久耐用	3、4、5、6、8	室内墙面
	玻璃砖	具有采光、隔声的效果，分隔空间并有延续空间的感觉，可单块镶嵌使用，也可整片墙面使用	80、95、100、115、145	室内墙面
	热熔玻璃	跨越了现有的玻璃形态，把现代或古典的艺术形态融入玻璃之中，使平板玻璃加工出各种凹凸有致、色彩各异的艺术效果	—	室内墙面、门、窗等
	乳白玻璃	半透明、隔热、隔声、耐磨、耐候	—	室内玻璃隔断等
	磨砂玻璃	表面粗糙、半透明、隔热、隔声、耐磨、耐候	3～19	浴室、卫生间的门窗及隔断
	电致变色玻璃	在施加电压时变成透明，切断电源，呈现磨砂玻璃状态	11、14	主要用于保密场所，也适用于广告牌、显示屏、门窗、室内隔断
	热弯玻璃	可根据要求做成各种不规则弯曲面。曲面形状中间无连接驳口，能满足形体需要	3～19	室内墙面
	夹丝玻璃	装饰效果好、强度高、安全性高	6、8、10	室内墙面
节能玻璃	吸热玻璃	采光、防眩、色彩丰富	4、5、6、8、10	
	热反射玻璃	有较高的热反射能力和良好的透光性能	6	室外墙面
	中空玻璃	隔声、隔热、节能、保温、防寒、防霜露、降低辐射	3～19	室内、外墙面
安全玻璃	钢化玻璃	强度高、冲击性好、热稳定性高、安全性高	4～19	室内墙面、门窗
	夹层玻璃	抗冲击性和抗穿透性好，起降低噪声、节约能源、有效吸收太阳光中的紫外线、防止室内设施褪色的作用	3～19	室内墙面、门窗等
	防弹玻璃	特定阻挡能力，由多层玻璃和胶片组成的特殊玻璃，可以达到阻挡子弹穿透以后碎片飞溅伤人的作用		

图3-41　玻璃饰面装饰效果

（2）玻璃饰面墙面的装饰构造做法

玻璃饰面墙面的装饰构造做法，按材料与施工可分为：干粘玻璃做法、点式玻璃施工做法、玻璃砖隔墙做法、镜面玻璃施工做法等。玻璃墙面不能用于消防通道。

1）干粘玻璃的施工做法

干粘玻璃墙面做法仅适用于釉面钢化玻璃厚度不大于6 mm，单块面积不大于1.0 m^2墙面（图3-42）。

干粘玻璃的施工流程如下：

①墙面定位弹线。按设计要求在墙面弹线，弹线清楚、位置准确；充分考虑墙面不同材料间关系和留孔位置合理定位。

②钻孔安装角钢固定件。角钢固定件上开有长圆孔，以便于施工时调节位置和允许使用情况下的热胀冷缩；在混凝土或砌块墙上钻孔，用膨胀螺栓固定角钢固定件。当需要在钢结构柱或梁上固定时，不能直接将角钢固定件与钢结构相连，以免破坏原钢结构防火保护层。应在需要位置另行焊接转接件再与角钢固定件连接，并应恢复焊接位置的防火保护层。

③固定竖向龙骨。角钢固定件和竖向钢龙骨采用焊接方式，两个角钢固定件的间距不大于1200 mm，保证竖向龙骨垂直及装饰完成面平整。

④固定横向龙骨。横向钢龙骨与竖向钢龙骨焊接，间距不大于1200 mm，横向钢龙骨面与竖向钢龙骨平齐。

⑤安装基层板。在钢龙骨上铺12 mm厚阻燃板，铺装完成后，按玻璃安装位置弹线，在玻璃底边位置安装L形金属条，以防玻璃下滑。

⑥粘贴釉面玻璃。在基层板表面贴双面泡棉胶，把釉面玻璃按弹线位置粘贴至基层板上，用手抹压玻璃，使其与基面粘合紧密。安装完毕，应清洁玻璃面，必要时在玻璃面覆加保护层，以防损坏。

干粘玻璃墙面安装质量要求：玻璃应平整、牢固，不得有松动现象；玻璃拼缝接触应紧密、平整，接缝齐平，拼接玻璃的接缝应吻合，颜色、图案应符合设计要求；玻璃施工完成，表面应洁净、无污渍。

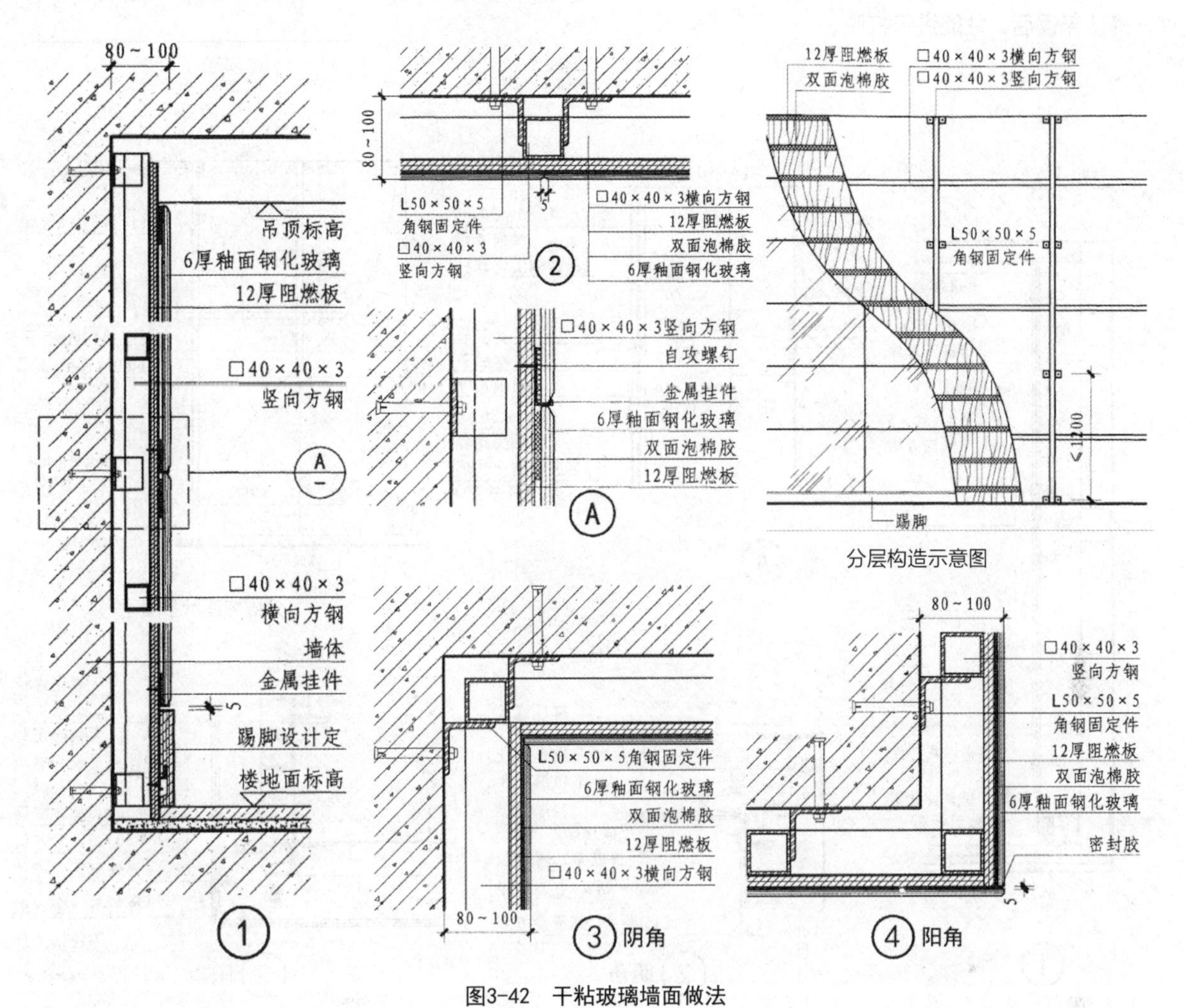

图3-42　干粘玻璃墙面做法

2）点式玻璃施工做法

点式玻璃施工做法应使用钢化玻璃或夹层玻璃等安全玻璃。点式玻璃构造做法涉及的材料包括：铝合金框、不锈钢板、型钢（角钢、槽钢等）及轻型薄壁槽钢、支撑吊架等金属材料和配套材料以及膨胀螺栓、玻璃支撑垫块、橡胶配件、金属配件、结构密封胶等其他材料（图3-43和图3-44）。

点式玻璃的施工流程如下：

①测量放线。按设计要求在墙面弹线，弹线清楚、位置准确；充分考虑墙面不同材料间关系和留孔位置合理定位。

②支座和竖向钢龙骨的定位、安装与检测。在钢龙骨与支座的安装过程中要掌握好施工顺序，安装必须按“先上后下、先竖后横”的原则进行。横向支座的安装，待竖向龙骨安装调整到位后连接横向龙骨，横向支座在安装前应先按图纸给的长度尺寸加长1～3 mm呈自由状态，先上后下按控制单元逐层安装，待全部安装结束后调整到位。支座的定位调整，在支座安装过程中必须对龙骨的安装定位几何尺寸进行校核，横竖龙骨长度尺寸严格按图纸尺寸调整才能保证连接杆与玻璃平面的垂直度。调整以按单元控制点为基准对每一个支座的中心位置进行核准。确保每个支座的前端与玻璃平面保持一致，整个平面度的误差应控制在1～3 mm。

③安装玻璃。玻璃安装前应检查校对钢结构主支撑的垂直度、标高、横梁的高度和水平度等是否符合设计要求，特别要注意安装孔位的复查。检查驳接爪的安装位置是否准确，确保无误后，方可安装玻璃。现场安装玻璃时，应先将驳接头与玻璃在安装平台上装配好，然后再与驳接爪进行安装。现场组装后，应

调整上下左右的位置，保证玻璃水平偏差在允许范围内。玻璃全部调整好后，应进行整体立面平整度的检查，确认无误后，才能进行打胶。

④玻璃清洁：玻璃安装好后，必须将玻璃表面和边框的胶迹、污渍等清洗干净。

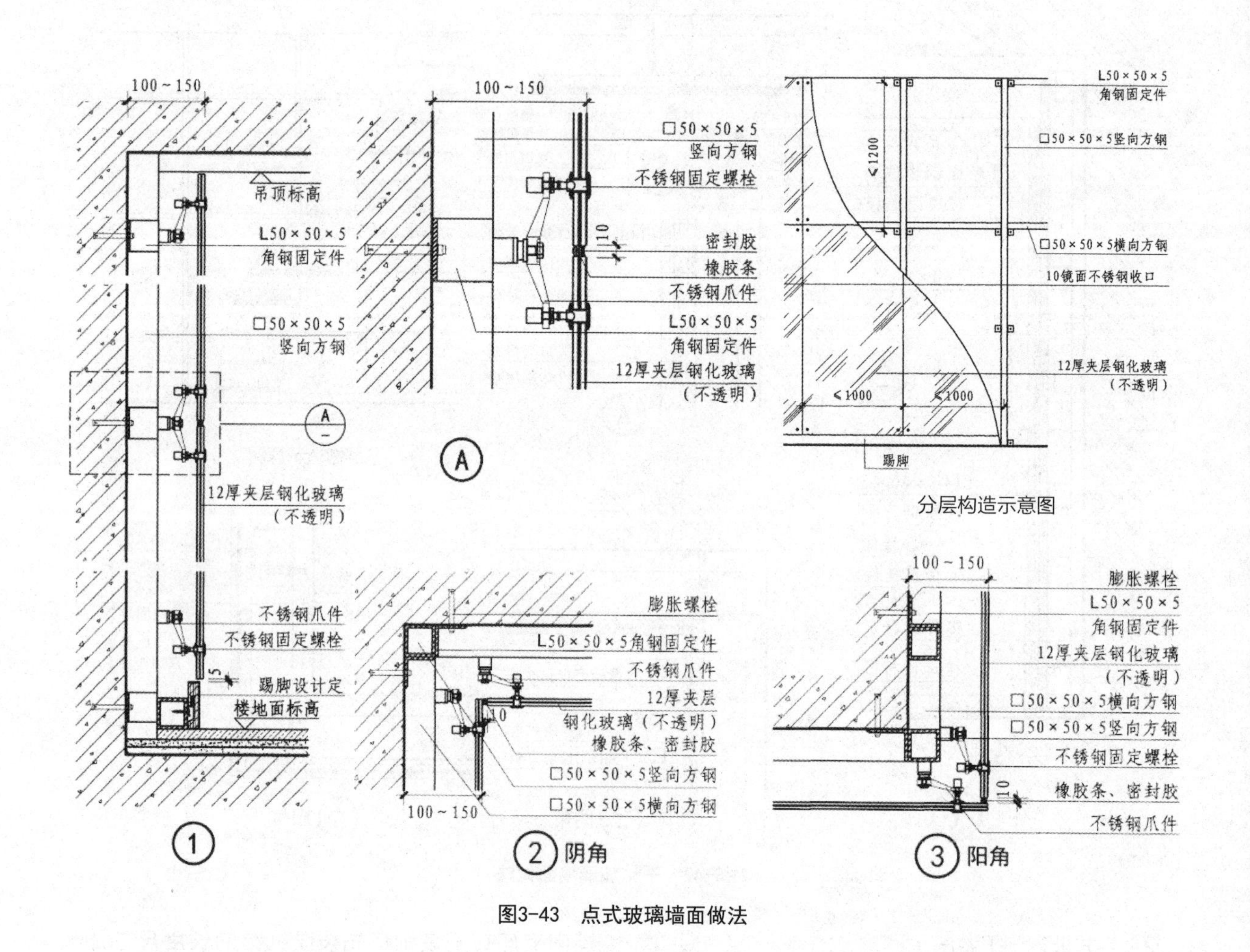

图3-43　点式玻璃墙面做法

3）镜面玻璃的施工做法

①将金属龙骨固定于墙体上，金属龙骨的间距根据衬板的规格和厚度而定。安装小块镜面多为单向，安装大块镜面可以双向，横竖金属龙骨要求横平竖直，以便于衬板和镜面的固定。

②采用木夹板作衬板时，用扁头圆钢钉与金属龙骨钉接，钉头要埋入板内。衬板要求表面无翘曲、起皮现象，表面平整、清洁，板与板之间缝隙应在竖向金属龙骨处。衬板钉好后要用长靠尺检查平整度。

各种材质的镜面板在施工前应贴保护膜，以防划伤镜面，镜面安装不宜现场在镜面板上打孔拧螺钉，以免引起镜面变形（图3-45~图3-47）。

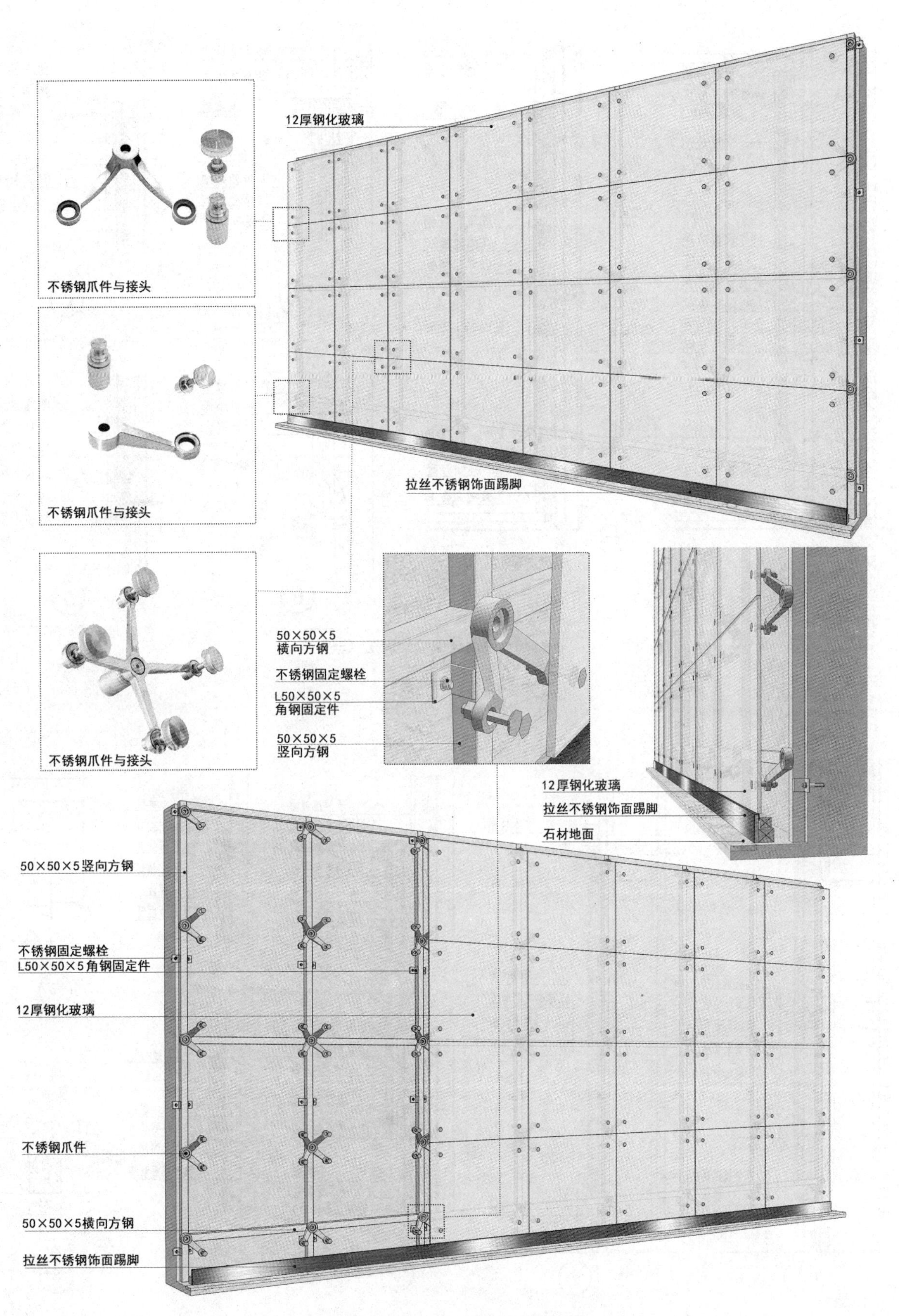

图3-44 点式玻璃墙面装饰构造示意图

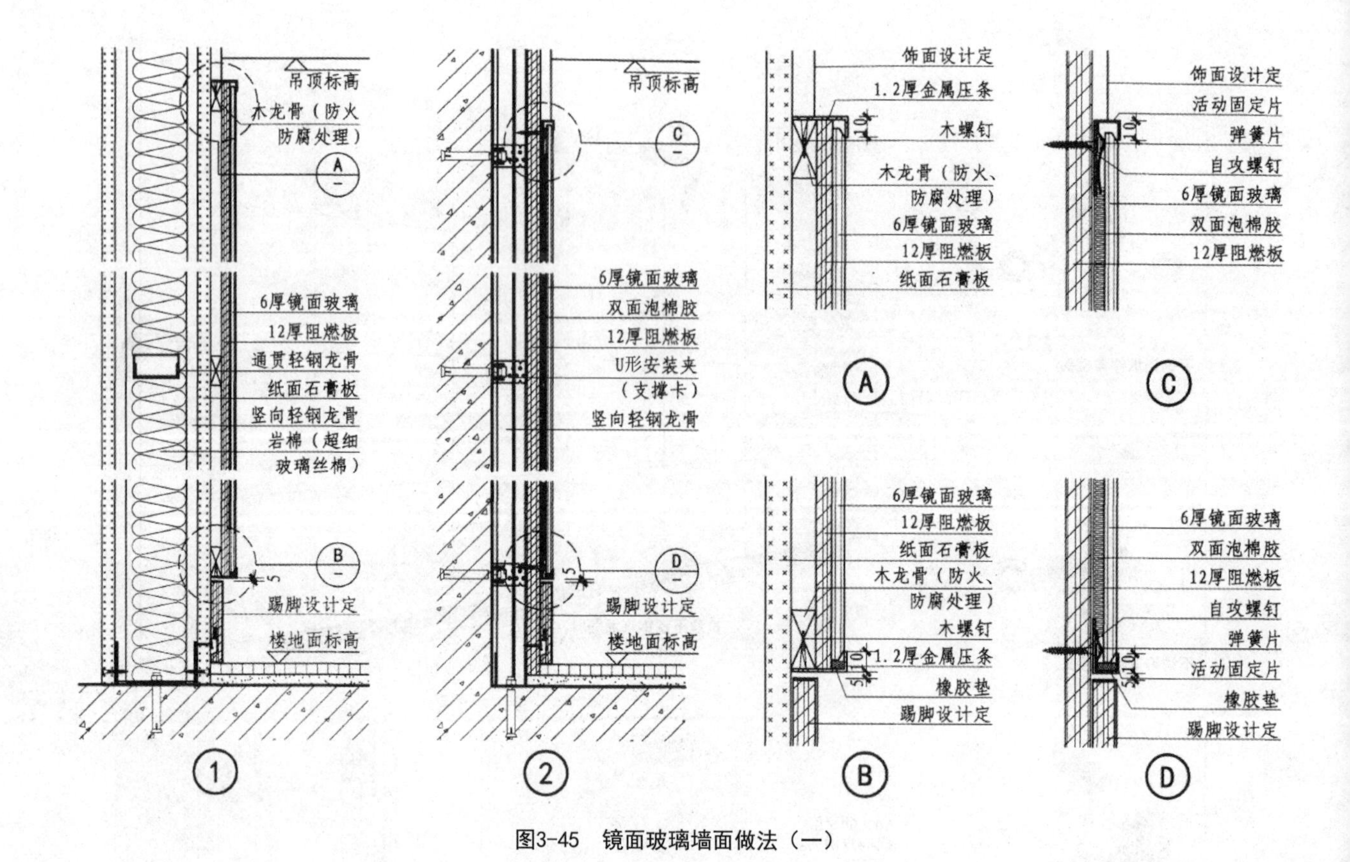

图3-45　镜面玻璃墙面做法（一）

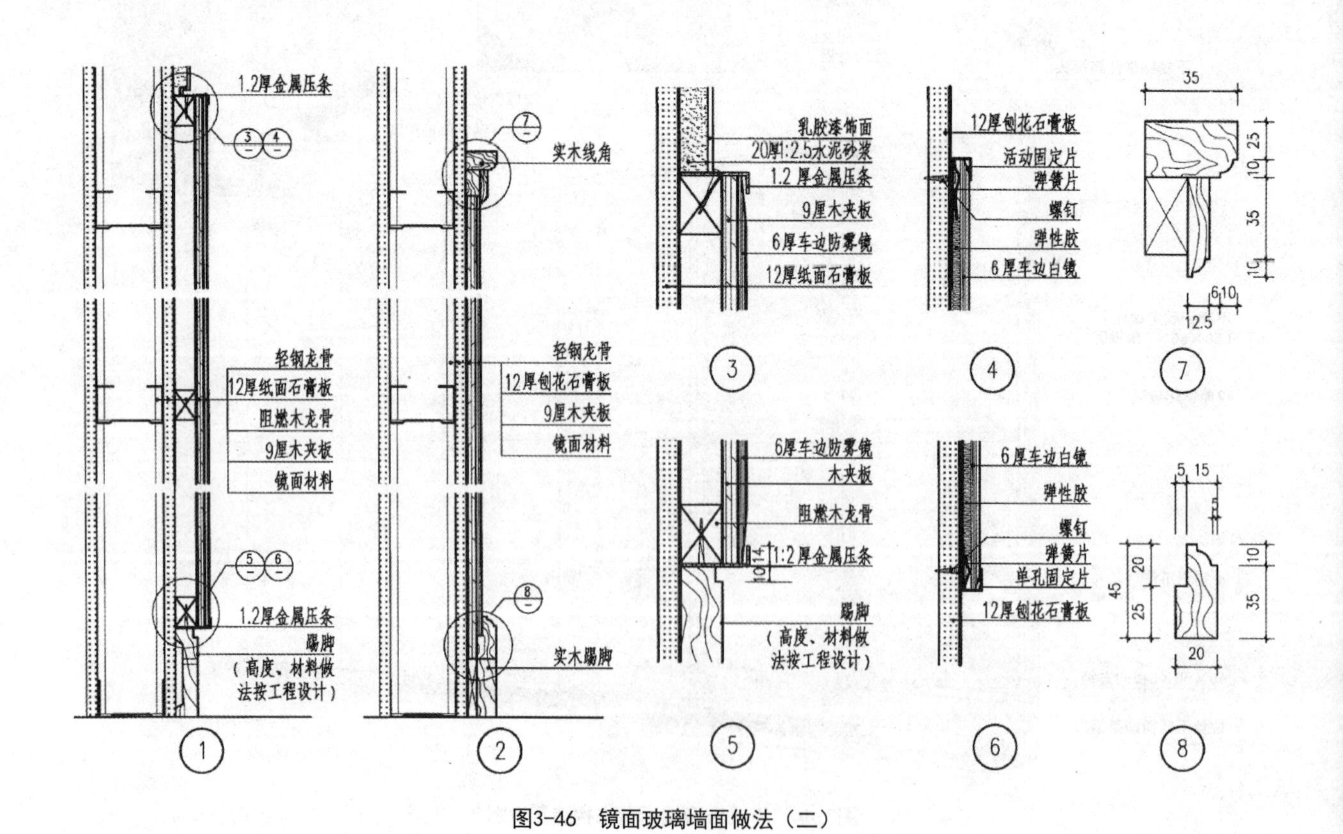

图3-46　镜面玻璃墙面做法（二）

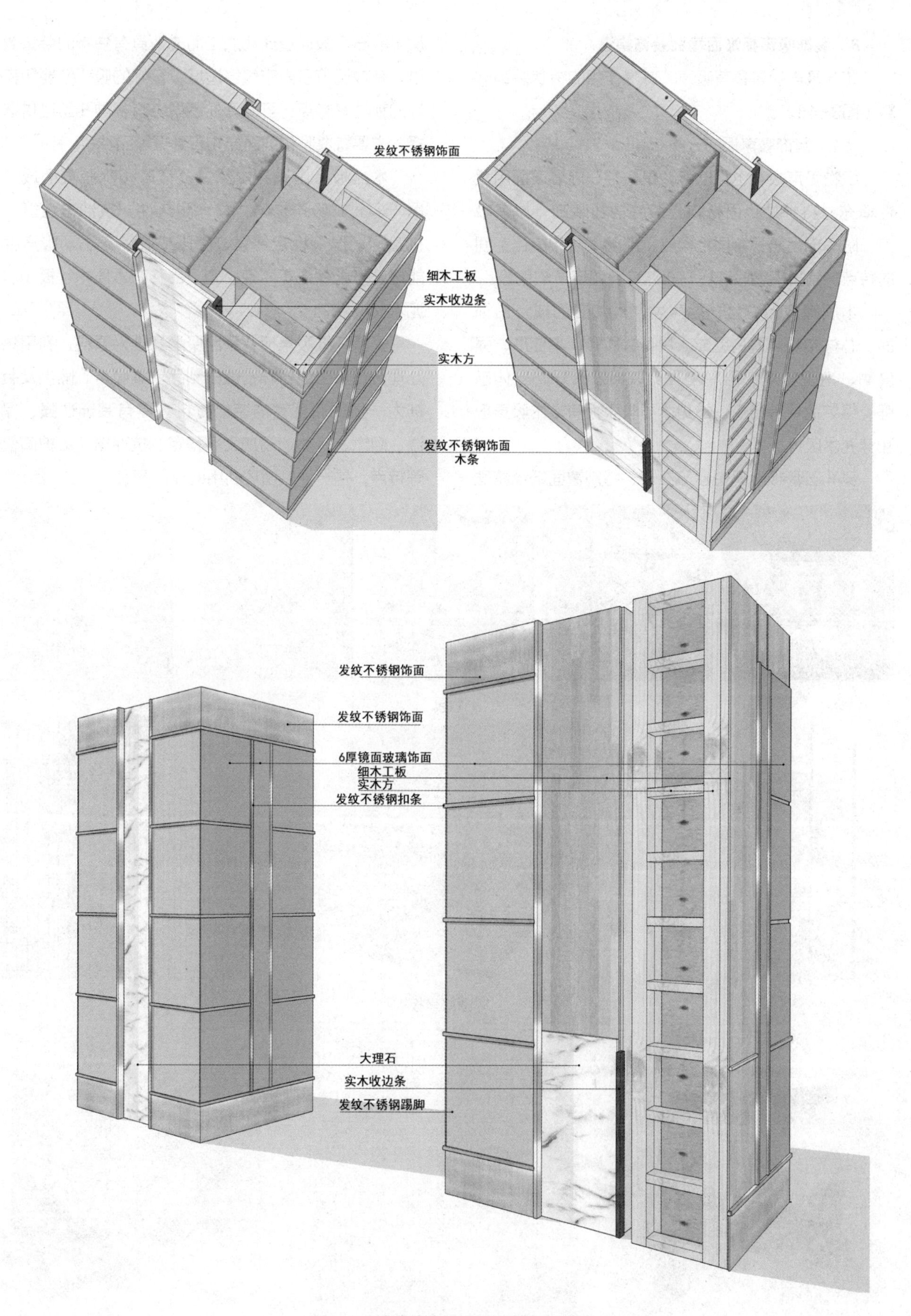

图3-47　镜面玻璃柱体装饰构造示意图

8. 装饰吸声板饰面墙面装饰构造

装饰吸声板是具有吸声、减噪作用的板状装饰材料（图3-48）。

（1）装饰吸声板的分类

织物吸声板：也称软包，是一种在内墙表面用柔性填充材料外加饰面材料包装的墙面装饰，具有吸声、防静电、防撞、质地柔软、能够柔化和美化空间的特点。常见织物吸声板有布艺软包和皮革软包等。

木质吸声板：是根据声学原理加工而成，由饰面、芯材和吸声薄毡组成。具有材质轻、不变形、强度高、造型美观、色泽幽雅、装饰效果好、立体感强、组装简便等特点。常见木质吸声板有槽木吸声板和穿孔木吸声板等。

穿孔石膏板：是由建筑石膏、特制覆面纸经特殊加工的石膏板通过穿孔加工而成，具有独特的装饰效果、有效调节室内空气舒适度、良好的吸声性能和良好的韧性等特点，可做弯曲造型，有多种孔型可供选择。主要有覆膜和纸面穿孔石膏板等品种。

木丝板：由天然木丝、菱镁矿和水胶凝而成，属于多孔式吸声材料，具有耐久性、抗冲击性能、抗菌耐潮湿、稳定性强、膨胀或收缩率小、吸声性能好、节能保温等特点。主要品种有木质木丝板和水泥木丝板。

聚酯纤维吸声板：采用聚酯纤维为原料，利用热处理方法加工成各种密度的制品，集吸声、隔热及装饰为一体的新型室内装修材料。具有装饰性强、保温、阻燃、轻体、易加工、稳定、抗冲击、维护简便等特点，是一种可循环利用的环保产品。

软包

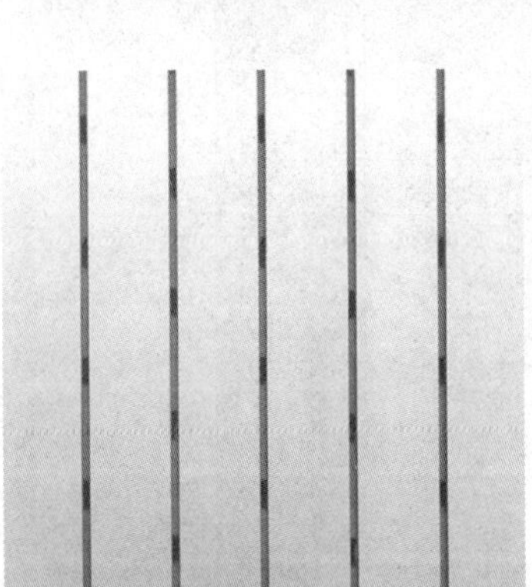
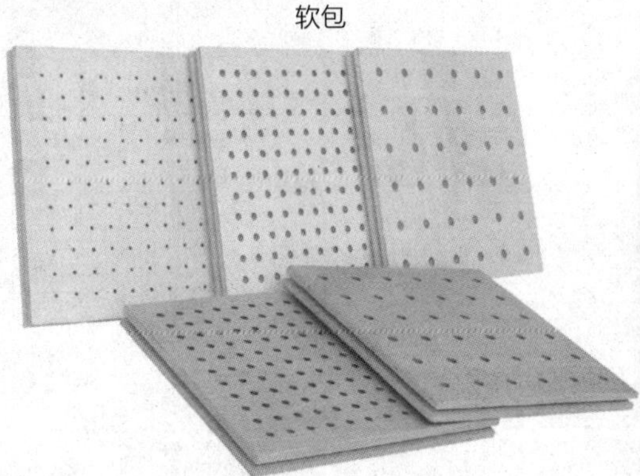
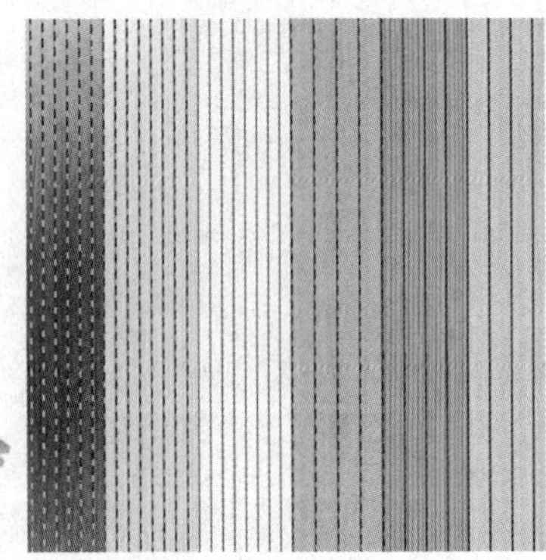

木质吸声板

聚酯纤维吸声板

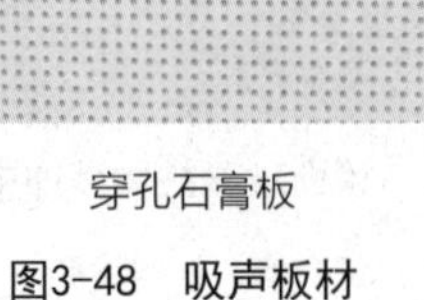

穿孔石膏板

木丝板

图3-48 吸声板材

（2）装饰吸声板墙面装饰构造

装饰吸声板的基本构造层次为：龙骨骨架、龙骨间隙填充隔音材料、衬板或阻燃板、面层（织物皮革软包、穿孔木吸声板等）。构造做法按龙骨材料与施工，可分为方钢龙骨吸声板构造做法、轻钢龙骨吸声板构造做法、木龙骨吸声板构造做法，木龙骨构造做法适合防火等级要求不高的场所或少面积的局部装饰，采用木龙骨应做好防火、防腐、防潮处理。织物吸声板构造与效果，如图3-49所示。

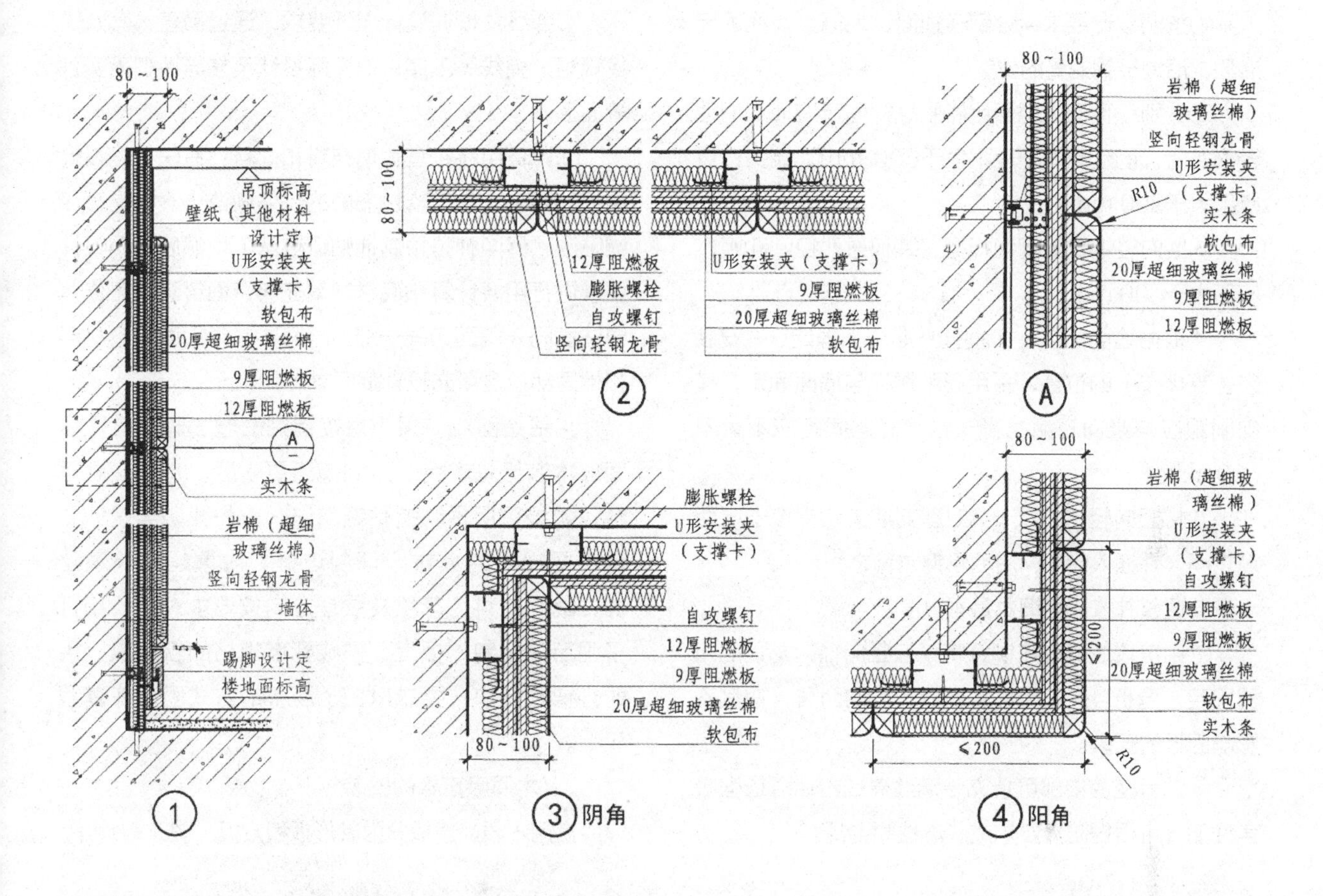

图3-49 织物吸声板构造与效果

（3）装饰吸声板墙面龙骨施工

方钢龙骨施工流程：墙面定位弹线→钻孔安装角钢固定件→固定竖向龙骨→固定横向龙骨→安装面层。

轻钢龙骨的施工流程如下：

①按照设计要求，分别在顶面、地面上弹线确定沿顶、沿地轻钢龙骨的位置。

②分别在顶面、地面用膨胀螺栓固定沿顶、沿地轻钢龙骨。固定点间距应不大于600 mm，端头位置应不大于300 mm。

③竖向轻钢龙骨间距根据安装板材孔径、孔距，应不大于600 mm。

④根据墙面高度，在垂直基准线上确定U型安装夹（支撑卡）的位置，采用膨胀螺栓与墙面固定，横向间距应与竖向轻钢龙骨一致，竖向间距应不大于600 mm。

⑤将竖向轻钢龙骨卡入U型安装夹（支撑卡）两翼之间，并插入沿顶、沿地轻钢龙骨之间。

⑥调整并校正轻钢龙骨垂直度。

⑦用自攻螺钉或拉铆钉将其与竖向轻钢龙骨的两翼固定，弯折U形安装夹（支撑卡）的两翼，使其不影响面板的安装。

⑧龙骨空腔内部可填充玻璃丝棉或岩棉以增强吸声性能，可根据防火要求或吸声性能选择。

⑨检查所安装轻钢龙骨，合格后再进行装饰吸声板的安装。

（4）装饰吸声板墙面面层施工

1）织物吸声板面层安装

①安装基层板：首先在龙骨骨架上铺阻燃板。

②弹线：根据设计图纸要求，通过吊直、套方、找规矩、弹线等工序，把实际设计尺寸与造型落实到墙面上。

③计算用料、套裁填充料和面料：首先根据设计图纸的要求，确定软包墙面的具体做法（一种是直接铺贴法，另一种是预制铺贴镶嵌法）。然后按照设计要求进行用料计算和底材、填充料、面料套裁工作。要注意同一墙面、同一图案与面料必须用同一卷材料和相同部位含填充料套裁面料。

④粘贴面料：采用直接铺贴法施工时，应待墙面细木装修基本完成达到施工要求后，方可粘贴面料；如果采用预制铺贴镶嵌法，首先裁切与设计要求相同规格的板材，订制边框，内填超细玻璃丝棉，裁切布料、花纹及纹理方向按要求对好，用钉子固定在预制木板上，做成标准规格的软包块，用射钉把预制块按要求以由上至下的方式固定在基层板上。

2）木质吸声板的安装

常用木质吸声板分为条形板和方板（图3-50）。

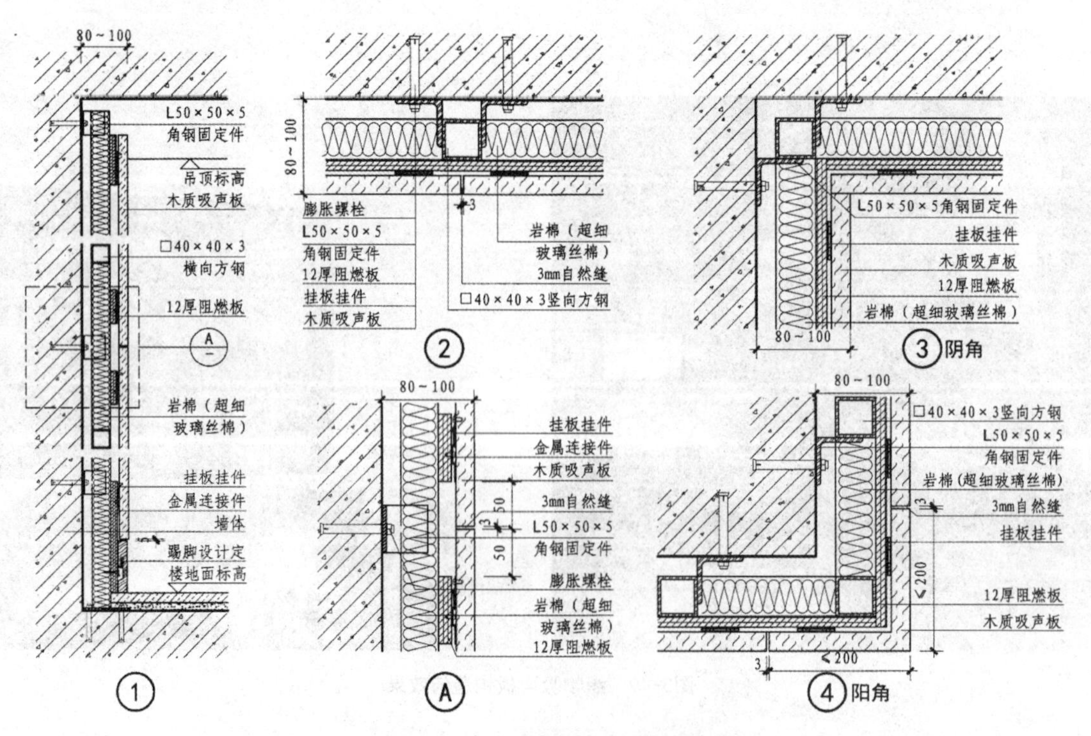

图3-50　木质吸声板墙面装饰构造

图3-50　（续图）

木质吸声条形板的安装流程如下：

①采用专用木质吸声板安装配件横向安装，凹口朝上并用安装配件安装，每块木质吸声板依次相接。木质吸声板竖直安装，凹口在右侧，则从左开始用同样的方法安装。两块木质吸声板端要留出不小于3 mm的缝隙。

对木质吸声板有收边要求时，可采用收边线条对其进行收边，收边处用螺钉固定。对右侧、上侧的收边线条安装时预留1.5 mm，并可采用硅胶密封。墙角处木质吸声板安装有两种方法：密拼或用线条固定。

②木质吸声板的安装顺序，可选择从左到右、从下到上的原则。木质吸声板横向安装时，凹口向上；竖直安装时，凹口在右侧。

部分实木吸声板对花纹有要求的，每个立面应按照实木吸声板上事先编制好的编号依次从小到大进行安装。

木质吸声方板的安装流程如下：

①在龙骨上铺装阻燃板，阻燃板分条板横向铺装，板宽不小于100 mm，条板间距根据面板的挂点确定。

②安装金属连接件：根据面板的挂板挂件位置，在阻燃板上固定金属连接件。

③安装木质吸声板：由下至上排板安装，面板纹理、颜色应一致，板缝按设计要求确定。

3）穿孔石膏板安装

①安装前需用倒角器对板边进行处理，穿孔石膏板固定在竖向轻钢龙骨上，用25 mm的自攻螺钉固定，间距不大于200 mm，不破坏纸面嵌入板内，穿孔石膏板与轻钢龙骨垂直安装。

②穿孔石膏板应对缝排列：先长边、后短边，利用直线和对角线来控制孔的规则性；需要时用对孔器来控制相邻板的距离，留3 mm缝隙以便于做接缝处理。

③边缘不规则时会出现不完整的孔，处理方法：用接缝料将孔堵住。

④用专用接缝材料补平自攻螺钉位置。

⑤接缝：组装完成后，清理板缝后用刷子在板缝部位涂刷界面剂。接缝处理采用专用接缝材料，轻轻挤压使接缝材料渗透全部深度，刮去多余接缝料部分，不要破坏纸面。第一层干燥后，涂抹第二层，并用刮刀刮平，保证接缝处被完整填充。如果在接缝过程中有孔被堵住，在接缝料干燥前要将孔清洁干净。当接缝处理完成后，需打磨平整。

⑥饰面：用稀释后的底漆平衡接缝处和板之间的吸收水平，用乳胶漆涂饰（图3-51）。

4）木丝吸声板的安装

①木丝吸声板用自攻螺钉固定。按照板材尺寸横向排布，竖向用自攻螺钉、间距不大于300 mm、距板边50 mm固定；横向自攻螺钉间距根据龙骨间距均匀排布。自攻螺钉应嵌入板材，以便对饰面进行

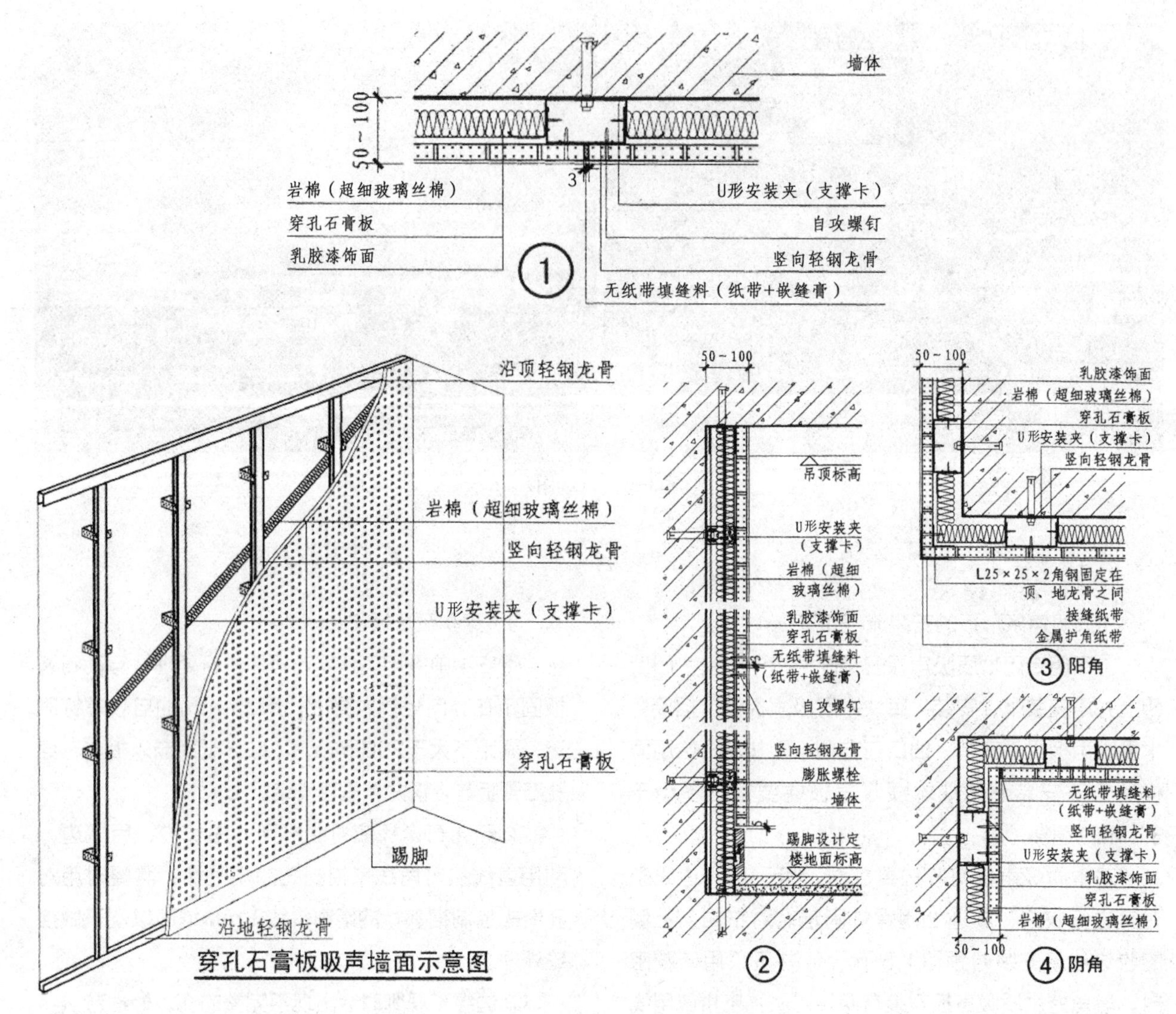

图3-51　穿孔石膏墙面装饰构造

处理。

②采用木丝纹理饰面板应按照板材边角标记进行对应安装，自然拼接以保证木丝纹理的延续性。

③木丝吸声板安装要点：由下至上，沿长边方向排板。

④木丝吸声板完成面处理：木丝吸声板由自攻螺钉固定在轻钢龙骨上，钉眼位置需要菱镁矿粉、水泥基采用水泥补平，接缝处可选不同边形，自然拼接不做处理。需要裁切时，应对板材边缘用砂纸进行打磨后用菱镁矿粉、水泥基采用水泥修补。饰面还可做颜色喷涂或彩绘处理，要求颜料对木丝吸声板表面无腐蚀性（图3-52）。

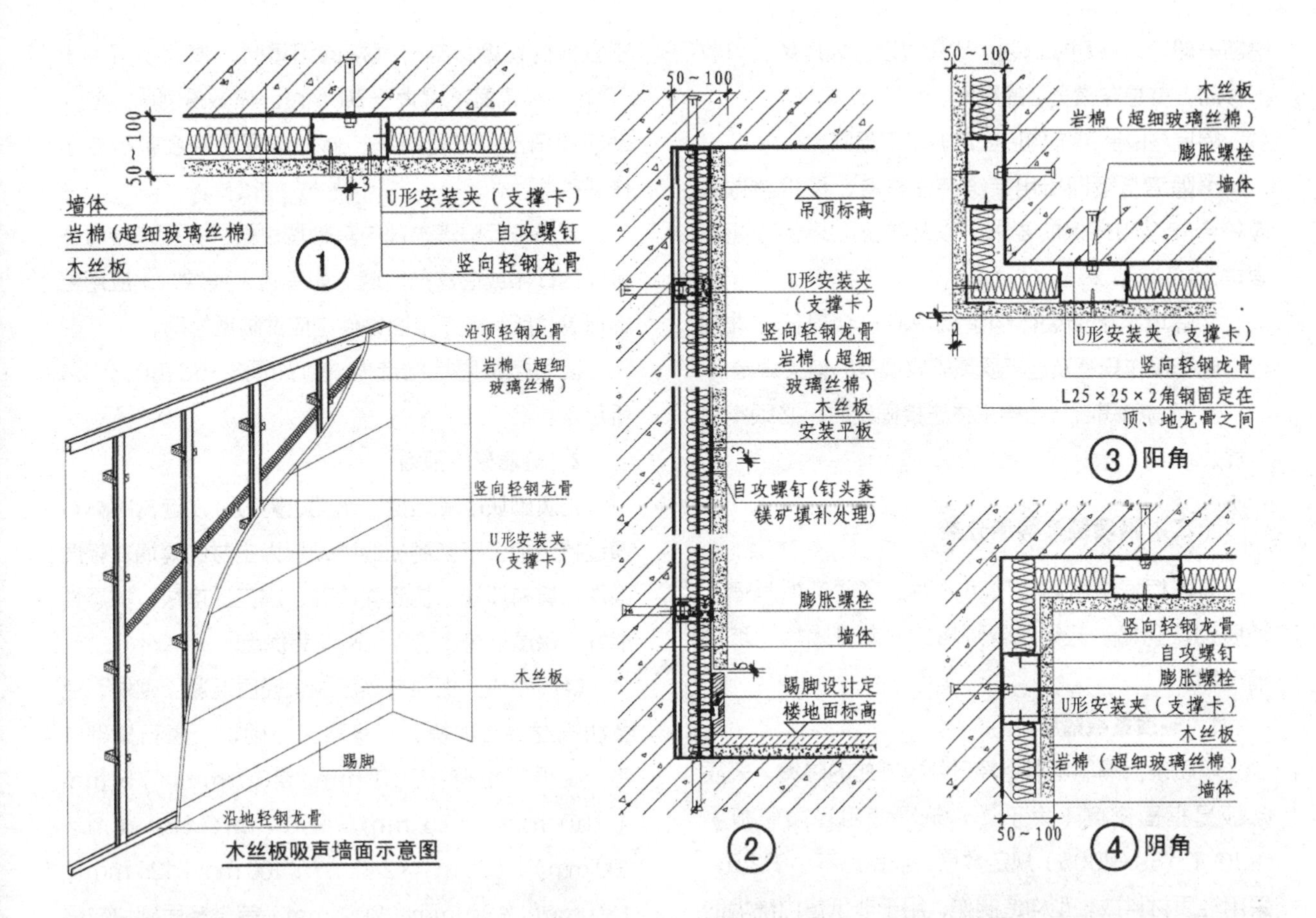

图3-52　木丝吸声板墙面装饰构造

二、隔墙与隔断装饰构造

隔墙与隔断是分隔空间的非承重构件。其作用是对空间的分隔、引导和过渡，具有应用灵活、安装拆卸方便等特点。

（一）隔墙与隔断装饰构造概述

隔墙是指分隔房屋内部空间的墙。墙体不承重，一般要求轻、薄，有良好的隔声性能。通常是从地面做到顶，将空间完全相互隔开，必要时隔墙上设有门，隔墙设置后一般不能移动。

隔断可到顶也可不到顶，隔而不断，空间相互可以渗透，视线可不被遮挡，根据需要可设门或门洞，隔断一般可以移动或拆装，比较灵活。如屏风，可收折移动，就是非常灵活的隔断。

隔墙与隔断装饰构造应遵循以下原则。

①隔墙与隔断所用装饰装修材料、技术与做法应符合安全和环保的要求，以及防火、环保和隔声要求。

②隔墙与隔断装修构造做法应符合现行标准规范、施工操作规程及施工质量验收规范的有关规定。

③隔墙和隔断与结构主体连接固定时，必须牢固可靠。

（二）隔墙装饰构造分类

隔墙根据材料和做法可分为：轻质条板隔墙、轻质砌块隔墙、轻钢龙骨隔墙、木龙骨隔墙、玻璃隔墙等。

1. 轻质条板隔墙

轻质条板隔墙是指用轻质条板制作的隔墙。轻质条板是指面密度不大于《建筑隔墙用轻质条板》（JG/T 169-2005）规定数值，长宽比不小于2.5，采用轻质材料或轻型构造制作，用于非承重内隔墙的预制条板。

（1）轻质条板分类

轻质条板，按断面构造分为空心条板、实心条板和复合夹芯条板三种类别；按板的构件类型，分为普通板、门窗框板、异型板；按板的构成材料，分为硅镁加气混凝土轻质隔墙板（GM板）、玻璃纤维增强水泥条板、玻璃纤维增强石膏空心条板、钢丝（钢丝网）增强水泥条板、轻混凝土条板、复合夹芯轻质条板等。轻质条板的主要规格有：厚度为60 mm、80 mm、90 mm、120 mm、150 mm、180 mm，宽度为600 mm，长度常见为2400 mm、3000 mm。

（2）轻质条板隔墙装饰构造

轻质条板一般为竖向安装，也可水平安装。在平面设计时，应考虑板的宽度通常规格为600 mm的模数，尽量减少工地现场切割量。

在轻质条板墙板上切槽时，一般为纵向切槽，不宜横向切槽。当必须横向切槽时，槽深不得大于20 mm，槽宽不得大于30 mm。在做粉刷前，应对缺棱掉角部位进行修补，修补剂采用轻质条板专用修补砂浆。

轻质条板隔墙端部与其他墙、梁、柱相连接时，可以用砂浆或泡沫剂填缝。如有防火要求时，应用岩棉填缝。所有安装锚固铁件均应做防锈处理。

轻质条板隔墙构造做法，如图3-53和图3-54所示。

2. 轻质砌块隔墙

轻质砌块隔墙是指以水泥、陶粒、发泡剂等材料通过特定加工工艺制成的以砌块为主材的隔墙。轻质砌块，具有质轻、抗压强度高、施工速度快、抗震性能好、保温隔热、防潮、隔音等优点。

轻质砌块，主要有蒸压加气轻质混凝土砌块、免蒸加气混凝土砌块、轻集料空心砌块、磷石膏砌块等。主要规格有：600 mm×200 mm×75 mm（100 mm、125 mm、150 mm、180 mm、200 mm）、600 mm×240 mm×100 mm（125 mm、150 mm、180 mm、200 mm）等。轻质砌块与隔墙构造做法，如图3-55所示。

3. 木龙骨隔墙

木龙骨隔墙是指用于内墙面板的支撑材料是方木、木板条等木质材料的隔墙。由木制的上槛、下槛、竖向龙骨筋、斜（横）撑构成。骨架与楼板应连接牢固，竖向龙骨间距视面层而定，一般为400~600 mm。

隔墙木龙骨架所用木材的树种、材质等级、含水率以及防腐、防虫、防火处理必须符合设计要求和《木结构工程施工质量验收规范》（GB 50206—2012）的有关规定。接触砖、石、混凝土的骨架和预埋木砖应经防腐处理，连接用的铁件必须经镀锌或防锈处理。

木龙骨隔墙施工安装流程：弹线打孔、固定龙骨、木龙骨与吊顶的连接。木龙骨隔墙做法，如图3-56所示。

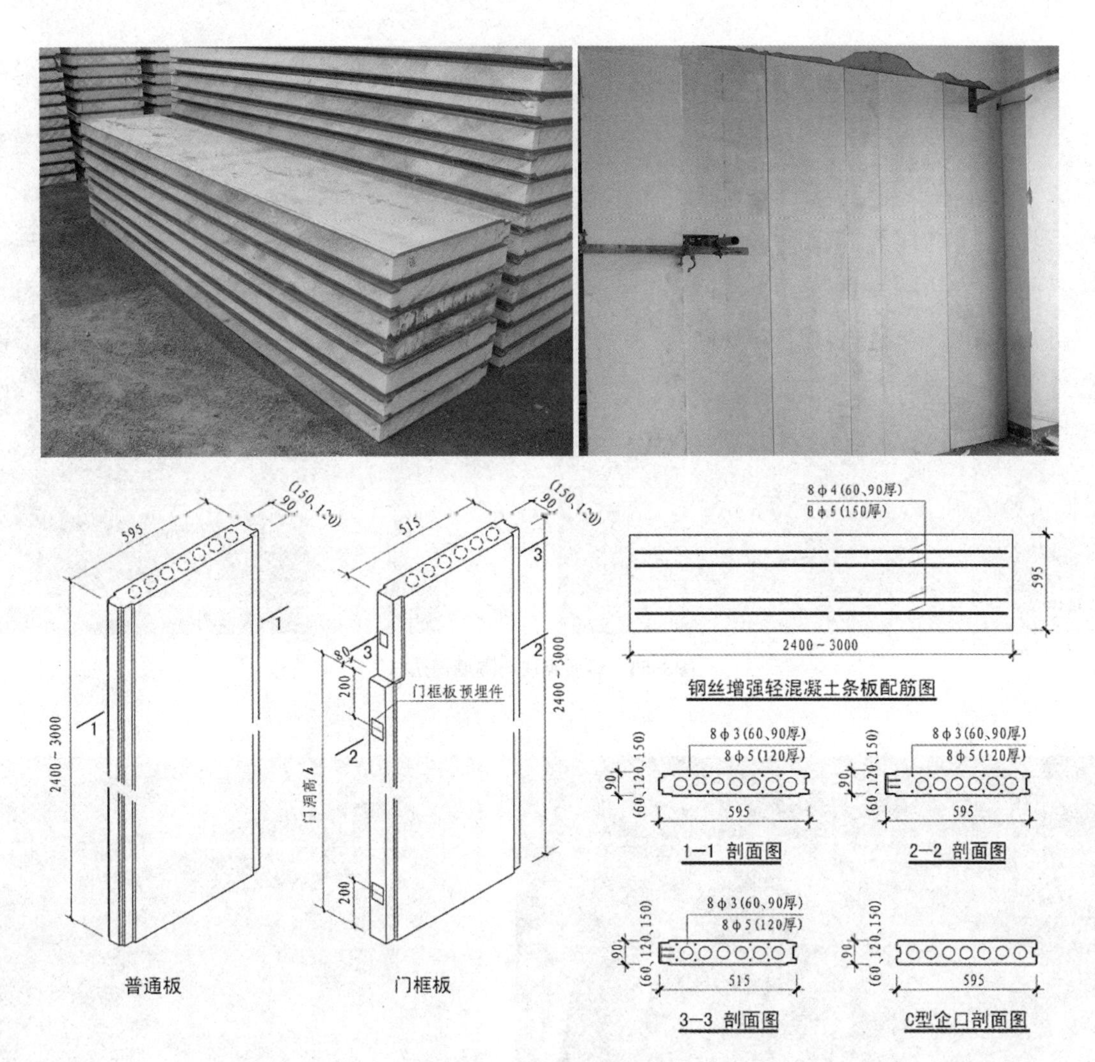

图3-53　轻质条板隔墙构造

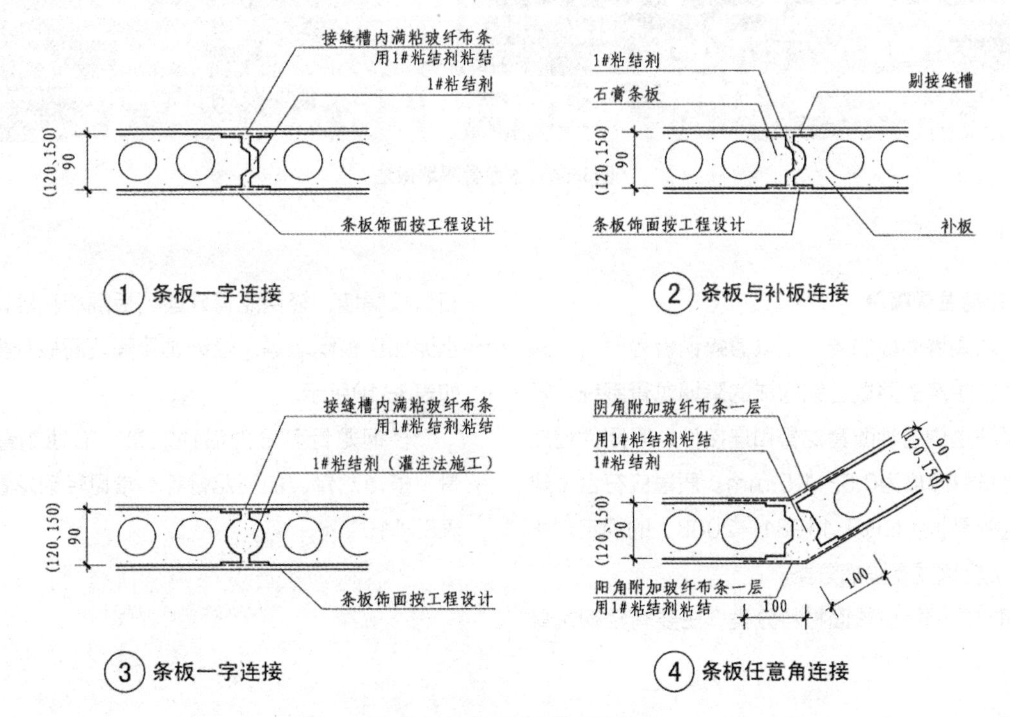

图3-54　轻质条板隔墙装饰构造

图3-55 轻质砌块与隔墙做法

图3-56 木龙骨隔墙做法

4. 轻钢龙骨隔墙

用于内隔墙面板的支撑是以镀锌钢板为原料，采用冷弯工艺生产的薄壁型钢构成的隔墙龙骨系统。轻钢龙骨系统是由各种配套龙骨和连接件、紧固件组成的，龙骨材料厚度为0.5～1.5 mm。质量应符合《建筑用轻钢龙骨》（GB/T 11981—2008）的规定。

（1）轻钢龙骨隔墙分类

轻钢龙骨隔墙按罩面材料分类，主要有轻钢龙骨石膏板隔墙、轻钢龙骨硅酸钙板隔墙和轻钢龙骨纤维水泥加压板隔墙等。轻钢龙骨隔墙面板分类与规格，如表3-10所示。

轻钢龙骨可分为沿顶龙骨、沿地龙骨、竖向龙骨、横撑龙骨、加强龙骨等。常见轻钢龙骨规格，见表3-11。

表3-10　轻钢龙骨隔墙面板的分类、规格、特点及适用范围

产品名称	分类	规格/mm	特点	适用范围
石膏板	普通纸面石膏板	2400/3000×1200×12	重量轻、隔声、隔热、易加工、施工方便	一般要求隔墙
	耐水纸面石膏板			卫生间、外贴面砖等
	耐潮纸面石膏板			有防潮要求的部位
	耐火纸面石膏板			有防火要求的部位
	覆膜石膏板	2400/3000×1200×12	饰面丰富、外观时尚、环保、无尘、防潮、防霉、防下陷、干法安装、无污染、可冬季施工等	内隔墙墙面
硅酸钙板	低密度硅酸钙板	2400×1200×（7~25） 2440×1220×（7~25）	防火、防潮、耐候、隔声、强度高、易加工、施工方便、不易变形等	内隔墙墙面及其他用途
	中密度硅酸钙板			
	高密度硅酸钙板			
纤维水泥加压板	低密度纤维水泥加压板	1200×2400×（4~30）	防火、防水、隔热、隔声、强度高、环保	厨房、卫生间、外贴面砖等
	中密度纤维水泥加压板	1220×2440×（6~25）		
	高密度纤维水泥加压板	600×600×（4~8）		

表3-11　轻钢龙骨产品规格表

产品名称	断面图型	实际尺寸/mm				适用范围
		A	B	B'	t	
横龙骨（U型）	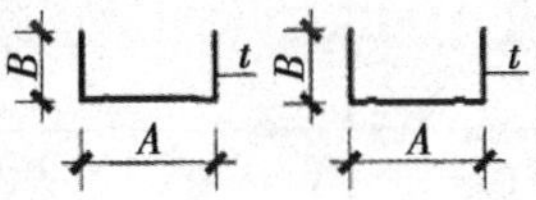	50	40	—	0.6、0.8	隔墙与结构主体的连接构件，用作沿项、沿地龙骨起固定竖龙骨作用
		75	40	—	0.6、0.8、1.0	
		100	40	—	0.6、0.8、1.0	
		150	40	—	0.8、1.0	
	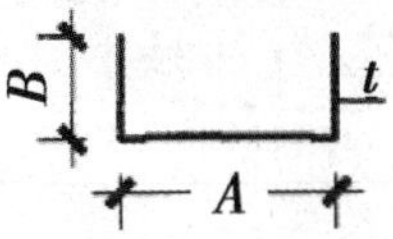	50	35	—	0.6、0.7	
		75	35	—	0.6、0.7	
		100	35	—	0.7	
高边横龙骨（U型）	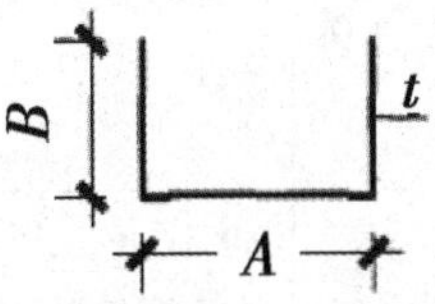	50	50	—	0.6、0.7	隔墙高度超过4.2 m或防火隔墙与楼板的连接构件
		75	50	—	0.6、0.7、0.8、1.0	
		100	50	—	0.7、0.8、1.0	
		150	50	—	0.8、1.0	
竖龙骨（C型）	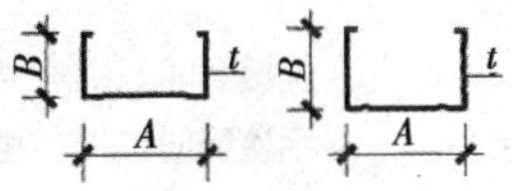 （1）　（2）	48.5	50	—	0.6、0.8、1.0	隔墙的主要受力构件，为钉挂面板的骨架。立于上下横龙骨之中。（2）、（3）两翼不等边设计，可以直接对扣，增加龙骨骨架强度
		73.5	50	—	0.6、0.8、1.0	
		98.5	50	—	0.7、0.8、1.0	
		148.5	50	—	0.8、1.0	
	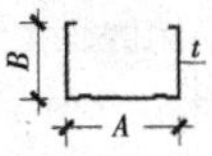 （3）	50	45、47	—	0.7、0.8	
		75	45、47	—	0.6、0.7、0.8	
		100	45、47	—	0.7、0.8	
		150	45、47	—	0.8、1.0	
通贯龙骨（U型）	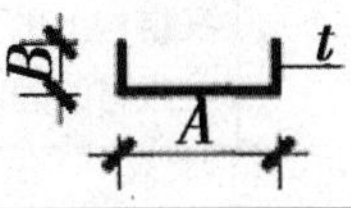	38	12	—	1.0、1.2	竖龙骨的水平连接构件（是否采用通贯龙骨根据规范及设计要求而定）

续表

产品名称	断面图型	实际尺寸/mm				适用范围
		A	B	B′	t	
贴面墙竖向龙骨	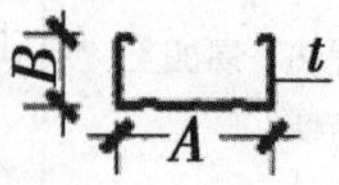	60	27	—	0.6	用于贴面墙系统，作为骨架用来钉挂面板
	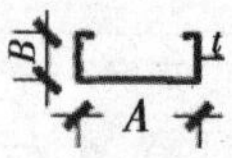	50	19	—	0.5	
		50	20	—	0.6	
U型安装夹（支撑卡）	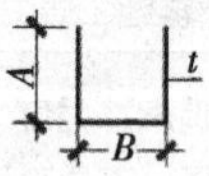	100	50	—	0.8	固定竖向龙骨的构件，距墙距离可调
		125	60			
Z型减振隔声龙骨	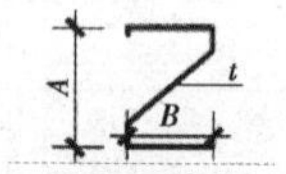	73.5	50	—	0.6	隔声要求较高的场所与C型竖龙骨安装方法相同
Ω减振隔声龙骨	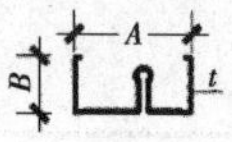	98.5	45	—	0.5、0.6	隔声要求较高的场所与C型竖龙骨安装方法相同
MW减振隔声龙骨	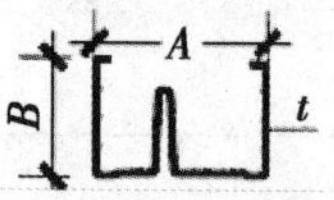	75	50	—	0.6	隔声墙体专用龙骨，组合特殊板材提高隔声量，可以直接龙骨对扣
CH型龙骨	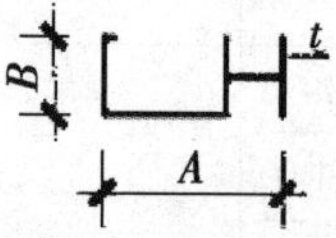	75	42、35	—	0.8、1.0	电梯井及管道井墙专用的竖龙骨
		100	42、35	—		
		146、150	42、35	—		
端墙支撑卡	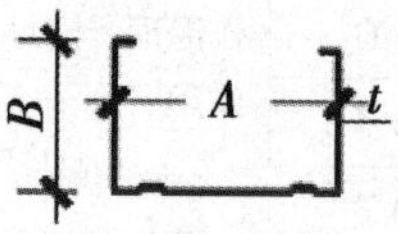	75	45、47	—	0.6	用于隔墙端部，作为通贯龙骨的端部支撑
		100	45、47	—	0.7	
		150	45、47	—	0.8	
J型龙骨（不等边龙骨）	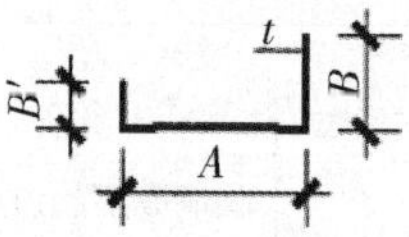	75、78	50、60	25、30	0.6、0.8、1.0	电梯井、管道井横向与结构固定构件
		100、103	50、60	25、30		
		150、149	50、60	25、30		
E型竖龙骨	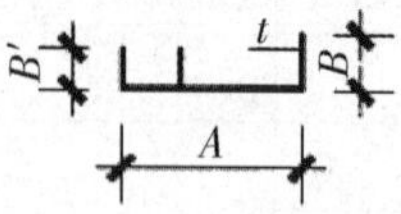	75	30	20	0.8、1.0	井道墙和建筑结构的连接构件，作为井道墙的边框龙骨
		100	30	20		
		146	30	20		
平行接头	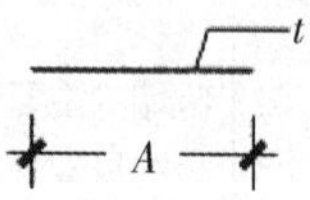	82	—	—	0.6	连接竖龙骨的构件。用于面板水平接缝时连接。也可双层使用协助将轻质设备固定到面板上
边龙骨	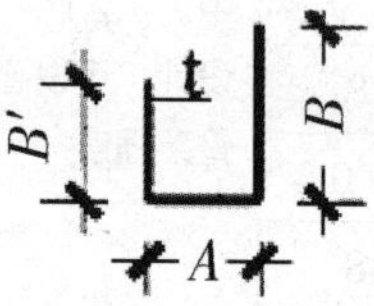	20	30	20	0.6	用于贴面墙系统，安装在楼板下和地面上，用来固定覆面龙骨
角龙骨（L型）	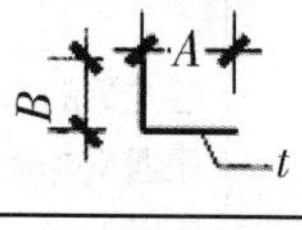	30	23	—	0.6	制作曲面墙时，代替横龙骨固定在结构上也可作为拱形门窗洞口处板材的固定

（2）轻钢龙骨隔墙装饰构造

轻钢龙骨隔墙装饰构造，如图3-57和图3-58所示。

轻钢龙骨隔墙的施工流程如下：

①放线：按照设计在墙面、顶面及地面上弹线，标出沿边、沿顶、沿地轻钢龙骨的位置。

②安装轻钢龙骨：在顶面、地面上固定沿顶、沿地轻钢龙骨，采用膨胀螺栓固定。将竖向轻钢龙骨（间距不大于600 mm）插入沿顶、沿地龙骨之间，开口方向保持一致。

③填充岩棉、超细玻璃丝棉。

④安装墙面板：如果是单面单层墙体，先填充岩棉再用自攻螺钉将墙面板固定在轻钢龙骨上。如果是双面单层墙体，则先在一侧用自攻螺钉将墙面板固定在轻钢龙骨上再填充岩棉，然后固定另一侧墙面板。固定时从墙面板中间向四周固定，不可多点同时作业。

⑤处理钉孔：墙面板安装完毕后，用刮刀将钉孔周围碎屑抹平。在钉孔处涂抹一层防锈漆，防锈漆完全干后，用密封胶填平所有的钉孔，待干24小时。

⑥处理接缝：接缝处，要检查墙面板是否与轻钢龙骨可靠固定后，再用填缝剂，刷胶将接缝纸带贴在板缝处，用抹刀刮平压实，待其凝固后用密封胶将接缝覆盖，待密封胶凝固后用砂纸轻轻打磨，使墙面板平整一致。

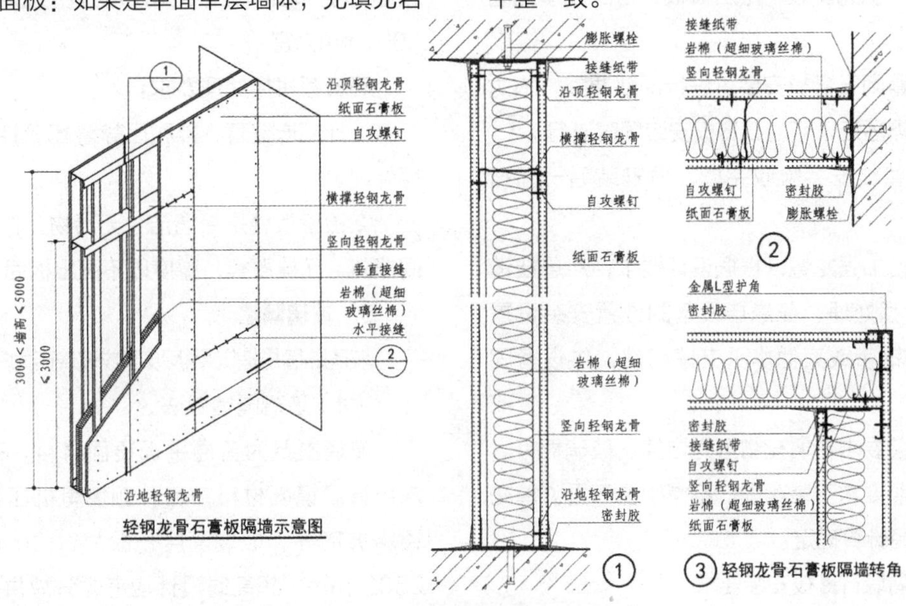

图3-57　轻钢龙骨隔墙构造

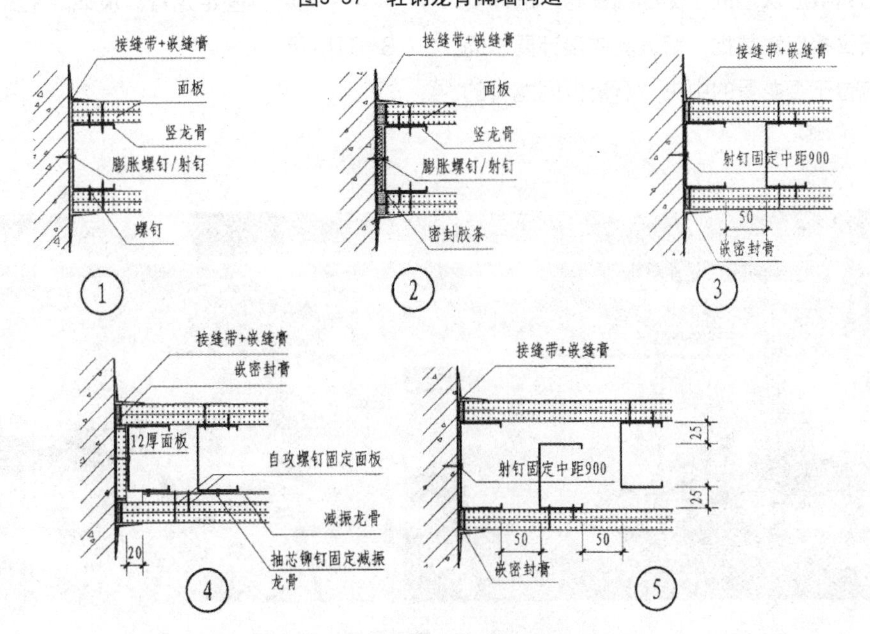

图3-58　轻钢龙骨隔墙构造节点

轻钢龙骨安装要求：

①楼、地面上固定上、下横龙骨，用膨胀螺钉（栓）、射钉等固定件。两个相邻固定点间距应不大于600 mm。

②竖龙骨依上、下横龙骨间距剪裁，为插入横龙骨方便，竖龙骨长度可较上下龙骨间距短5 mm。竖龙骨间距依设计规定。一般为600 mm或400 mm、300mm，但不宜大于600 mm。

③用铅锤校正竖龙骨垂直度。

④横龙骨和竖龙骨之间不宜先行固定，在石膏板安装时可适当调整，以适合石膏板尺寸的允许公差。

⑤在龙骨一侧先安装一层石膏板，目的在于先固定龙骨位置。

⑥龙骨位置随石膏板安装可进行局部调整。横龙骨和竖龙骨如需固定，可随石膏板安装同时进行。

⑦隔墙内管线安装验收完毕，再安装另一面石膏板。

⑧附加设备加强龙骨，根据设计要求，对悬挂设备的龙骨做加强处理。在悬挂设备的位置安装设置平行接头、薄钢带或其他水平支撑构件，供设备固定安装。

填充物安装要求：填充物可为岩棉、玻璃棉等。填充物必须按照要求安装牢固，不得松脱下垂。填充物厚度按要求经计算确定。

轻钢龙骨隔墙石膏板安装要求：

①墙体的石膏板应从墙的一侧尽端开始，顺序安装。相邻两张石膏板自然靠拢，留缝应依设计要求而定。石膏板边应位于竖龙骨的中央，石膏板同龙骨的重叠宽度应不小于15 mm。石膏板下沿同地面相距大于10 mm，不得直接放置在地板上。石膏板上沿应同楼板顶紧，不留空隙。

②龙骨两侧单层石膏板必须竖向错缝安装。同侧内、外两层石膏扳必须竖向错缝安装。当内隔墙石膏板长度方向进行竖向拼接时，两侧石膏板及同侧内外两层石膏板横向接缝必须错开。

③自攻螺钉应用电动螺钉枪一次打入。自攻螺钉以陷入石膏板表面0.5～1 mm深度为宜，且不应切断护面纸，暴露石膏。自攻螺钉距板纸包边以10～15 mm为宜、距切断边以15～20 mm为宜。沿板边螺钉间距以200 mm为宜，板中螺钉间距以300 mm为宜。

石膏板拼接处理要求：

①拌制嵌缝膏，拌和后静置15分钟，开始进行嵌缝处理。

②检查板缝是否清洁，无污物。将嵌缝膏填入板间缝隙，压抹严实，厚度以不高出板面为宜。

5. 玻璃隔墙

玻璃隔墙是指以平板玻璃或玻璃砖为主材料的隔墙。

（1）玻璃隔墙做法

玻璃主要为普通平板镜面材料，茶色、蓝色、灰色镀膜镜面材料，各种颜色有机压花镜面材料、镀铬玻璃等。玻璃高度一般为2000 mm，最高为2500 mm，超高时设计应考虑分块拼接。混凝土墙体可采用射钉固定龙骨。玻璃隔墙做法如图3-59~图3-61所示。

图3-59　玻璃隔墙

图3-59 （续图）

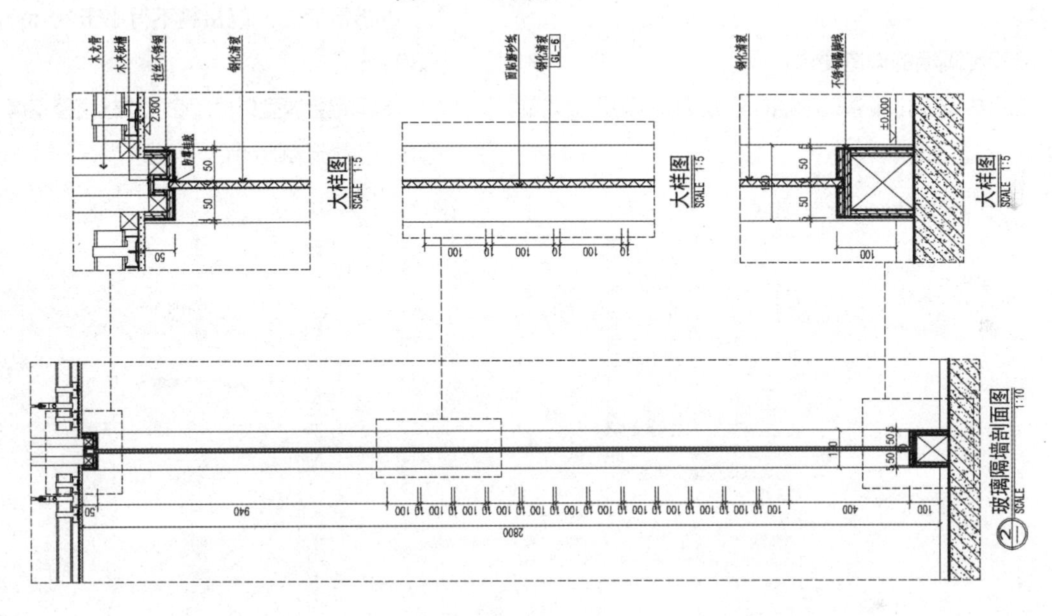

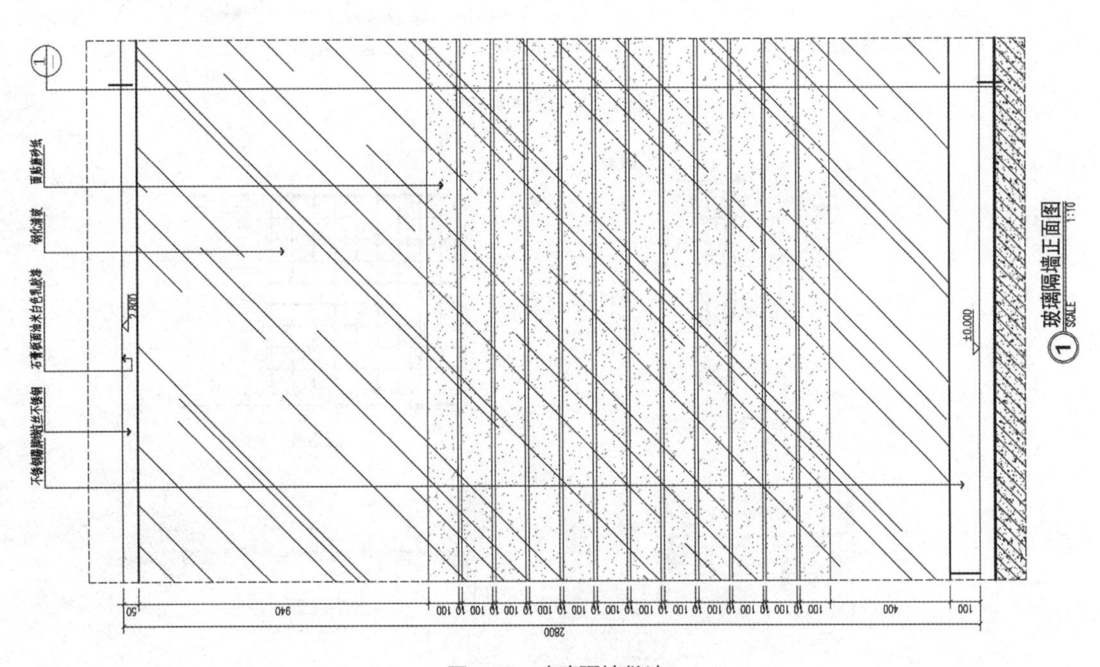

图3-60 玻璃隔墙做法

（2）玻璃砖隔墙做法

常用玻璃砖尺寸，主要有：145 mm × 145 mm × 50 mm、145 mm × 145 mm × 80 mm、145 mm × 145 mm × 95 mm、180 mm × 180 mm × 50 mm、190 mm × 190 mm × 80 mm、190 mm × 90 mm × 80 mm、190 mm × 190 mm × 95 mm、240 mm × 115 mm × 80 mm、240 mm × 240 mm × 80 mm等规格。

玻璃砖隔墙适用于建筑物的非承重墙体。内墙装饰常用80 mm厚或95 mm厚玻璃砖，构造做法见图3-61。

玻璃砖隔墙的构造要求：

①室内玻璃砖隔墙基础的承载力应满足荷载的要求。

②室内玻璃砖隔墙应建在用2ϕ6或2ϕ8钢筋增强的混凝土基础之上，基础高度不得大于150 mm或由设计具体确定。用80 mm厚玻璃砖砌的隔墙，基础宽度不得小于100 mm；用95 mm厚玻璃砖砌的隔墙，基础宽度不得小于120 mm。

③在与建筑结构连接时，室内玻璃砖隔墙与金属型材框接触的部位应留有伸缩缝。

④玻璃砖深入顶部金属型材框中的尺寸不得小于10 mm，且不得大于25 mm。玻璃砖与顶部金属型材框的覆面之间应设缓冲材料。

⑤玻璃砖之间的接缝不得小于10 mm，且不得大于30 mm。

⑥固定金属型材框用膨胀螺栓直径不得小于8 mm，间距不得大于500 mm。

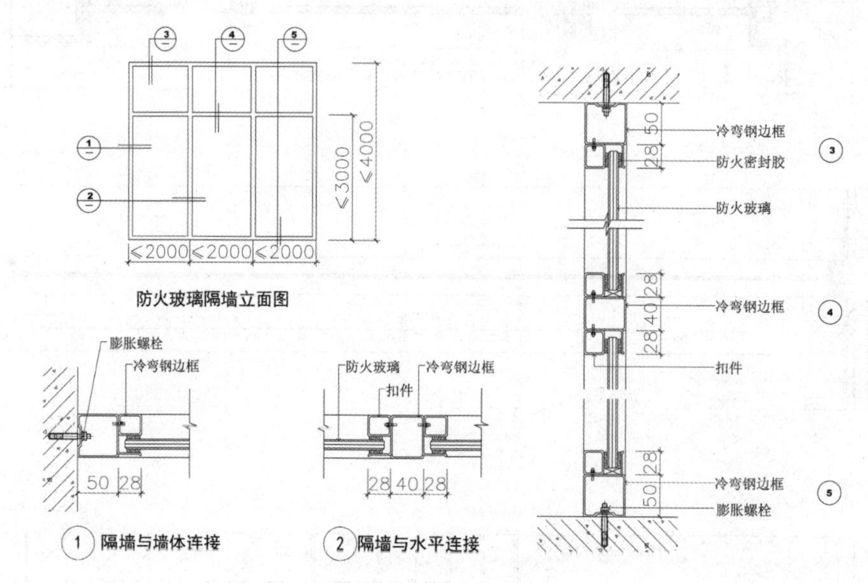

图3-61 玻璃隔墙做法

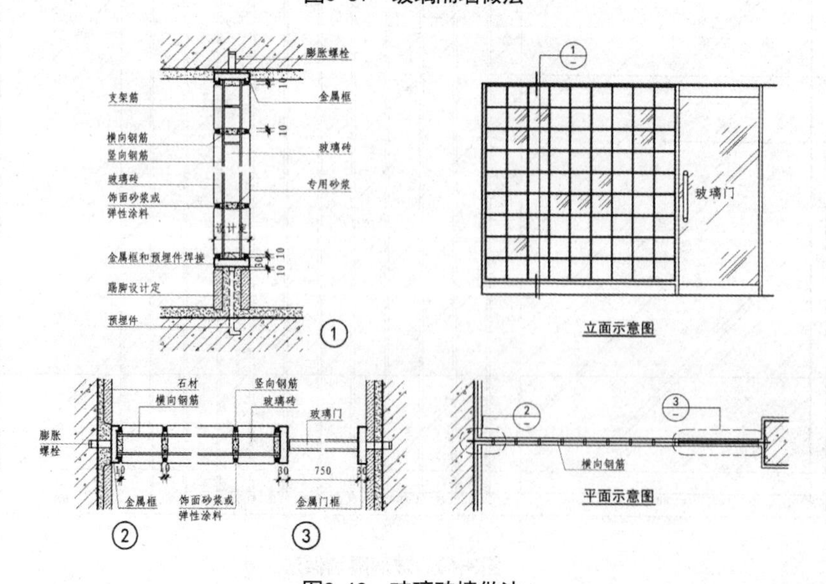

图3-62 玻璃砖墙做法

（三）隔断装饰构造分类

隔断是室内空间分隔使用最为灵活的设计手段，通过合理运用隔断，可丰富室内空间层次。隔断根据使用材料一般可分为：木质隔断、玻璃隔断、金属隔断、织物隔断等；根据空间视线限定程度可分为：空透式隔断、隔墙式隔断（玻璃隔断）；根据固定方式可分为：固定式隔断、移动式隔断；根据启闭方式可分为：拼装式、折叠式、推拉式、卷帘式、屏风式隔断等形式。

1. 固定隔断

固定隔断不可移动，起划分和限定空间作用，处理得当可增加空间层次和深度，创造虚实兼具的空间关系。常见形式有：博古架、各种花格隔断、玻璃隔断等（图3-63）。

图3-63　固定隔断

成品铝合金固定隔断具有防火、隔声、组装方便、重复使用的特点，饰面材料及色彩丰富多样、高雅美观，特别适用于现代办公空间（图3-64）。大致可分为：双玻百叶、双玻隔断、单玻隔断、实体隔断等。

成品铝合金固定隔断组成：

①材料组合：龙骨为铝合金型材，表板材质由浮法玻璃、三聚氢胺板、防火板、硅酸钙板、石膏板、各类布艺软包饰板等材料组成。

②结构组成：隔断框架由铝合金型材组成，网状龙骨成井字连接；隔断面板由玻璃及木质等材料组成；玻璃及木质板与铝型材框架接触位置由橡胶条和密封胶进行隔声及墙体缓冲，在不透明表板内加置隔声棉可提高隔声功能。

③材料规格：转角系统厚度86 mm，墙体厚度83 mm，门框宽度18 mm，踢脚高度35 mm；玻璃表板厚度5 mm、6 mm、8 mm、10 mm、木质表板厚度12 mm，石膏板厚度12 mm，硅酸钙板厚度12 mm；百叶帘可选用内置及外挂两种，帘片宽度为16 mm、25 mm。

④设计模板：竖向分隔模式W≤1200 mm、H≤3200 mm；横向分隔模式W≤2400 mm，H≤580 mm。

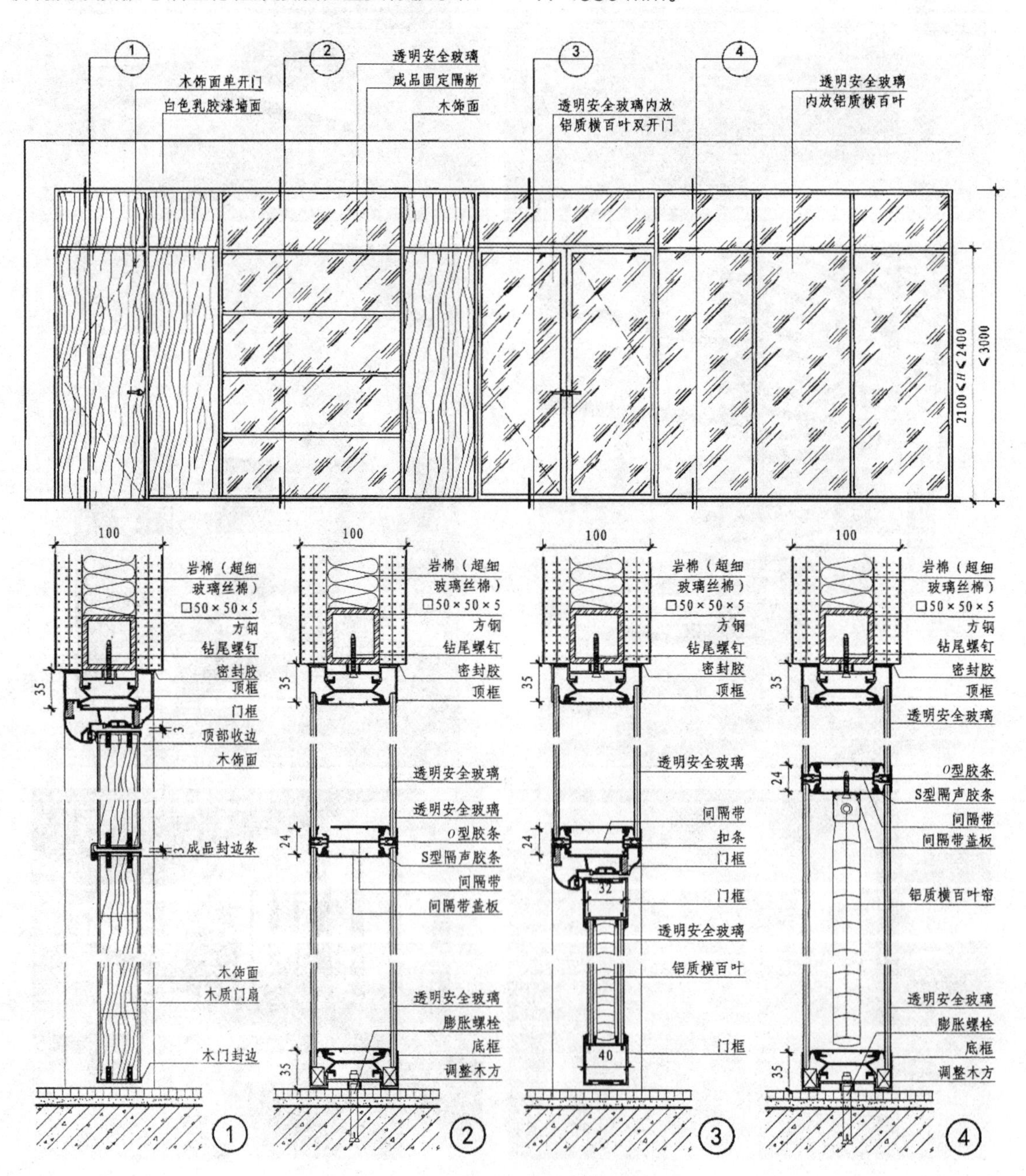

图3-64　成品铝合金固定隔断装饰构造

2. 活动隔断

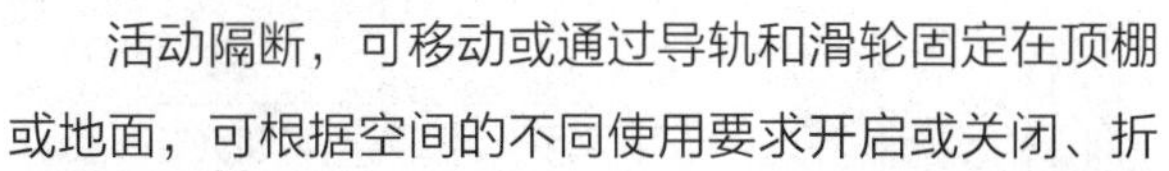

活动隔断，可移动或通过导轨和滑轮固定在顶棚或地面，可根据空间的不同使用要求开启或关闭、折叠或展开，满足空间功能的多样化需求（图3-65和图3-66）。

图3-65　活动式隔断

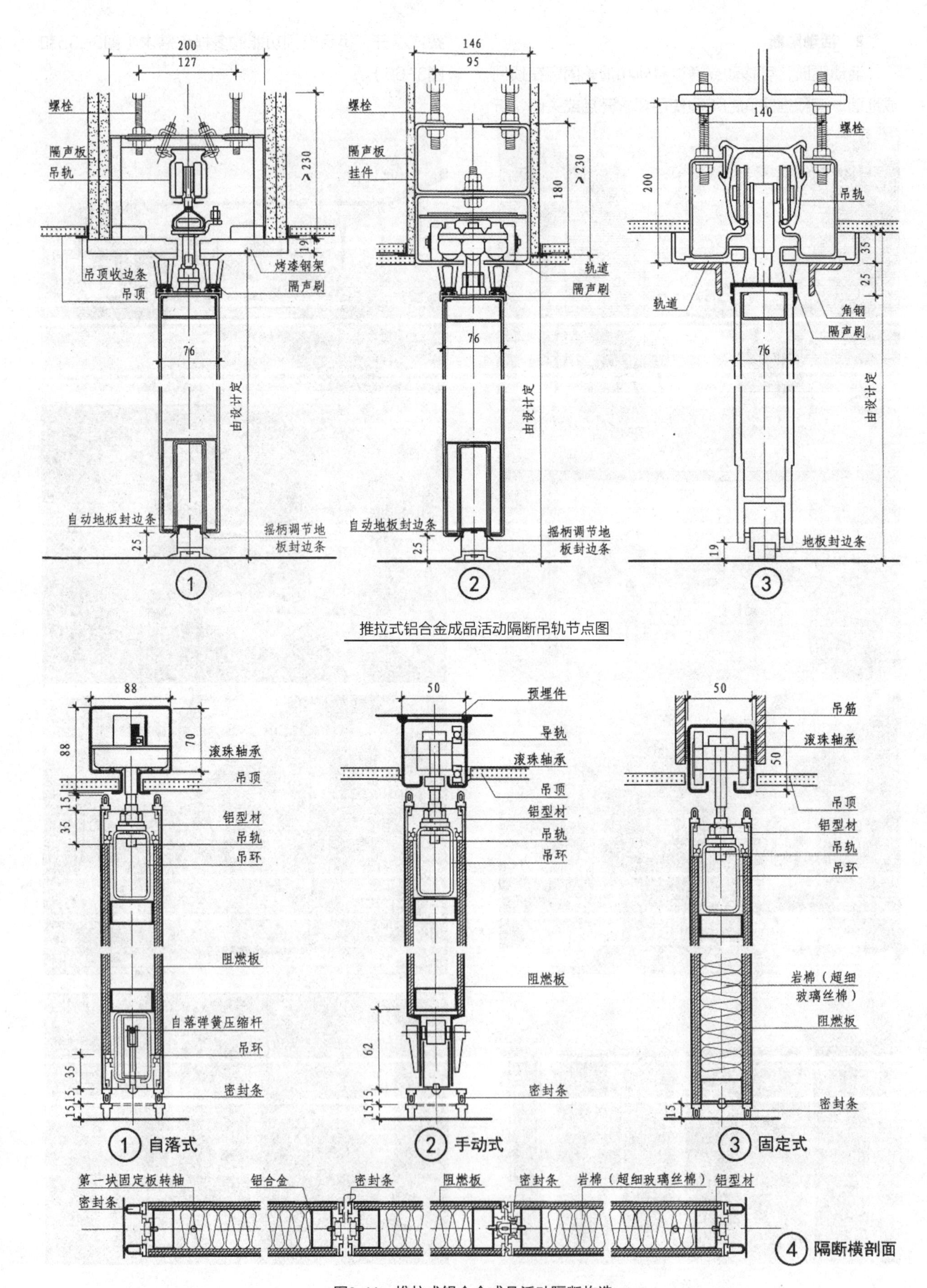

图3-66　推拉式铝合金成品活动隔断构造

三、墙柱面装饰设计与实例

墙柱面作为室内空间的立面，是人们在室内能看到的主要建筑空间界面，墙柱面的装饰设计与装修细节处理，对营造室内装饰设计的总体艺术效果具有十分重要的作用（图3-67）。

图3-67　家居装饰设计方案（08级环艺一班　曹平安）

（一）墙柱面装饰设计的基本要求

①墙柱面装饰设计应服从空间的整体装饰设计风格。墙面装饰材质搭配、装饰造型设计与色彩运用应从空间的整体设计风格出发，协同考虑。

②墙柱面装饰设计应以经济、实用、安全为基础，从空间的功能出发，充分考虑装饰材料自身的材质特征，从色彩、纹理特征、质感方面为空间的整体风格营造服务。适度的墙柱面装饰可以丰富室内空间的层次，同时要注意墙面装饰及装饰造型尺度，避免过多占用有限的室内空间。

③墙柱面装饰设计应注意与地面、顶棚的衔接处理。

（二）墙柱面装饰设计图纸表达的基本要求

墙柱面装饰设计的成果是通过室内立面图或剖立面图、剖面图、节点图或大样图等图纸呈现。墙柱面装饰设计图纸绘制内容与要求如下：

①墙柱面装饰设计图应按正投影法绘制。

②室内立面图应包括投影方向可见的室内轮廓线和装修构造、门窗、构配件、墙面做法、固定家具与灯具、必要的尺寸和标高及需要表达的非固定家具、灯具、装饰物件等。室内立面图的顶棚轮廓线，可根据具体情况，只表达吊平顶或同时表达吊平顶及结构顶棚。

③平面形状曲折的建筑物，可绘制展开立面图、展开室内立面图。圆形或多边形平面的建筑物，可分段展开绘制立面图，但均应在图名后加注“展开”二字。

④较简单的对称式建筑物或对称的构配件等，在不影响构造处理和施工的情况下，立面图可绘制一半，并应在对称轴线处画对称符号。

⑤在建筑物立面图上，相同的门窗、构造做法等可在局部重点表示，并应绘出其完整图形，其余部分可只画轮廓线。

⑥墙表面不同材料及造型的分格线应表示清楚，应用文字说明各部位所用面材及色彩。

⑦建筑物室内立面图的名称，应根据平面图中内视符号的编号或字母确定。

⑧墙面的造型、构造做法、装饰材料接缝处理与收口等因立面图无法表达清楚的，应绘制剖面图。

⑨剖面图的剖切符号的位置选择，应根据图纸的用途或设计深度，选择能反映全貌、构造特征以及有代表性的部位剖切。

⑩剖面图内应包括剖切面和投影方向可见的建筑构造、构配件以及必要的尺寸、标高等。

⑪剖面图索引号可用阿拉伯数字或拉丁字母编号。

⑫画室内立面时，相应部位的墙体、楼地面的剖切面宜绘出，必要时，占空间较大的设备管线、灯具等的剖切面，也应在图纸上绘出。

⑬立面图、剖面图及其详图应注明装饰完成面标高及高度方向的尺寸。

⑭设计图中连续重复的构配件等，当不易标明定位尺寸时，可在总尺寸的控制下，定位尺寸不用数值而用“均分”或“EQ”字样表示。

（三）墙柱面装饰设计案例

案例一：客厅沙发背景装饰设计，如图3-68所示。

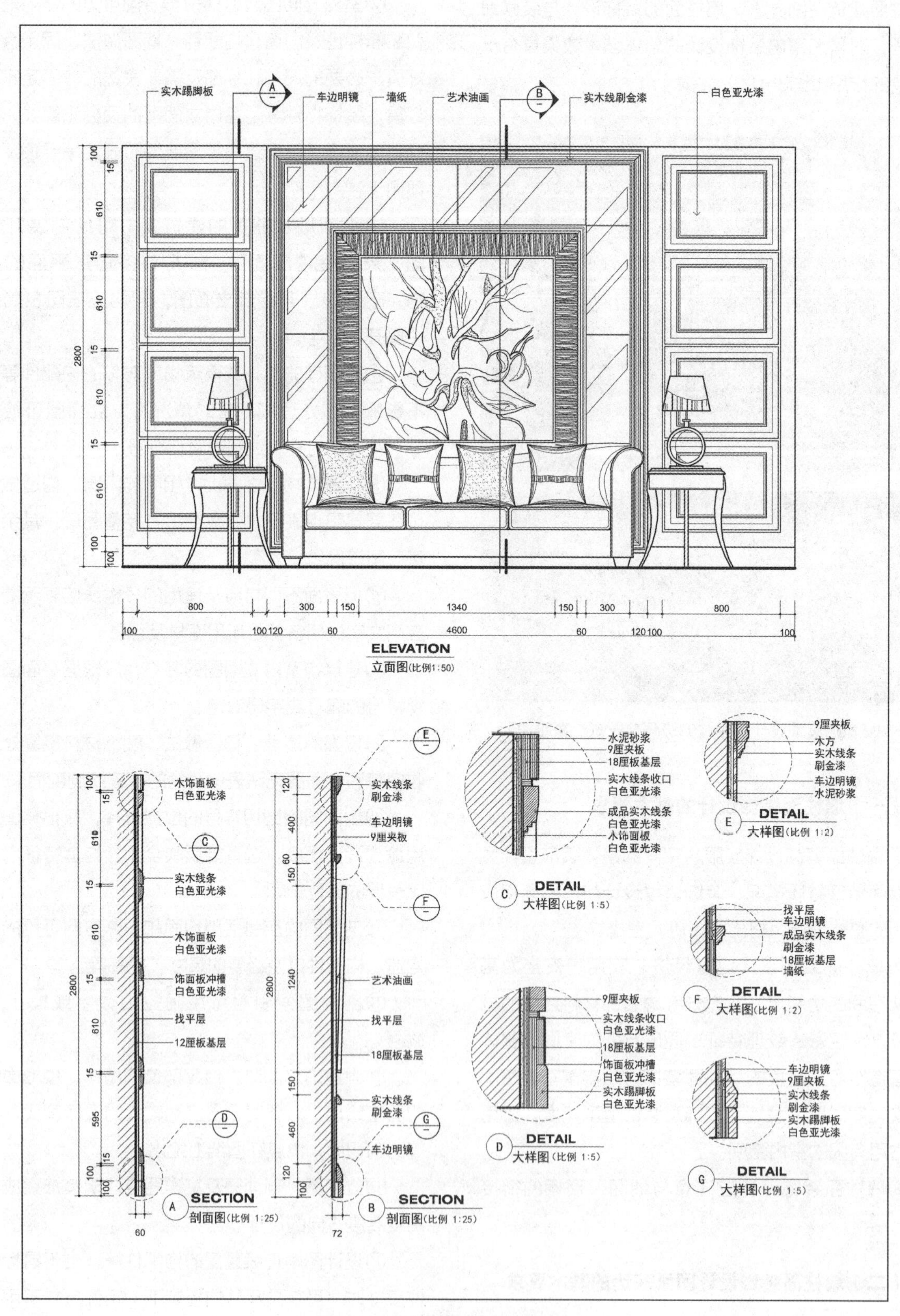

图3-68　沙发背景墙立面图与详图

案例二：柱体装饰设计，如图3-69所示。

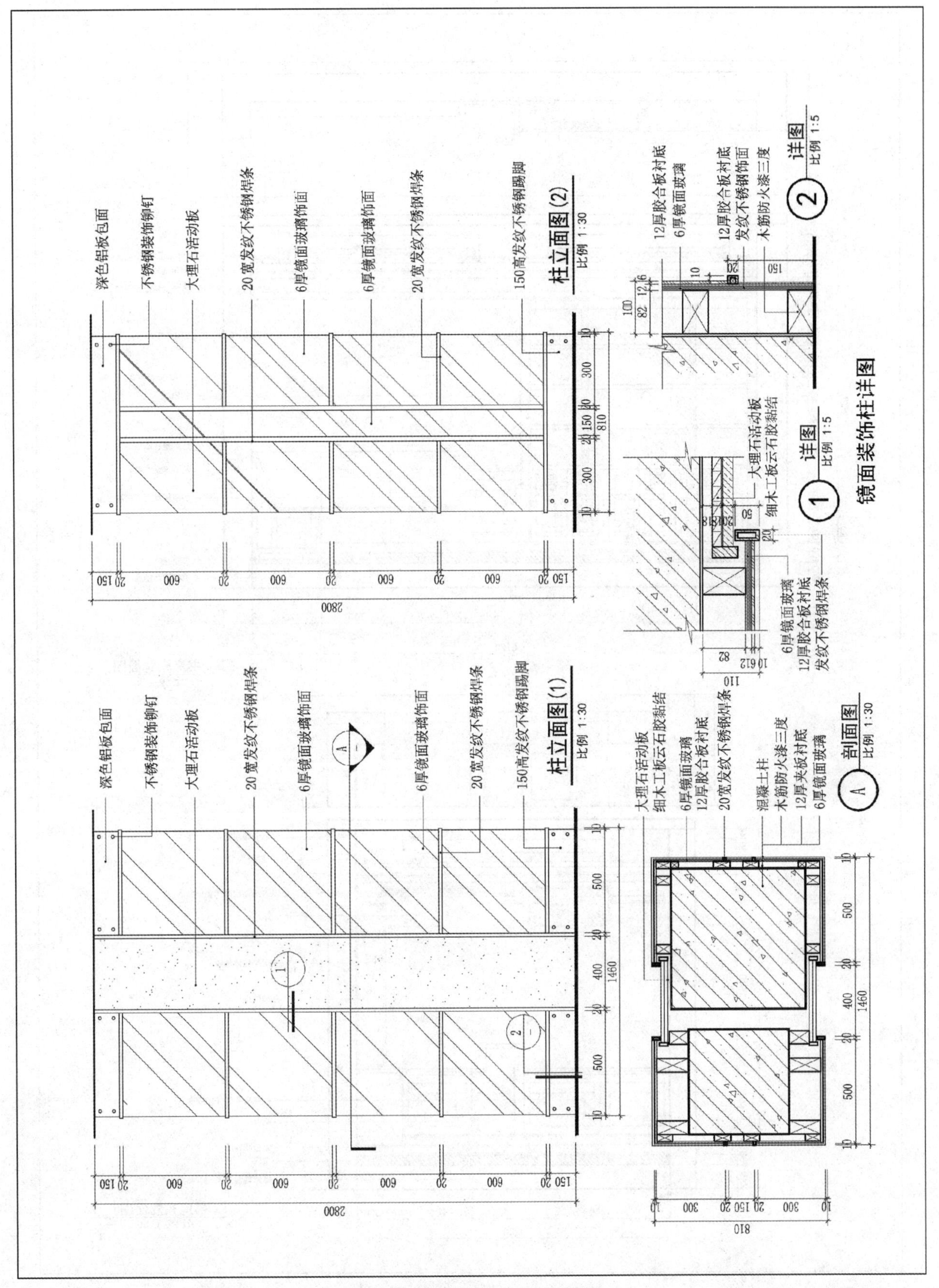

图3-69　镜面装饰柱立面图与详图

案例三：书房装饰设计，如图3-70所示。

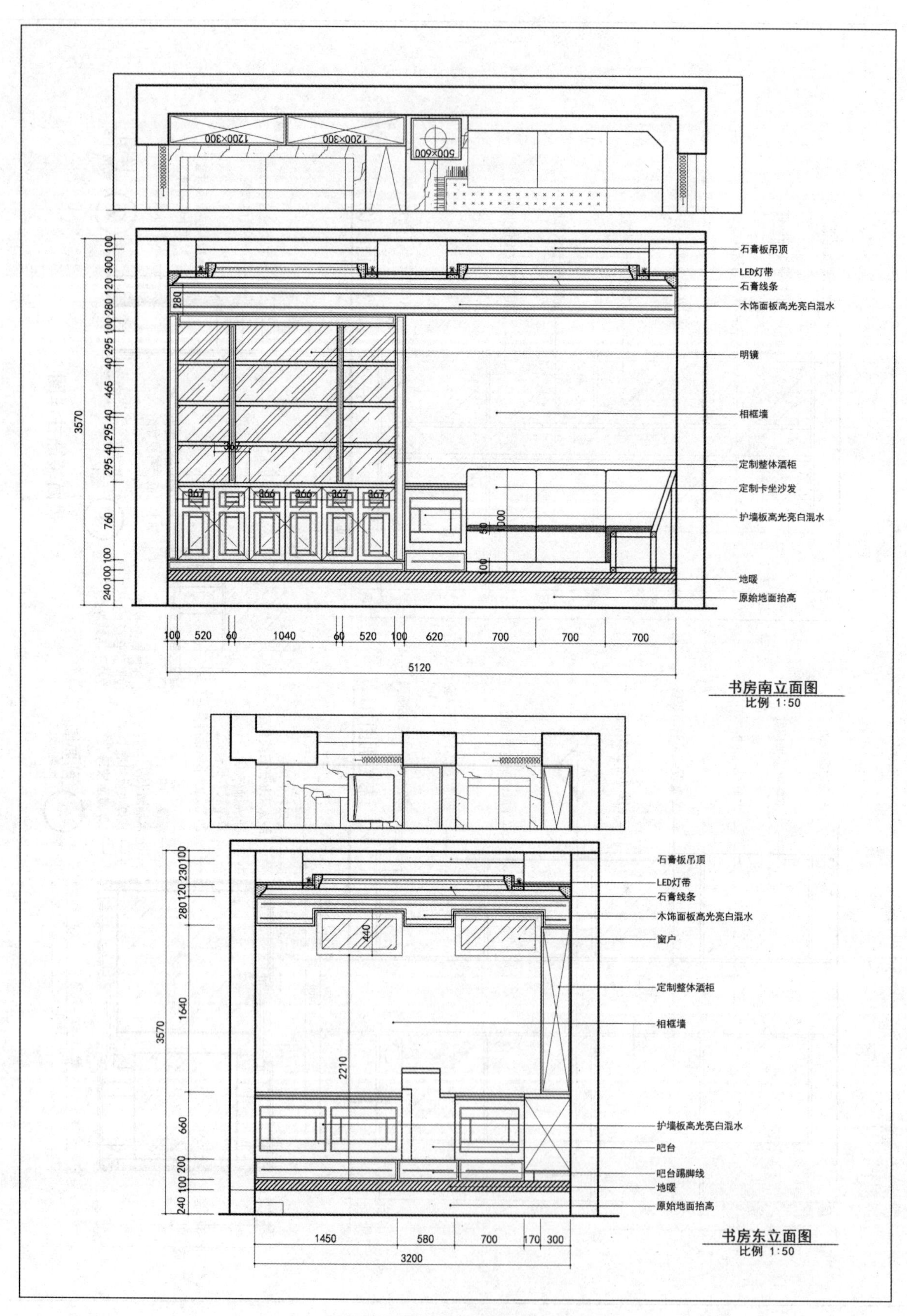

图3-70 书房墙面装饰设计（08级环艺1班 曹平安）

案例四：小户型室内装饰设计，如图3-71和图3-72所示。

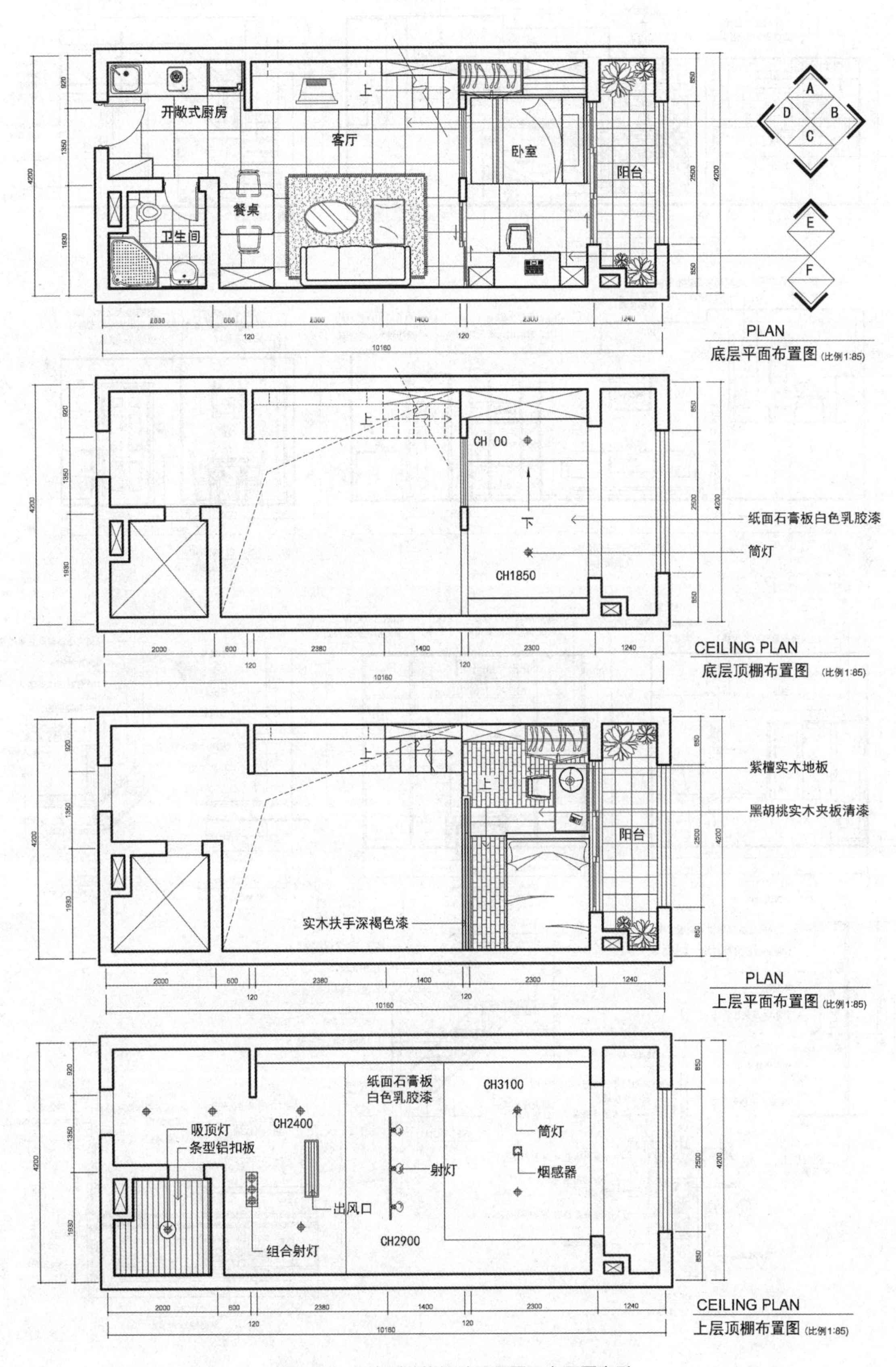

图3-71 小户型装饰设计平面图及立面图索引

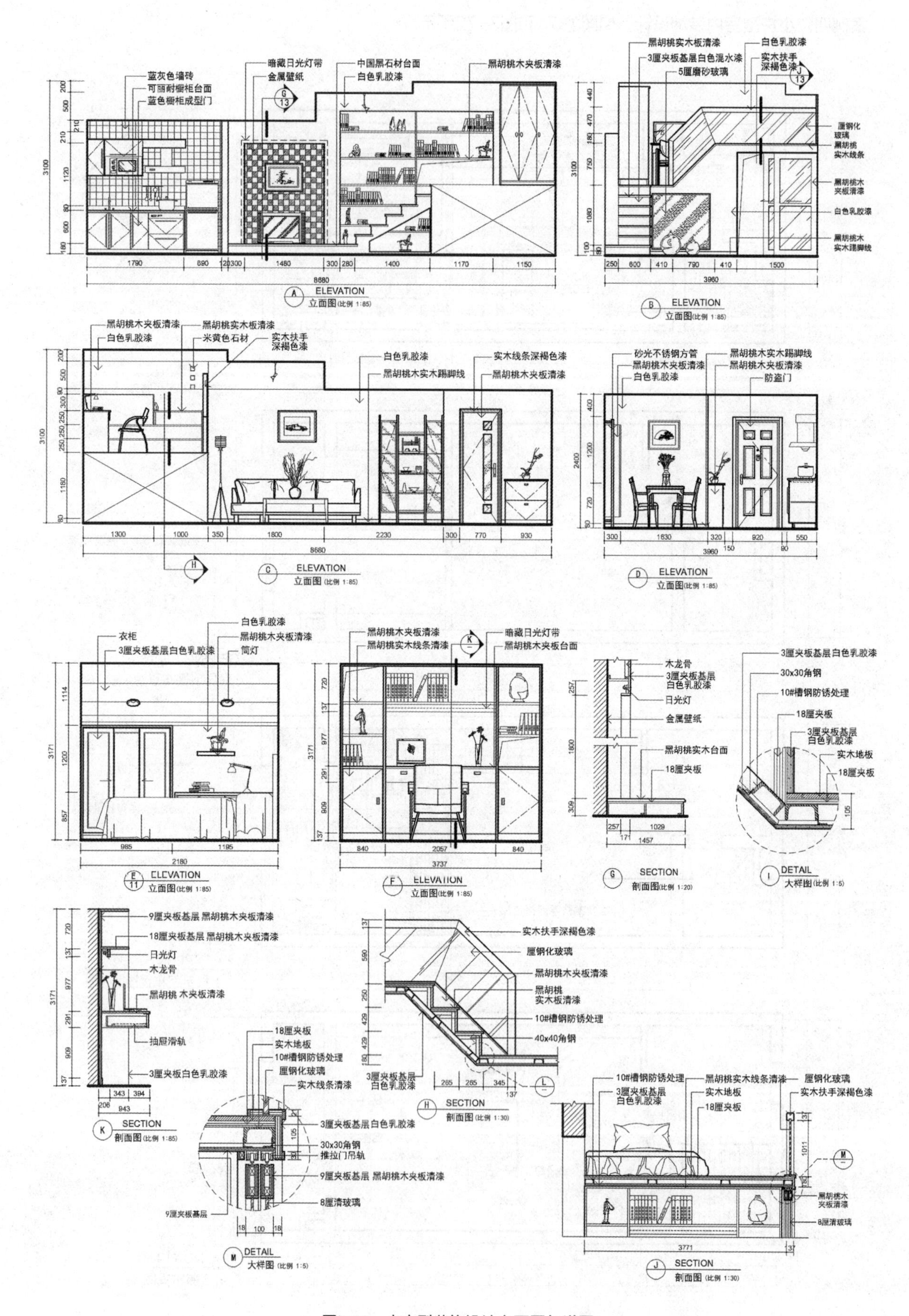

图3-72　小户型装饰设计立面图与详图

家居空间墙面装饰设计实践

设计任务：家居装饰工程墙面装饰构造节点设计（图3-73）。

请根据建筑原始平面图（图3-73）、客厅装饰设计方案透视图（图3-74）、餐厅装饰设计方案透视图（图3-75）完成客厅与餐厅墙面装饰装修施工图设计。

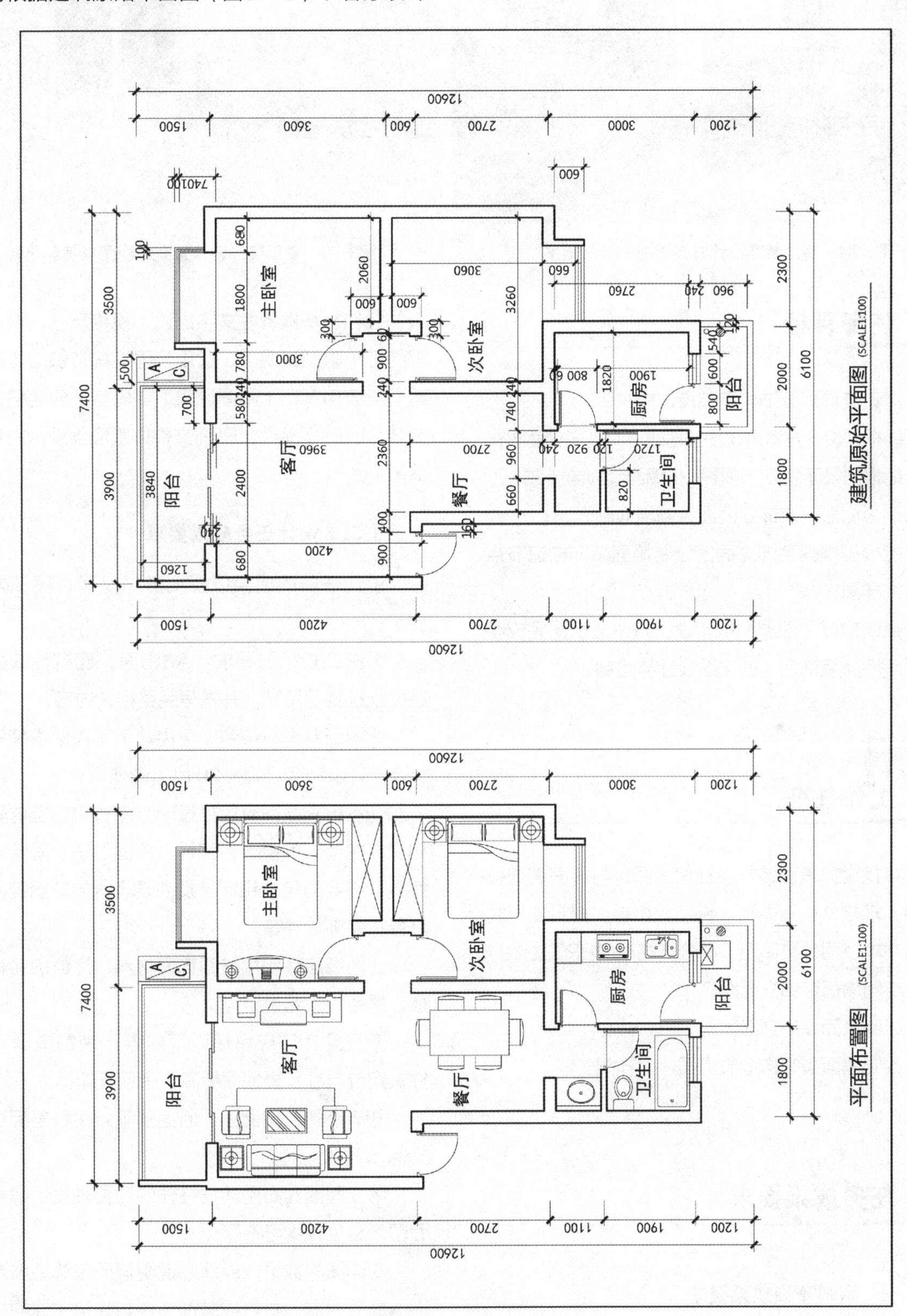

图3-73　建筑原始平面图

图3-74　客厅装饰设计方案透视图（贺剑平）

图3-75　餐厅装饰设计方案透视图（贺剑平）

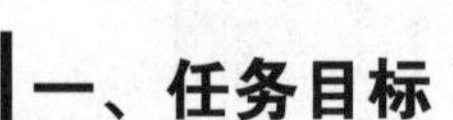

一、任务目标

①能识读墙面装饰构造节点详图；

②能根据设计方案透视图整理成墙面装饰立面图；

③能根据墙面装饰立面图分析墙面装饰构造做法；

④能根据墙面装饰立面图绘制墙面剖面图；

⑤能根据墙面装饰立面图绘制墙面装饰构造节点详图、大样图；

⑥最终根据平面图图纸和设计方案透视图完成客厅与餐厅墙面装饰装修施工图设计与绘制。

二、工作任务

①查找常见墙面装饰设计案例图片与墙面装饰材料品种、规格、构造做法、施工等资料，资料的形式可以是文本、图片和动画，并分类整理成PPT文件；

②绘制墙面装饰立面图；

③绘制墙面装饰剖面图；

④绘制墙面装饰构造节点图、大样图。

三、任务成果要求

（一）资料查询成果要求

资料查询成果应分类整理成PPT文件，按包含材料的名称、基本特性文字描述、规格尺寸、颜色与肌理特征（附图说明）、适用范围、构造做法（附图说明）、应用案例（附图说明）等内容，分类整理成图文结合的PPT文件。PPT文件排版应美观，内容条理清晰。

（二）设计任务成果要求

设计任务的成果以图纸形式呈现，图纸内容与要求：

①图纸规格与要求：A3幅面，应有标题栏，标题栏须按要求绘制，并填写完整相关内容；

②图纸制图应符合《房屋建筑室内装饰装修制图标准》（JGJ/T 244—2011）的要求；

③室内立面图应包括投影方向可见的室内轮廓线和装修构造、门窗、构配件、墙面做法、固定家具、灯具、必要的尺寸和标高及需要表达的非固定家具、灯具、装饰物件等；

④图纸应标明墙柱面饰面材料、涂料的名称、规格、颜色、工艺说明等；

⑤尺寸标注应包括以下内容：装饰造型定形尺寸、定位尺寸，楼地面标高、吊顶天花标高等；

⑥节点图、剖面图、断面图等索引符号标注完整规范；

⑦立面图左右两端墙柱体的定位轴线、编号，平面图无定位轴线可不标；

⑧详图的数量以能清晰说明墙面装饰装修造型与构造细节为准，材料或装饰构件与建筑主体的构造关系以及装饰造型细节应交代清楚准确。

四、工作思路建议

①收集墙柱面装饰设计案例，了解不同材料的墙柱面装饰效果以及墙柱面设计样式；收集墙柱面装饰材料与构造的相关详细信息，了解墙柱面材料的规格尺寸、墙柱面饰面材料的颜色与肌理特征；查阅标准图集如《内装修－墙面装修》（13J502-1），了解墙面装修构造做法；查阅相关规范标准如《住宅装饰装修工程施工验收规范》（GB 50327-2012），了解墙面装饰装修质量控制要求等资料。

②参观装饰施工现场，实地考察墙面的设计样式、装饰构造方法、构造尺度、材料、收口与过渡等，并用手机或相机尽可能详细地做好影像记录。

③在调研分析常见墙面装饰材料及构造做法基础上，确定墙面装饰处理方法及装饰材料。

④分析并绘制墙面装饰设计草图与构造详图草图。

⑤规范绘制墙面装饰立面图、剖面图、节点详图、大样图。

五、墙面装饰立面图绘制步骤

室内墙面装饰立面图的绘制步骤：

①根据绘制对象尺寸与图纸规格确定比例；

②画出地面、楼板及墙面两端的墙体断面轮廓线；

③画出门窗、家具及墙面装饰装修的主要造型轮廓线；

④画出墙面次要轮廓线；

⑤画出壁灯及其他设备图线（虚线表示）；

⑥选定适当剖切位置（能清楚表达墙面装饰造型细节、墙面与顶棚、地面衔接处理的构造细节等），画出相应剖面图、断面、节点索引符号；

⑦标注尺寸、标高、图纸名称、比例、材料名称规格与工艺做法等文字说明；

⑧描粗整理图线，建筑主体结构和隔墙轮廓线用粗实线表示，墙面装饰主要造型轮廓线用中实线表示，装饰线等次要轮廓用细实线表示。

六、墙面装饰详图绘制步骤

①根据绘制对象尺寸确定比例，画出楼板或墙面等基层结构部分轮廓线；

②根据墙面装饰的构造层次与材料的规格及设计尺寸，依次由楼板底面轮廓线或内墙面轮廓线至饰面轮廓线，分层绘制图线，图线应能表达出由建筑构件至饰面层材料的连接与固定关系；

③根据不同材料的图例使用规范，绘制建筑构件、断面构造层及饰面层的材料图例；

④绘制详细的施工尺寸标注、详图符号，工整书写包括详图名称、比例、注明材料与施工所需的文字说明；

⑤描粗整理图线，建筑构件的梁、板、墙剖切轮廓线用粗实线表示，装饰构造分层剖切轮廓线用中实线表示，其他图线用细实线表示。

项目四

室内建筑门窗装饰构造与工艺

学习目标

1. 了解室内建筑装饰装修材料市场门窗装饰材料的品种、规格与价格;

2. 了解室内建筑装饰装修中常见门窗装饰构造类型与工艺;

3. 熟悉门窗装饰构造设计通用节点详图与大样图的画法。

任务描述

1. 深入当地装饰建材市场，调查了解门窗的品种规格、材质特征、价格信息;

2. 走访考察当地装饰公司施工工地，了解门窗装饰的装饰构造方法与施工工艺流程;

3. 掌握不同装饰材料门窗的装饰构造做法;

4. 掌握门窗装饰设计与图纸绘制;

5. 掌握门窗装饰常见饰面材料的装饰构造设计图绘制。

知识链接

一、门窗装饰构造分类

门窗是建筑空间内外连通的开口，其造型、尺寸、比例、材质对建筑整体设计有着十分重要的影响，同时它们也是建筑空间围护或分隔的重要构件。门窗设计与选用时，应充分发挥门窗装饰在建筑整体空间形象塑造中的作用，同时还应慎重考虑门窗的基本功能与要求。

（一）门窗的功能

1. 门的功能

门的主要功能是分隔与通行，兼具安全疏散与隔声作用。

门作为建筑空间的内外分隔与联系的重要构件，

门洞的开口大小和开设数量，一般应由家具与设备大小、交通疏散与建筑防火规范等要求来确定。入户门应采用具备防盗、隔音功能的防护门。向外开启的入户门，不应妨碍公共交通及相邻户门的开启。

门洞开口宽度常用尺寸：单股人流900 mm、双股人流1500 mm、手推车1800 mm、小汽车2700 mm、大车3600 mm；单扇宽度≤1000m、双扇宽度1200～1800 mm、四扇宽度2100～3000 mm、六扇宽度≥3300 mm。门洞开口高度常用规格：居住建筑无亮子时≤2100 mm、有亮子≥2400 mm，公共建筑随门洞宽度变化适当加高。

住宅门洞开口常见尺寸如表4-1所示。

表4-1　住宅门洞的常见规格　mm

高度＼宽度	700	800	900	1000	1100	1200	1500	1600	1800	2100	2400	2600
2100	2100×700	2100×800	2100×900	2100×1000	2100×1100	2100×1200	2100×1500	2100×1600	2100×1800	2100×2100	2100×2400	2100×2600
2200	2200×700	2200×800	2200×900	2200×1000	2200×1100	2200×1200	2200×1500	2200×1600	2200×1800	2200×2100	2200×2400	2200×2600
2400	2400×700	2400×800	2400×900	2400×1000	2400×1100	2400×1200	2400×1500	2400×1600	2400×1800	2400×2100	2400×2400	2400×2600
2700	2700×700	2700×800	2700×900	2700×1000	2700×1100	2700×1200	2700×1500	2700×1600	2700×1800	2700×2100	2700×2400	2700×2600
3000	3000×700	3000×800	3000×900	3000×1000	3000×1100	3000×1200	3000×1500	3000×1600	3000×1800	3000×2100	3000×2400	3000×2600

2. 窗的功能

窗的主要功能是通风与采光、保温与隔热、隔声与眺望、防风雨及防风沙等。有特殊功能要求时，窗还可以防火及防放射线等。

（1）通风采光

在确定房间窗的位置及大小时，应尽量选择对空间整体通风有利的窗洞开口位置与窗型，以便获得较好的空气对流。

窗作为建筑空间采光的重要开口，窗洞常见规格如表4-2所示。

表4-2　窗洞常见规格　mm

高度＼宽度	600	900	1200	1500	1800
600	600×600	600×900	600×1200	600×1500	600×1800
900	900×600	900×900	900×1200	900×1500	900×1800
1200	1200×600	1200×900	1200×1200	1200×1500	1200×1800
1500	1500×600	1500×900	1500×1200	1500×1500	1500×1800
1800	1800×600	1800×900	1800×1200	1800×1500	1800×1800
2100	2100×600	2100×900	2100×1200	2100×1500	2100×1800
2400	2400×600	2400×900	2400×1200	2400×1500	2400×1800

（2）分隔围护

窗对建筑室内空间的保温、隔热方面影响很大。普通未经保温隔热处理的窗的热量散失，相当于同面积围护结构的2～3倍，占全部热量的1/4～1/3。此外，窗还应注意隔声、防风沙、防雨淋。

（二）门窗的分类

1. 门的分类

门的分类方法有很多，常见的分类方法主要以开启方式、构成材料和使用功能进行划分。门按开闭方式可分为平开门、推拉门、旋转门、折叠门、升降门、卷帘门等（图4-1）；门按所用材料可分为木门、钢门、无框玻璃门、塑料门、铝合金门、塑钢门等；门按使用功能可分为隔声门、防火门、密闭门、防辐射门、防盗门、通风门等。

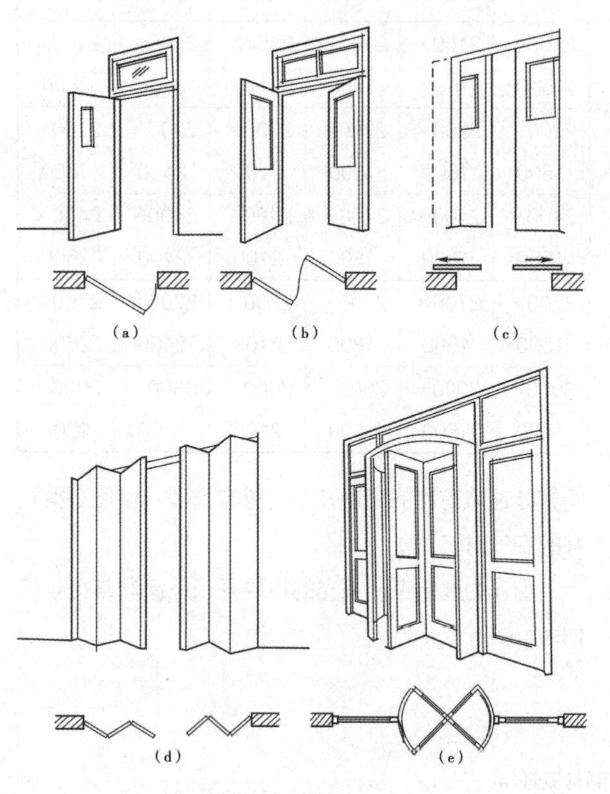

图4-1 门的开闭方式

（a）平开门；（b）弹簧门；（c）推拉门；（d）折叠门；（e）转门

2. 窗的分类

窗按开闭方式可分为平开窗、推拉窗、旋转窗、固定窗、悬窗、百叶窗、折叠窗（图4-2）；窗按所用材料可分为木窗、钢窗、铝合金窗、不锈钢窗、塑料窗等。窗按使用功能可分为密闭窗、隔声窗、防火窗、防盗窗、避光窗、橱窗、泄爆窗、售货窗等。

（三）门窗构造

1. 门的构造

门主要由门框（门套）、门扇以及五金配件组成。

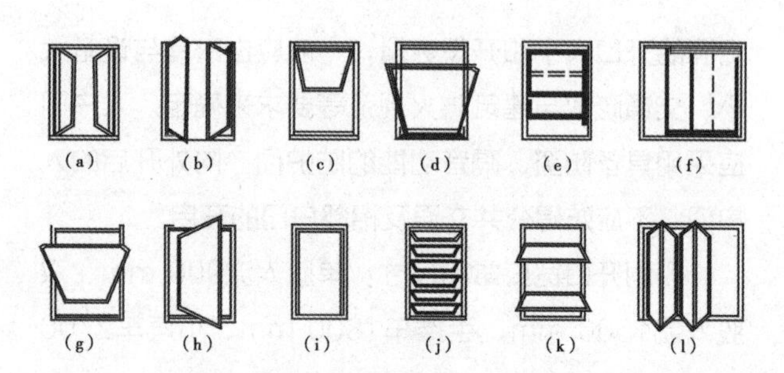

图4-2 窗的开闭方式

（a）外平开；（b）内平开；（c）上悬；（d）下悬；（e）垂直推拉；（f）水平推拉；（g）中悬；（h）立转；（i）固定；（j）百叶；（k）滑轴；（l）折叠

（1）门框

门框分有亮子和无亮子两种。无亮子门框的高度一般为2000 mm或2100 mm；有亮子门框的高度一般为2400 mm或不少于2400 mm。门框主要由上框、边框、中横框（有亮子门框）、中竖框组成。门框在目前住宅内装修中已少见，或以门套的形式出现。门套起固定门扇作用，同时对门洞墙面与阳角起保护装饰作用。门套主要由贴脸板（装饰板）和筒子板组成。

（2）门扇

门扇主要有镶板门、夹板门、无框玻璃门等。

镶板门扇主要由边梃、上冒头、下冒头、中冒头、门芯板等构成。门芯板一般用实木板、纤维板、木屑板、玻璃、百叶、造型铸铁等材料。镶板门扇有实木镶板门扇、铁艺镶玻璃门扇、镶玻璃门扇、镶百叶门扇等。

夹板门扇主要由骨架和面板构成。

无框玻璃门扇主要由玻璃和地弹簧构成，门扇无边框。

（3）五金配件

门的五金配件主要有门锁、拉手、自动闭门器、门吸、合页、插销、定位器等。

①拉手和门锁：拉手是安装在门上，便于开启操作的器具，主要有铜管拉手、不锈钢拉手、铝合金拉手、铝合金推板拉手等，可根据造型需要选用（图4-3）。

②自动闭门器：自动闭门器是能自动关闭门的装置，分液压式自动闭门器和弹簧自动闭门器两类（图4-4）。

③门吸：防止门扇、拉手碰撞墙壁的五金装置（图4-5）。

④合页：一般有普通合页、插芯合页、轻质薄合页、方合页、抽心合页等。

（4）门的装饰构造

门的装饰构造，如图4-6~图4-17所示。

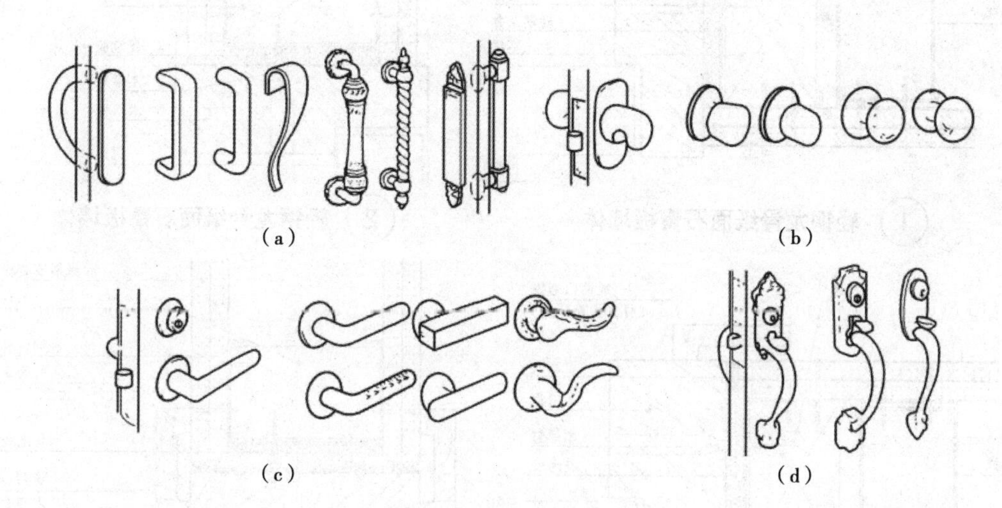

图4-3　拉手和门锁

（a）压板与拉手；（b）把手门锁与旋钮；（c）带杆式操纵柄的锁；（d）锁上带有传统手把的（门厅的门上用）

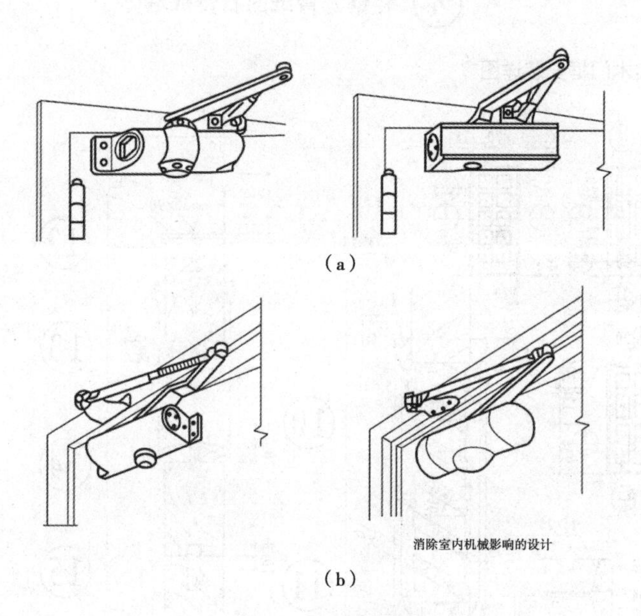

图4-4　自动闭门器

（a）标准型（把本体安放在门开启方向一侧）；（b）并列型（本体安放在门的开启方向的另一侧）

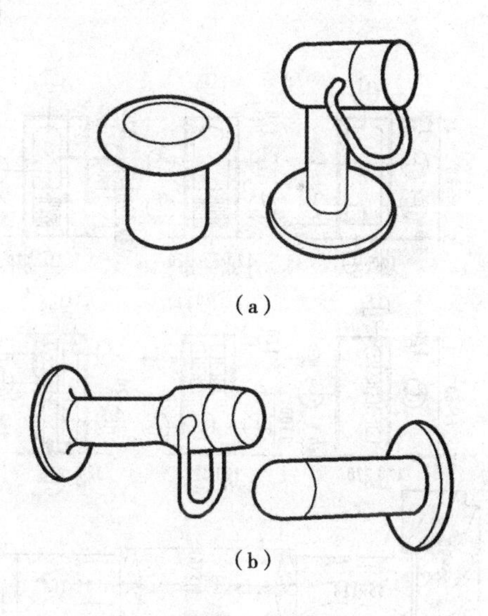

图4-5　门吸

（a）安在地面上；（b）安放在宽木或墙壁上

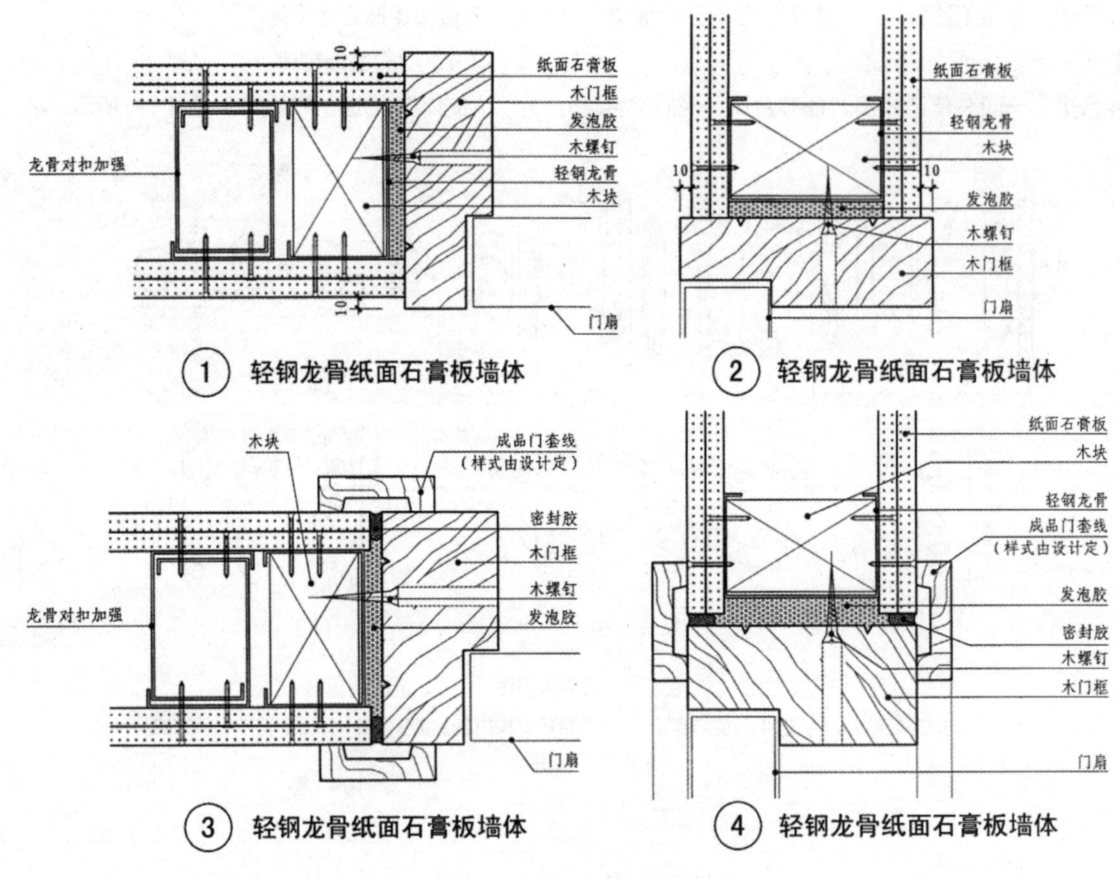

图4-6 实木门框安装详图

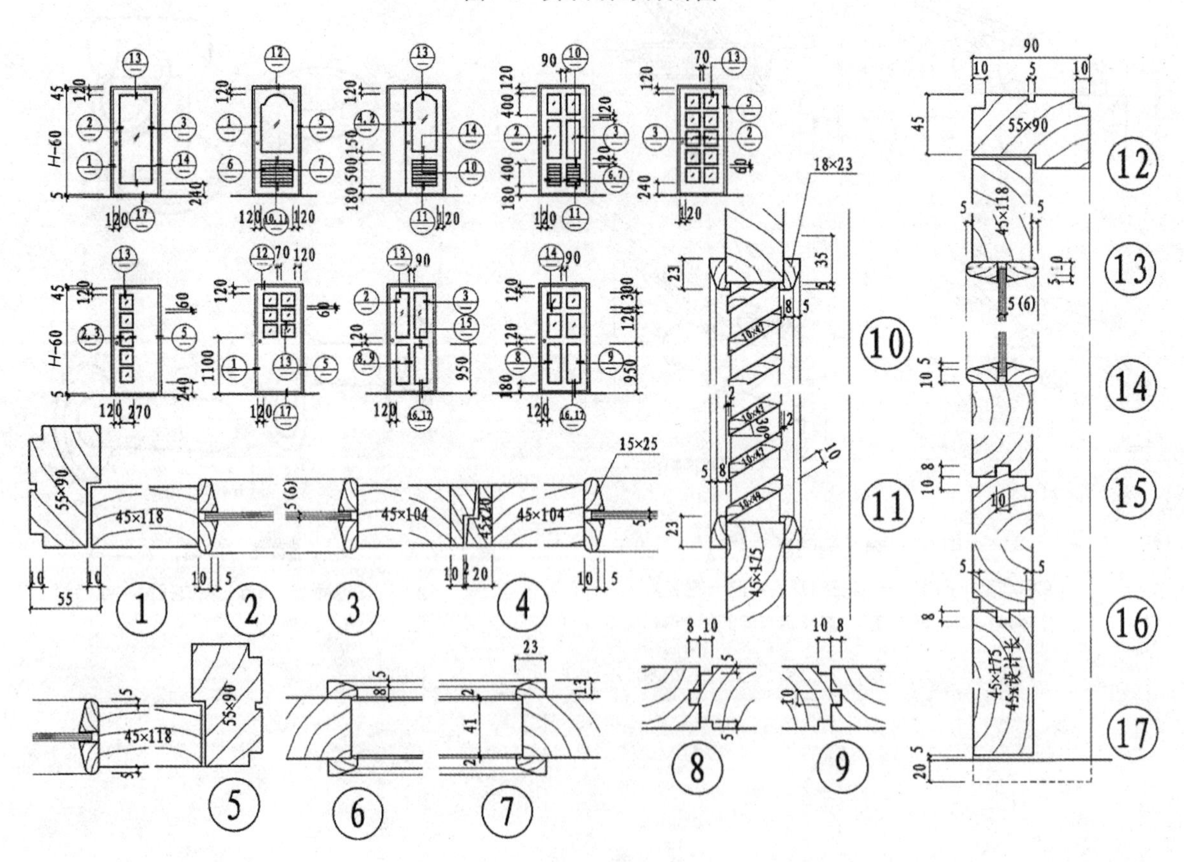

图4-7 镶玻璃门构造

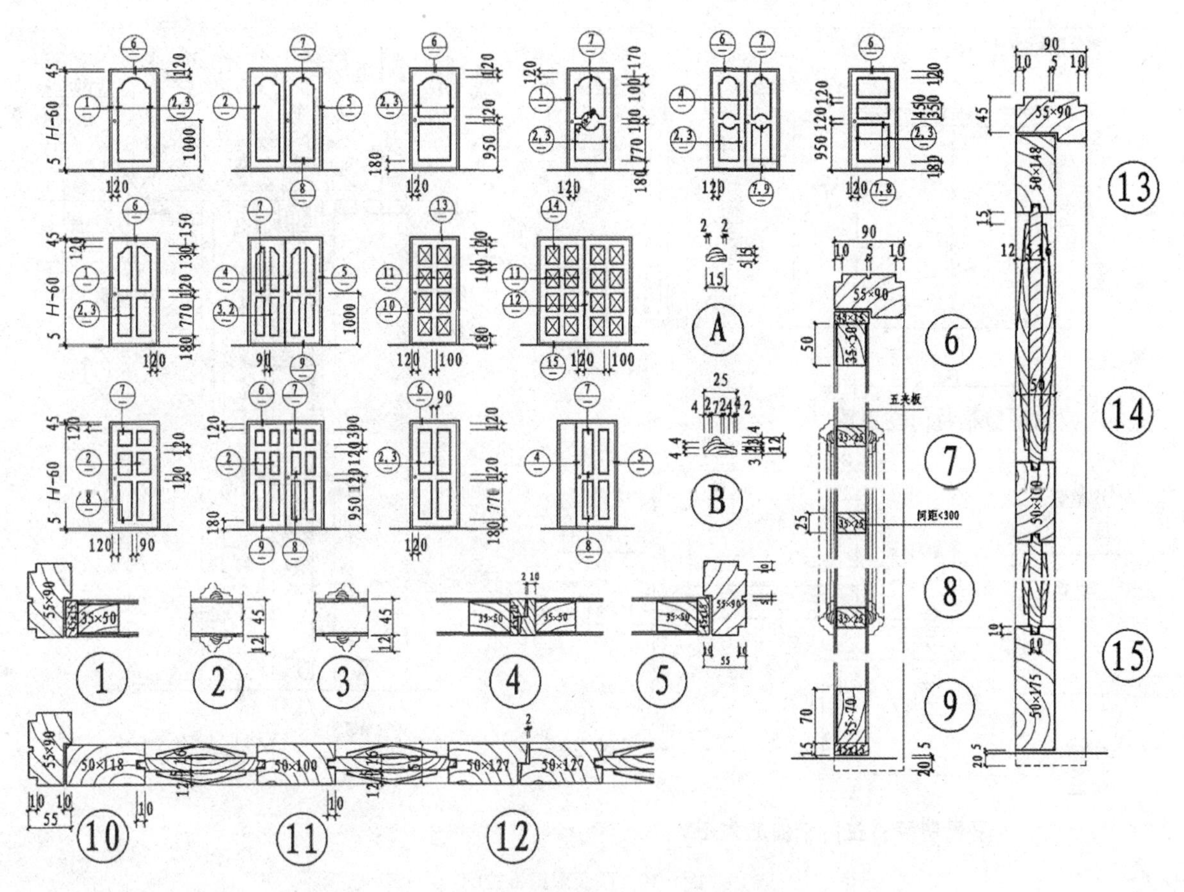

图4-8　平开镶木装饰门详图

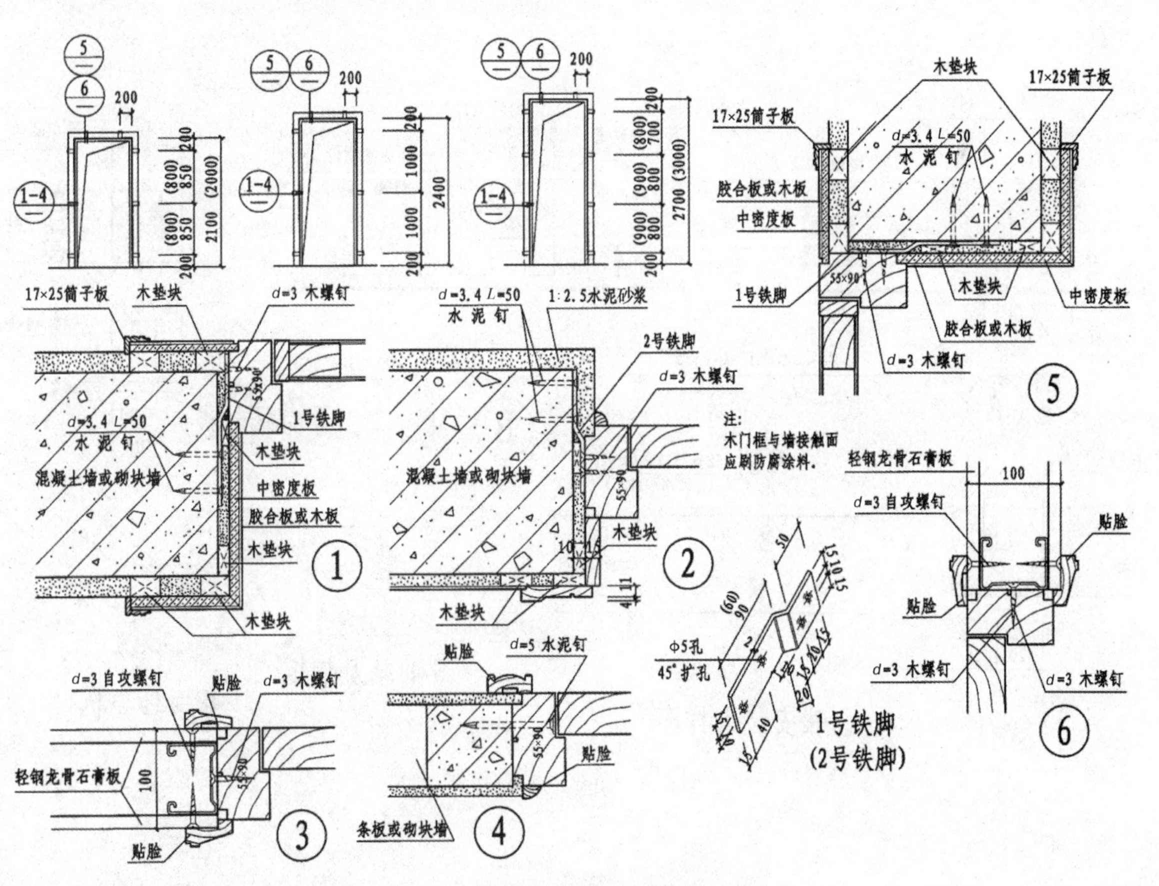

图4-9　装饰门门套安装详图

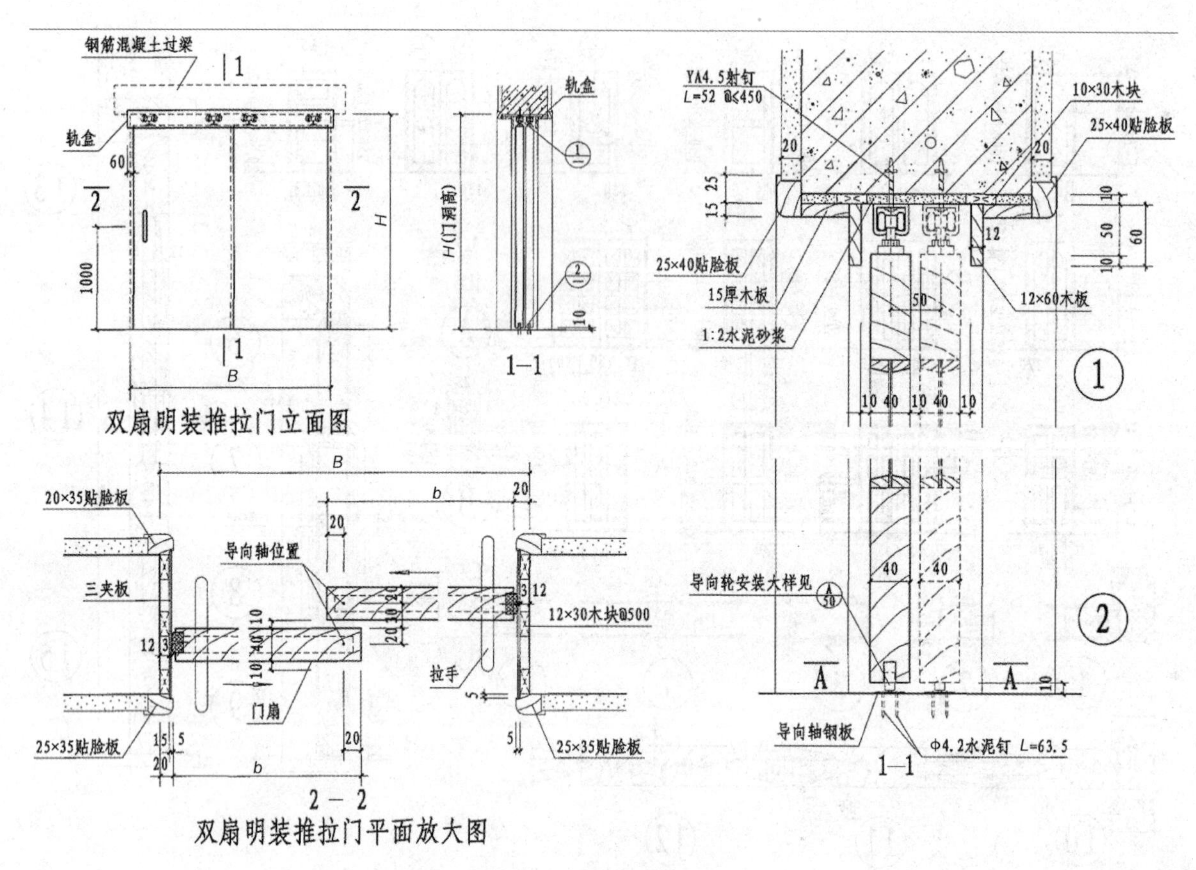

图4-10 明装双扇推拉门

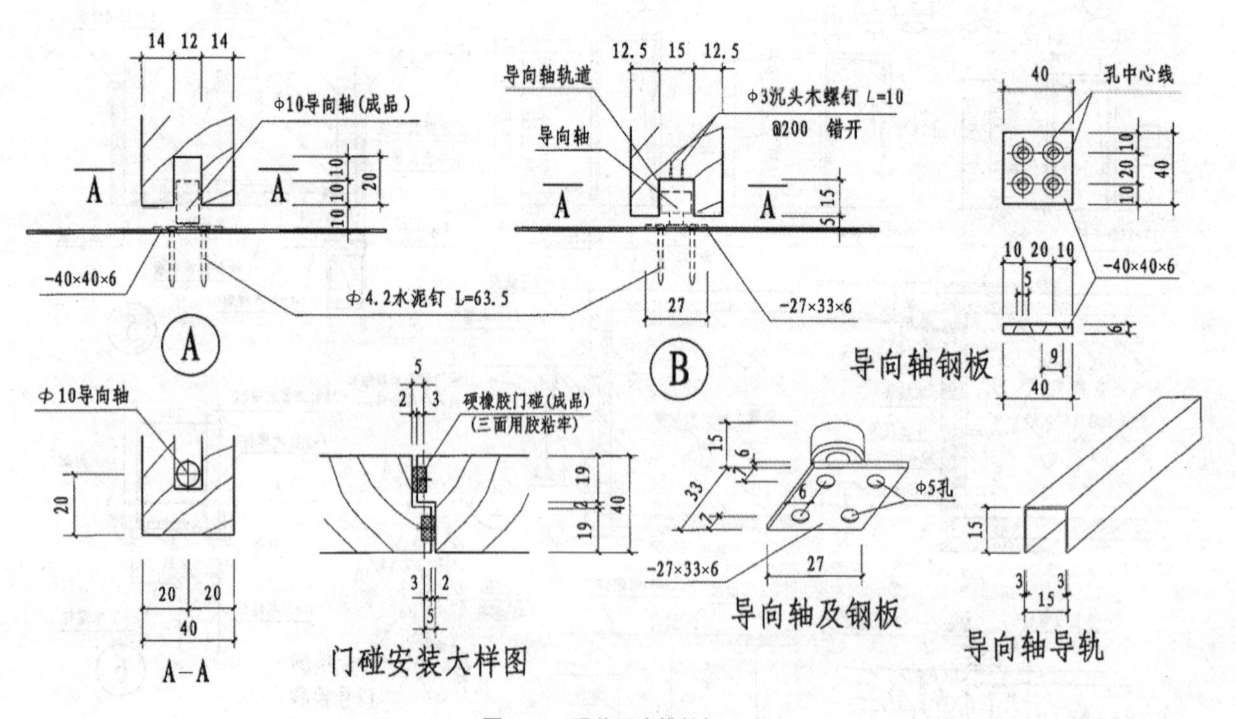

图4-11 明装双扇推拉门

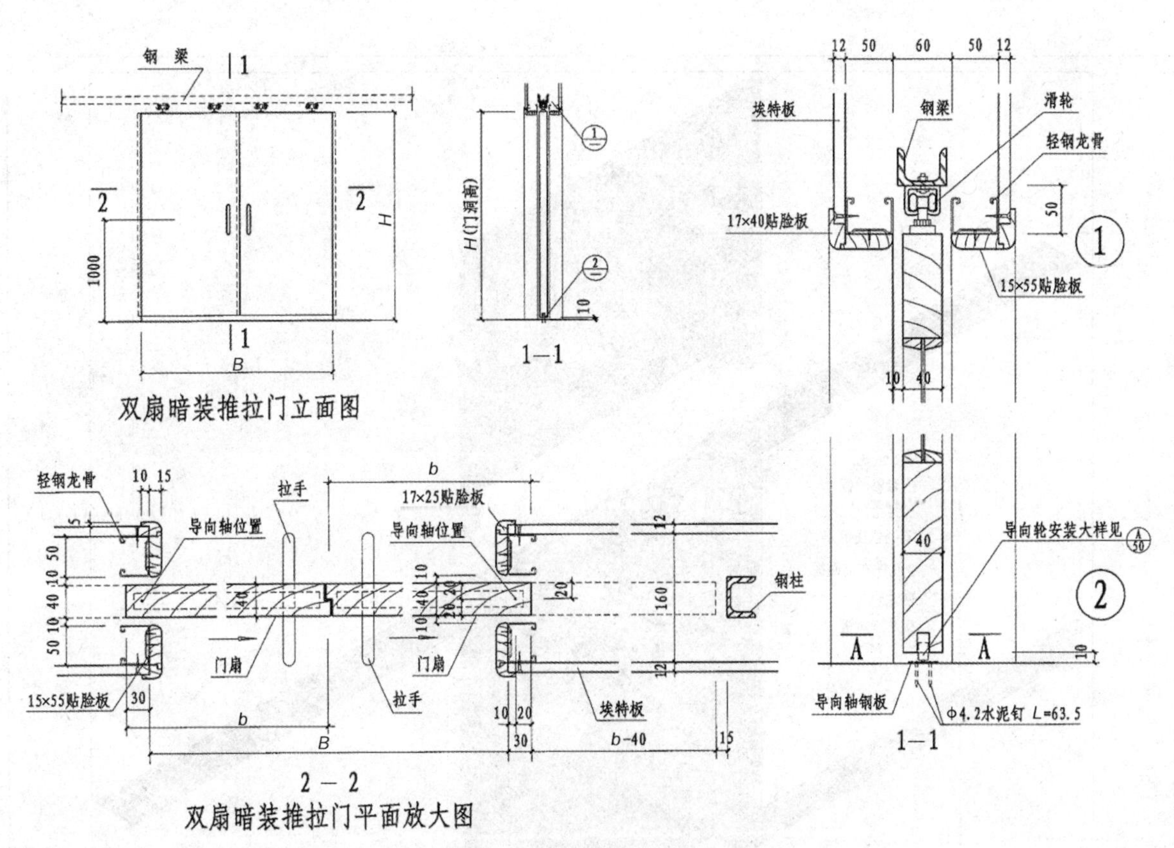

图4-12　双扇暗装推拉门构造

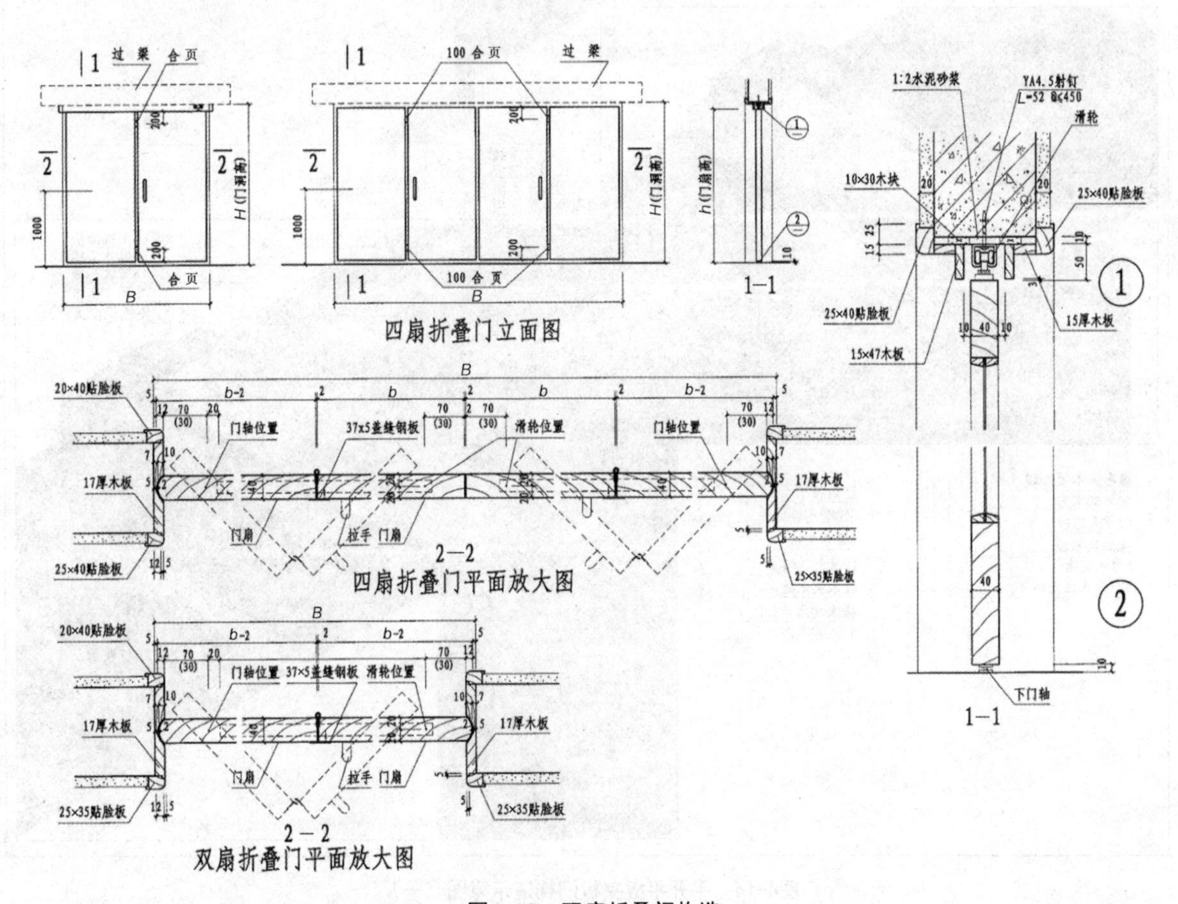

图4-13　双扇折叠门构造

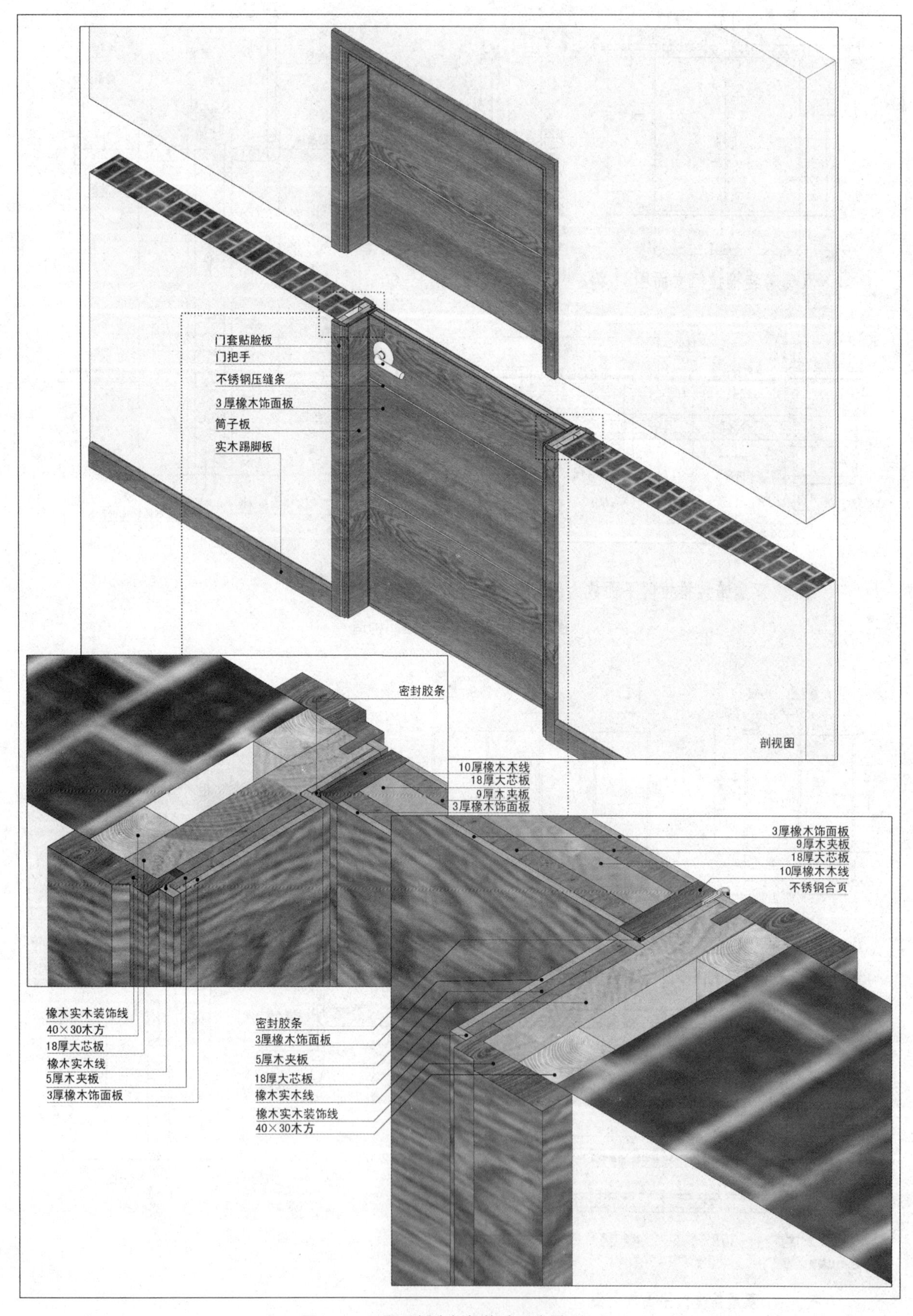

图4-14　平开平板夹板门构造示意图（一）

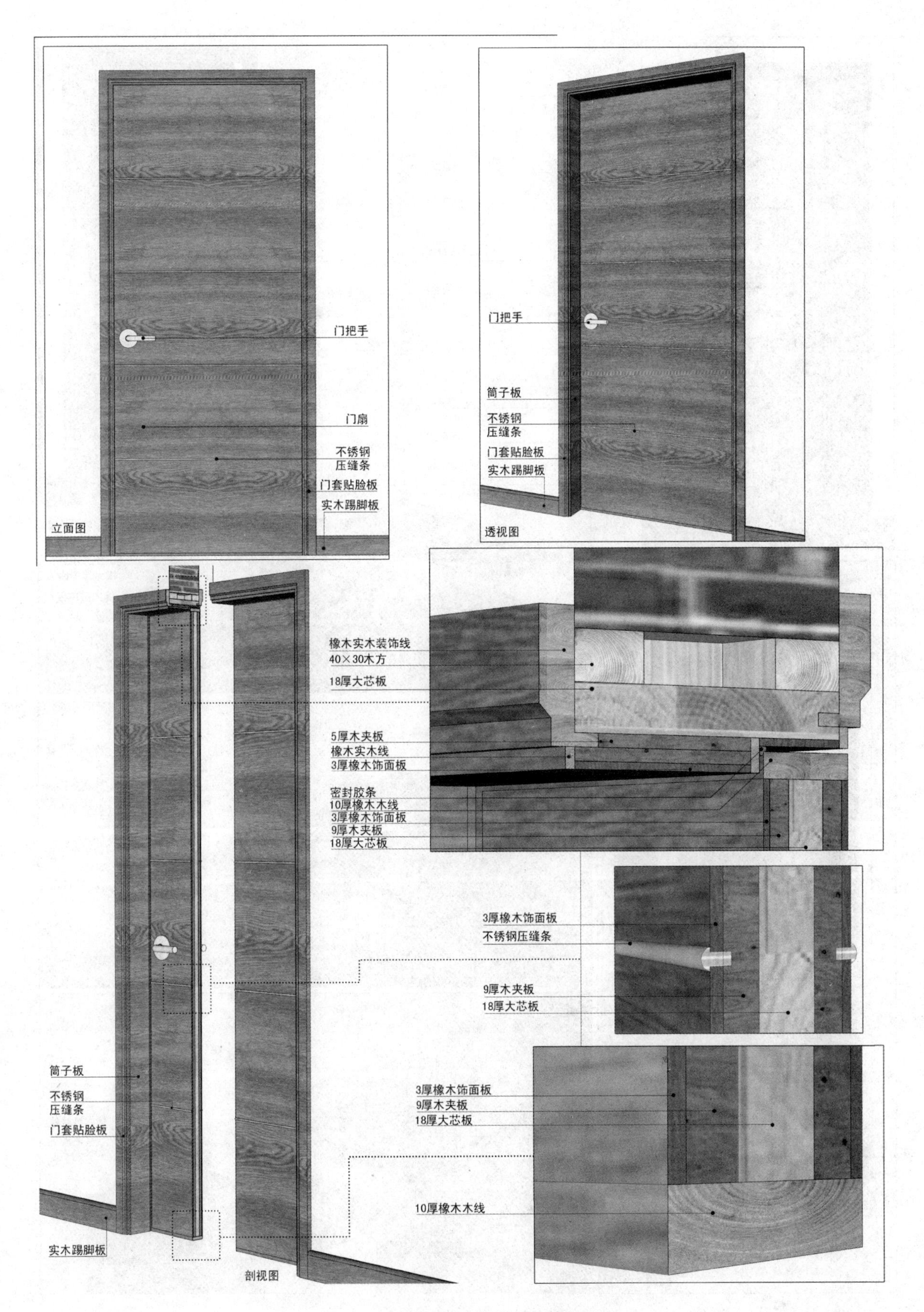

图4-15　平开平板夹板门构造示意图（二）

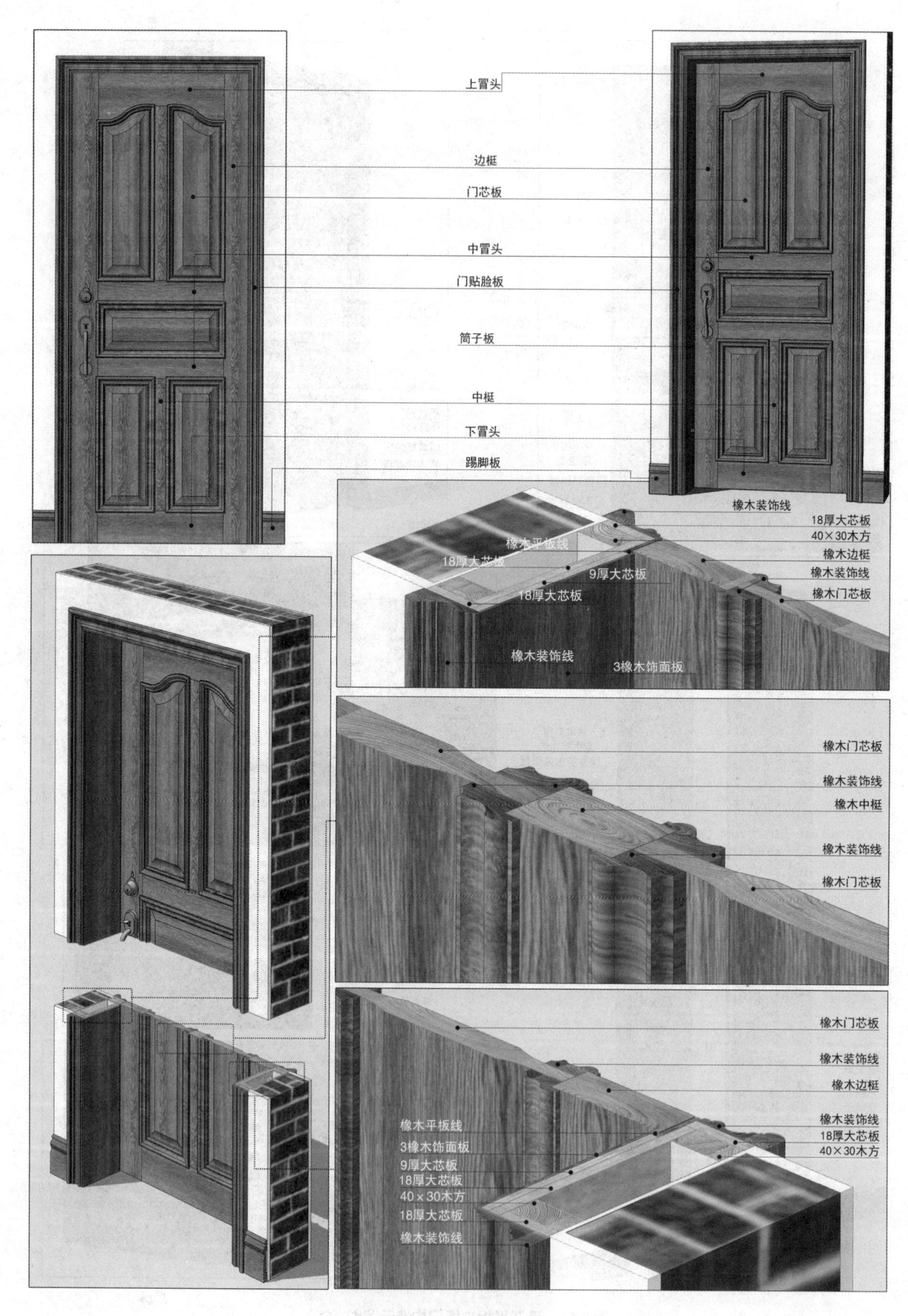

图4-16　实木镶板门构造示意图（一）

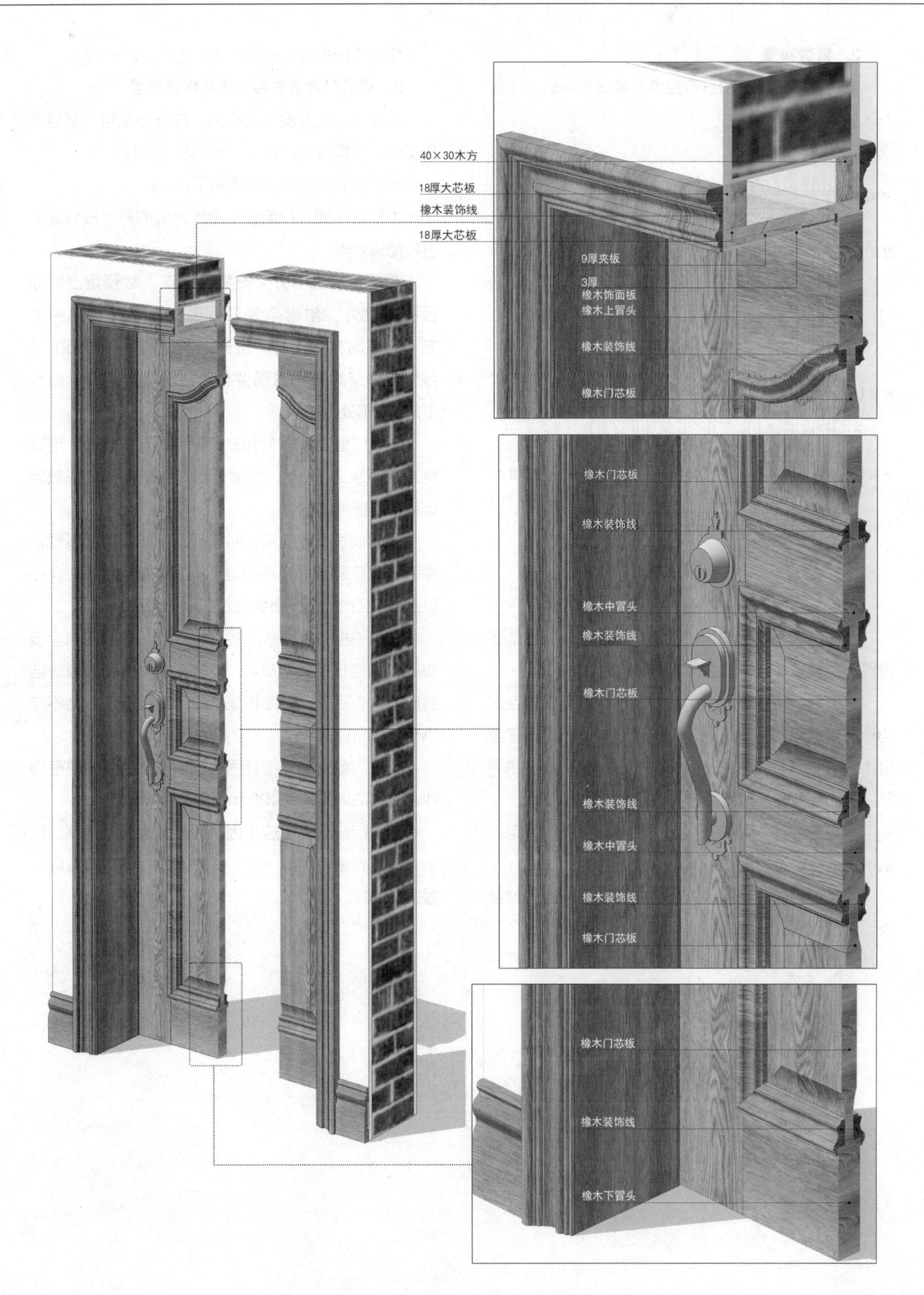

图4-17　实木镶板门构造示意图（二）

2. 窗的构造

窗由窗框、窗扇和五金配件及装饰附件组成（图4-18）。

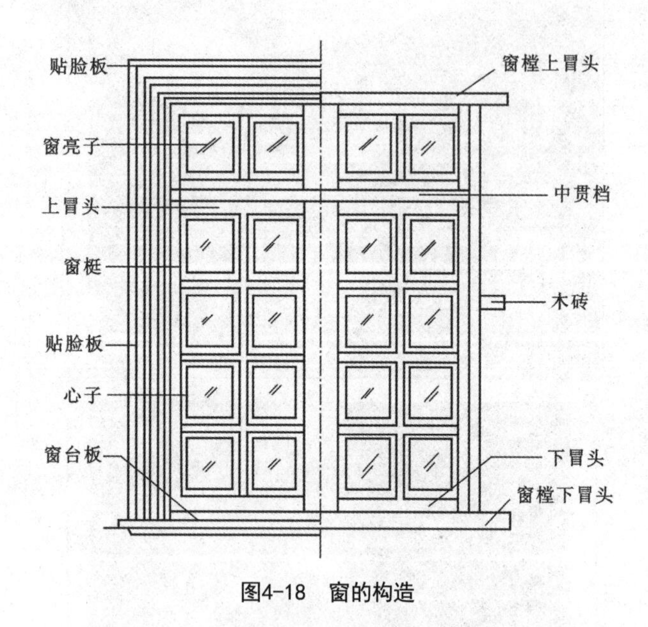

图4-18 窗的构造

①窗框。木窗框的连接方式与门框相似，也是在窗冒头两端做榫眼，边梃上端开榫头。

②窗扇。窗扇有玻璃扇和纱窗扇。木窗扇的连接构造与木门略同，也是采用榫结合方式，榫眼开在窗梃上，在上、下冒头的两端做榫头。窗扇为窗的通风、采光部分，一般安装各种玻璃。

③五金配件。窗的五金配件主要有合页、风钩、插销、把手、滑轮等。

④装饰附件。窗的装饰附件主要有窗帘盒、窗台板、贴脸板、筒子板等。

窗的装饰构造，如图4-19~图4-22所示。

3. 成品门窗套安装工序与构造要求

成品木门窗套安装工序为：放样→配料→基层制作安装→门扇套工厂加工→现场施工安装。

木门窗套构造安装要求如下：

①预埋木砖、门窗套与墙体对应的基层板背面应进行防腐处理。

②门窗套附框骨架安装应方正，除预留出饰面板面厚度外，附框与洞口间隙以聚氨酯发泡剂填充。安装附框骨架时，宜先上端后两侧，洞口上部与两侧骨架均应用紧固件与洞口连接牢固，紧固点不应少于6处。

③木门窗套90° 转角处应采用燕尾榫连接，沿宽度方向不应少于2处，背面适当部位应用码钉或热镀锌钢质连接件加固。

④面板长度方向需要对接时，花纹应连续通顺，接头位置应避开视线平视范围，宜在室内地面2.0 m以上或1.2 m以下，接头应留在横撑上。

⑤贴脸板、木线条的品种、颜色、花纹应与面板协调。贴脸板接头应成45°。贴脸板与门窗套板面结合应紧密、平整，贴脸板或木线条盖住抹灰墙面不应小于10 mm。

⑥木门窗套应紧密钉固在门窗框上，钉帽应砸扁冲入，钉的间距宜为400 mm。

⑦木门窗套安装应牢固，门窗套表面应平整、洁净，接缝严密，色泽一致，线条顺直，不应有裂缝、翘曲及损坏。

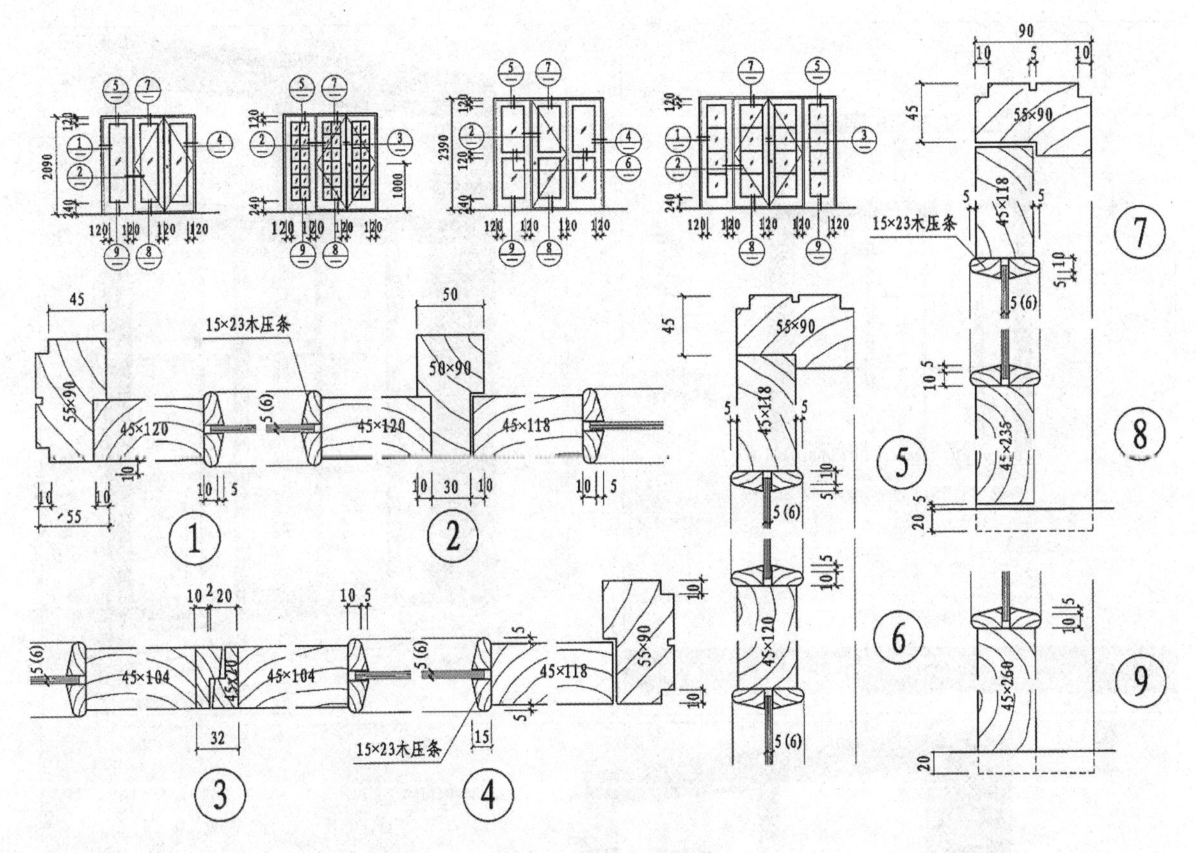

图4-19　连窗门的构造

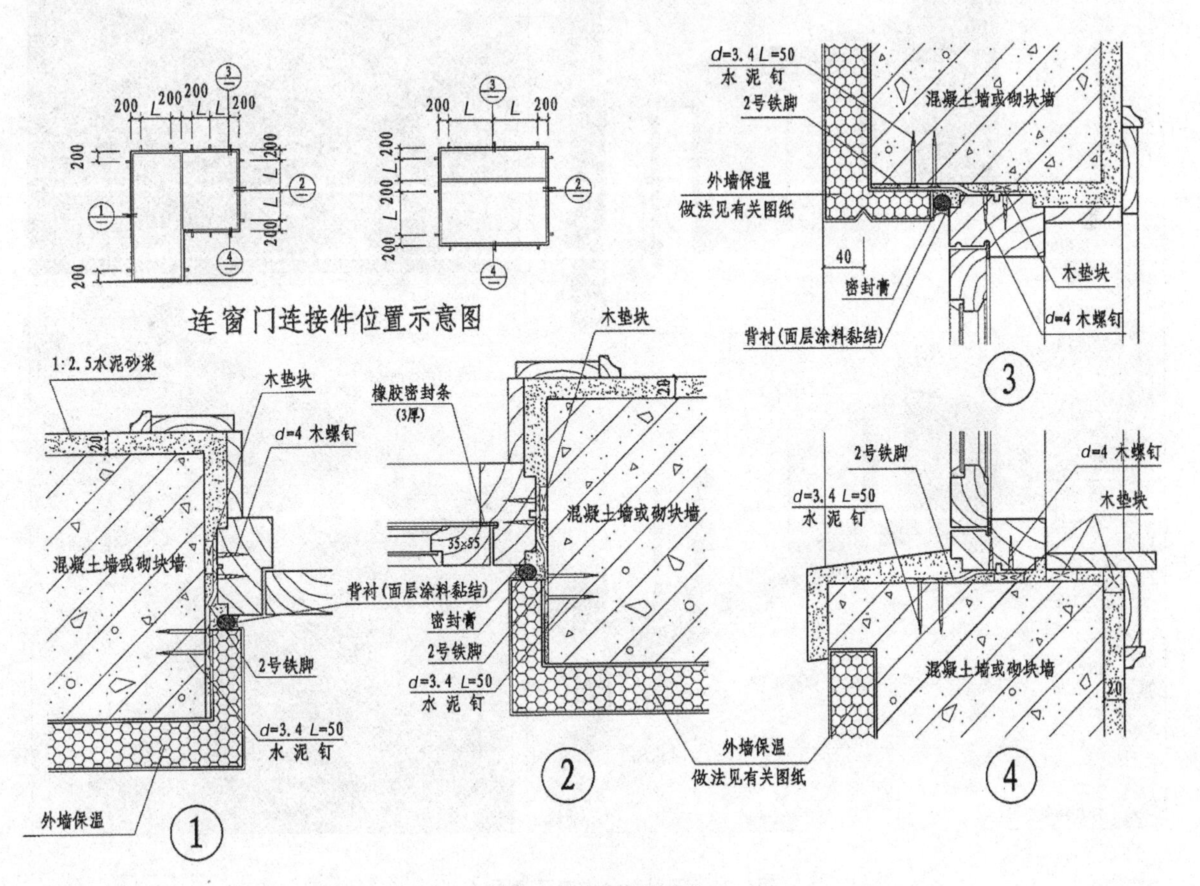

图4-20　窗套装饰构造

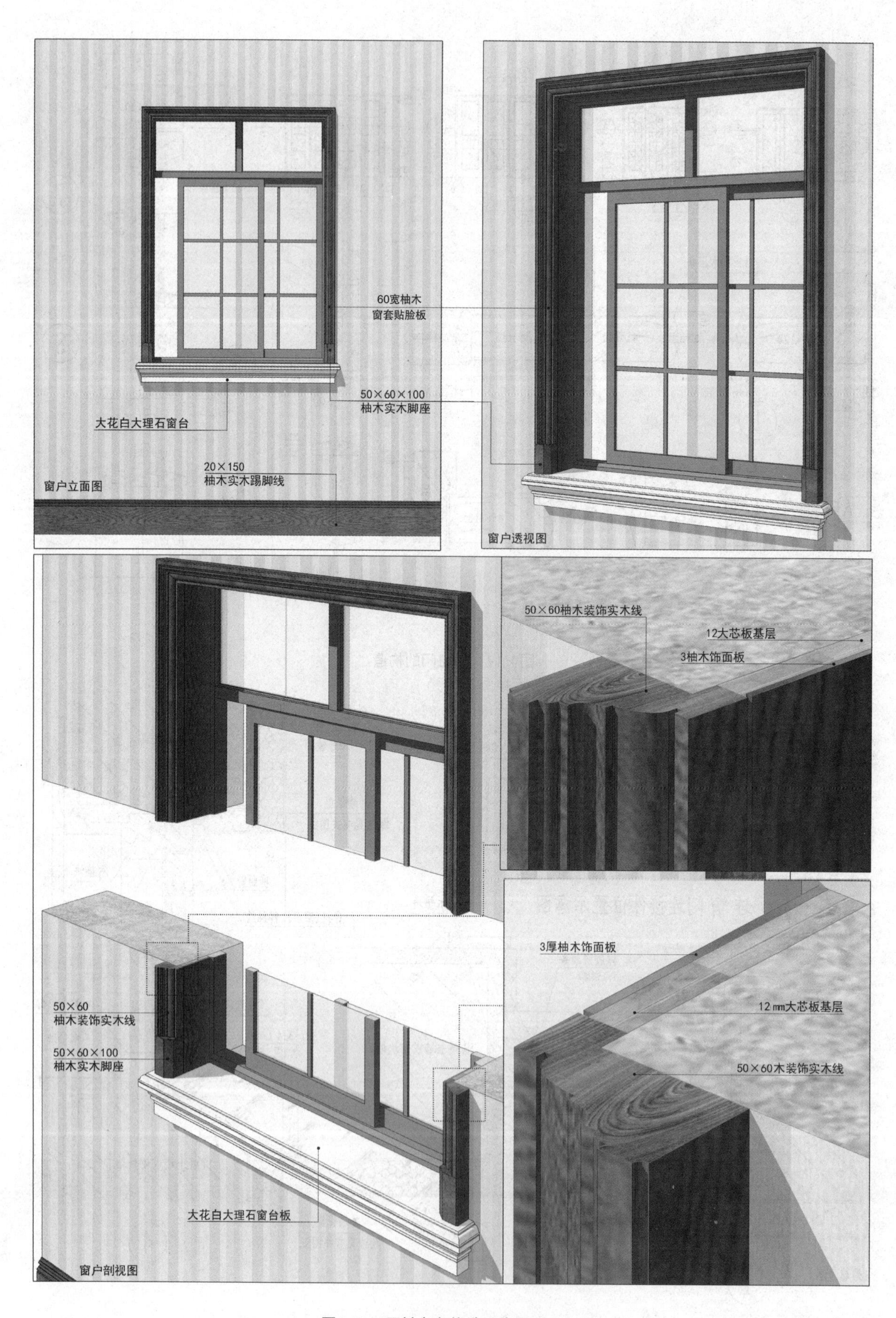

图4-21　石材窗台构造示意图（一）

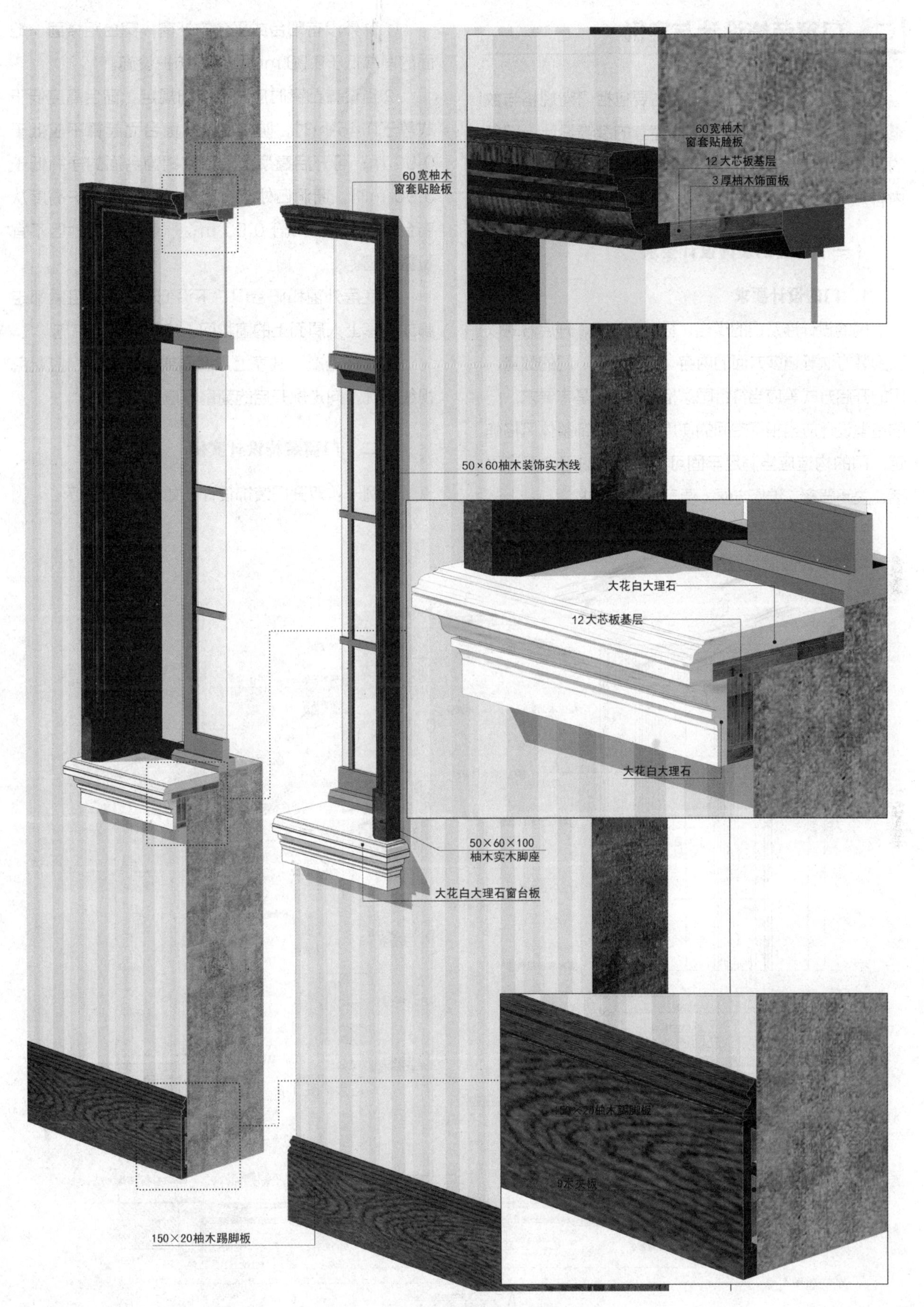

图4-22　石材窗台装饰构造示意图（二）

二、门窗装饰设计与实例

室内建筑门窗装饰设计，主要包括门窗规格与数量、安装位置、开启方式，门窗套的装饰设计，门扇的设计以及窗台板与窗洞及周边材料搭接收口处理等内容。

（一）门窗的装饰设计要求

1. 门的设计要求

门的设计涉及门的规格、材料、样式、开启方式以及安装方法等诸多方面的内容。门的大小、门的数量、门的开启方式等应当符合国家相关规范的基本要求。门的造型设计应当根据空间的使用要求与装饰整体风格确定。门的构造应当满足牢固可靠、持久耐用、开启灵活、关闭严密、维修方便、便于清洁等要求。

2. 窗的设计要求

窗的设计应满足以下基本要求：

①窗外没有阳台或平台的外窗，窗台距楼面、地面的净高低于0.90 m时，应设防护设施。

②当设置凸窗时应符合下列规定：窗台高度低于或等于0.45 m时，防护高度从窗台面起算不应低于0.90 m；可开启窗扇窗洞口底距窗台面的净高低于0.90 m时，窗洞口处应有防护措施，其防护高度从窗台面起算不应低于0.90 m；严寒和寒冷地区不宜设置凸窗。

③底层外窗和阳台门、下沿低于2.0 m且紧邻走廊或共享上人屋面上的窗和门，应采取防护措施。

④面临走廊、共享上人屋面或凹口的窗，应避免视线干扰，向走廊开启的窗扇不应妨碍交通。

（二）门窗装饰设计实例

案例一：双开门装饰设计，如图4-23所示。

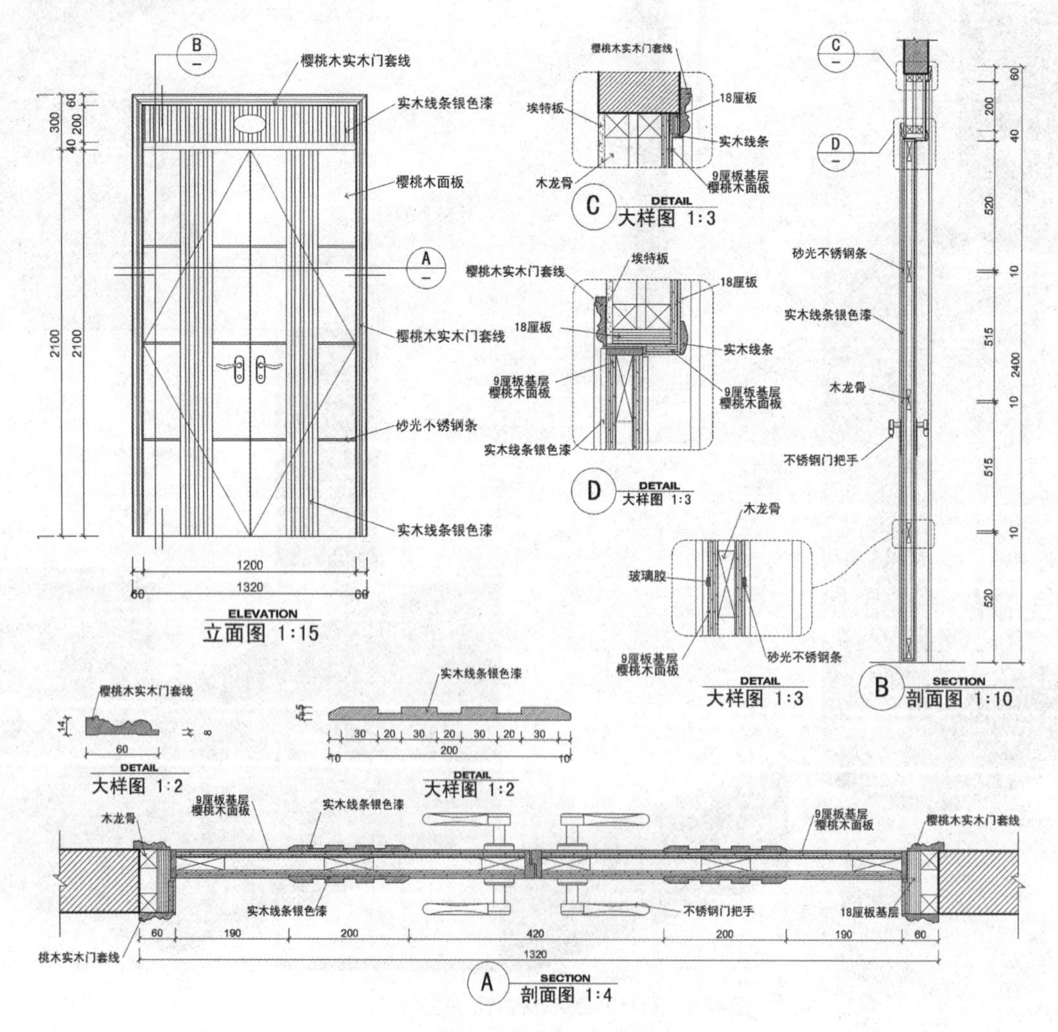

图4-23 双开门装饰设计

案例二：不锈钢边框玻璃推拉门装饰设计，如图4-24所示。

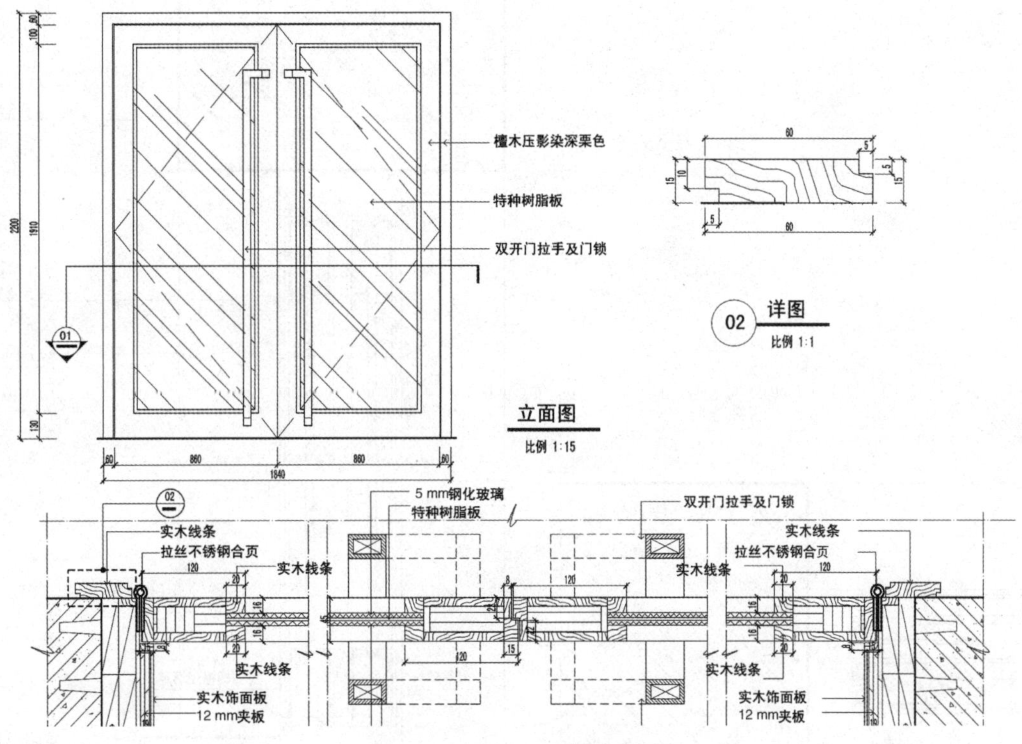

图4-24 不锈钢边框玻璃推拉门

案例三：双开木边框玻璃门，如图4-25所示。

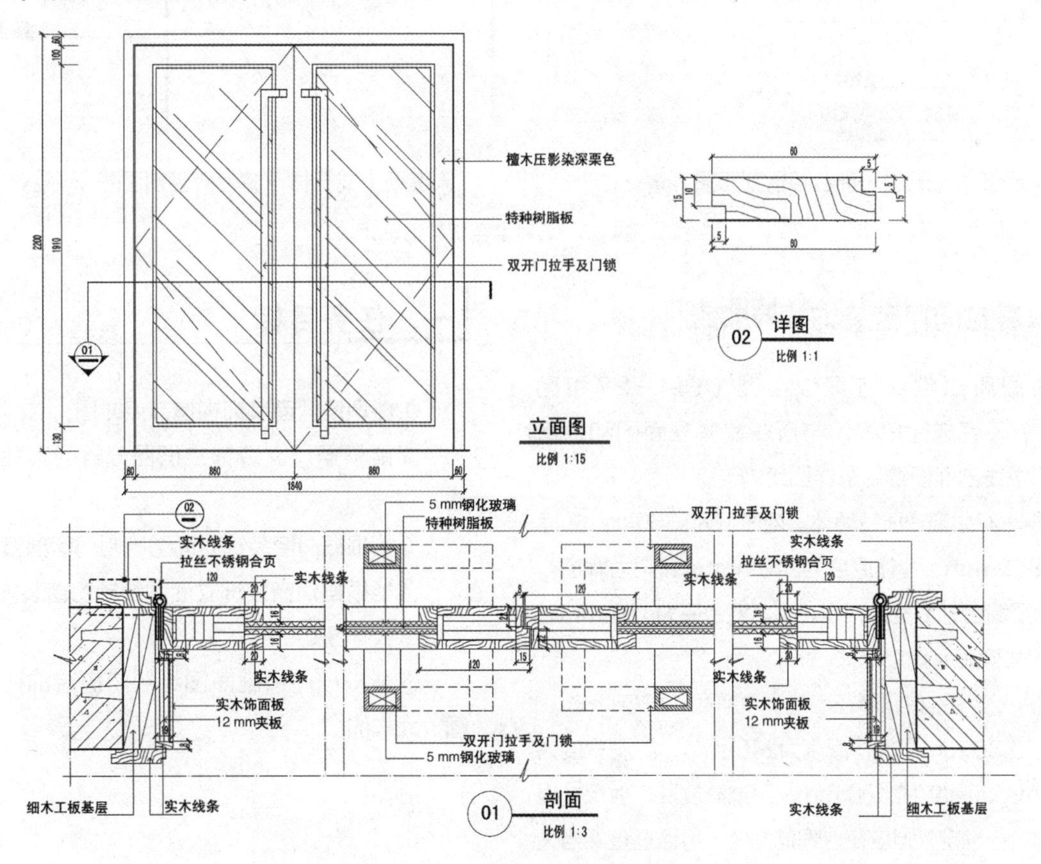

图4-25 双开木边框玻璃门

案例四：石材窗台板装饰设计，如图4-26所示。

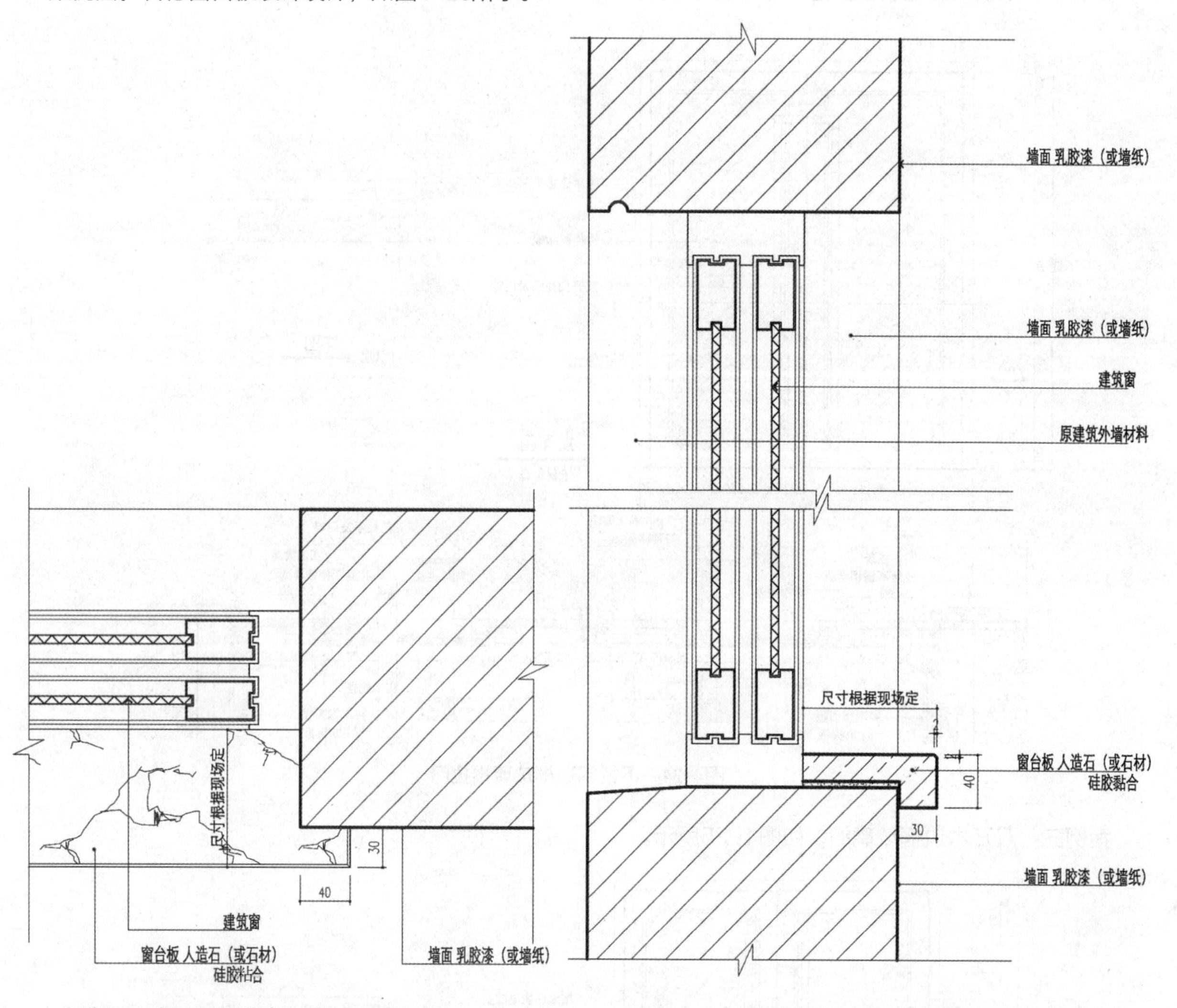

人造石（或石材）窗台板横剖面图（比例 1:5）　　人造石（或石材）窗台板竖剖面图（比例 1:5）

图4-26　石材窗台板装饰设计

家居空间门窗装饰设计实践

根据所给设计方案效果图（图4-27和图4-28），完成窗户、门与所在墙体立面图和过窗户、门中线剖面图绘制及详图绘制。

图4-27中窗户所在墙体室内净宽为3360 mm、净高为2880 mm、墙体厚度为240 mm；窗户为飘窗，内墙面至窗台外沿宽为700 mm、窗台高为450 mm、窗洞高为2000 mm。

图4-28中推拉门所在墙体室内净宽为4260 mm、净高为2880 mm、墙体厚度为240 mm；门洞宽度为3000 mm、高度为2400 mm。吊顶高度及其他尺寸根据目测自行确定，但应在合理范围内（可通过查阅相关案例了解）。

一、任务目标

①能识读门窗装饰构造节点详图；

②能根据门窗装饰立面图分析门窗装饰构造做法；

③能根据门窗装饰立面图绘制门窗剖面图；

④能根据门窗装饰立面图绘制门窗装饰构造节点详图、大样图；

⑤能根据门窗剖面图绘制门窗装饰构造节点详图、大样图。

图4-27　卧室装饰设计方案（一）

图4-28　卧室装饰设计方案（二）

二、工作任务

①查找常见门窗装饰构造做法资料，收集常见门窗装饰设计案例图片与门窗装饰材料品种、规格、构造做法等资料，资料的形式可以是文本、图片和动画，并分类整理成PPT文件；

②绘制门窗装饰立面图；

③绘制门窗装饰剖面图；

④绘制门窗装饰构造节点详图、大样图。

三、任务成果要求

（一）资料查询成果要求

资料查找成果应分类整理成PPT文件，按包含材料的名称、基本特性文字描述、规格尺寸、颜色与肌理特征（附图说明）、适用范围、构造做法（附图说明）、应用案例（附图说明）等内容，分类整理成图文结合的PPT文件。PPT文件排版应美观，内容条理清晰。

（二）设计任务成果要求

设计任务的成果以图纸形式呈现，图纸内容与要求：

①图纸规格与要求：A3幅面，应有标题栏，标题栏须按要求绘制，并填写完整相关内容；

②图纸绘制应符合《房屋建筑室内装饰装修制图标准》（JGJ/T 244—2011）的要求；

③门窗装饰构造图纸设计应包括：门窗立面图、剖面图、详图等图纸内容，详图的数量应以能清晰说明门窗装饰装修造型与构造细节、清晰说明门窗洞装饰材料或装饰构件与建筑主体的构造关系以及装饰造型细节为准；

④图纸应准确标明门窗装饰饰面材料、涂料的名称、规格、颜色、工艺说明等；

⑤尺寸标注：门窗装饰造型定形尺寸、定位尺寸，楼地面标高、吊顶或天花标高等；

⑥门窗装饰构造节点图、剖面图、断面图等索引符号标注应规范完整。

四、工作思路建议

①调研分析常见门窗装饰构造做法，收集门窗装饰构造设计案例，了解常见门窗装饰效果以及构造方法；查阅门窗相关标准图集如《住宅建筑构造》（11J930），了解门窗装修构造标准做法及装饰装修质量控制要求等资料。

②参观装饰施工现场，实地考察门窗装饰细节处理、装饰构造方法、构造尺度、材料、收口与过渡等细节，用手机或相机做好详细的影像记录并及时整理成图文结合的PPT文件。

③根据装饰设计方案图分析确定装饰立面图中门窗装饰构造做法。

④根据门窗装饰立面图分析并绘制门窗装饰剖面图。

⑤根据门窗装饰立面图与剖面图分析并绘制门窗装饰构造节点详图、大样图。

五、门窗装饰立面图绘制步骤

①根据门窗、墙体尺寸与图纸规格确定比例；

②画出地面轮廓线、门窗洞轮廓线（虚线表示）；

③根据门窗装饰材料与构造尺度，画出门窗装饰装修的主要造型立面轮廓线；

④画出门窗、门窗套及窗台装饰次要轮廓线；

⑤画出窗帘图线（虚线表示）；

⑥选定适当剖切位置（能清楚表达门窗装饰造型细节、门窗与墙面、地面、窗帘盒或顶棚衔接处理的构造细节等），画出相应剖面图、断面图、节点或大样索引符号；

⑦标注尺寸、标高、图纸名称、比例、材料名称规格与工艺做法等文字说明；

⑧描粗整理图线，建筑主体结构和隔墙轮廓线用粗实线表示，门窗装饰主要造型轮廓线用中实线表示，装饰线等次要轮廓用细实线表示。

六、门窗装饰详图绘制步骤

①根据绘制详图对象尺寸确定比例；

②根据门窗装饰的构造层次与材料的规格及设计尺寸，依次由内而外，分层绘制门窗剖面图线，图线应能表达出由基层至饰面层材料的连接与固定关系；

③门窗装饰如使用了装饰线，应以坐标网格形式规范绘制并详细标注尺寸；

④根据不同材料的图例使用规范，绘制建筑构件、断面构造层及饰面层的材料图例；

⑤绘制详细的施工尺寸标注、详图符号，工整书写包括详图名称、比例、注明材料与施工所需的文字说明；

⑥描粗整理图线，建筑构件的梁、板、墙剖切轮廓线用粗实线表示，装饰构造分层剖切轮廓线用中实线表示，其他图线用细实线表示。

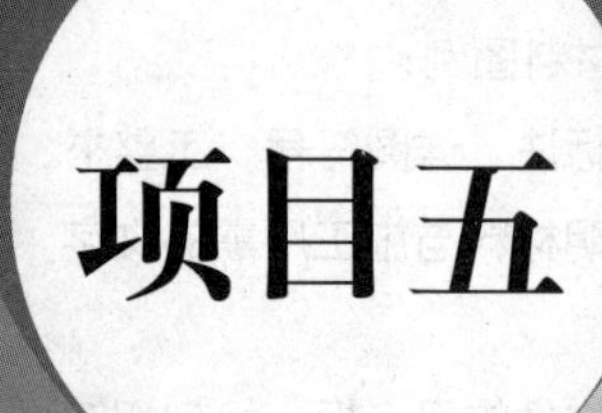

项目五 室内建筑楼梯装饰构造与工艺

学习目标

1. 了解室内建筑装饰装修材料市场楼梯装饰材料的品种、规格与价格；

2. 了解室内建筑装饰装修中常见楼梯装饰构造类型与工艺；

3. 熟悉楼梯装饰构造设计通用节点详图与大样图的画法。

任务描述

1. 深入当地装饰建材市场，调查了解成品楼梯构件的品种规格、材质特征、价格信息；

2. 走访考察当地装饰公司施工工地，了解楼梯装饰的装饰构造方法与施工工艺流程；

3. 掌握不同装饰材料楼梯装饰构造做法；

4. 掌握楼梯装饰设计与图纸绘制；

5. 掌握楼梯常见装饰材料的装饰构造设计图绘制。

知识链接

一、楼梯装饰构造分类

楼梯是建筑空间中用来解决上下楼层之间垂直交通用的构件。楼梯一般布置在建筑空间的人流集中点或疏散点，具有直达通畅、能有效利用空间等特点。楼梯的形式由建筑空间特征决定。设计师在设计楼梯时，在满足楼梯的基本功能的前提下，可以充分发挥想象，通过对楼梯构成材料的合理选用、楼梯踏步与栏杆扶手的美学处理，提升楼梯在建筑空间的造型美感，丰富和装点建筑空间（图5-1）。

（一）楼梯的分类

楼梯按使用性质可分为普通楼梯、辅助楼梯、消防楼梯、疏散楼梯。按楼梯的梯段可分为单跑楼梯、双跑楼梯、三跑楼梯与四跑楼梯。按楼梯的平面形式可分为单跑直楼梯、双跑直楼梯、转角楼梯、双分转角楼梯、双跑平行楼梯、剪刀楼梯、螺旋楼梯（图5-2）。

图5-1　楼梯装饰案例

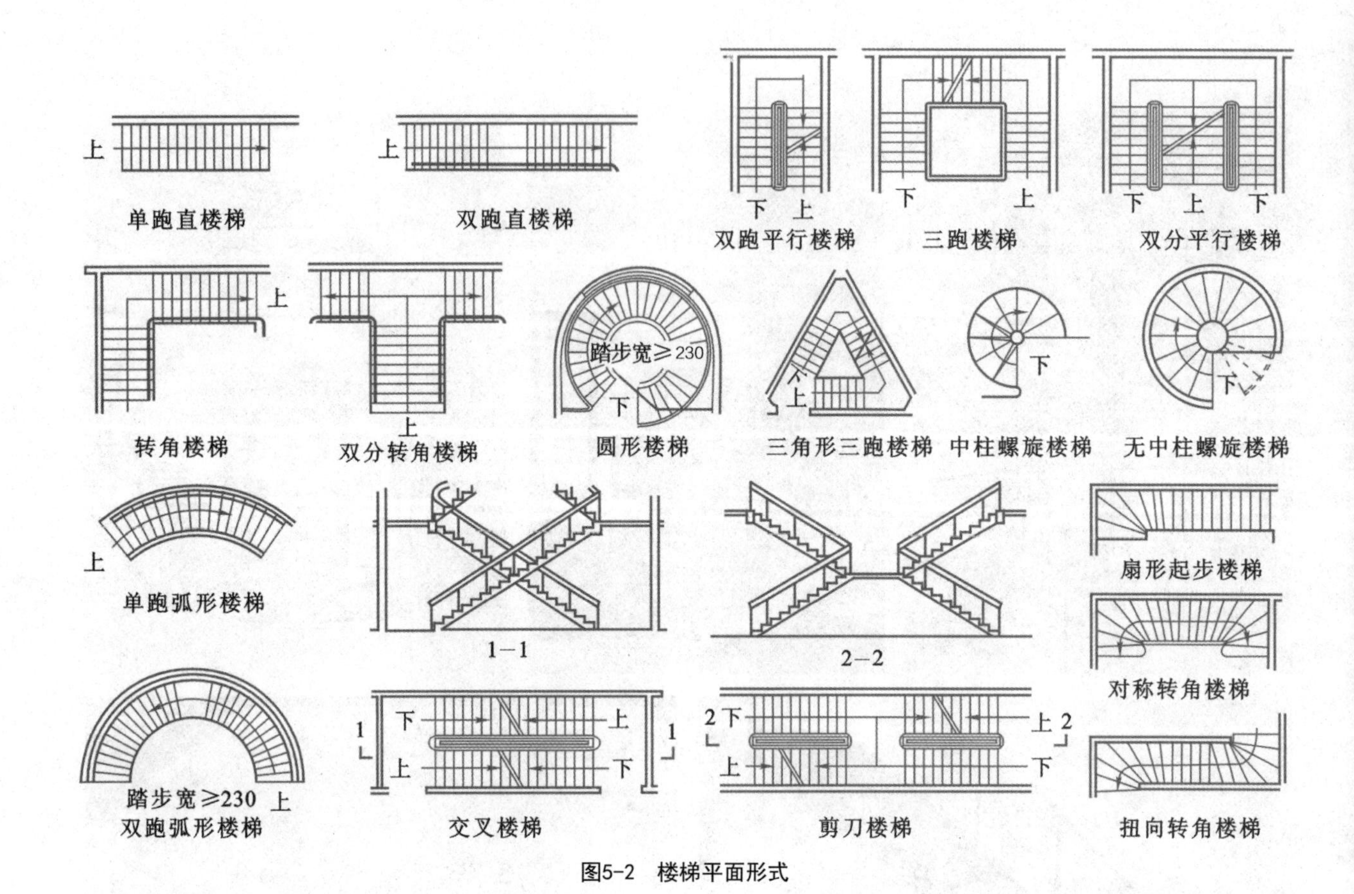

图5-2　楼梯平面形式

（二）楼梯的组成

楼梯是由楼梯段、栏杆（栏板）扶手、楼梯平台三部分组成（图5-3）。

楼梯段是指处于两个楼梯平台之间的倾斜构件。它是由连续的若干楼梯踏步与斜梁或板组成的。楼梯踏步分为踏面和踢面。每个楼梯段的踏步数目不得超过18级，不得少于3级。

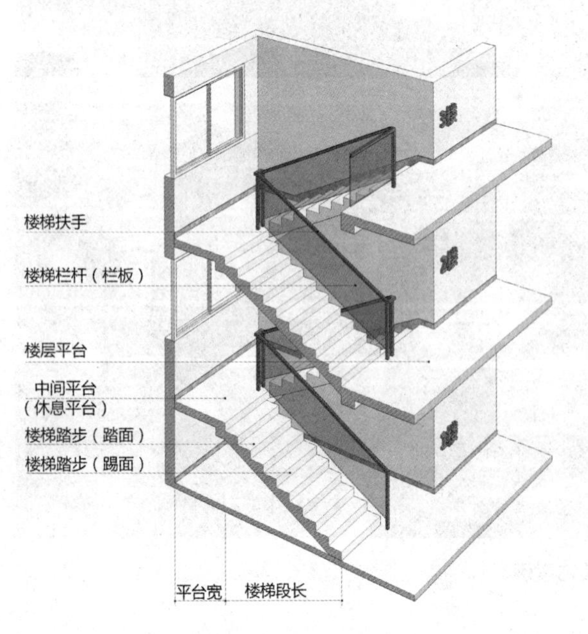

图5-3　楼梯的组成

栏杆是指设在楼梯段及楼梯平台悬空一侧的围护构件，起安全防护作用。扶手是设在栏杆顶部，供人上下楼梯时扶持的围护构件。

楼梯平台是指两个楼梯段之间的水平构件。楼梯平台根据其所处位置不同可分为楼层平台和中间平台，中间平台也称休息平台。

（三）楼梯构造的要求和基本尺寸

1. 楼梯构造的基本要求

①功能要求：楼梯的布置数量、位置及楼梯的构成尺度和形式等均应满足功能要求，充分考虑人流通行顺畅、行走舒适等要求。

②美观要求：楼梯的造型与尺度在满足功能需求的基础上，对栏杆扶手、踏步处理等方面应充分考虑造型的美观要求。

③防火要求：楼梯的布置位置与数量以及尺度必

须满足相关防火规范要求。

④结构要求：楼梯自身应有足够的承载能力和较小的变形能力，构造稳固持久。

2. 楼梯构造的基本尺寸

（1）楼梯段的基本尺寸

楼梯宽度主要满足使用方便和安全疏散的要求。

梯段净宽除应符合防火规范的规定外，供日常主要交通用的楼梯的梯段净宽应根据建筑物使用特征确定，一般按每股人流宽为0.55+（0~0.15）m确定，并不应少于两股人流。0~0.15 m为人流在行进中人体的摆幅，公共建筑人流众多的场所应取上限值。

住宅建筑套内楼梯当一边临空时，梯段净宽不应小于0.75 m；当两侧有墙时，墙面之间净宽不应小于0.9 m，并应在其中一侧墙面设置扶手。

楼梯梯段净宽不应小于1.10 m。六层及六层以下住宅，一边设有栏杆的梯段净宽不应小于1 m。

梯段改变方向时，平台扶手处的最小宽度不应小于梯段净宽。当有搬运大型对象需要时应再适量加宽。

每个梯段的踏步一般不应超过18级，也不应少于3级。

梯段净高不应小于2.20 m。梯段净高是指自踏步前缘线（包括最低和最高一级踏步前缘线以外0.30 m范围内）量至直上方凸出物下缘间的铅垂高度（表5-1、图5-4）。

表5-1 梯段净高尺寸

踏步尺寸/mm	130×340	130×300	170×260	180×240
梯段坡度	20° 54′	26° 30′	33° 12′	36° 52′
梯段净高/mm	2360	2300	2470	2510

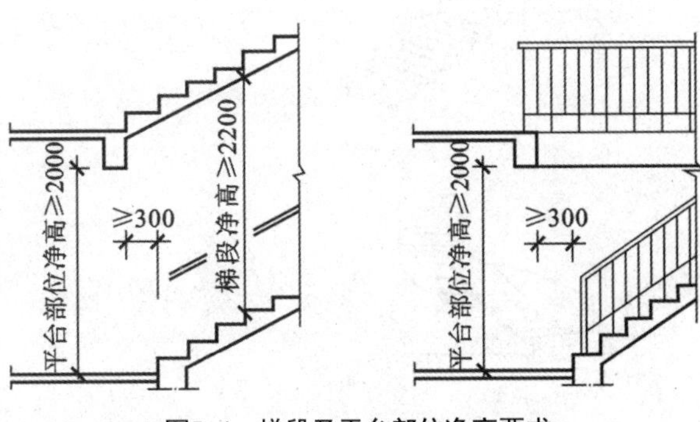

图5-4 梯段及平台部位净高要求

（2）楼梯平台的基本尺寸

楼梯平台净宽不应小于梯段净宽，且不得小于1.20 m。楼梯平台上部及下部过道处的净高不应小于2 m。楼梯入口处地坪与室外地面应有高差，并不应小于0.10 m。

楼梯为剪刀梯时，楼梯平台的净宽不得小于1.30 m。

（3）楼梯踏步的基本尺寸

楼梯踏步宽度不应小于0.26 m，踏步高度不应大于0.175 m。住宅建筑套内楼梯的踏步宽度不应小于0.22 m；高度不应大于0.20 m；扇形踏步转角距扶手中心0.25 m处，宽度不应小于0.22 m。

公共出入口台阶踏步宽度不宜小于0.30 m，踏步高度不宜大于0.15 m，并不宜小于0.10 m，踏步高度应均匀一致，并应采取防滑措施。台阶踏步数不应少于2级，当高差不足2级时，应按坡道设置；台阶宽度大于1.80 m时，两侧宜设置栏杆扶手，高度应为0.90 m。

踏步前缘部分宜有防滑措施。常用楼梯踏步尺寸如表5-2所示。

表5-2 常用楼梯踏步尺寸 mm

名称	住宅	学校、办公楼	剧院、会堂	医院（病人用）	幼儿园
踏步高	156~175	140~160	120~150	150	120~150
踏步宽	250~300	280~340	300~350	300	260~300

（4）栏杆扶手的基本尺寸

楼梯应至少于一侧设扶手，梯段净宽达三股人流时应两侧设扶手，达四股人流时应加设中间扶手。

室内楼梯扶手高度自踏步前缘线量至扶手顶面不应小于0.90 m。靠楼梯井一侧水平扶手超过0.50 m长时，其高度不应小于1.05 m。楼梯栏杆垂直杆件间净空不应大于0.11 m。

公共出入口台阶高度超过0.7 m并侧面临空时，应设防护设施，防护设施净高不应低于1.05 m。

外廊、内天井及上人屋面等临空处的栏杆净高，六层及六层以下不应低于1.05 m，七层及七层以上不应低于1.10 m。

防护栏杆必须采用防止儿童攀登的构造，栏杆的垂直杆件间净距不应大于0.11 m。放置花盆处必须采取防坠落措施。

楼梯井净宽大于0.11 m时，必须采取防止儿童攀滑的措施。

（四）楼梯装饰构造

楼梯装饰构造是指楼梯的踏步与楼梯段的装饰构造处理，楼梯栏杆、栏板与扶手的装饰构造处理，楼梯平台的装饰构造处理（图5-5）。

楼梯饰面材料的种类繁多，常见的有水泥砂浆、石材、陶瓷砖、实木板等。楼梯装饰材料的选用与楼梯设计及地面装饰设计应与室内建筑环境协调一致，互为衬托。

1. 楼梯踏步与梯段

（1）整体踏步

踏步板与梯段整体浇筑在一起，形成整体踏步。整体踏步常为钢筋混凝土楼梯，其可分为梁板式和板式。

梁板式楼梯：楼梯段由板和梁组成，梯梁承重，适用于层高及荷载较大的楼梯（图5-6）。

板式楼梯：板承重，除搁板外，钢材及混凝土用量比较多，自重也比较大，适用于楼梯段跨度不大、层高不低的预制或现浇钢筋混凝土楼梯。板式楼梯具有底板平齐、便于施工和装饰等优点（图5-7）。

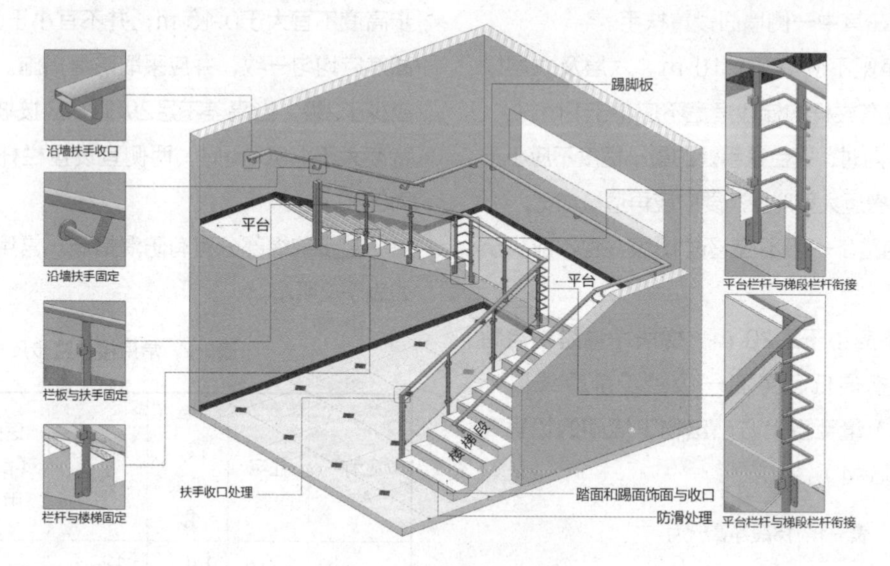

图5-5　楼梯构件示意图

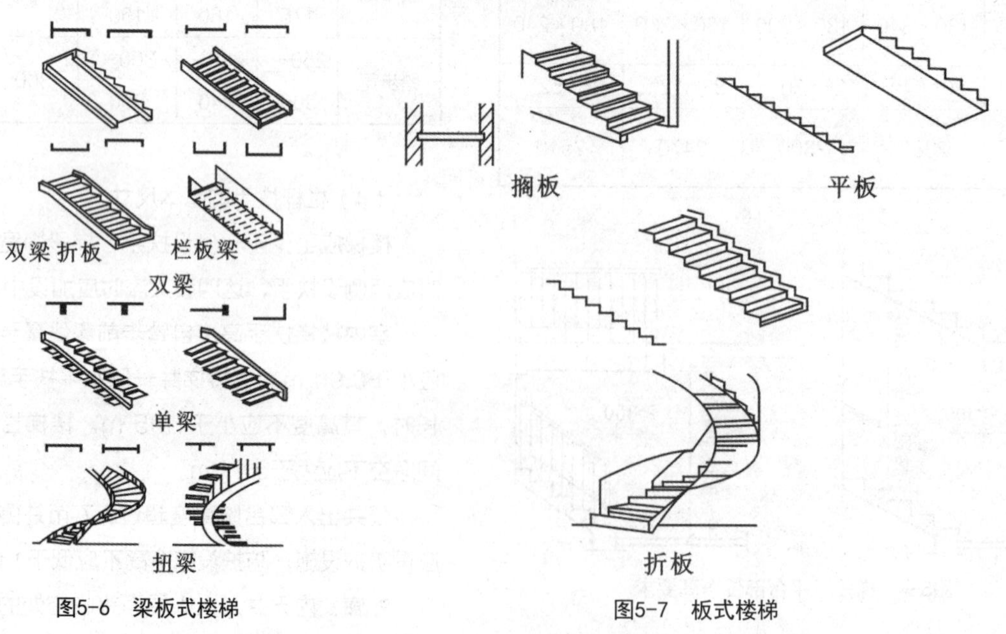

图5-6　梁板式楼梯

图5-7　板式楼梯

（2）装配式踏步

装配式踏步有预制钢筋混凝土踏步、钢板踏步、木踏步、铝合金踏步等，装配式踏步分为悬挑式和悬挂式（图5-8）。

悬挑式踏步：将踏步板的一端固定在墙上，而另一端悬挑。构造简单，施工方便。悬挑式踏步一般不超过1500 mm，在地震多发区不宜采用。踏板可用钢筋混凝土、金属、木材或组合材料制作。

悬挂式踏步：踏板用金属拉杆悬挂在室内建筑上部结构上，踏板可用金属、木材等材料。

2. 踏步面层构造

踏步由踏面和踢面构成。踏面要求耐磨、易于清洁。踏面加宽超出踢面20 mm。为保障上下楼梯行走安全，在踏面的外侧即踏口处做防滑处理，常见做法为镶嵌防滑条，或将踏口处做凹凸槽处理。踏步面层装饰常见有水泥砂浆抹灰装饰、石材和陶瓷面砖装饰以及地毯铺设等几类做法（图5-9和图5-10）。

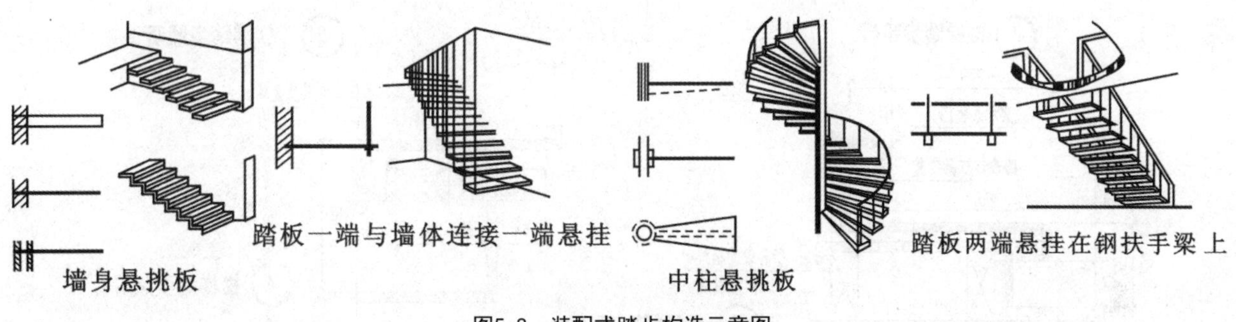

图5-8 装配式踏步构造示意图

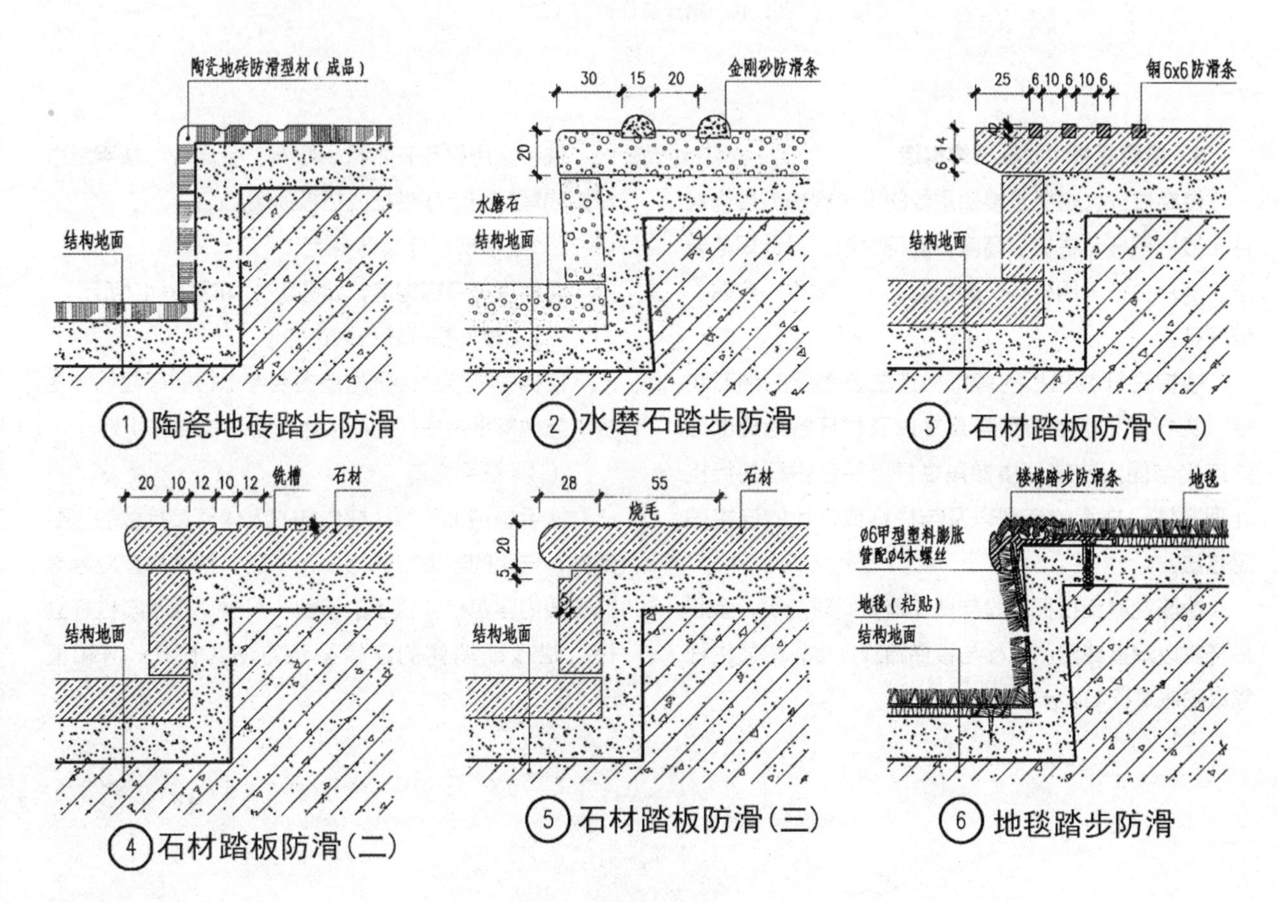

图5-9 踏步装饰构造（一）

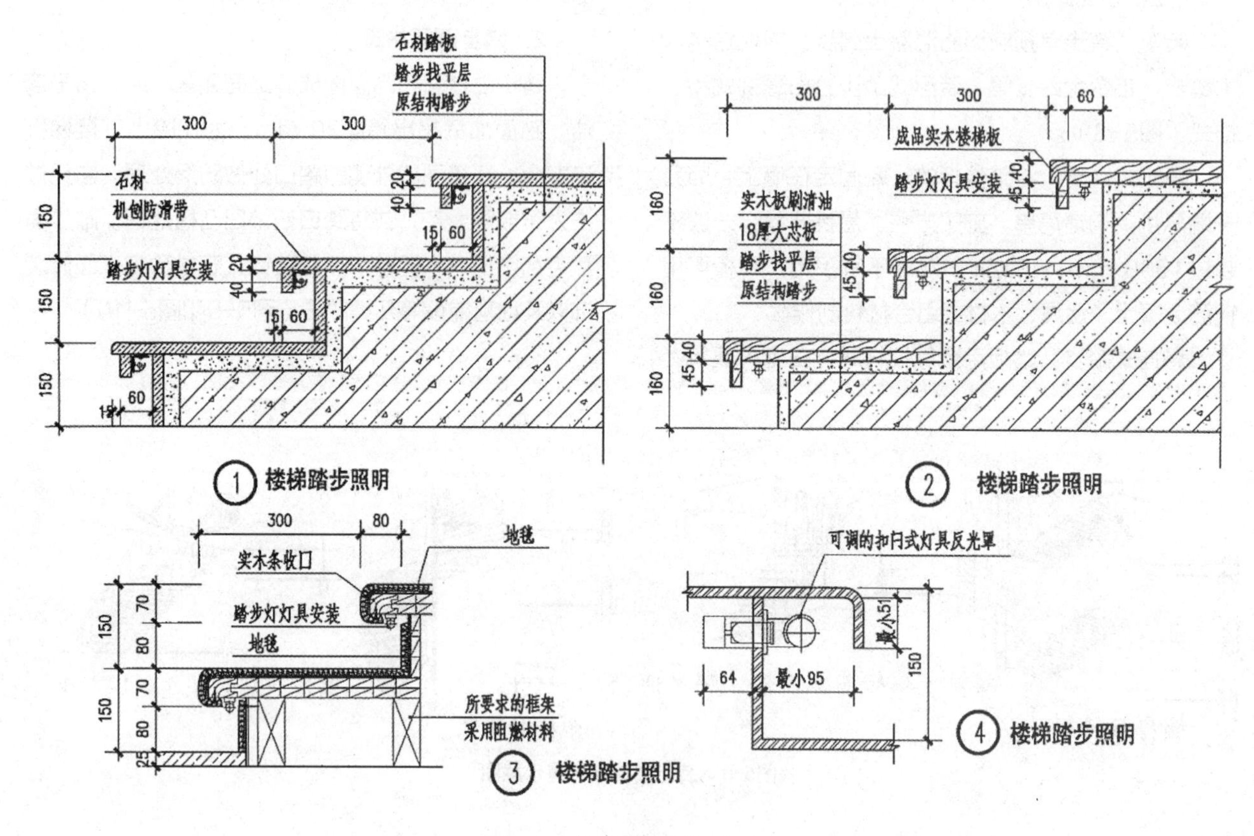

图5-10　踏步装饰构造（二）

3. 楼梯栏杆、栏板装饰构造

楼梯栏杆、栏板是楼梯重要的安全围护与装饰构件，楼梯栏杆（栏板）高度，应符合相关设计规范要求。楼梯栏杆常用材料有钢筋混凝土、木材、金属、玻璃等。

楼梯栏杆或栏板的装饰构造主要考虑的细节包括：栏杆或栏板的造型与尺寸以及栏杆各构成部件的连接与固定方法、楼梯段栏杆与平台栏杆的衔接处理方法、扶手的造型以及与栏杆或栏板的连接固定方法。

钢筋混凝土栏杆一般与楼梯踏步同时浇筑，金属栏杆常以焊接或膨胀螺栓与楼梯踏步连接，木质栏杆常以膨胀螺栓与踏步楼梯连接。

扶手常用材料有木材、塑料、金属等。扶手常以焊接或螺栓固定在栏杆或栏板顶端。

（1）楼梯栏杆装饰构造

楼梯栏杆装饰构造，如图5-11和图5-12所示。

（2）楼梯栏杆转角装饰构造

楼梯栏杆转角装饰构造主要考虑楼梯段栏杆（栏板）与楼梯平台栏杆的衔接处理方法（图5-13）。

（3）扶手构造

扶手是供上下行楼梯依扶的人体直接接触的主要部件，扶手的表面应光洁、无毛刺。扶手构造应考虑的主要内容包括：扶手的造型、尺寸、扶手与栏杆立柱、栏板或墙体的连接固定方法（图5-14和图5-15）。

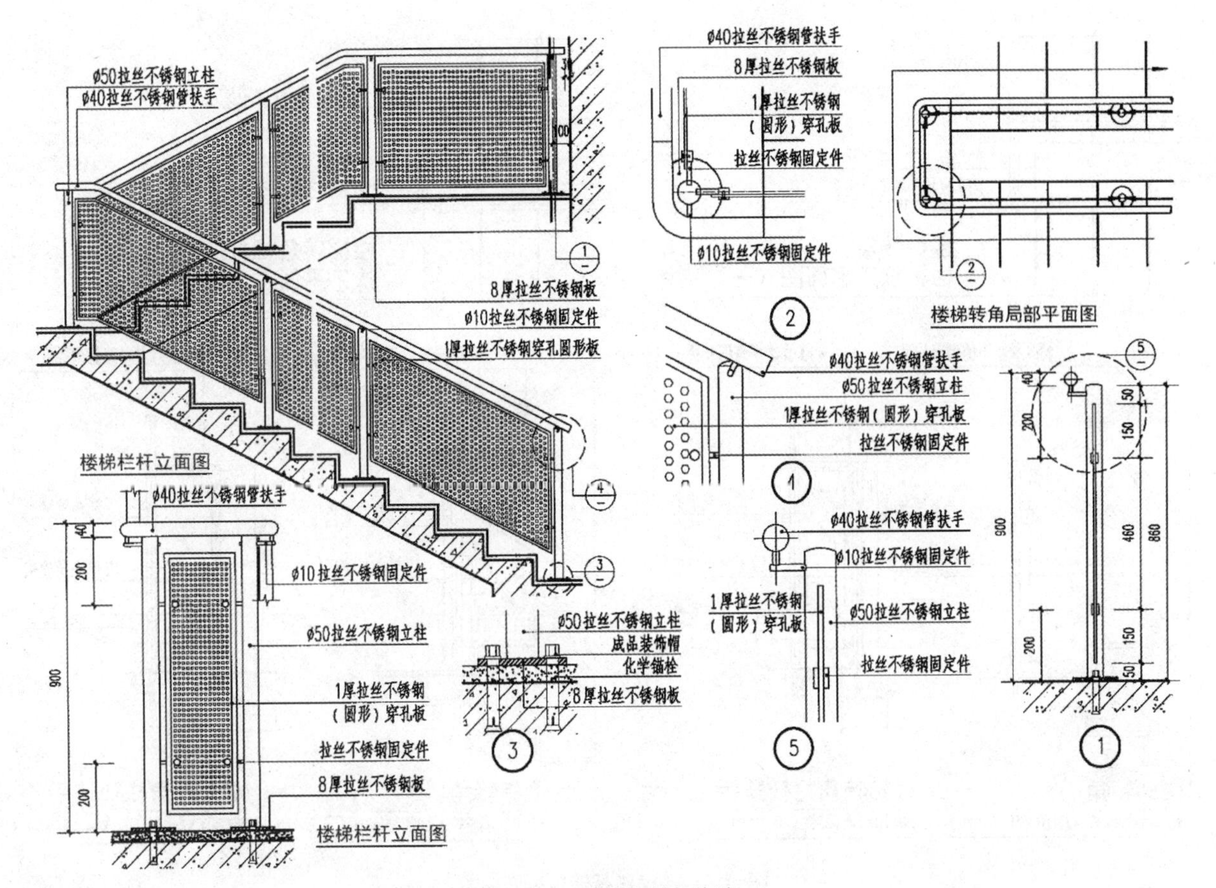

图5-11　不锈钢栏杆构造

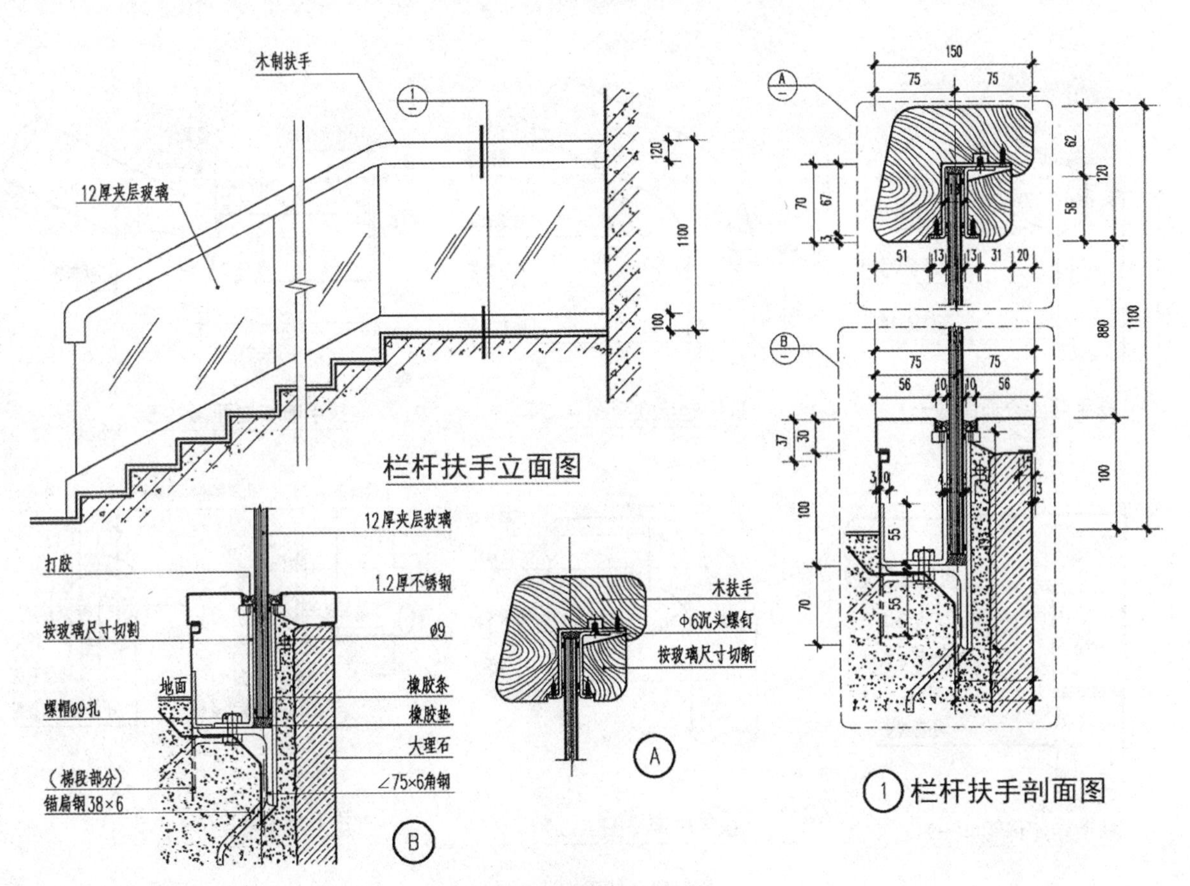

图5-12　玻璃栏杆构造

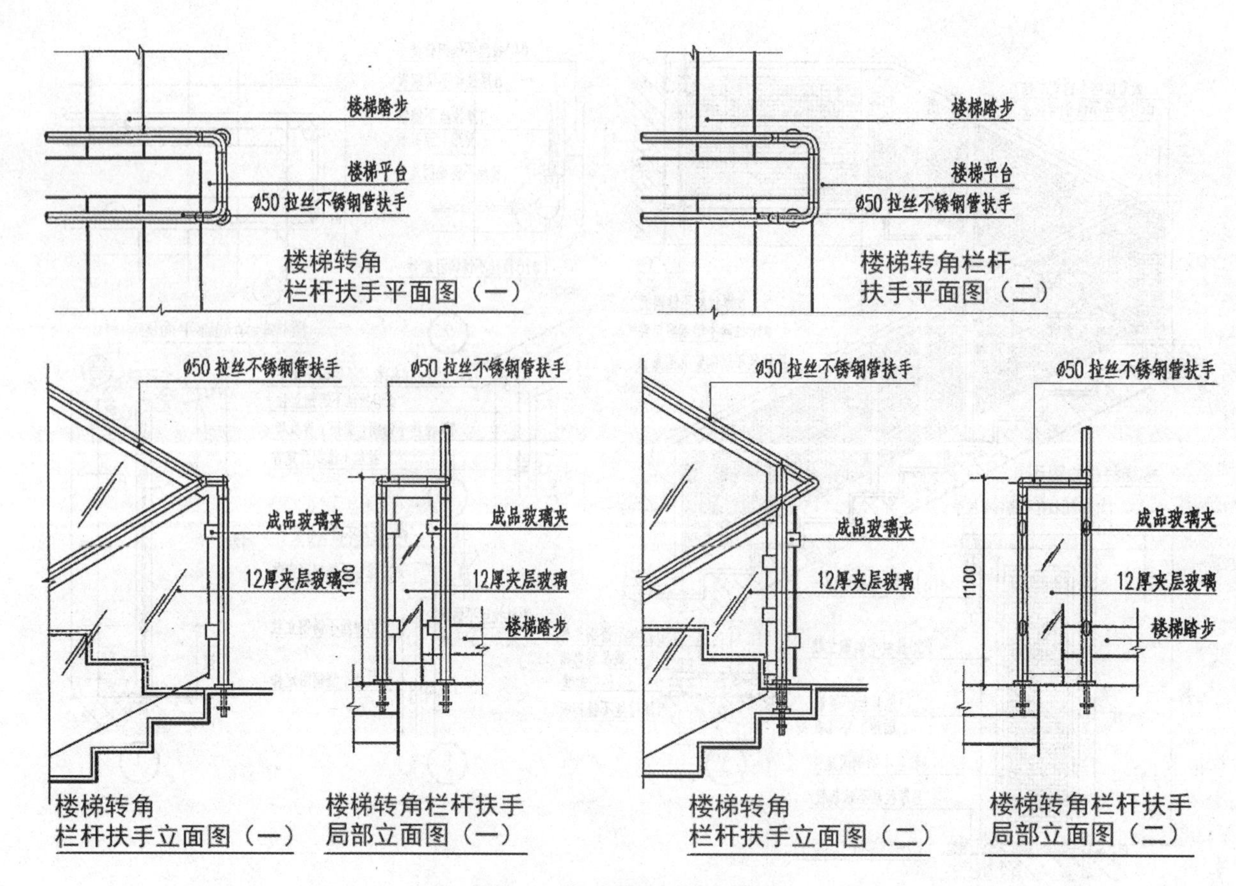

图5-13　楼梯栏杆转角装饰构造

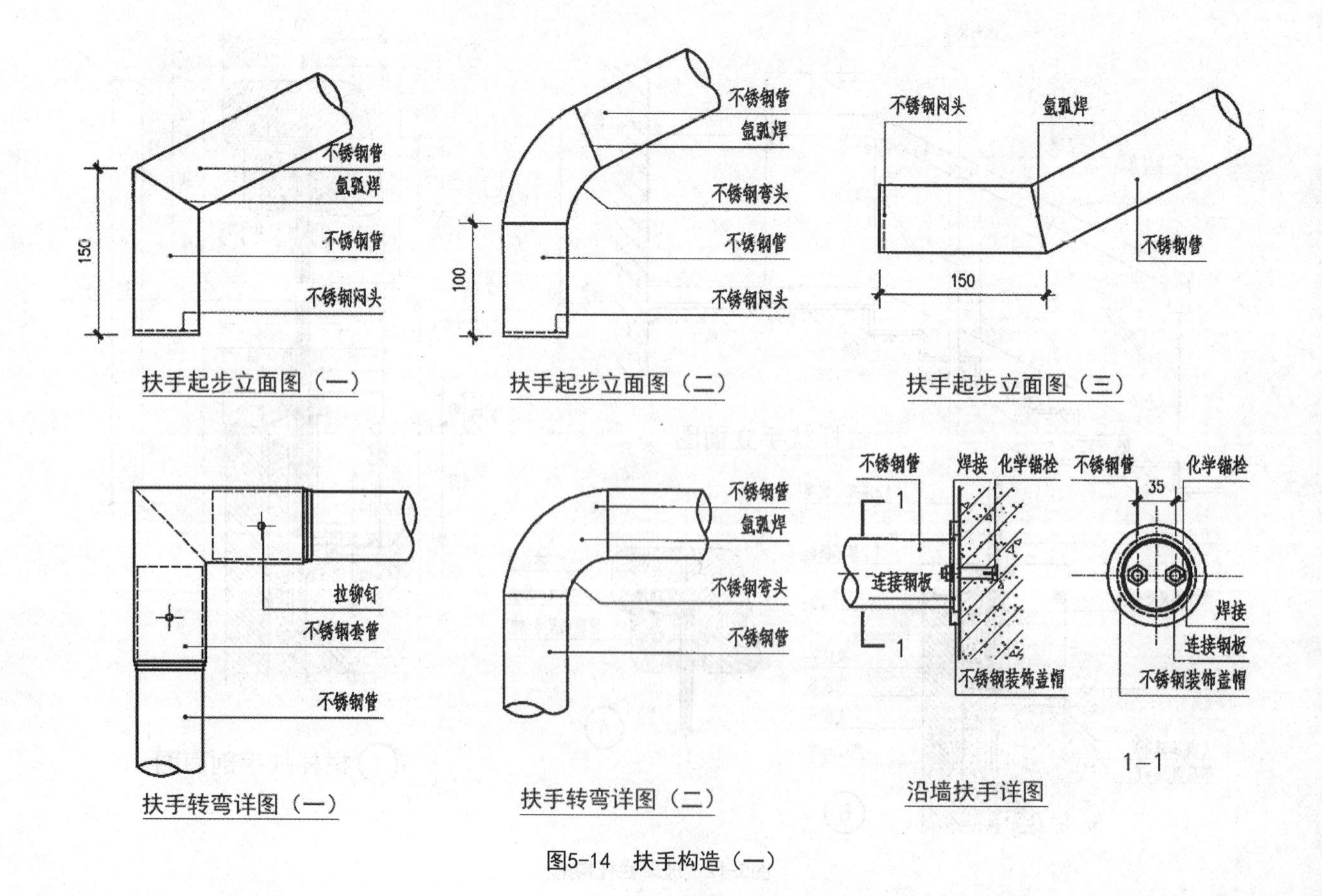

图5-14　扶手构造（一）

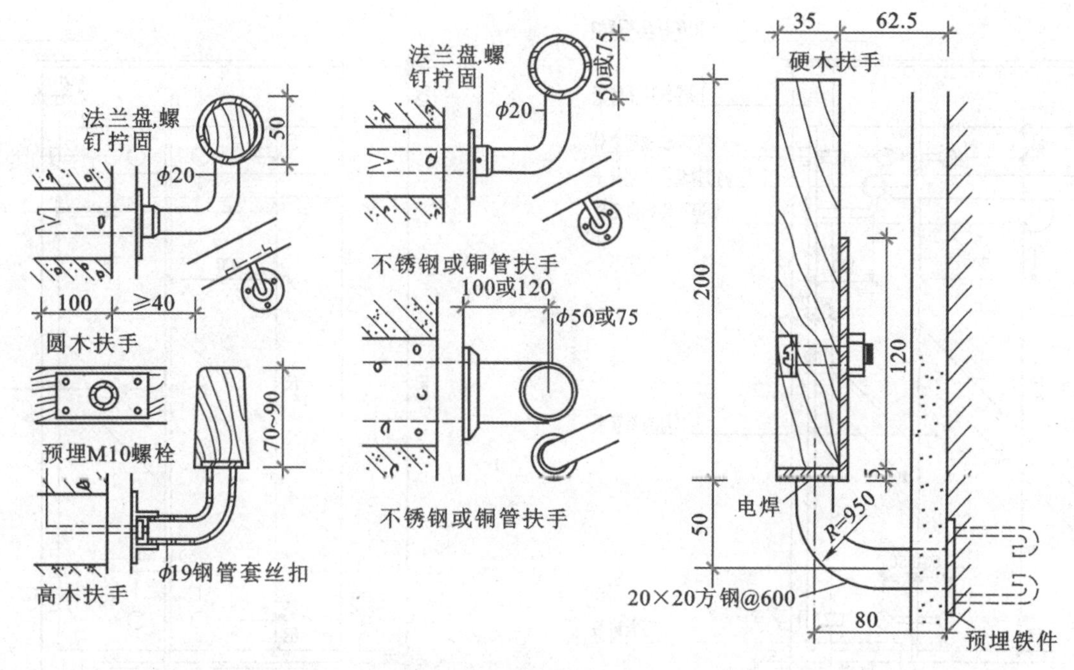

图5-15　扶手构造（二）

（4）平台栏杆装饰构造

平台栏杆应和楼梯段栏杆的形态特征保持一致，此外还应考虑与上下行楼梯段栏杆或栏板的衔接处理方法（图5-16和图5-17）。

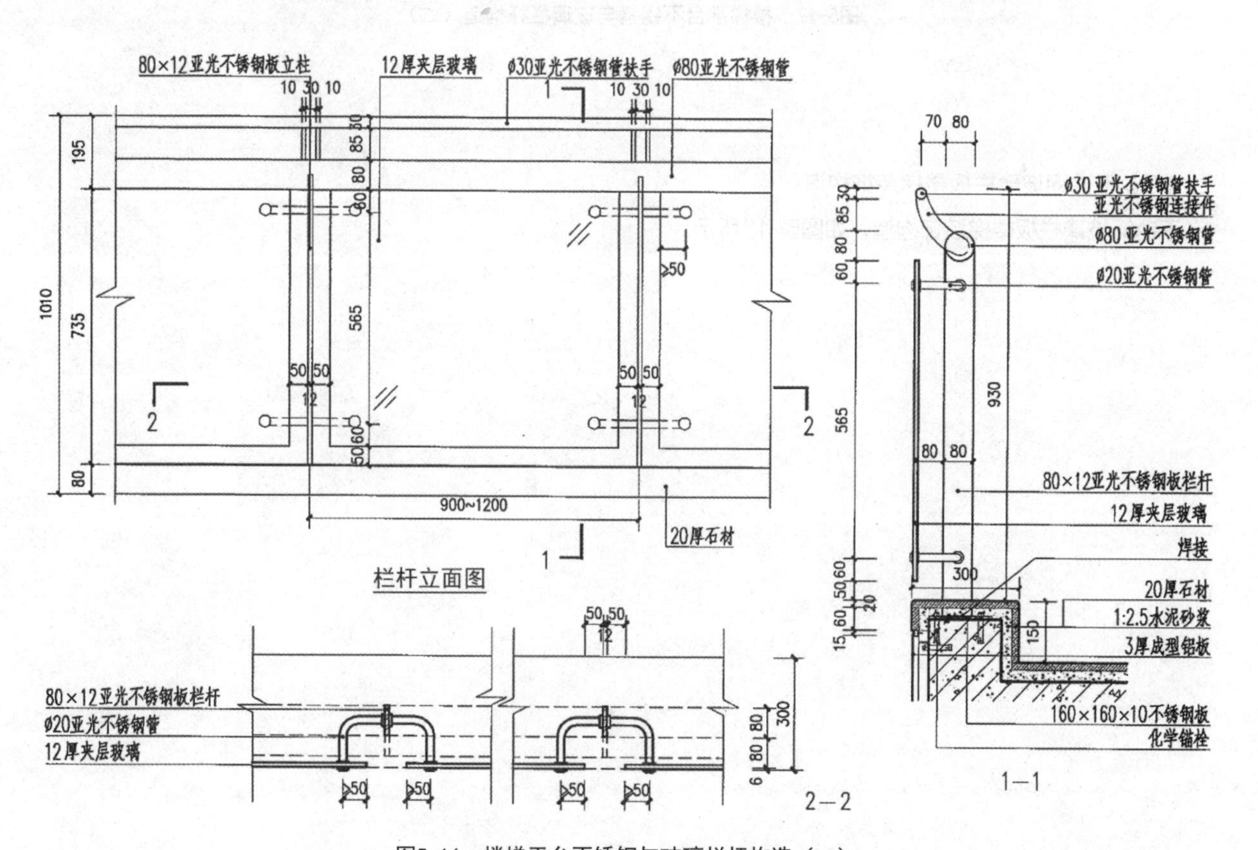

图5-16　楼梯平台不锈钢与玻璃栏杆构造（一）

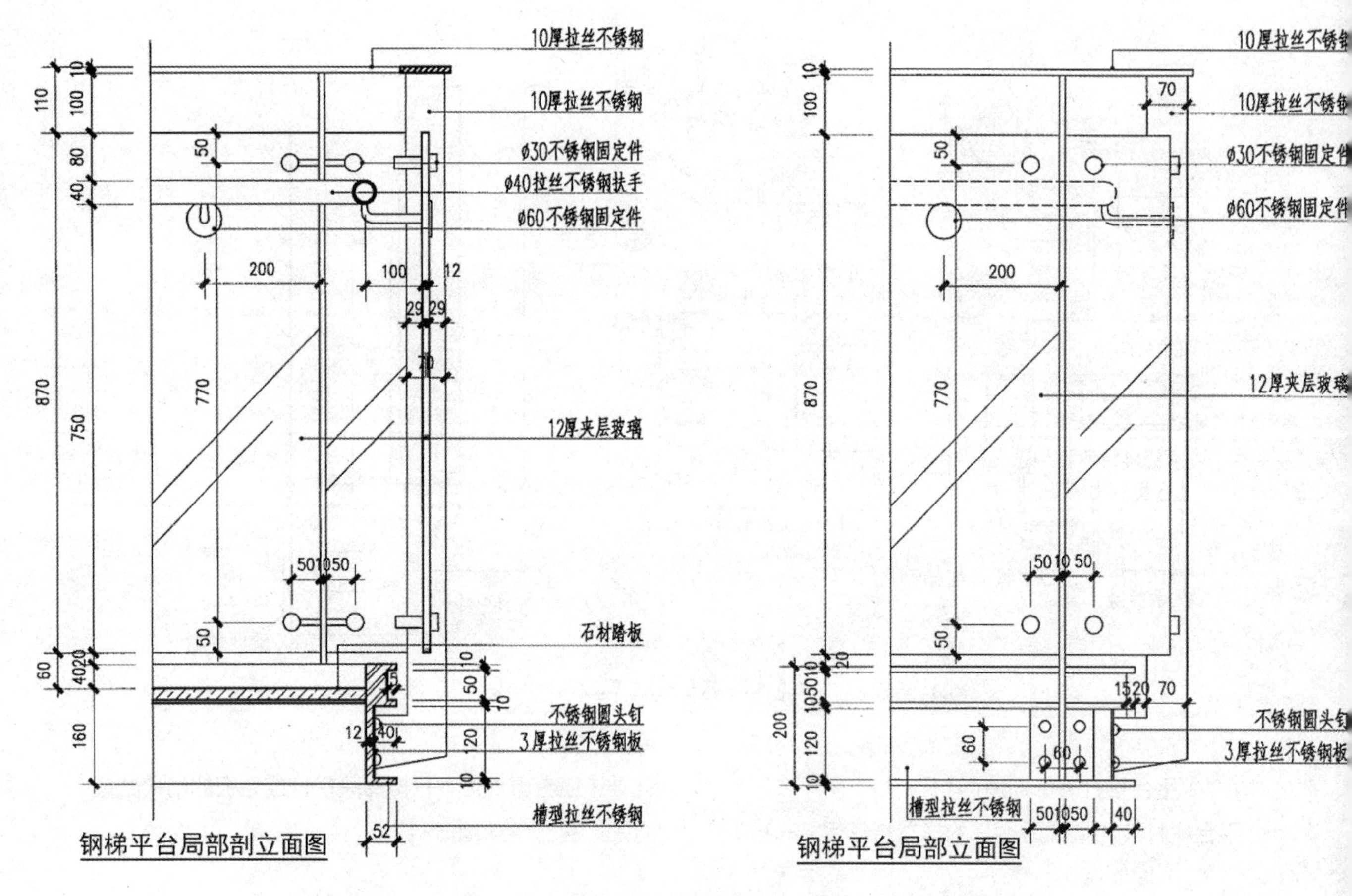

图5-17 楼梯平台不锈钢与玻璃栏杆构造（二）

（5）不锈钢玻璃栏板楼梯装饰构造

不锈钢玻璃栏板楼梯装饰构造，如图5-18所示。

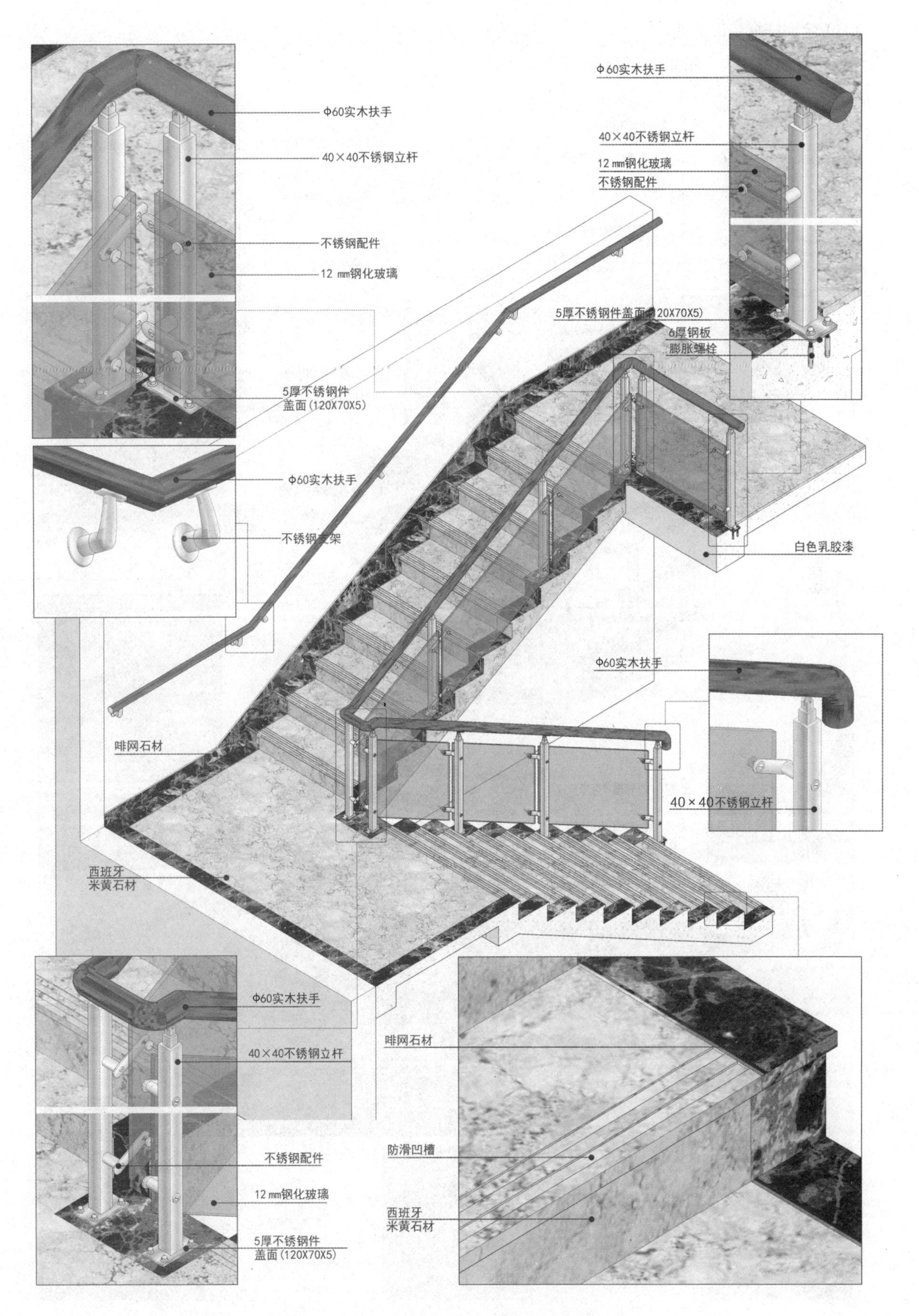

图5-18　不锈钢玻璃栏杆实木扶手楼梯装饰构造

（6）金属楼梯装饰构造

金属楼梯装饰构造，如图5-19所示。

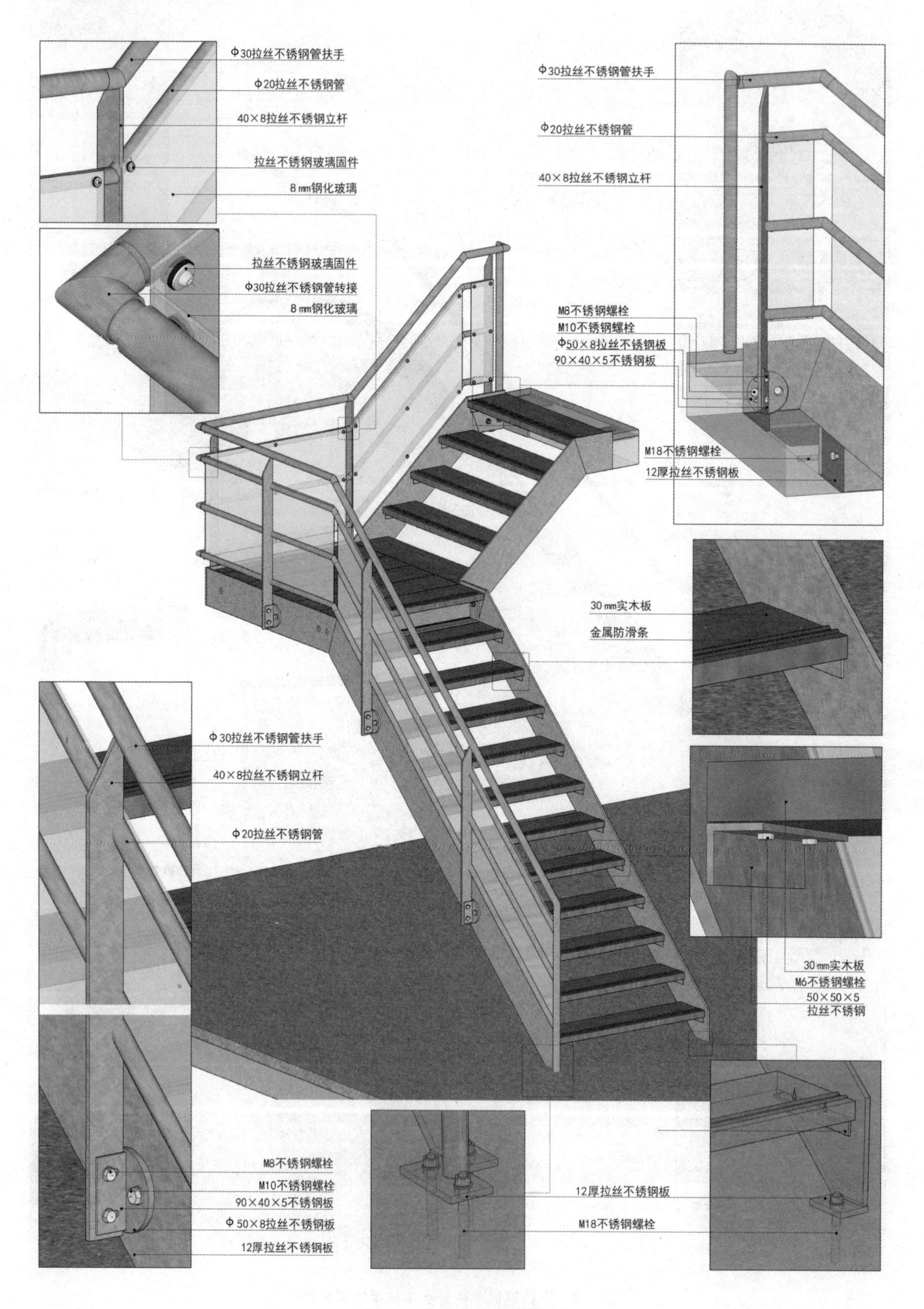

图5-19　金属楼梯装饰构造

二、楼梯装饰设计与实例

（一）楼梯装饰设计要求

楼梯装饰设计的内容主要涉及楼梯的形式、材料、平台与踏步尺寸、栏杆与扶手及踏步的连接固定方法等多方面内容。楼梯的设计应根据楼梯间的尺寸和层高视实际情况确定其形式与尺寸。楼梯的各构成部件的尺寸需合理适度、连接固定应稳固持久，还应符合国家相关规范要求。

（二）楼梯装饰设计图纸主要内容

1. 楼梯平面图

楼梯平面图一般分层绘制，底层楼梯平面图是剖在楼梯上行的第一跑处，除表示第一跑的平面外，还可表示楼梯间一层休息平台下房间或进入楼层单元处的平面形状。中间相同的多层相同楼梯，可用一个标准层楼梯图表示，图名为X～X层楼梯平面图。建筑最上层楼梯平面图称为顶层楼梯平面图。

多层建筑的楼梯平面图一般有底层楼梯平面图、标准层楼梯平面图、顶层楼梯平面图。

楼梯平面图应注明楼梯段尺寸及楼梯踏步数量、踏步平面尺寸、休息平台的平面尺寸及标高。

2. 楼梯剖面图

楼梯剖面图应完整、清晰地表明各楼梯段与休息平台的标高，楼梯踏步步数、踏面宽度与踢面的高度，楼梯栏杆扶手的形式、高度以及连接固定方法，还包括楼梯间各楼层门窗洞的标高与尺寸。

3. 踏步、栏杆或栏板及扶手详图

楼梯踏步的装饰装修一般与地面的做法相同。有关踏步的详图，应详细说明踏步的踏面与踢面的尺寸、踏面与踢面的衔接与墙体的连接固定方式、踏面的防滑处理方法。

栏杆与扶手详图包括：栏杆立面图与剖面图及特殊形状扶手断面图、栏杆与踏步固定方法、扶手与栏杆固定方法、栏杆与扶手剖面或断面图。

（三）楼梯装饰设计案例

案例一：双跑楼梯不锈钢栏杆楼梯装饰设计，如图5-20所示。

案例二：螺旋楼梯不锈钢栏杆楼梯装饰设计，如图5-21所示。

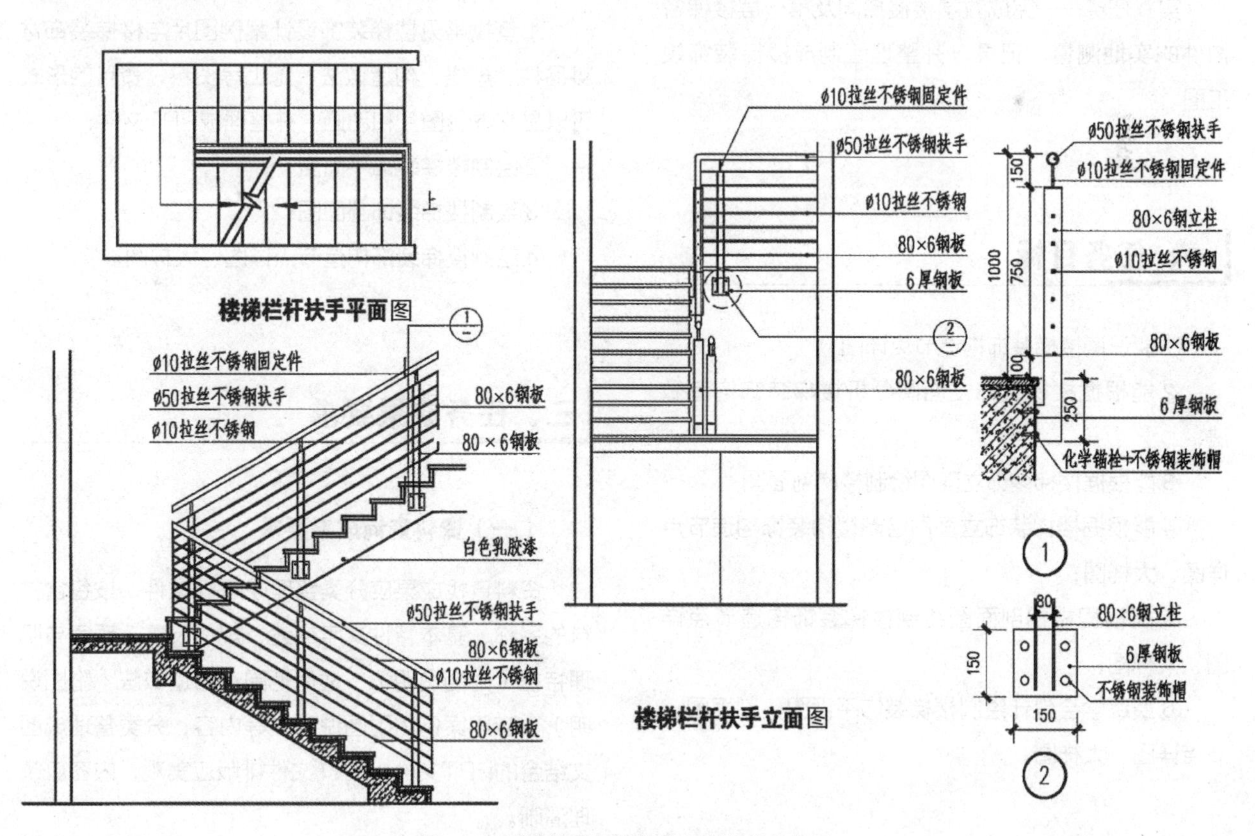

图5-20　双跑楼梯不锈钢栏杆楼梯装饰设计

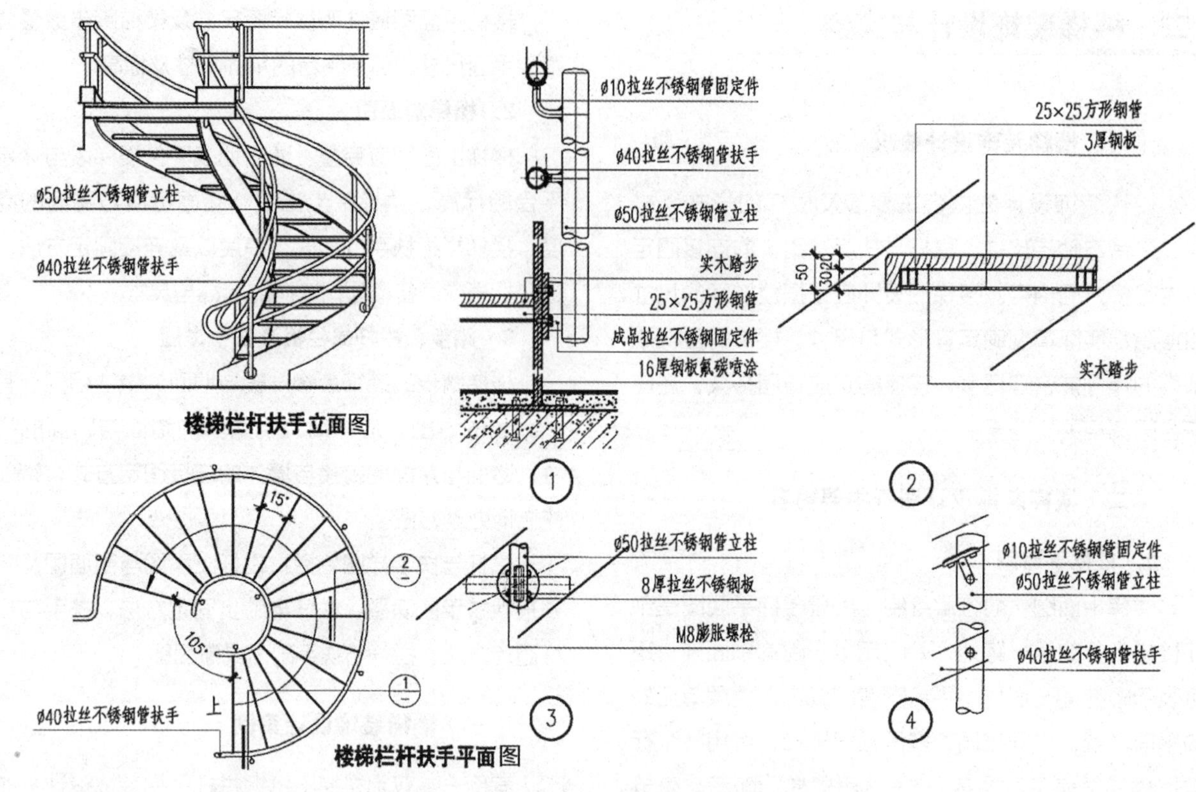

图5-21　螺旋楼梯不锈钢栏杆楼梯装饰设计

家居空间楼梯装饰设计实践

实践任务——完成教学楼楼梯间及第一层楼梯各构件的实地测量、记录，并整理绘制成楼梯装饰竣工图。

一、任务目标

①能识读楼梯装饰构造节点详图；

②能根据楼梯装饰立面图分析楼梯装饰构造做法；

③能根据楼梯装饰立面图绘制楼梯剖面图；

④能根据楼梯装饰立面图绘制楼梯装饰构造节点详图、大样图；

⑤能根据楼梯剖面图绘制楼梯装饰构造节点详图、大样图；

⑥最终学会设计绘制楼梯装饰平面图、剖面图、节点详图、大样图。

二、工作任务

①查找常见楼梯装饰设计案例图片与楼梯装饰材料品种、规格、构造做法、施工等资料，资料的形式可以是文本、图片和动画，并整理成PPT文件；

②绘制楼梯装饰平面图；

③绘制楼梯装饰剖面图；

④绘制楼梯装饰构造节点详图、大样图。

三、任务成果要求

（一）资料查询成果要求

资料查找成果应分类整理成PPT文件，按包含材料的名称、基本特性文字描述、规格尺寸、颜色与肌理特征（附图说明）、适用范围、构造做法（附图说明）、应用案例（附图说明）等内容，分类整理成图文结合的PPT文件。PPT文件排版应美观，内容应条理清晰。

（二）设计任务成果要求

设计任务的成果以图纸形式呈现，图纸内容与要求：

①图纸规格与要求：A3幅面，应有标题栏，标题栏须按要求绘制，并填写完整相关内容；

②图纸绘制应符合《房屋建筑室内装饰装修制图标准》（JGJ/T 244—2011）的要求；

③楼梯装饰设计施工图或竣工图要将楼梯的位置与构造关系交代清楚，应包括楼梯平面图、剖面图、栏杆和扶手以及踏步详图等图纸内容。

④楼梯踏步饰面材料、栏杆与扶手材料的名称、规格、颜色、工艺说明等；

⑤尺寸标注：栏杆扶手装饰造型定形尺寸、定位尺寸，楼地面标高等；

⑥节点图、剖面图、断面图等详图索引符号标注；

⑦详图的数量以能清晰说明楼梯装饰装修造型与构造细节为准，栏杆与扶手及踏步的构造关系以及装饰造型细节应交代清楚准确。

四、工作思路建议

①收集楼梯装饰设计案例，了解不同材料的楼梯装饰效果以及楼梯的设计样式；收集楼梯装饰材料与构造的相关详细信息，了解楼梯、栏杆及扶手材料的规格尺寸、楼梯踏步饰面材料的颜色与肌理特征；查阅标准图集如《内装修-楼（地）面装修》（13J502-3），了解楼梯踏步与栏杆扶手的装修构造做法；查阅相关规范标准如《住宅装饰装修工程施工验收规范》（GB 50327—2012），了解有关楼梯装饰装修质量控制要求等资料。

②参观楼梯装饰施工现场，实地考察楼梯的设计样式、栏杆扶手与踏步的构造方法、构造尺度、材料、收口与过渡等，并用手机或相机尽可能详细地做好影像记录。

③在调研分析常见楼梯踏步与栏杆扶手装饰材料及构造做法的基础上，确定楼梯的装饰处理方法及装饰材料。

④分析并绘制楼梯装饰设计草图与构造详图草图。

⑤规范绘制楼梯装饰平面图、剖面图、节点详图、大样图。

五、楼梯装饰平面图绘制步骤

①根据绘制对象尺寸与图纸规格确定比例；

②画出楼梯间墙体断面轮廓线、门窗图例；

③画出楼梯梯段边线与栏杆轮廓线；

④画出楼梯踏步踏面线；

⑤画出箭头，标注上下方向；

⑥选定适当剖切位置（能清楚表达楼梯装饰造型细节、楼梯栏杆与扶手及踏步连接与固定的构造细节等），画出相应剖面图、断面图、节点索引符号；

⑦描粗整理图线，建筑主体结构轮廓线用粗实线表示，楼梯装饰主要造型轮廓线用中实线表示，装饰线等次要轮廓用细实线表示；

⑧标注尺寸、标高、图纸名称、比例、材料名称规格与工艺做法等文字说明。

六、楼梯装饰详图绘制步骤

①根据绘制对象尺寸确定比例，画出楼板或墙面等基层结构部分轮廓线；

②根据楼梯平面图中标注的剖切位置与投射方向，画出墙身断面轮廓线以及楼地面、楼梯平台与梯段的底面轮廓线；

③画出楼地面、楼梯平台的厚度与楼梯横梁位置以及踏面和踢面的轮廓线；

④画出栏杆、扶手及其他细节；

⑤描粗整理图线，建筑构件的梁、板、墙剖切轮廓线用粗实线表示，装饰构造分层剖切轮廓线用中实线表示，其他图线用细实线表示；

⑥绘制详细的施工尺寸标注、标高、详图符号，工整书写包括详图名称、比例、注明材料与施工所需的文字说明。

项目六

公共空间装饰设计案例与施工图设计

学习目标

1. 掌握识读整套室内装饰施工图的方法；

2. 掌握常用室内装饰构造做法资料收集整理方法；

3. 能够综合运用所学构造知识和收集的构造相关资料，完成具体空间装饰施工图绘制。

任务描述

1. 识读整套室内装饰施工图；

2. 参观小型公共空间室内装饰施工工地，全程跟踪施工过程，了解公共空间的装饰施工构造方法，做好跟踪记录；

3. 查找与整理常见室内装饰构造资料，包括设计图纸与规范图集；

4. 根据设计方案完成平、立、剖面及详图的绘制。

知识链接

一、公共空间装饰设计图纸识读

室内装饰设计施工图纸在《房屋建筑室内装饰装修制图标准》（JGJ/T 244—2011）发布以前主要套用《房屋建筑制图统一标准》与《建筑制图标准》。

室内装饰设计施工图是采用正投影法绘制，按平面图、顶棚平面图、立面图、详图的顺序编排图号。其中平面图包括平面布置图、墙体平面图、地面铺装图、设备专业条件图等，顶棚平面图包括顶棚平面图、装饰尺寸图、设备专业条件图等。

（一）平面布置图

平面布置图是假想用一水平的剖切平面，沿房间的门窗洞口处做水平全剖切，移去上面部分，对剩下部分所做的水平正投影图。剖切到的墙、柱等结构体的轮廓用粗实线表示，其他内容均用细实线表示。

平面布置图的比例一般采用1：150、1：100、1：50。

平面布置图的尺寸包括三个方面的内容：一是原

建筑室内结构尺寸；二是空间布局和装饰结构的尺寸；三是家具与设备等尺寸。

平面布置图图纸内容包括隔墙、固定家具、固定装饰造型、活动家具、窗帘等；各空间详细布局、文字注释；活动家具及陈设品图例，装修地坪的相对标高；门窗的开启方式及尺寸；各空间墙面立面内视符号。

（二）顶棚平面图

用一个假想的水平剖切平面，沿需装饰房间的门窗洞口处做水平剖切，移除上部分，对剩余的上面部分所作的镜像投影，就是顶棚平面图。镜像投影是镜面中反射图像的正投影。

1. 顶棚平面图的图纸内容

顶棚平面图用于表达房间顶面的装饰造型、装饰做法及所属设备的位置、尺寸等内容。图纸内容主要包括：顶棚范围内装饰造型水平方向的图线与尺寸标注；顶棚所用的材料规格、灯具灯饰与空调风口及消防报警等设备的说明及位置安排等。

2. 顶棚平面图的图纸要求

要能清楚表达出窗帘及窗帘盒的位置；清楚表达门、窗洞口的位置；清楚表达出风口、烟感、温感、喷淋、广播、检查口等设备安装位置；清楚表达出顶棚不同高度层次的标高，顶棚层次标高一般以距楼面装修完成面高度计算；墙面与顶棚面相交处的收边做法。

（三）立面图

室内装饰立面图也称剖立面图，是从顶面至地面将该空间竖剖切后所得到的正投影图。位于剖切线上的物体以断面图形式表现（一般为墙体及顶棚、楼板），位于剖切线后的物体以正立面形式表示。

立面图主要表达室内墙面装饰及墙面布置的图样，除了画出固定墙面装修外，还可以画出墙面上可移动的装饰品，以及地面上陈设家具等设施。一般立面图应在平面图中利用内视符号指明装修立面方向。

对于立面图的命名，平面图中无轴线标注时，可按内视方向命名，如某某空间A立面图，另外也可按平面图中轴线编号命名，如①-②立面图等。

立面图图纸内容与要求：

立面图图纸应反映被剖切后的建筑及装修的断面形式，具体包括墙体、门洞、窗洞、抬高地坪、吊顶断面等；未被剖切到的可见墙面装修造型和固定家具、灯具造型的形状与位置；施工尺寸及标高；装修材料的编号及说明；材料衔接、界面转折的节点剖切索引号、大样索引号。

（四）详图

详图指在原图纸上无法清楚表述而进行详细制作的局部详细图样，由大样图、节点图和剖面图（或断面图）三部分组成。室内详图应画出材料与构件间的连接方式，并注全尺寸。

大样图：局部放大比例的图样。

节点图：反映装饰局部的构造切面图。

剖面图：将装饰构件整体剖开或局部剖开后，得到的反映内部装饰结构与饰面材料之间关系的正投影图。

一套完整的装饰设计施工图应包含图纸封面、目录、设计与施工说明、平面图、立面图、详图等图纸内容，施工图的绘制深度应符合《房屋建筑室内装饰装修制图标准》（JGJ/T 244—2011）的相关要求。装饰设计施工图识图顺序应按施工图的编制顺序，依次详细阅读。图纸识图，可遵循先仔细阅读平面图，再依据平面图中的立面索引符号查阅立面图所在图纸，仔细阅读立面图；依据立面图中的详图索引符号查阅详图所在图纸，仔细阅读详图等方法，由大到小、由整体到细节逐步深入阅读。

二、公共空间装饰设计图纸案例

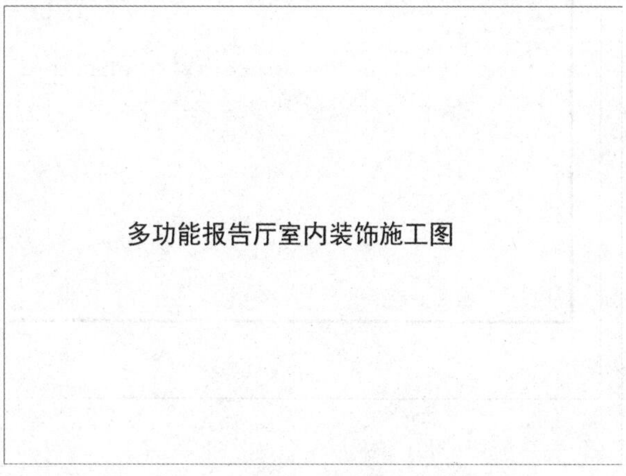

多功能报告厅室内装饰施工图

图6-1 封面

多功能报告厅室内装饰图纸目录

序号	图号	图纸名称	图幅	序号	图号	图纸名称	图幅
1	0-1	图纸目录	A4				
2	0-2	材料索引表	A4				
3	0-3	施工图编制说明	A4				
4	P1-01	原建筑平面图	A4				
5	P1-02	隔墙平面图	A4				
6	P1-03	平面布置图	A4				
7	P1-04	顶棚平面图	A4				
8	P1-05	灯具定位图	A4				
9	P1-06	地面铺装平面图	A4				
10	P1-07	立面索引图	A4				
11	EL-01	报告厅立面图	A4				
12	EL-02	报告厅立面图	A4				
13	EL-03	报告厅立面图	A4				
14	EL-04	贵宾接待室立面图	A4				
15	EL-05	立面索引图	A4				
16	EL-06	茶水间立面图	A4				
17	D-01	报告厅顶棚详图	A4				
18	D-02	报告厅顶棚详图	A4				
19	D-03	贵宾接待室顶棚详图	A4				
20	D-04	报告厅墙面详图	A4				
21	D-05	报告厅墙面详图	A4				
22	D-06	报告厅墙面详图	A4				
23	D-07	报告厅墙面详图	A4				
24	D-08	报告厅墙面详图	A4				
25	D-09	贵宾接待室墙面详图	A4				
26	D-10	报告厅双开门详图	A4				
27	D-11	贵宾接待室双开门详图	A4				
28	D-12	控制室隐形门详图	A4				

AIHOOTOP DESIGN	备注： 图纸未经设计单位授权，不得随意更改、复制。 所有尺寸以现场实测尺寸为准，任何对图纸的调整修改复制均须得到设计师的认可及确认。 施工单位须现场校验尺寸，如有不符须立即通知设计单位。	建设单位 CLIENT 工程名称 PROJECT TITLE	多功能报告厅	图名 DRAWING TITLE	图纸目录	审定 APPROVED 审核 VERIFIED 校对 CHECKED		制图 DRAWER 设计 DESIGNER 比例 SCALE		设计主持 CHIEF DESIGNER 图号 DRAWING No. 日期 DATE	 0-1 2014.05.16

图6-2　图纸目录

多功能报告厅室内装修材料索引表

类别	项目	名称	规格	特征说明	应用区域	供应商	修改	备注
石材	ST01	黑金砂	20mm		地面			
	ST02	爵士白	20mm		窗台			
	ST03	人造大理石	20mm		茶水间			
木材	WD01	水曲柳	3mm		报告厅			
	WD02	泰柚	3mm		贵宾接待室			
	WD03	泰柚木皮免漆板	18mm		贵宾接待室			
软包	UP01	高档麻布	28mm	阻燃	报告厅			
	UP02	PU皮革暗花	42mm	阻燃	贵宾接待室			
玻璃	GL01	灰镜	5mm	钢化	贵宾接待室、茶水间			
	GL02	钢化清玻璃	10mm	钢化	茶水间			
	GL03	钢化清玻璃	5mm	钢化	控制室			
金属	MT01	拉丝不锈钢	1.2mm厚	304	见图纸			
壁纸	WP01	墙纸			贵宾接待室、茶水间			
涂料	PT01	白色乳胶漆			顶棚			
瓷砖	CT01	地砖	600×600×10mm		茶水间、控制室			
地毯	CA01	几何暗花纹地毯			报告厅			
	CA02	曲线暗花纹地毯			贵宾接待室			

AIHOOTOP DESIGN

备注：
图纸未经设计单位授权，不得随意更改、复制。
所有尺寸以现场实测尺寸为准,任何对图纸的调整修改复制均须得到设计师的认可及确认。
施工单位须现场校验尺寸,如有不符须立即通知设计单位。

建设单位 CLIENT		图名 DRAWING TITLE	材料索引表	审定 APPROVED		制图 DRAWER		设计主持 CHIEF DESIGNER	
工程名称 PROJECT TITLE	多功能报告厅			审核 VERIFIED		设计 DESIGNER		图号 DRAWING No.	0-2
				校对 CHECKED		比例 SCALE		日期 DATE	2014.05.16

图6-3　材料索引表

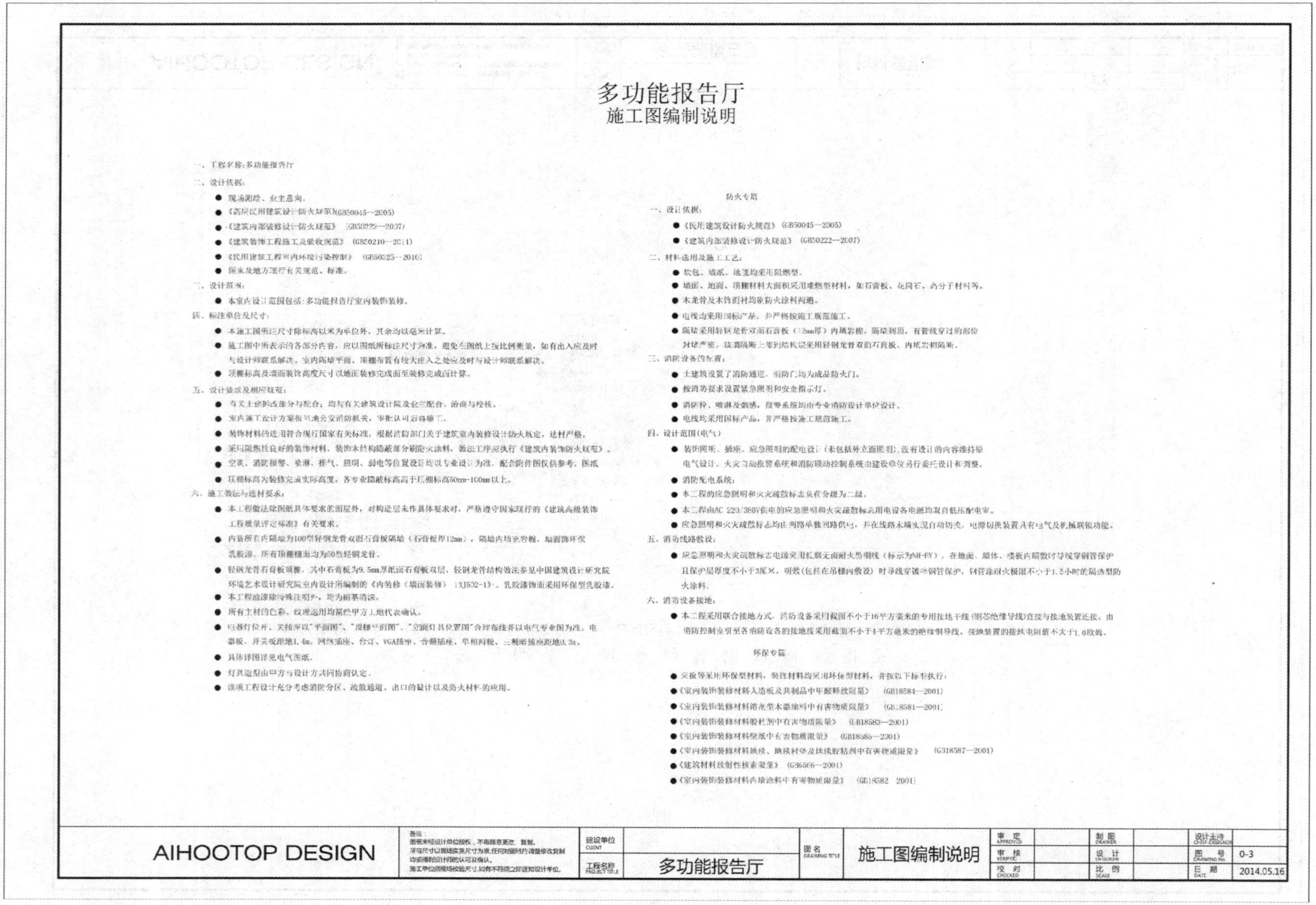

多功能报告厅
施工图编制说明

一、工程名称：多功能报告厅

二、设计依据：

- 现场测绘、业主意向。
- 《高层民用建筑设计防火规范》(GB50045—2005)
- 《建筑内部装修设计防火规范》 (GB50222—2007)
- 《建筑装饰工程施工及验收规范》 (GB50210—2011)
- 《民用建筑工程室内环境污染控制》 (GB50325—2010)
- 国家及地方现行有关规范、标准。

三、设计范围：

- 本室内设计范围包括：多功能报告厅室内装饰装修。

四、标注单位及尺寸：

- 本施工图所注尺寸除标高以米为单位外，其余均以毫米计算。
- 施工图中所表示的各部分内容，应以图纸所标注尺寸为准，避免在图纸上按比例衡量，如有出入应及时与设计师联系解决。室内隔墙平面、顶棚布置有较大出入之处应及时与设计师联系解决。
- 顶棚标高及墙面装饰高度尺寸以地面装修完成面至装修完成面计算。

五、设计要求及相应规范：

- 有关土建拆改部分与配合：均与有关建筑设计院及业主配合、洽商与校核。
- 室内施工设计方案报当地公安消防机关，审批认可后再施工。
- 装饰材料的选用符合现行国家有关标准，根据消防部门关于建筑室内装修设计防火规定，选材严格。
- 采用阻燃性良好的装饰材料，装饰木结构隐蔽部分刷防火涂料，做法工序应执行《建筑内装饰防火规范》。
- 空调、消防报警、喷淋、排气、照明、弱电等位置设计均以专业设计为准，配合附件图仅供参考，图纸
- 顶棚标高为装修完成实际高度，各专业隐蔽标高高于顶棚标高50mm-100mm以上。

六、施工做法与选材要求：

- 本工程做法除图纸具体要求的面层外，对构造层未作具体要求时，严格遵守国家现行的《建筑高级装饰工程质量评定标准》有关要求。
- 内装所有内隔墙为100型轻钢龙骨双面石膏板隔墙（石膏板厚12mm），隔墙内填岩棉，墙面饰环保乳胶漆。所有顶棚棚面均为50型轻钢龙骨。
- 轻钢龙骨石膏板顶棚，其中石膏板为9.5mm厚纸面石膏板双层，轻钢龙骨结构做法参见中国建筑设计研究院环境艺术设计研究院室内设计所编制的《内装修（墙面装修） 13J502-1》。乳胶漆饰面采用环保型乳胶漆。
- 本工程油漆除特殊注明外，均为硝基清漆。
- 所有主材的色彩、纹理选用均需经甲方工地代表确认。
- 电器灯位开、关插座以"平面图"、"顶棚平面图"、"立面灯具位置图"合理布线并以电气专业图为准，电器板、开关板距地1.4m。网络插座、台灯、VGA插座、音频插座、单相两极、三极暗插座距地0.3m。
- 具体详图详见电气图纸。
- 灯具造型由甲方与设计方共同协商认定。
- 该项工程设计充分考虑消防分区、疏散通道、出口的设计以及防火材料的应用。

防火专篇

一、设计依据：

- 《民用建筑设计防火规范》 (GB50045—2005)
- 《建筑内部装修设计防火规范》 (GB50222—2007)

二、材料选用及施工工艺：

- 软包、墙纸、地毯均采用阻燃型。
- 墙面、地面、顶棚材料大面积采用难燃型材料，如石膏板、花岗石、高分子材料等。
- 木龙骨及木饰面衬均刷防火涂料两遍。
- 电线均采用国标产品，并严格按施工规范施工。
- 隔墙采用轻钢龙骨双面石膏板（12mm厚）内填岩棉，隔墙到顶，有管线穿过的部位封堵严密，玻璃隔断上部到结构层采用轻钢龙骨双面石膏板、内填岩棉隔断。

三、消防设备的布置：

- 土建筑设置了消防通道，消防门均为成品防火门。
- 按消防要求设置紧急照明和安全指示灯。
- 消防栓、喷淋及烟感，报警系统均由专业消防设计单位设计。
- 电线均采用国标产品，并严格按施工规范施工。

四、设计范围(电气)

- 装饰照明、插座、应急照明的配电设计（未包括外立面照明），没有设计的内容维持原电气设计。火灾自动报警系统和消防联动控制系统由建设单位另行委托设计和调整。
- 消防配电系统：
- 本工程的应急照明和火灾疏散标志负荷分级为二级。
- 本工程由AC 220/380V供电的应急照明和火灾疏散标志用电设备电源均取自低压配电室。
- 应急照明和火灾疏散标志均由两路单独回路供电，并在线路末端实现自动切换。电源切换装置具有电气及机械联锁功能。

五、消防线路敷设：

- 应急照明和火灾疏散标志电源采用低烟无卤耐火型铜线（标示为NH-BV），在地面、墙体、楼板内暗敷时导线穿钢管保护且保护层厚度不小于3厘米，明敷(包括在吊棚内敷设）时导线穿镀锌钢管保护，钢管涂耐火极限不小于1.5小时的隔热型防火涂料。

六、消防设备接地：

- 本工程采用联合接地方式，消防设备采用截面不小于16平方毫米的专用接地干线（铜芯绝缘导线）直接与接地装置连接。由消防控制室引至各消防设备的接地线采用截面不小于4平方毫米的绝缘铜导线。接地装置的接地电阻值不大于1.0欧姆。

环保专篇

- 夹板等采用环保型材料，装饰材料均采用环保型材料，并按以下标准执行：
- 《室内装饰装修材料人造板及其制品中甲醛释放限量》 (GB18584—2001)
- 《室内装饰装修材料溶剂型木器涂料中有害物质限量》 (GB18581—2001)
- 《室内装饰装修材料胶粘剂中有害物质限量》 (GB18583—2001)
- 《室内装饰装修材料壁纸中有害物质限量》 (GB18585—2001)
- 《室内装饰装修材料地毯、地毯衬垫及地毯胶粘剂中有害物质限量》 (GB18587—2001)
- 《建筑材料放射性核素限量》 (GB6566—2001)
- 《室内装饰装修材料内墙涂料中有害物质限量》 (GB18582 2001)

AIHOOTOP DESIGN	备注： 图纸未经设计单位授权，不得随意更改、复制。 所有尺寸以现场实测尺寸为准，任何对图纸的调整修改复制均须得到设计师的认可及确认。 施工单位须现场校验尺寸，如有不符须立即通知设计单位。	建设单位 CLIENT		图名 DRAWING TITLE	施工图编制说明	审定 APPROVED		制图 DRAWER		设计主持 CHIEF DESIGNER	
		工程名称 PROJECT TITLE	多功能报告厅			审核 VERIFIED		设计 DESIGNER		图号 DRAWING No.	0-3
						校对 CHECKED		比例 SCALE		日期 DATE	2014.05.16

图6-4 施工图编制说明

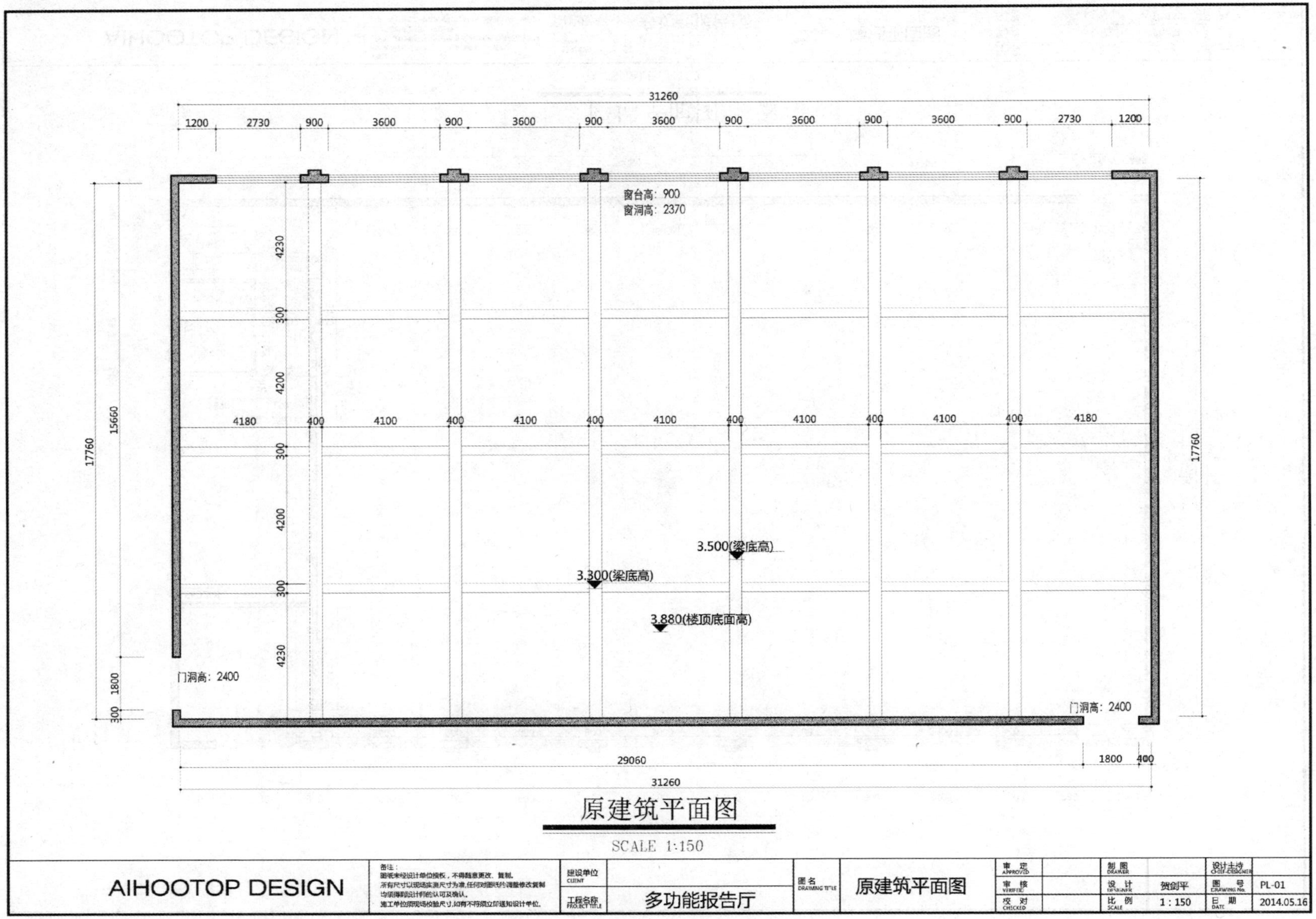

窗台高：900
窗洞高：2370

3.500(梁底高)

3.300(梁底高)

3.880(楼顶底面高)

门洞高：2400

门洞高：2400

原建筑平面图

SCALE 1:150

AIHOOTOP DESIGN	备注：图纸未经设计单位授权，不得随意更改、复制。所有尺寸以现场实测尺寸为准，任何对图纸的调整修改复制均须得到设计师的认可及确认。施工单位须现场校验尺寸，如有不符须立即通知设计单位。	建设单位 CLIENT		图名 DRAWING TITLE	原建筑平面图	审定 APPROVED		制图 DRAWER		设计主持 CHIEF-DESIGNER	
		工程名称 PROJECT TITLE	多功能报告厅			审核 VERIFIED		设计 DESIGNER	贺剑平	图号 DRAWING No.	PL-01
						校对 CHECKED		比例 SCALE	1：150	日期 DATE	2014.05.16

图6–5　原建筑平面图

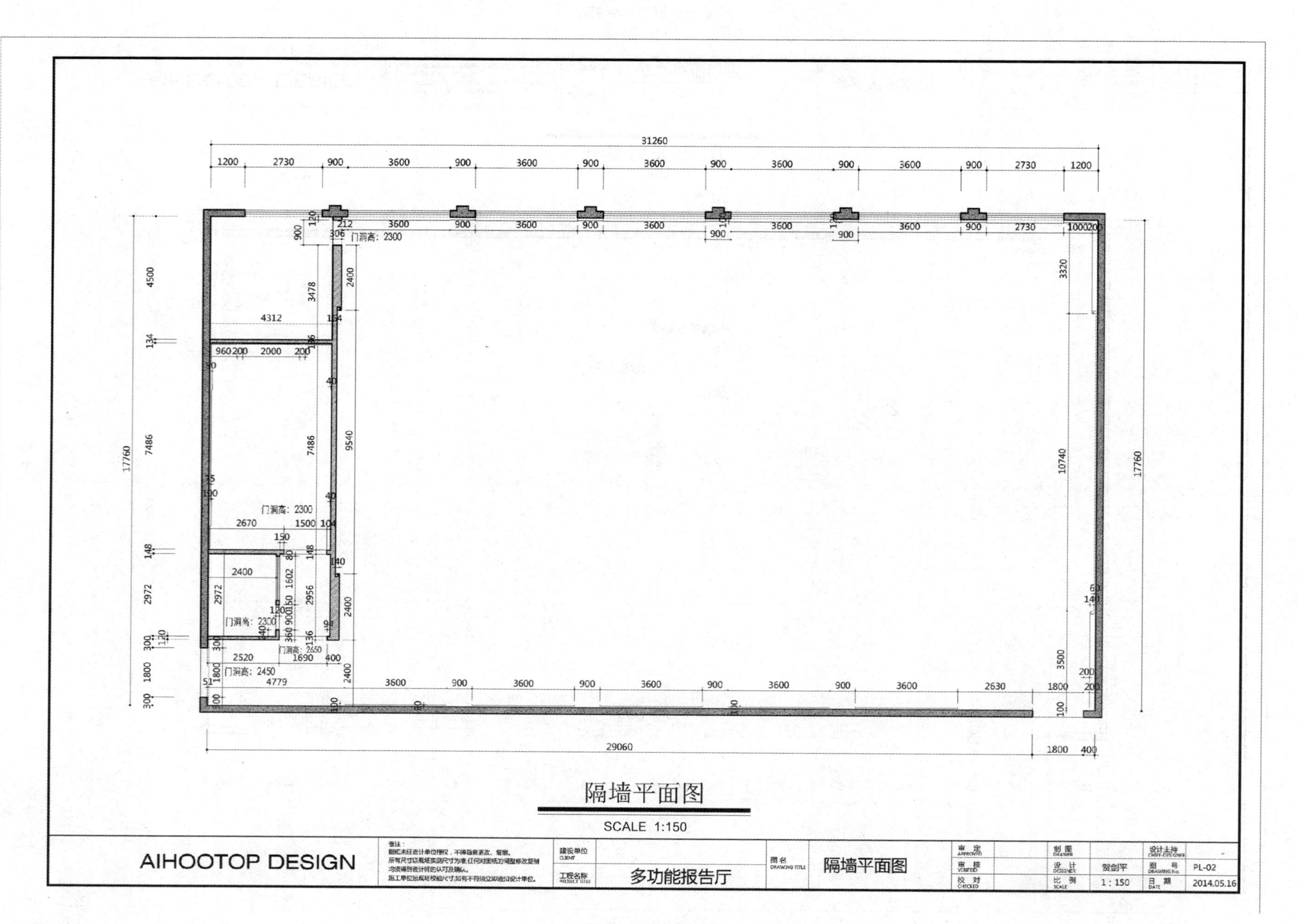

31260
29060
17760
隔墙平面图
SCALE 1:150
AIHOOTOP DESIGN
建设单位
工程名称
多功能报告厅
图名
隔墙平面图
设计
贺剑平
比例
1 : 150
图号
PL-02
日期
2014.05.16

图6-6　隔墙平面图

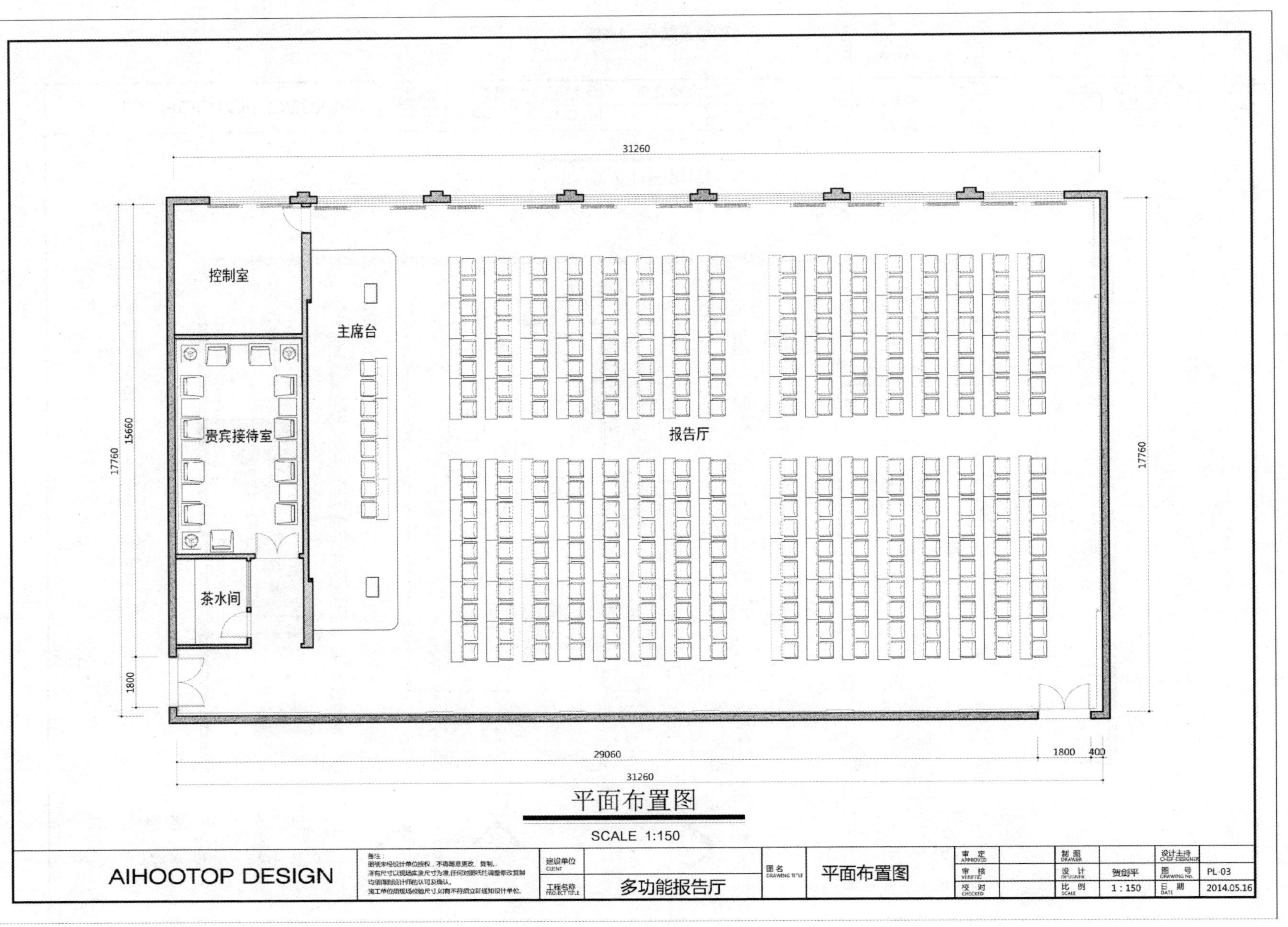

31260
控制室
主席台
贵宾接待室
茶水间
报告厅
17760
15660
1800
29060
1800
400
31260
平面布置图
SCALE 1:150
AIHOOTOP DESIGN
建设单位
工程名称
多功能报告厅
图名
平面布置图
审定
审核
校对
制图
设计
比例
1:150
设计主持
图号
PL-03
日期
2014.05.16

图6-7 平面布置图

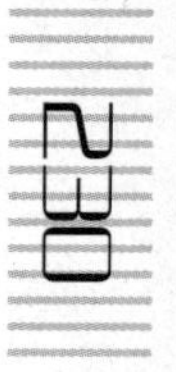

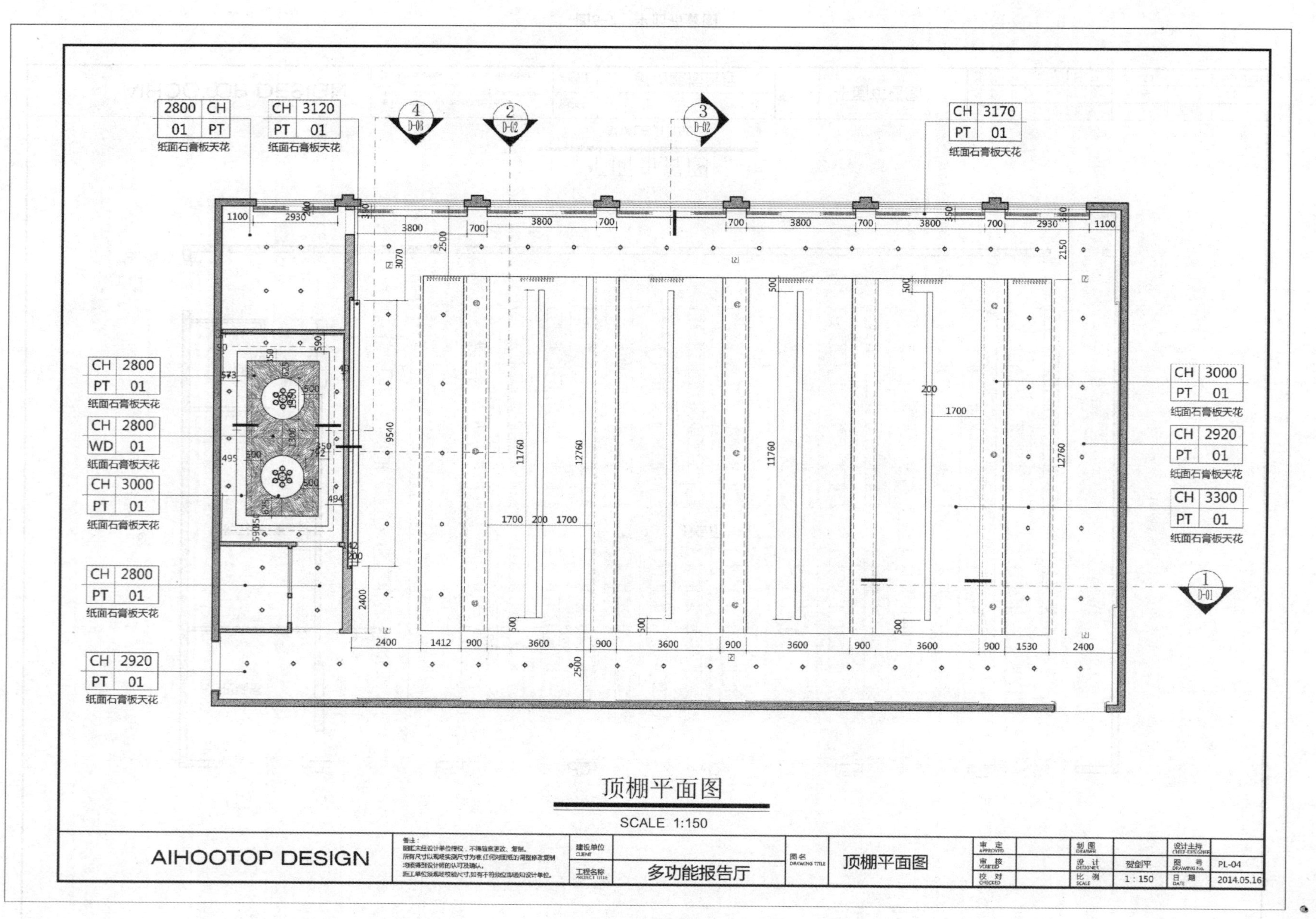

2800 CH
01 PT
纸面石膏板天花
CH 3120
PT 01
纸面石膏板天花
CH 3170
PT 01
纸面石膏板天花
CH 2800
PT 01
纸面石膏板天花
CH 2800
WD 01
纸面石膏板天花
CH 3000
PT 01
纸面石膏板天花
CH 2800
PT 01
纸面石膏板天花
CH 2920
PT 01
纸面石膏板天花
CH 3000
PT 01
纸面石膏板天花
CH 2920
PT 01
纸面石膏板天花
CH 3300
PT 01
纸面石膏板天花
顶棚平面图
SCALE 1:150
AIHOOTOP DESIGN
多功能报告厅
顶棚平面图
贺剑平
1 : 150
PL-04
2014.05.16

图6-8 顶棚平面图

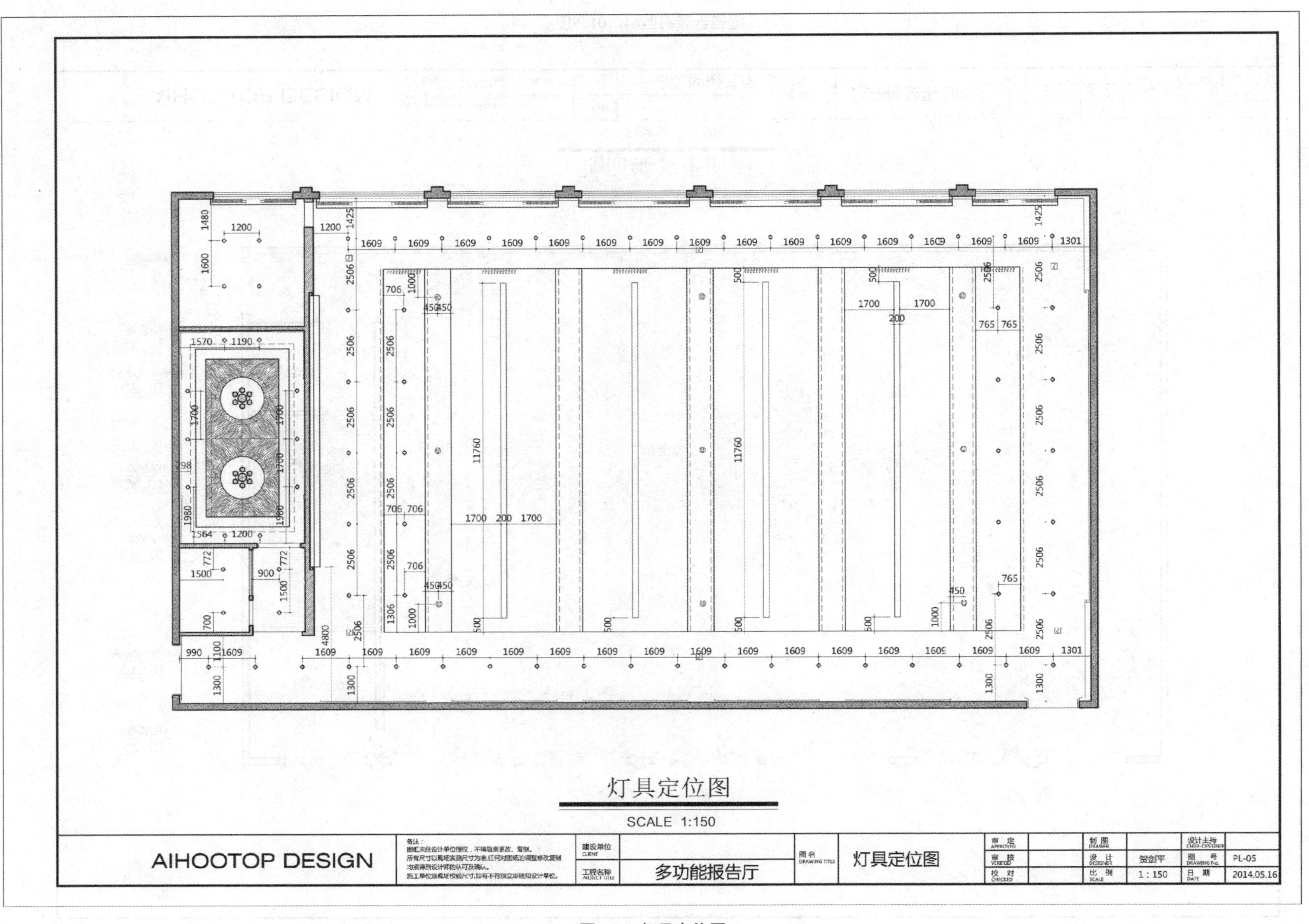

灯具定位图
SCALE 1:150
AIHOOTOP DESIGN
建设单位
工程名称
多功能报告厅
图名
灯具定位图
设计
贺剑平
比例
1：150
图号
PL-05
日期
2014.05.16

图6-9　灯具定位图

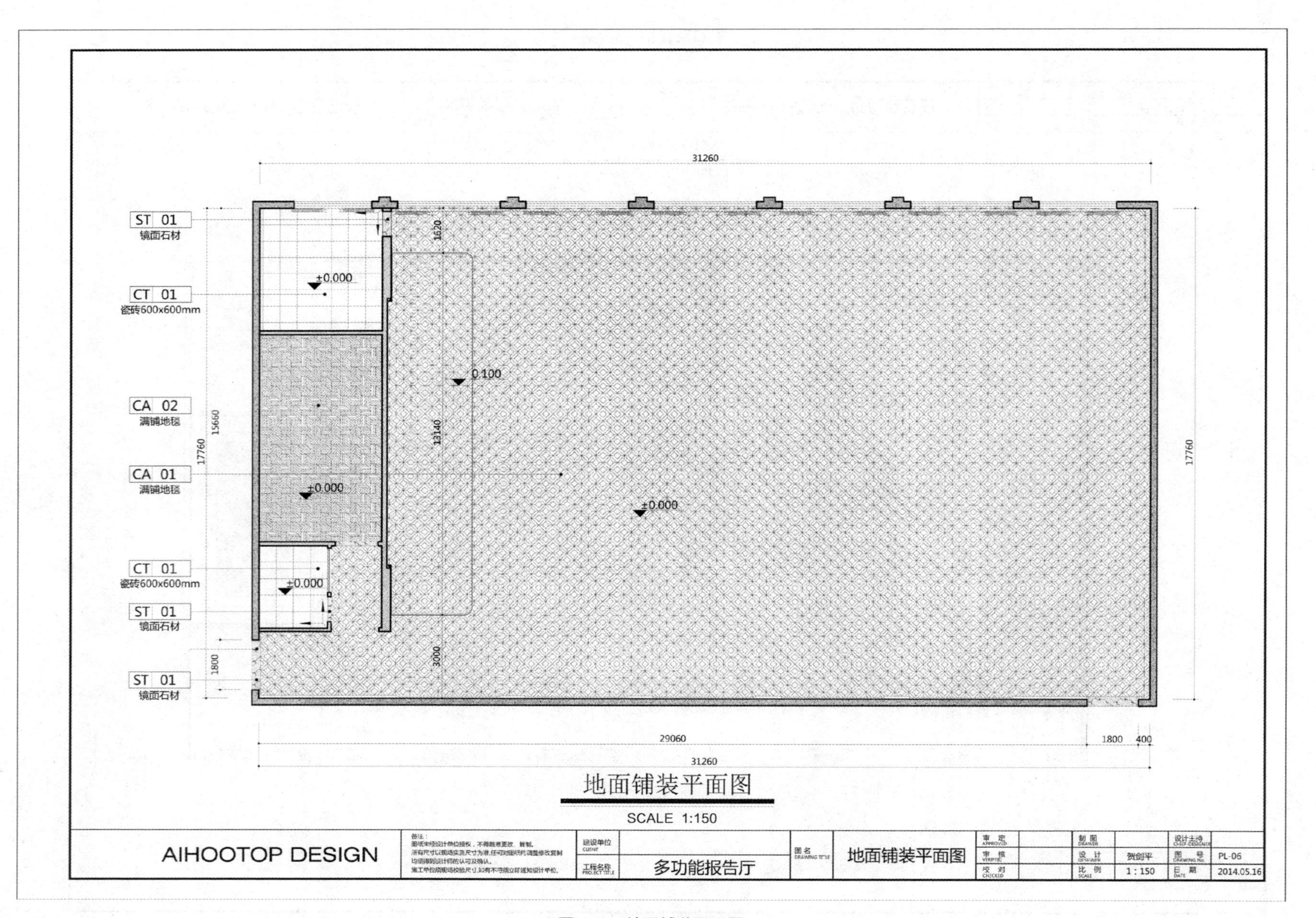

图6-10　地面铺装平面图

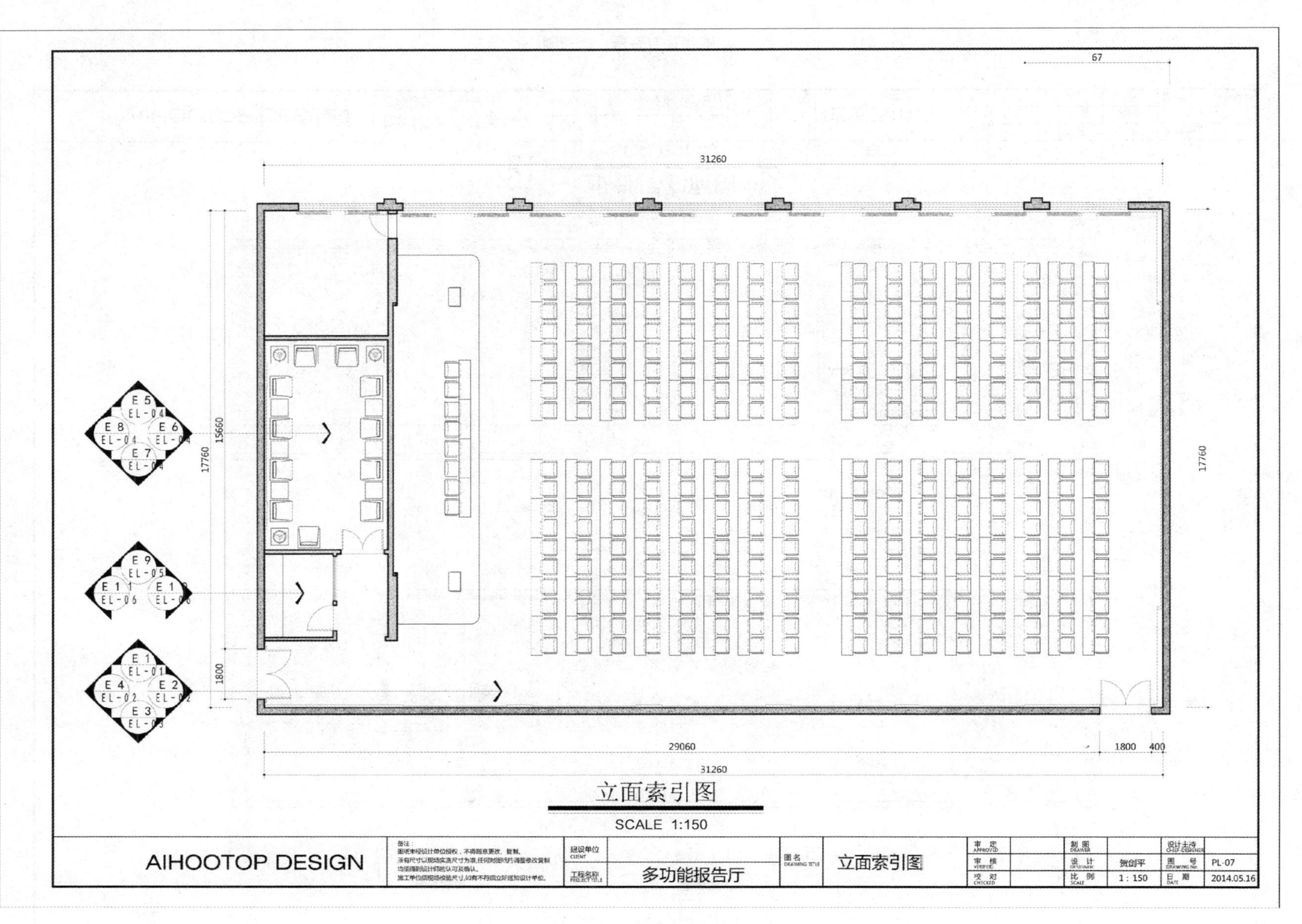
31260
67
15660
17760
1800
29060
400
立面索引图
SCALE 1:150
AIHOOTOP DESIGN
多功能报告厅
立面索引图
1 : 150
PL-07
2014.05.16

图6-11　立面索引图

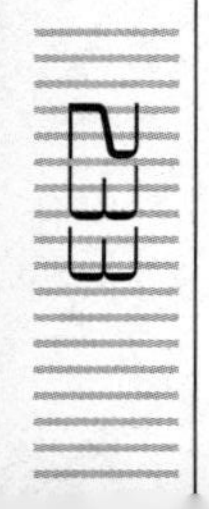

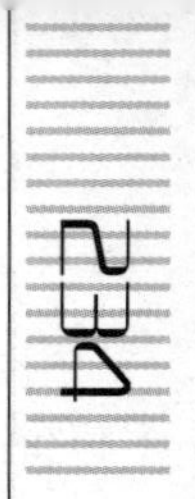

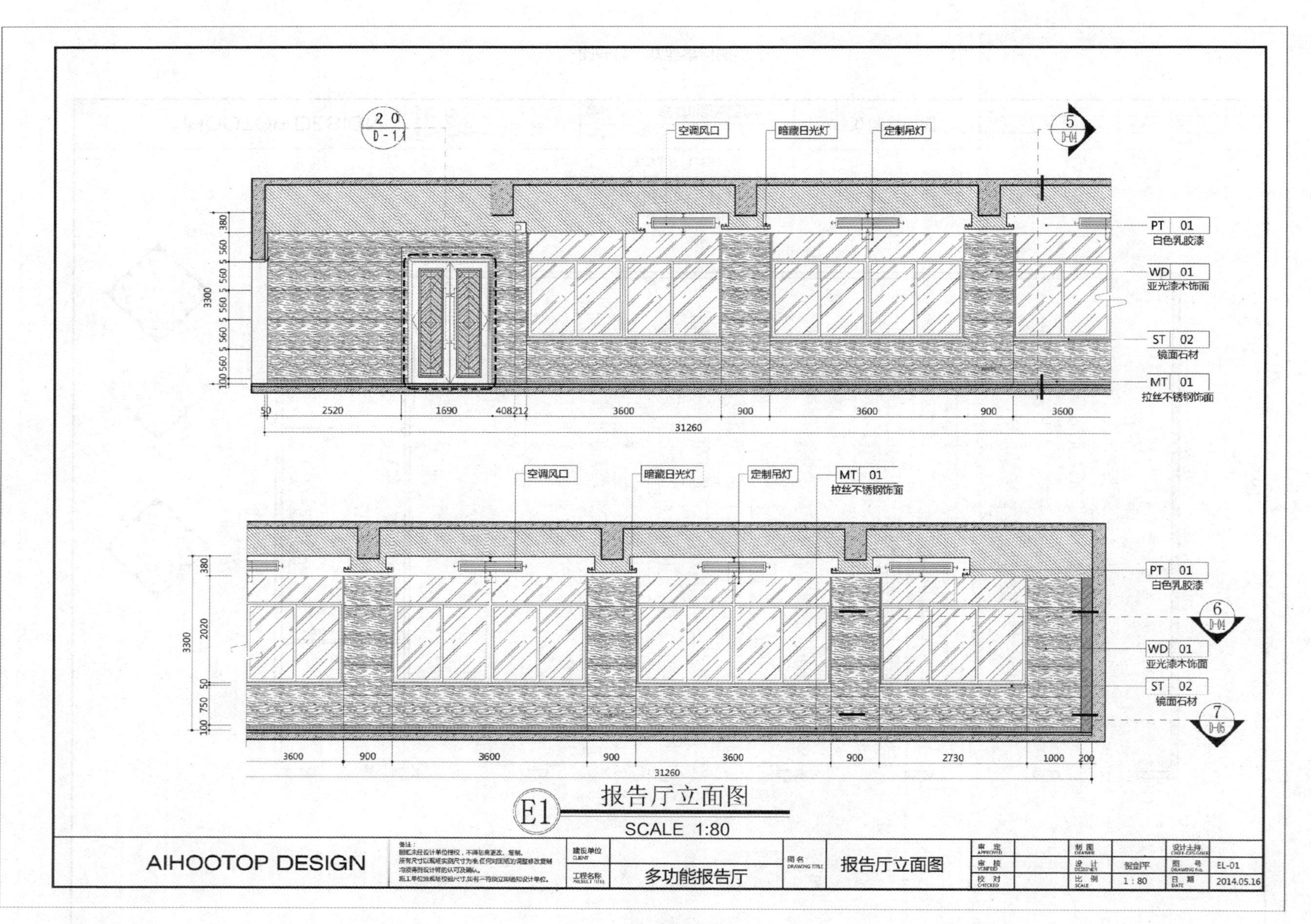
空调风口
暗藏日光灯
定制吊灯
PT 01
白色乳胶漆
WD 01
亚光漆木饰面
ST 02
镜面石材
MT 01
拉丝不锈钢饰面
31260
3300
E1 报告厅立面图
SCALE 1:80
AIHOOTOP DESIGN
多功能报告厅
报告厅立面图
EL-01
1 : 80
2014.05.16

图6-12　报告厅立面图

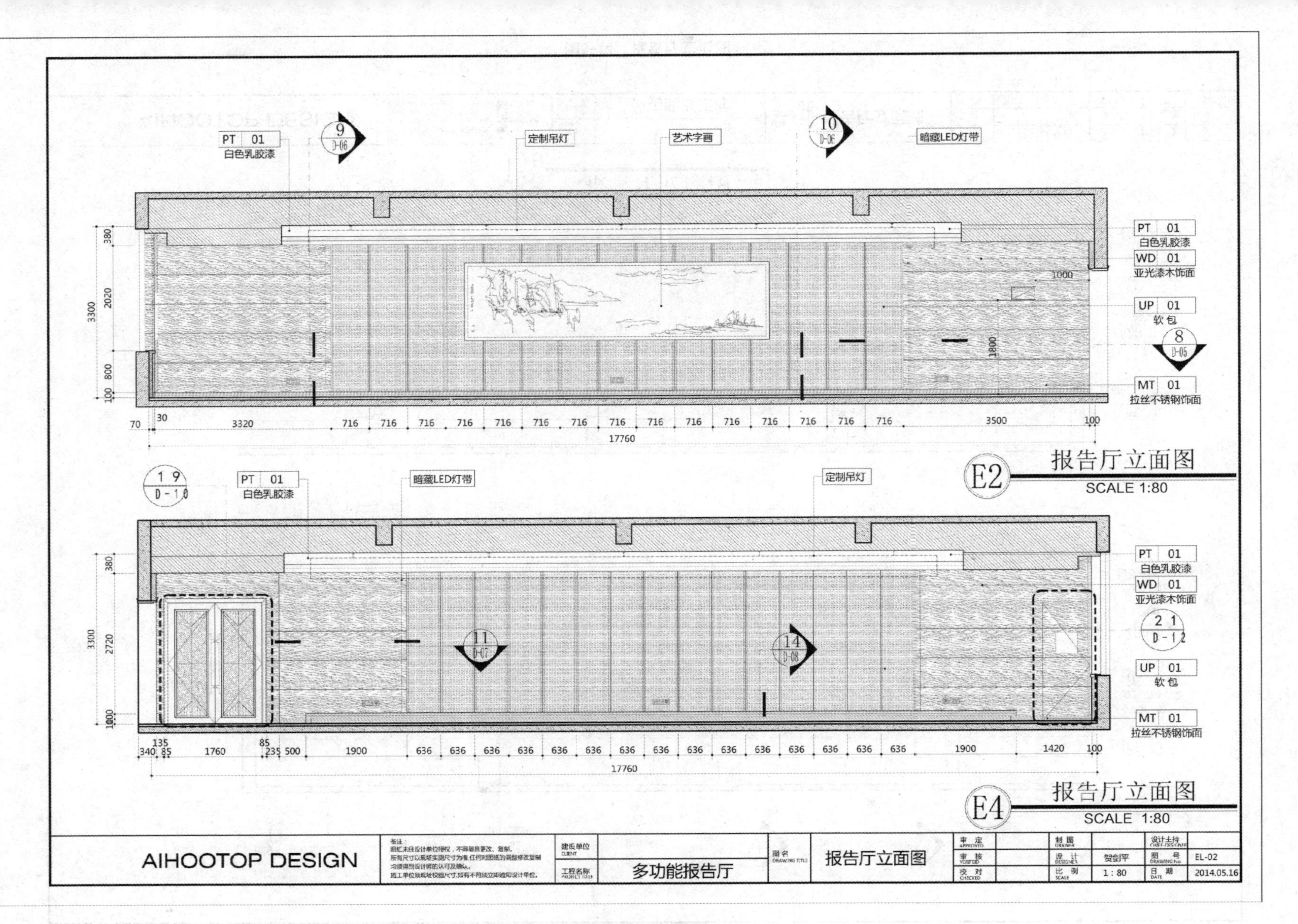
PT 01
白色乳胶漆
定制吊灯
艺术字画
暗藏LED灯带
WD 01
亚光漆木饰面
UP 01
软包
MT 01
拉丝不锈钢饰面
E2
报告厅立面图
SCALE 1:80
E4
报告厅立面图
SCALE 1:80
AIHOOTOP DESIGN
多功能报告厅
报告厅立面图
贺剑平
1 : 80
EL-02
2014.05.16

图6-13　报告厅立面图

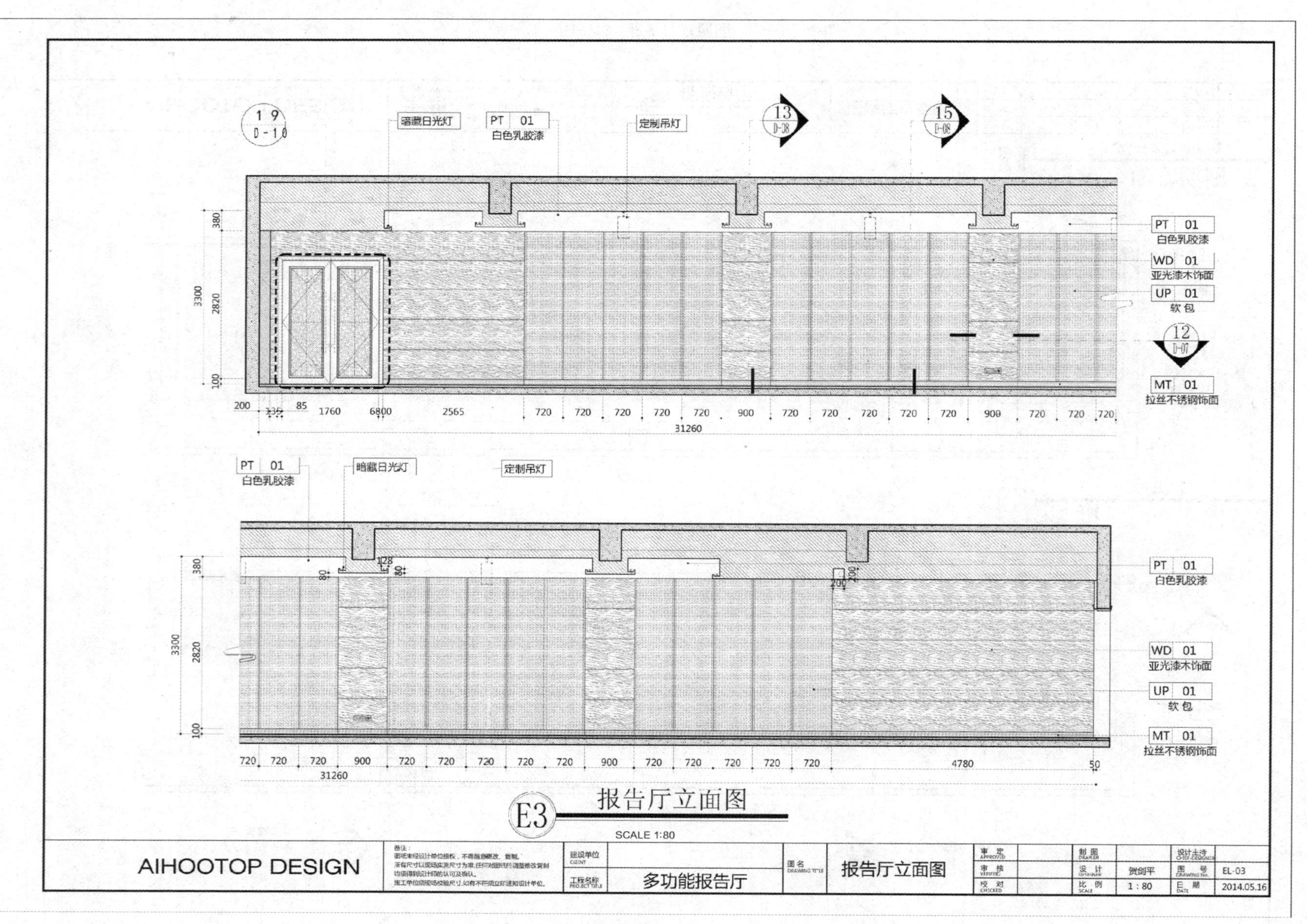
暗藏日光灯
PT 01
白色乳胶漆
定制吊灯
PT 01
白色乳胶漆
WD 01
亚光漆木饰面
UP 01
软包
MT 01
拉丝不锈钢饰面
31260
4780
3300
2820
报告厅立面图
E3
SCALE 1:80
AIHOOTOP DESIGN
多功能报告厅
报告厅立面图
贺剑平
1 : 80
EL-03
2014.05.16

图6-14　报告厅立面图

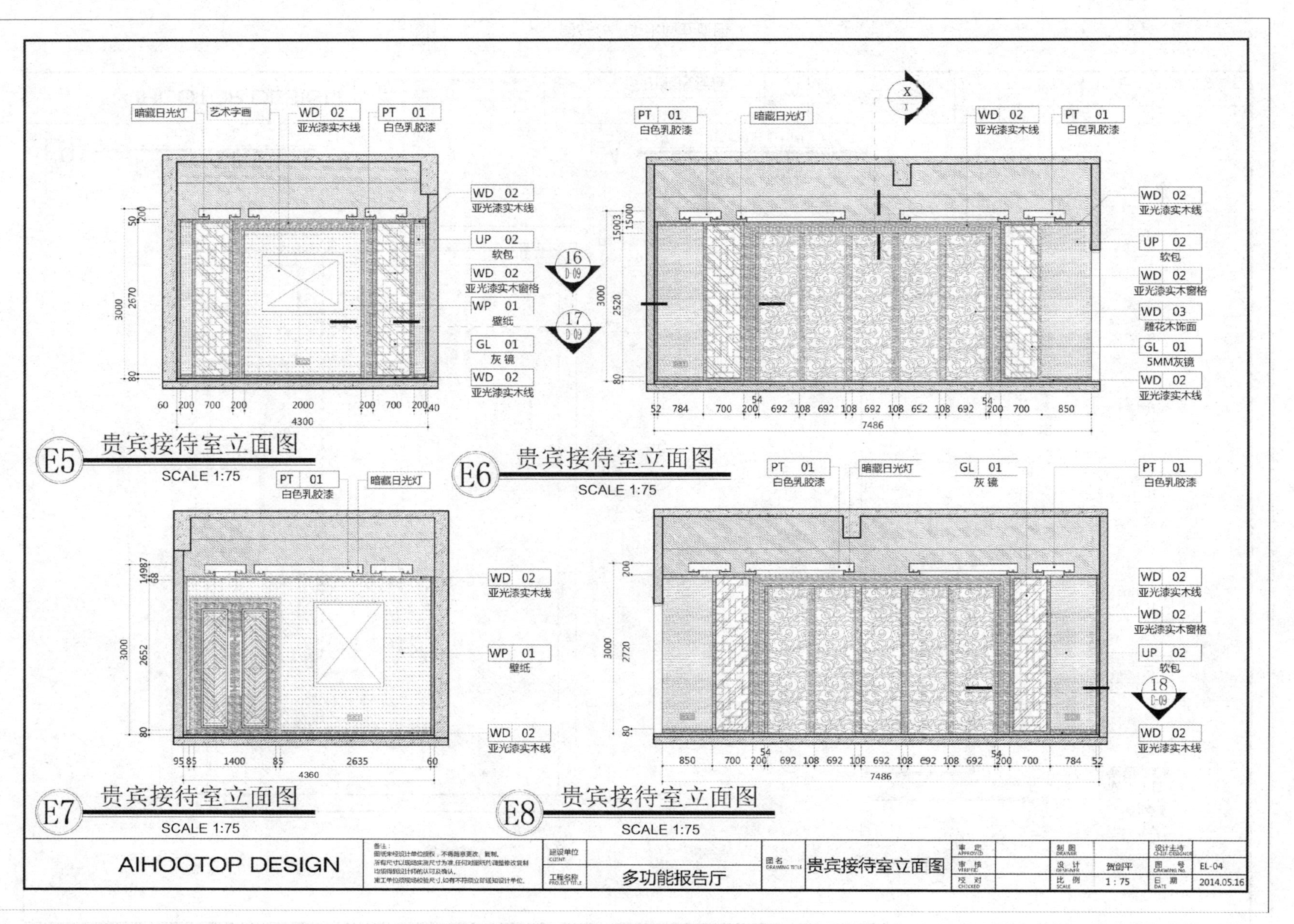

图6-15　贵宾接待室立面图

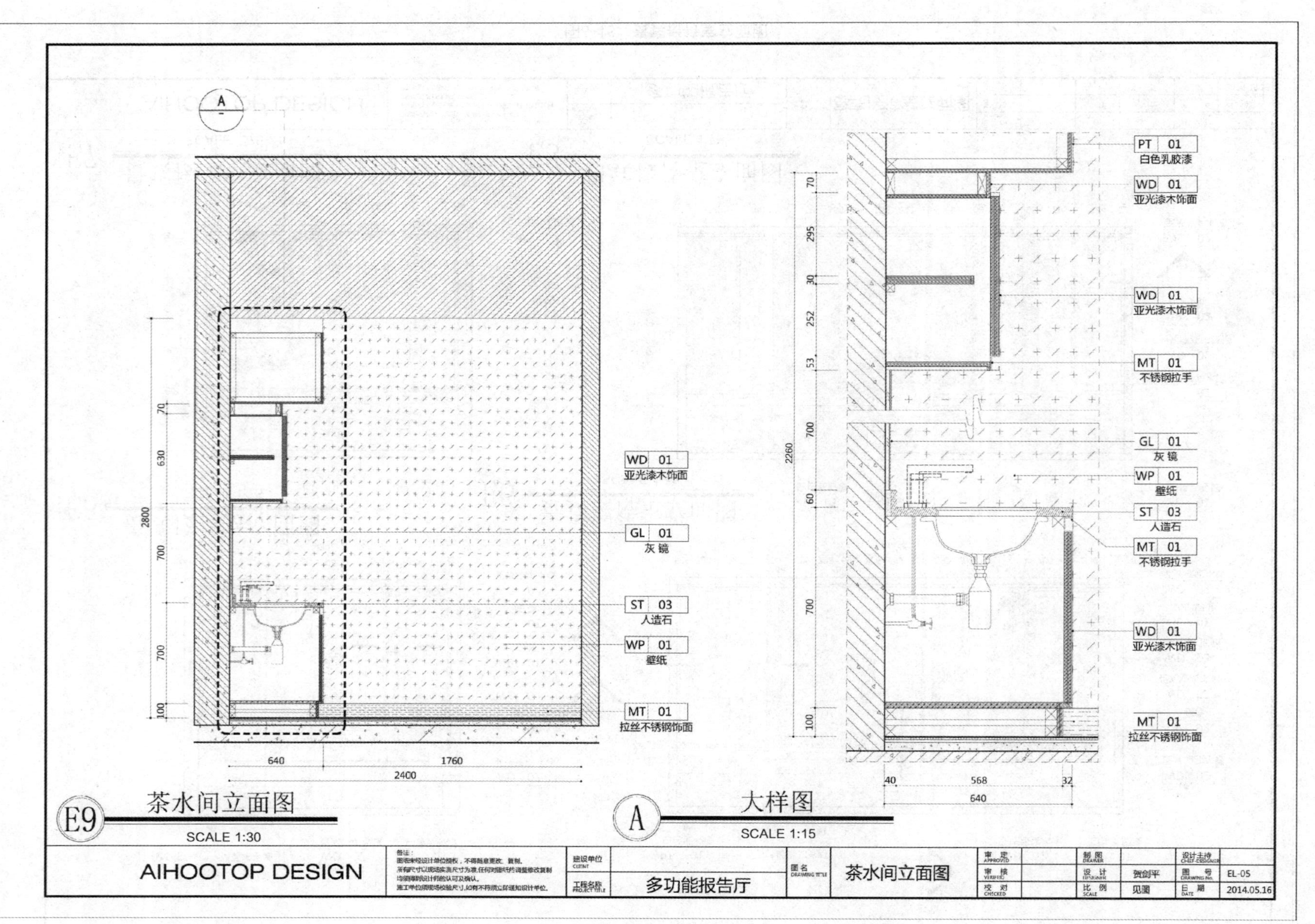

WD 01
亚光漆木饰面
GL 01
灰镜
ST 03
人造石
WP 01
壁纸
MT 01
拉丝不锈钢饰面
PT 01
白色乳胶漆
MT 01
不锈钢拉手
E9
茶水间立面图
SCALE 1:30
A
大样图
SCALE 1:15
AIHOOTOP DESIGN
多功能报告厅
茶水间立面图
贺剑平
见图
EL-05
2014.05.16

图6-16　茶水间立面图

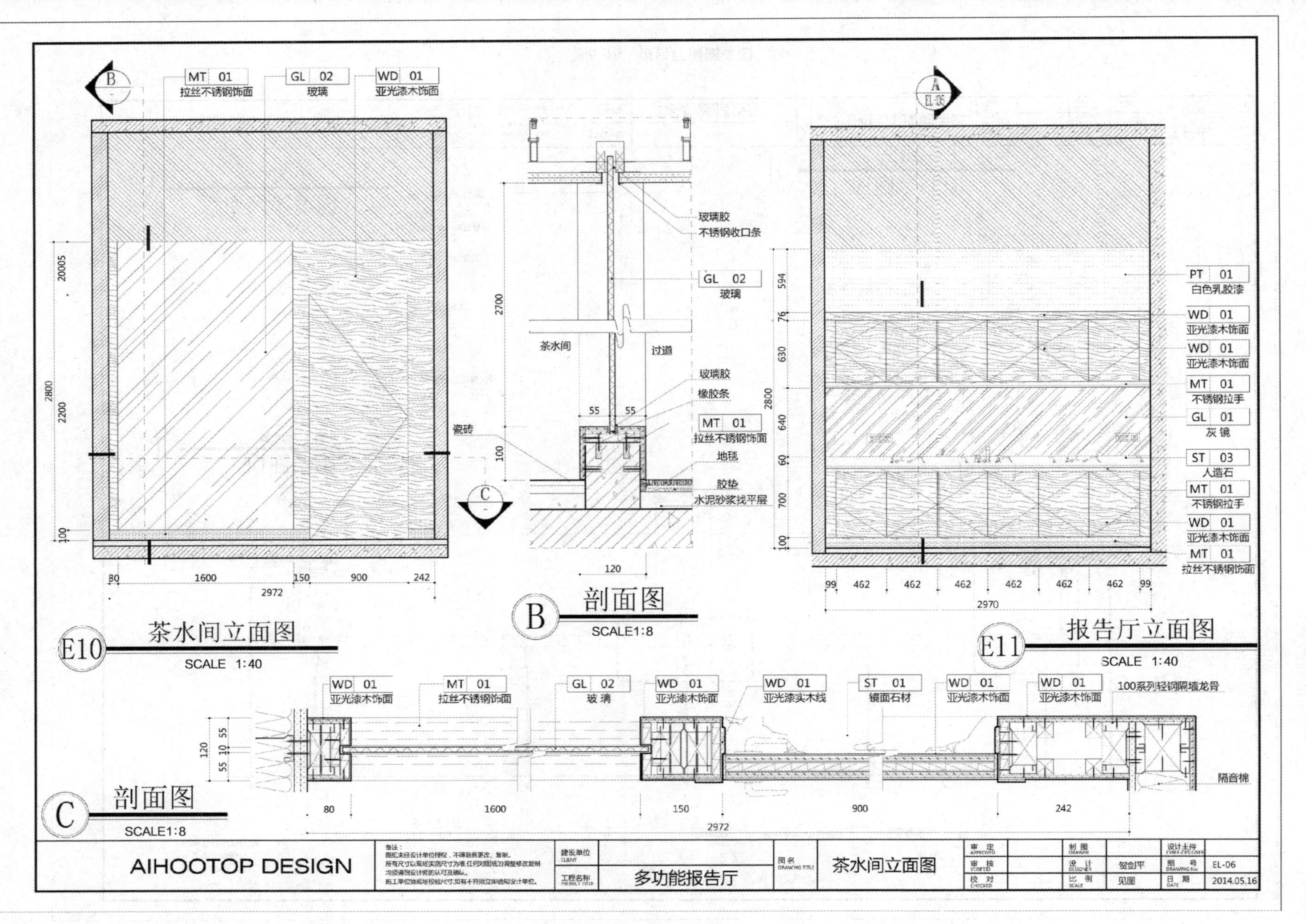

MT 01
拉丝不锈钢饰面
GL 02
玻璃
WD 01
亚光漆木饰面
E10 茶水间立面图
SCALE 1:40
玻璃胶
不锈钢收口条
GL 02
玻璃
茶水间
过道
玻璃胶
橡胶条
MT 01
拉丝不锈钢饰面
地毯
胶垫
水泥砂浆找平层
瓷砖
B 剖面图
SCALE1:8
PT 01
白色乳胶漆
WD 01
亚光漆木饰面
MT 01
不锈钢拉手
GL 01
灰镜
ST 03
人造石
E11 报告厅立面图
SCALE 1:40
WD 01
亚光漆木饰面
MT 01
拉丝不锈钢饰面
GL 02
玻璃
WD 01
亚光漆实木线
ST 01
镜面石材
100系列轻钢隔墙龙骨
隔音棉
C 剖面图
SCALE1:8
AIHOOTOP DESIGN
建设单位
工程名称
多功能报告厅
图名
茶水间立面图
贺剑平
见图
EL-06
2014.05.16

图6-17　茶水间立面图

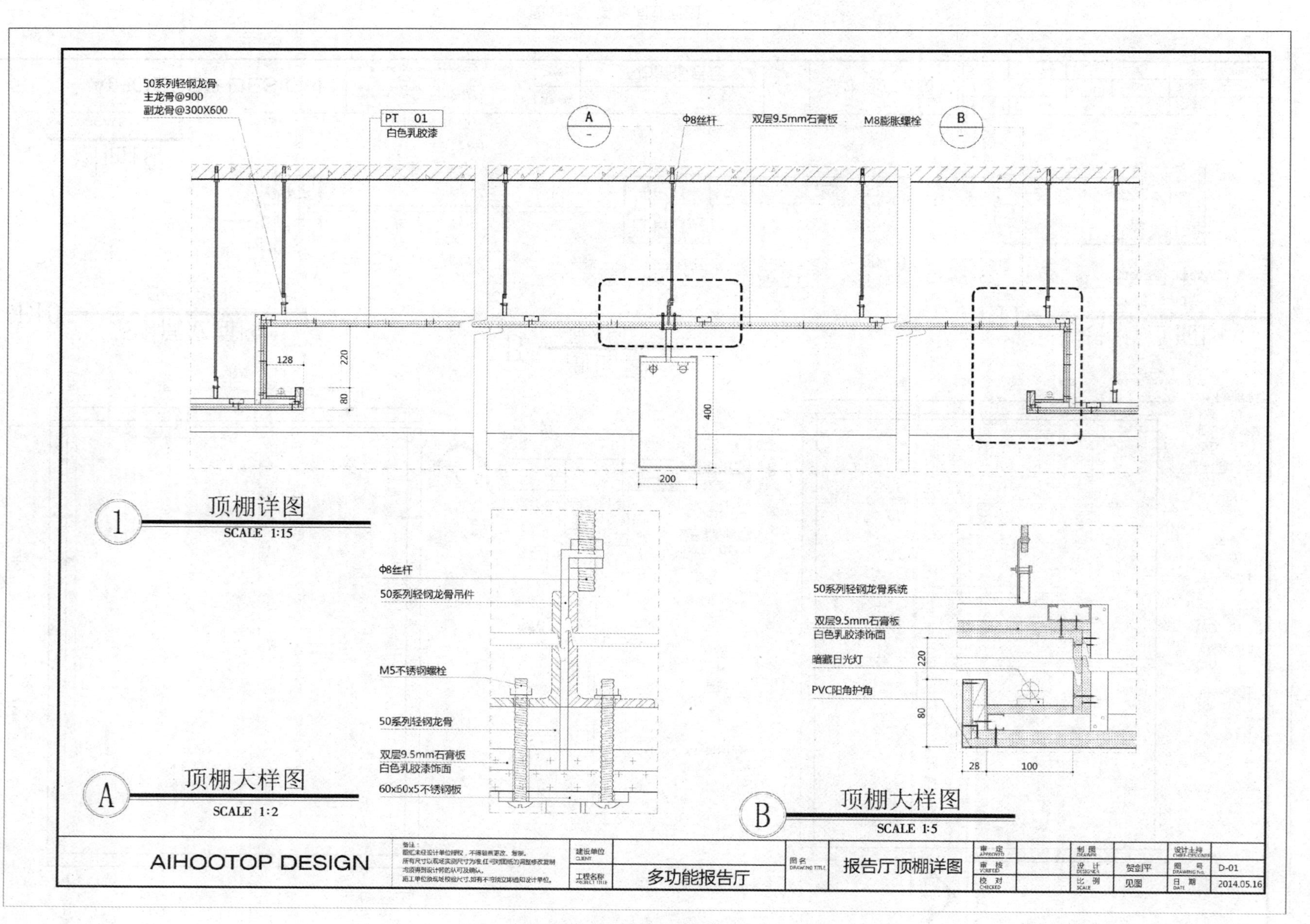

图6-18 报告厅顶棚详图

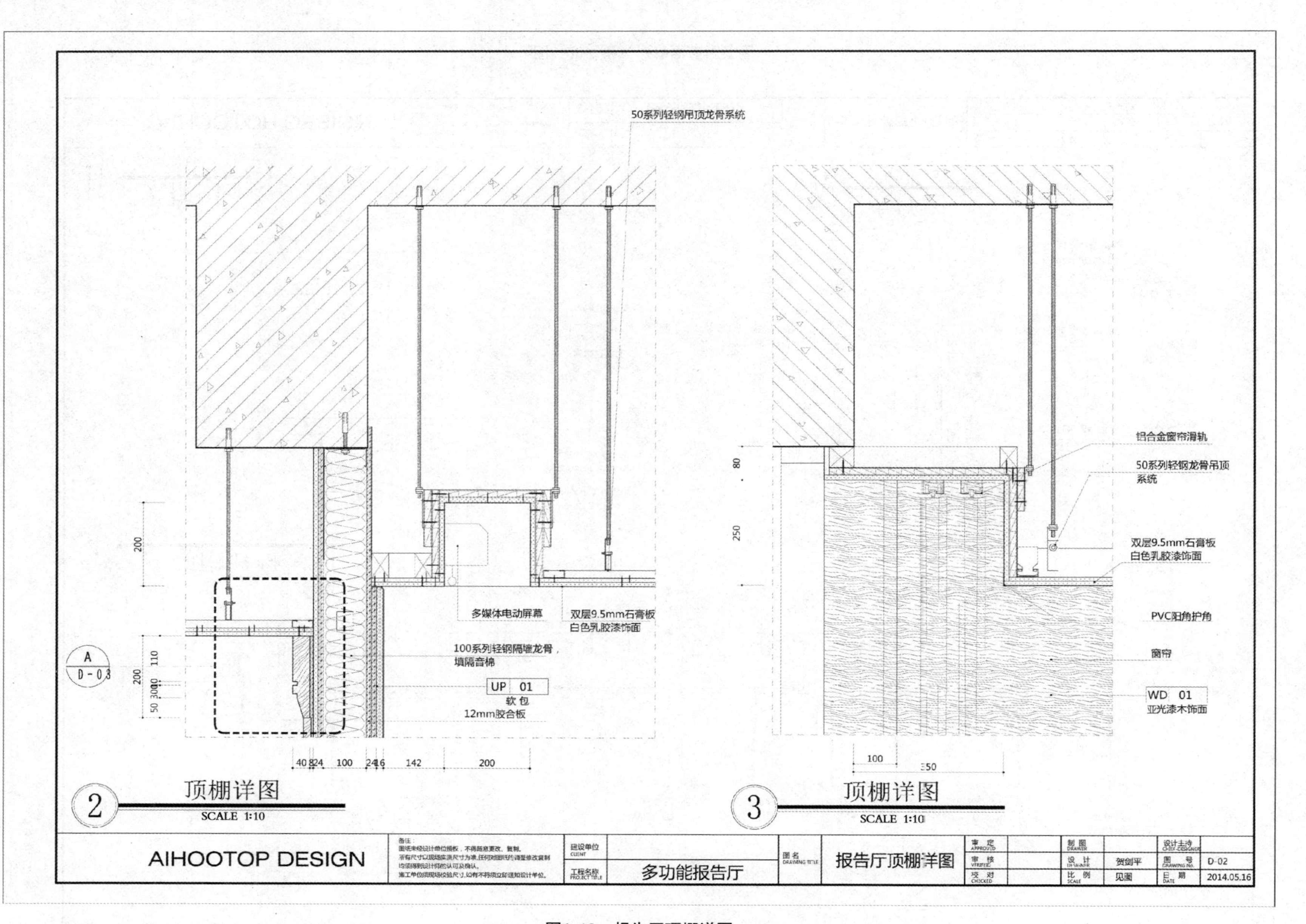

图6-19　报告厅顶棚详图

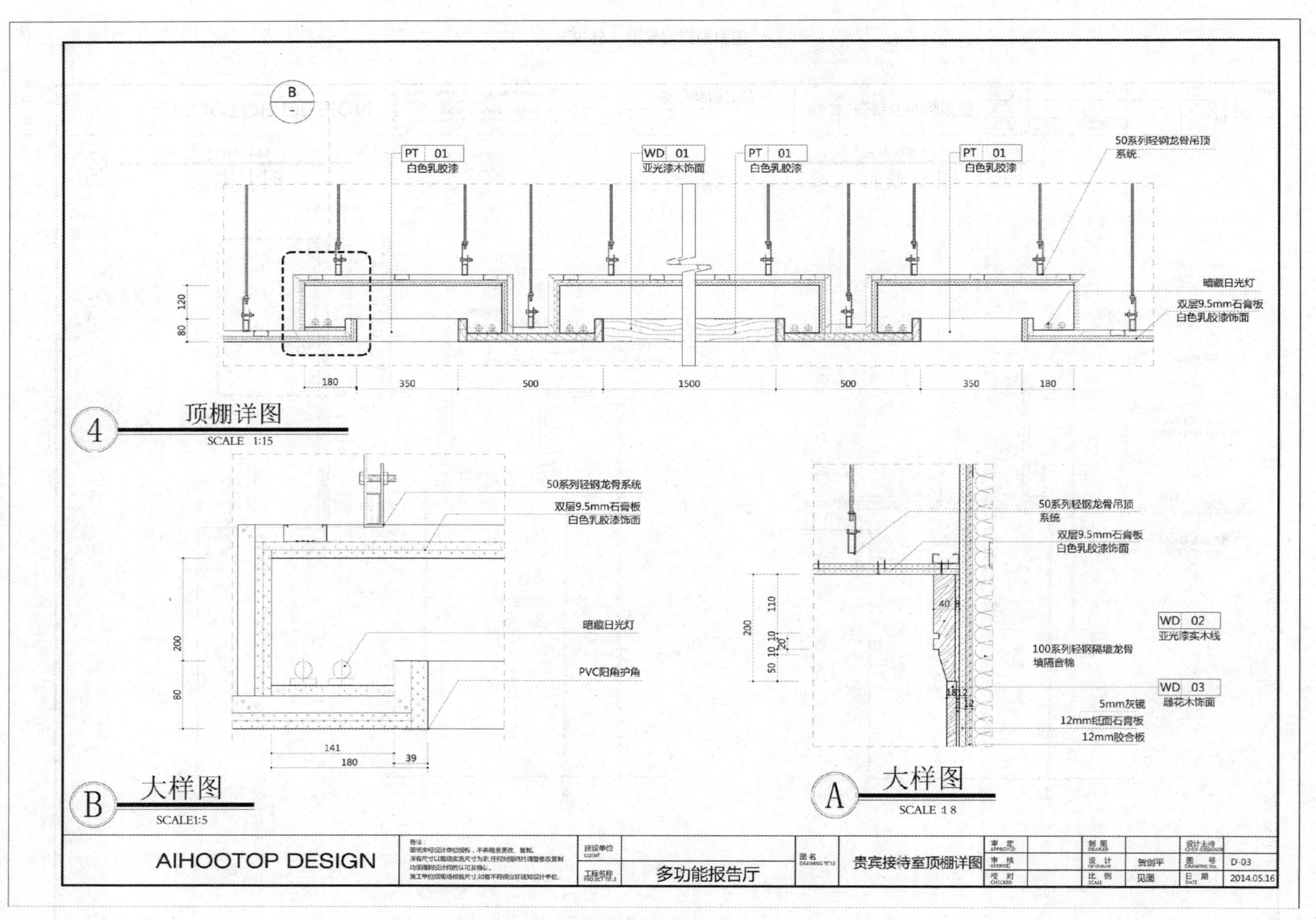

图6-20　贵宾接待室顶棚详图

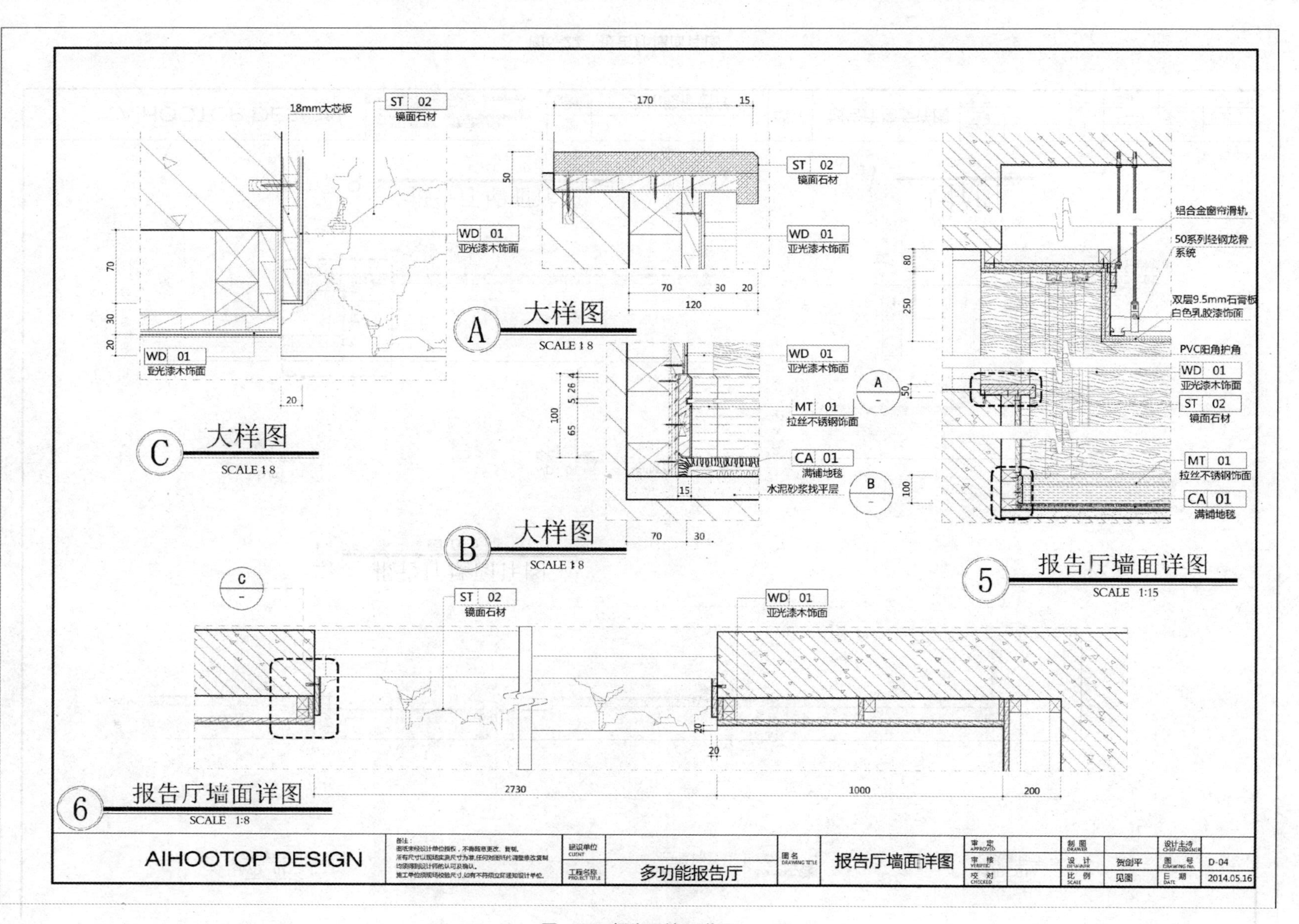

图6-21　报告厅墙面详图

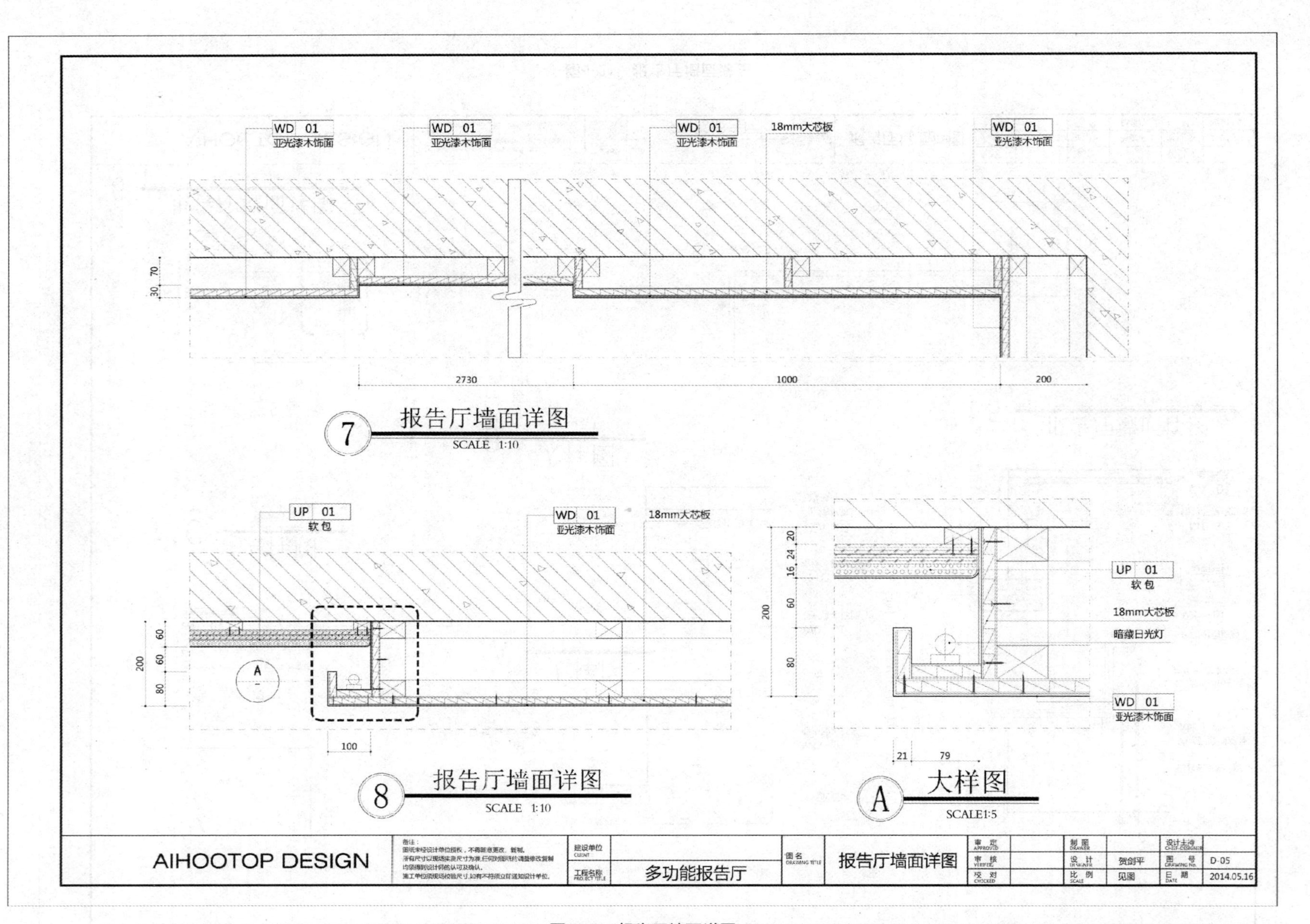

图6-22　报告厅墙面详图

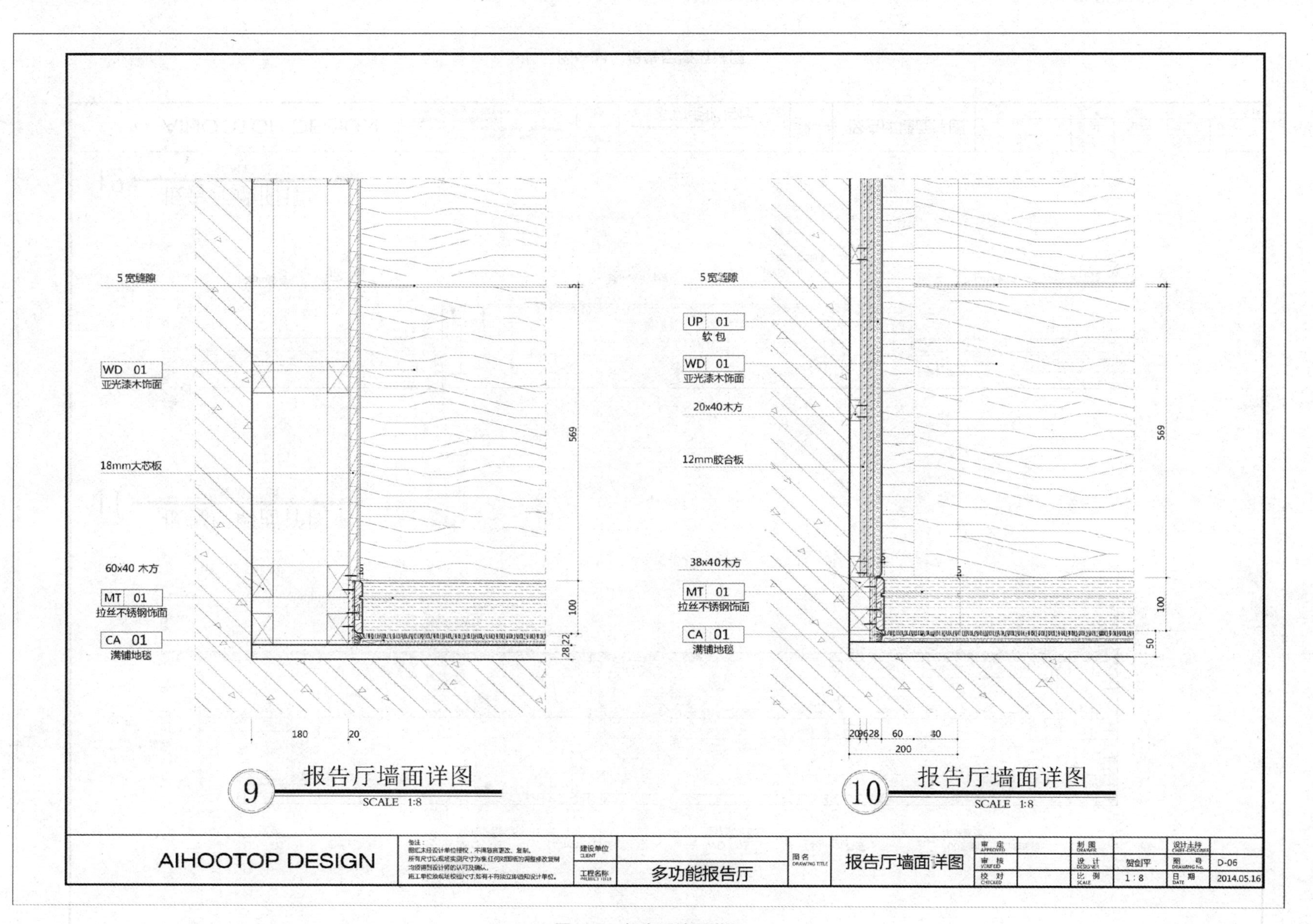

图6-23　报告厅墙面详图

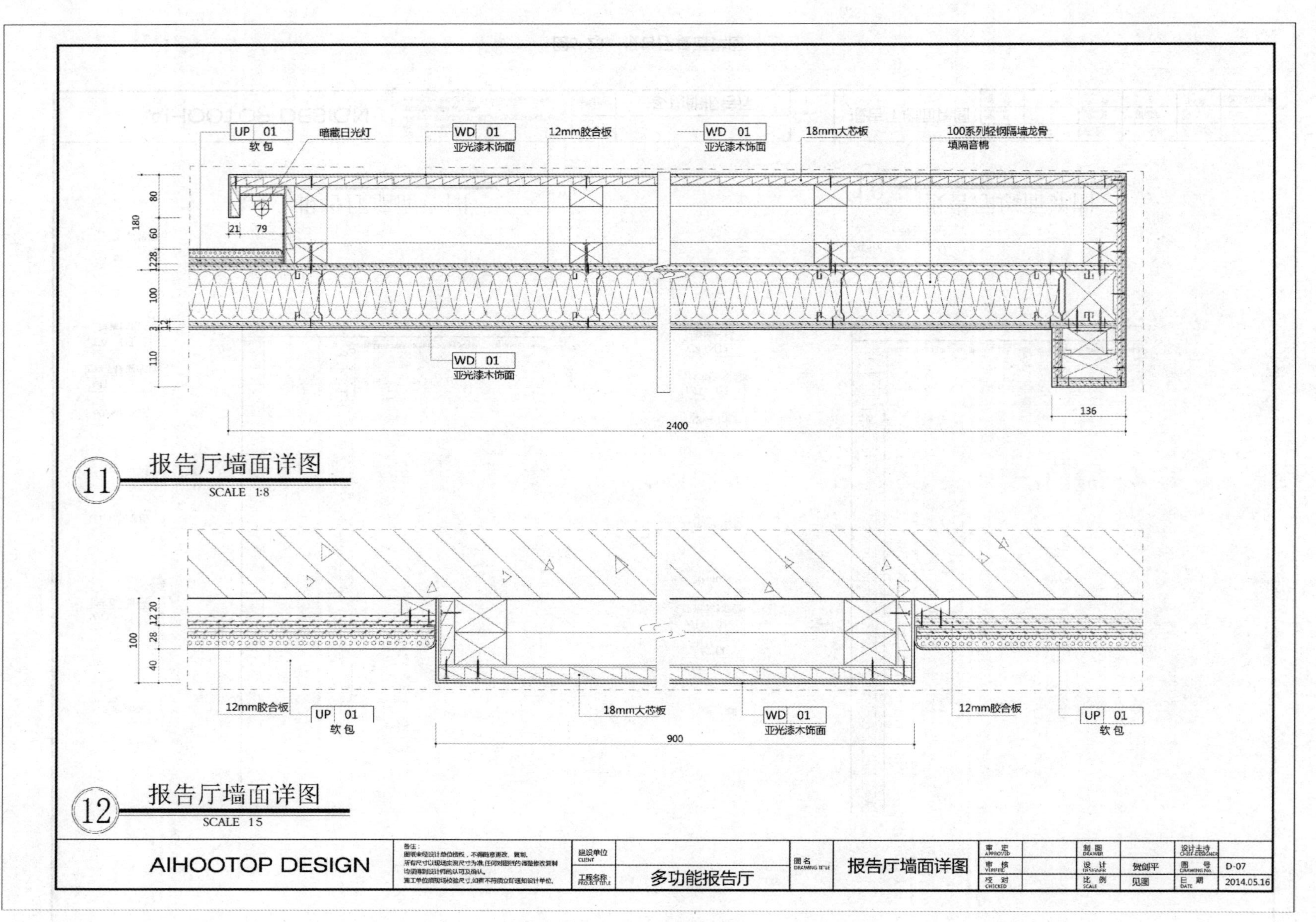

图6-24 报告厅墙面详图

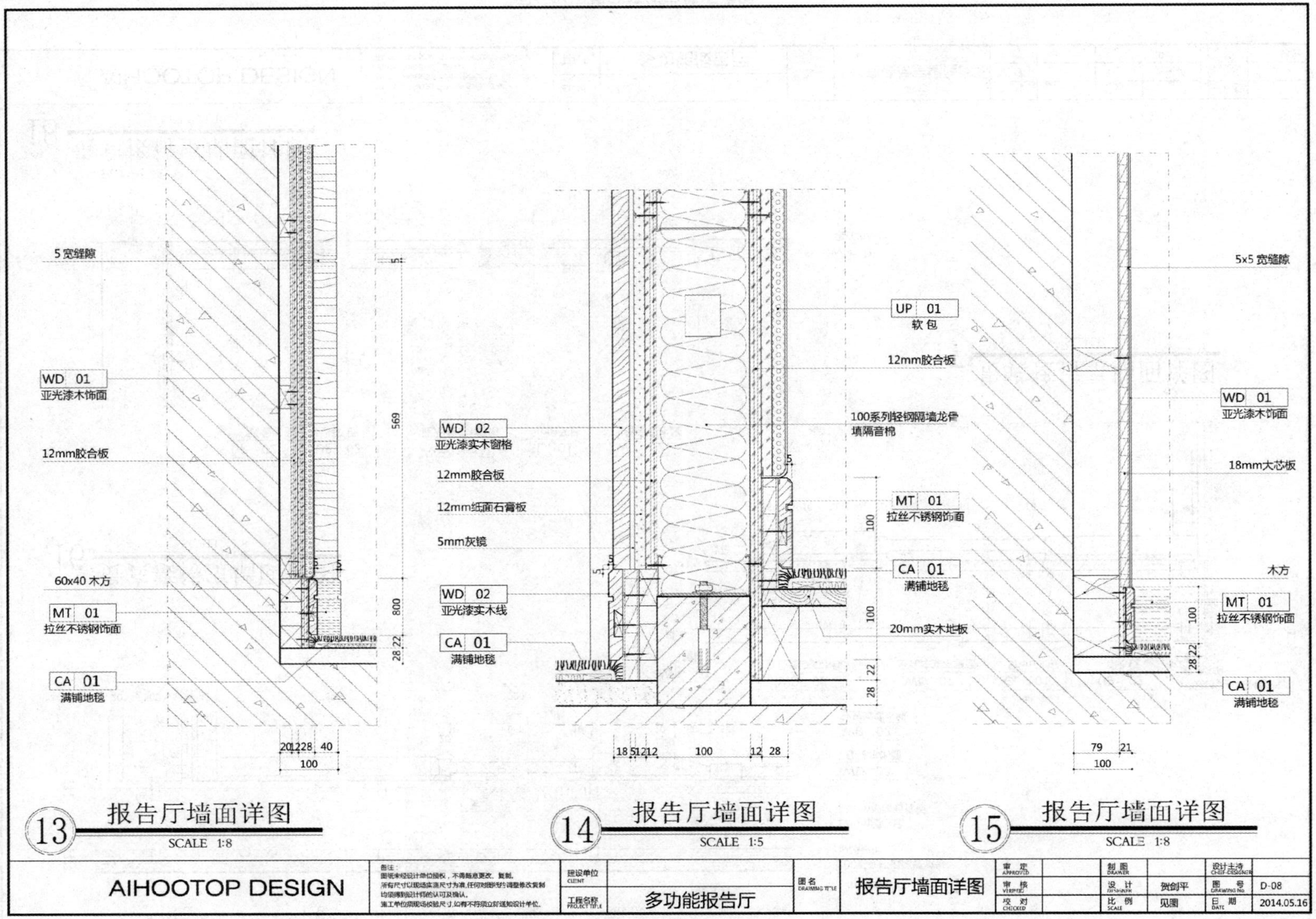

图6-25 报告厅墙面详图

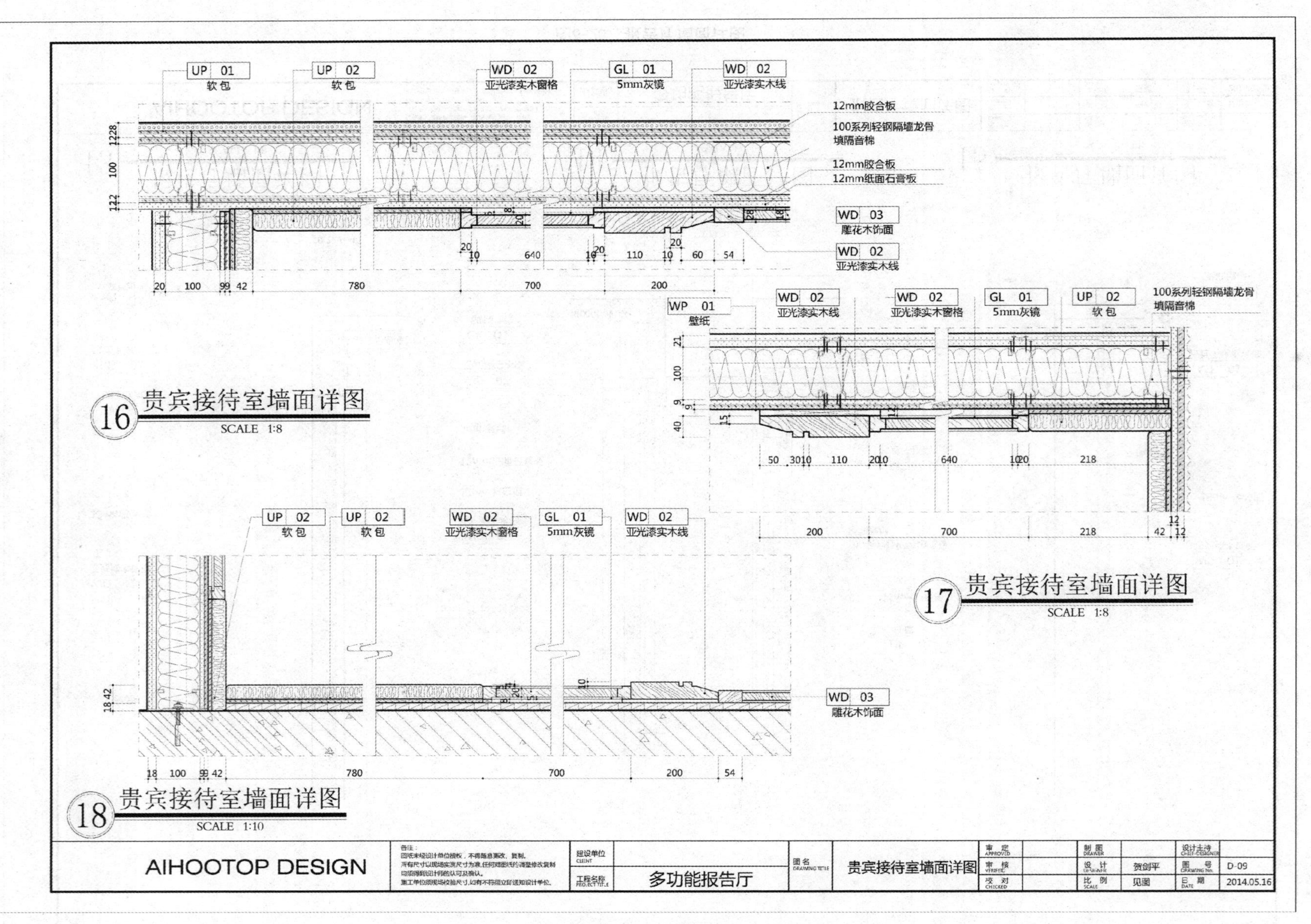

图6-26 贵宾接待室墙面详图

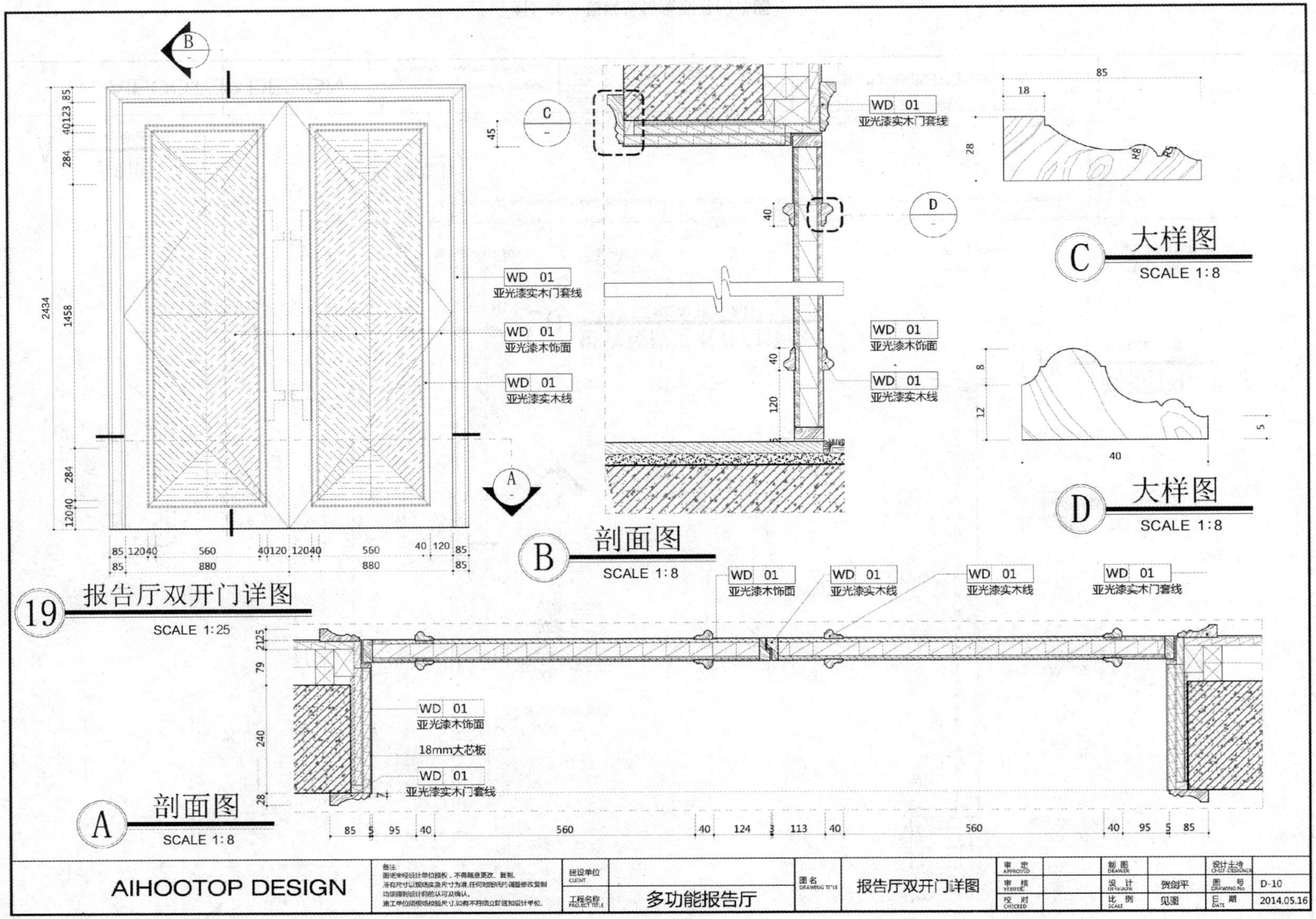

19 报告厅双开门详图

SCALE 1:25

WD 01 亚光漆实木门套线

WD 01 亚光漆木饰面

WD 01 亚光漆实木线

B 剖面图

SCALE 1:8

WD 01 亚光漆实木门套线

WD 01 亚光漆木饰面

WD 01 亚光漆实木线

C 大样图

SCALE 1:8

D 大样图

SCALE 1:8

WD 01 亚光漆木饰面

WD 01 亚光漆实木线

WD 01 亚光漆实木线

WD 01 亚光漆实木门套线

WD 01 亚光漆木饰面

18mm大芯板

WD 01 亚光漆实木门套线

A 剖面图

SCALE 1:8

AIHOOTOP DESIGN	建设单位 CLIENT		图名 DRAWING TITLE	报告厅双开门详图	审定 APPROVED		制图 DRAWER		设计主持 CHIEF DESIGNER	
	工程名称 PROJECT TITLE	多功能报告厅			审核 VERIFIER		设计 DESIGNER	微剑平	图号 DRAWING No.	D-10
					校对 CHECKED		比例 SCALE	见图	日期 DATE	2014.05.16

图6-27 报告厅双开门详图

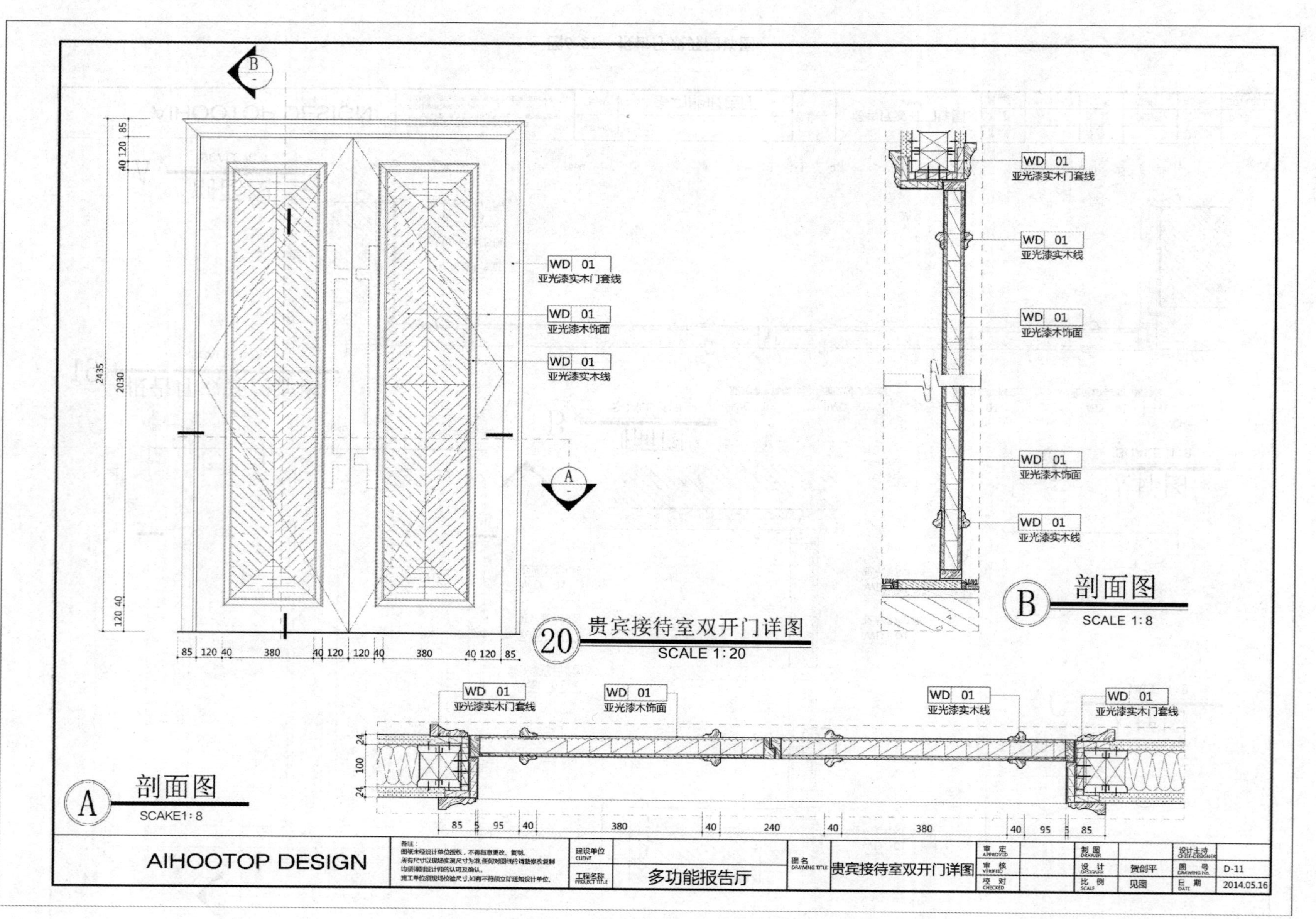

图6-28　贵宾接待室双开门详图

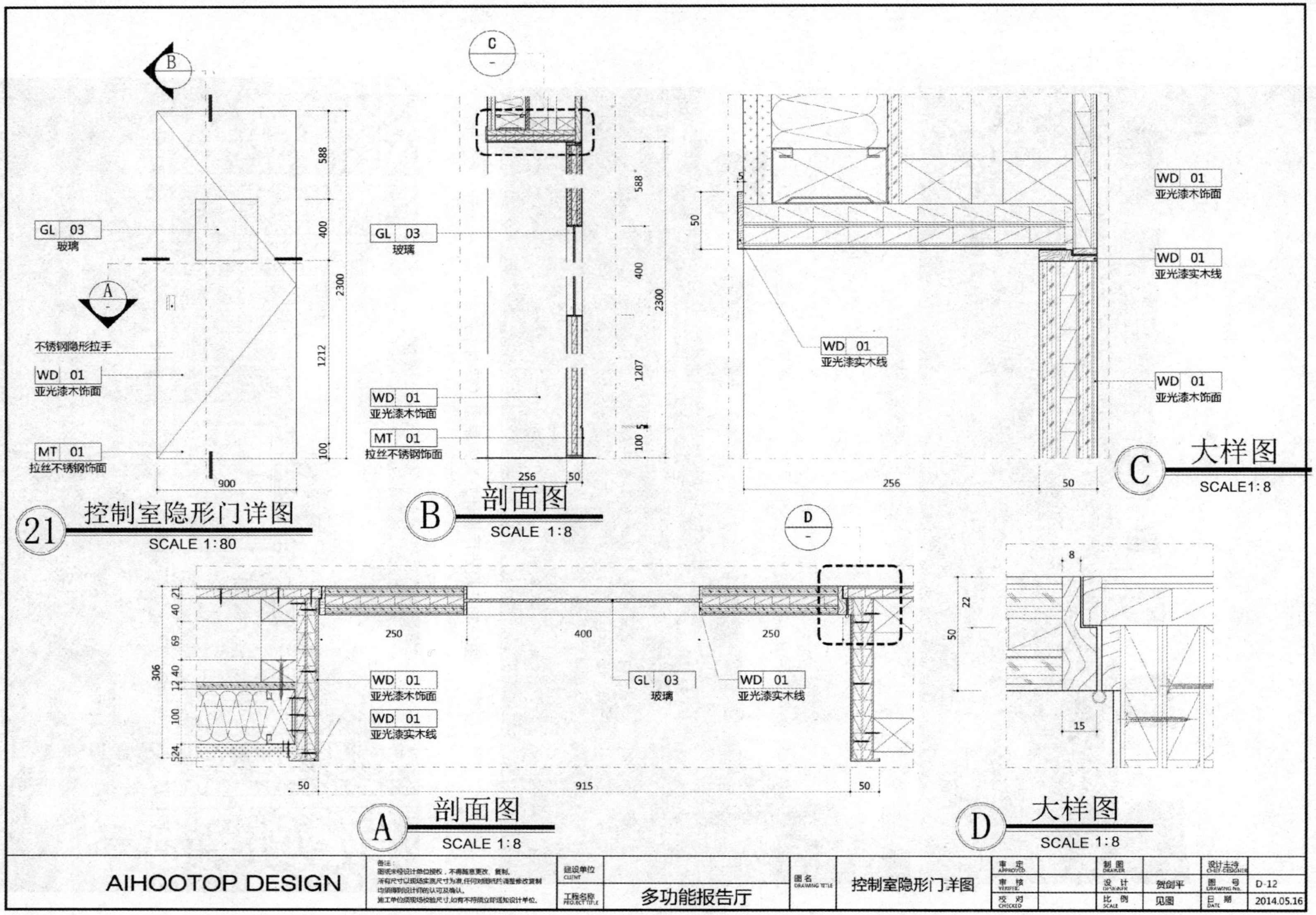

图6-29　控制室隐形门详图

图6-30　报告厅设计方案效果图（贺剑平）

图6-31　贵宾接待室设计方案效果图（贺剑平）

公共空间装饰施工图设计实践

根据所给设计方案效果图（图6-32）和建筑平面图（图6-33），完成会议室装饰设计施工图绘制。

图6-32　会议室设计方案透视图（贺剑平）

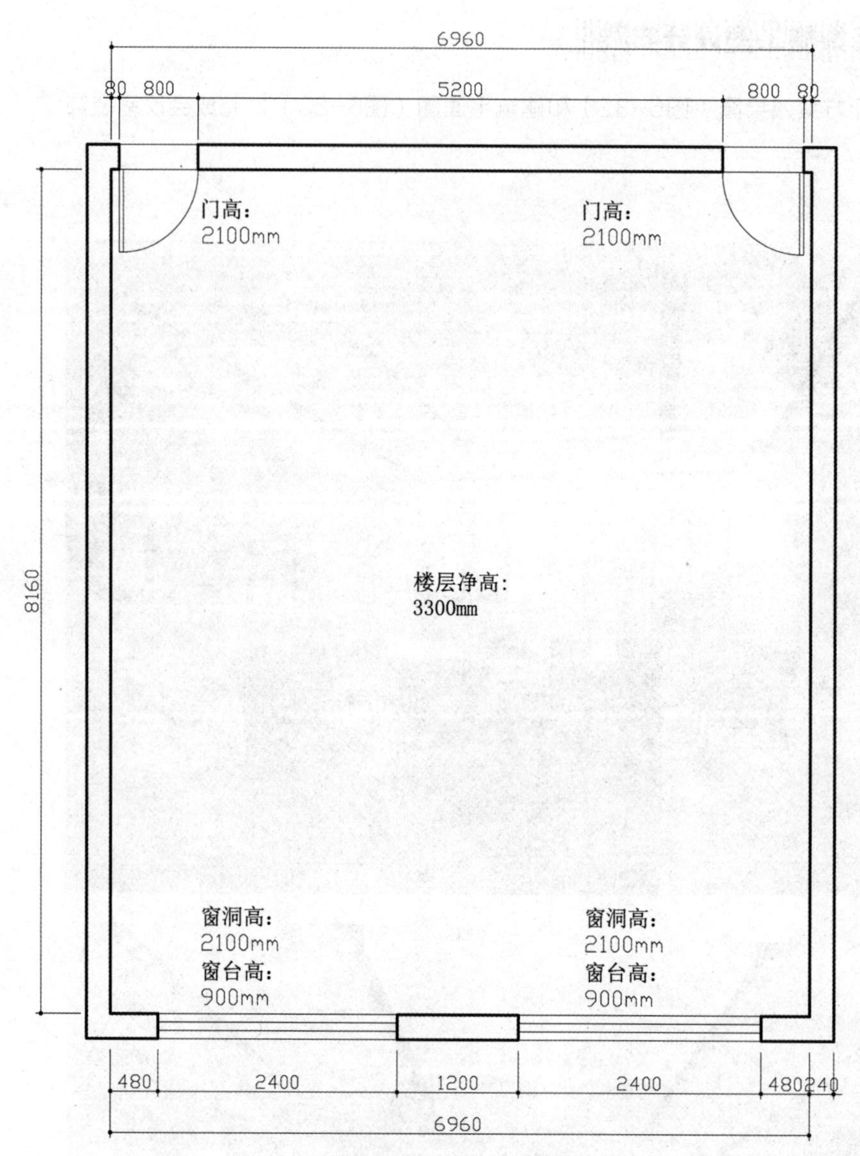

图6-33

一、任务目标

①能根据项目方案收集整理常用室内装饰构造做法相关资料;

②能根据项目方案效果图分析室内装饰构造做法;

③能根据项目方案效果图完成各类平面图、立面图、详图绘制;

④能根据制图规范完成成套室内装饰施工图纸绘制。

二、工作任务

①查找会议室装饰设计案例图片，了解会议室装饰常用材料及材料品种、规格、构造做法等资料，并整理成图文结合的PPT文件;

②跟踪室内装饰施工过程，并做好记录;

③绘制平面图，具体包括：平面布置图、地面铺装图、顶棚平面图、顶棚灯具定位图等图纸;

④绘制立面施工图;

⑤绘制立面剖面图;

⑥绘制装饰立面构造节点详图、大样图；

⑦绘制楼地面装饰构造节点详图；

⑧绘制顶棚装饰剖面图；

⑨绘制顶棚装饰构造节点详图、大样图；

⑩编写施工图说明、施工工艺说明、材料图例编号索引等；

⑪根据图纸编制和绘制图纸目录、图纸封面。

三、任务成果要求

（一）资料查询成果要求

会议室装饰设计及施工图资料查询成果应分类整理成PPT文件，按包含会议室装饰设计方案图片、所使用材料的名称、材料的规格尺寸、构造做法（附图说明）等内容的形式分类整理成图文结合的PPT文件。PPT文件排版应美观，内容应条理清晰。

（二）设计任务成果要求

设计任务的成果以图纸形式呈现，图纸表达内容与要求参见本教材项目一至项目五设计实践中设计任务成果要求相关内容，图纸内容应细致完整准确，以A3图幅绘制。

四、工作思路建议

①分组跟踪一个室内装饰项目施工过程，并做好文字与影像记录，认知室内装饰构造做法；

②收集整理常见室内装饰构造做法相关资料，如室内装饰构造设计的基本知识，制图规范相关要求，如《房屋建筑室内装饰装修制图标准》（JGJ/T 244—2011），室内装饰常见构造类型与做法及基本尺寸，包括设计图纸与规范图集，如《内装修－墙面装修》（13J502-1）、《内装修－室内吊顶》（12J502-2）、《内装修-楼（地）面装修》（13J502-3）、《民用建筑工程室内施工图设计深度图样》（06SJ803）等国家建筑标准设计图集，了解室内装饰构造标准做法与图纸规范表达。

③选择一套室内装饰方案效果图，根据室内装饰方案图绘制成套室内装饰设计施工图。

五、相关知识

①制图规范与国家标准图集在室内装饰构造节点详图设计的实践应用；

②常见室内装饰材料构造做法知识与应用；

③常见室内装饰施工图（平面图、立面图、剖面图与详图）绘制方法与应用；

④室内装饰设计方案图的绘制方法和表现手法。

参考文献

[1] 中国建筑标准设计研究院.国家建筑标准设计图集-内装修-墙面装修（13J502-1）［S］.北京：中国计划出版社，2013.

[2] 中国建筑标准设计研究院.国家建筑标准设计图集-内装修-室内吊顶（12J502-2）［S］.北京：中国计划出版社，2013.

[3] 中国建筑标准设计研究院.国家建筑标准设计图集-内装修-楼（地）面装修（13J502-3）［S］.北京：中国计划出版社，2013.

[4] 高祥生.《房屋建筑室内装饰装修制图标准》实施指南［M］.北京：中国建筑工业出版社，2011.

[5] 中华人民共和国住房和城乡建设部.中华人民共和国行业标准-房屋建筑室内装饰装修制图标准（JGJ/T 244—2011）［S］.北京：中国建筑工业出版社，2011.

[6] 中华人民共和国住房和城乡建设部.中华人民共和国行业标准-住宅设计规范（GB 50096—2011）［S］.北京：中国建筑工业出版社，2011.

[7] 中华人民共和国住房和城乡建设部.中华人民共和国行业标准-建筑装饰装修工程质量验收规范（GB 50210—2001）［S］.北京：中国建筑工业出版社，2001.

[8] 中华人民共和国住房和城乡建设部.中华人民共和国行业标准-住宅室内装饰装修工程质量验收规范（JGJ/T 304 2013）［S］.北京：中国建筑工业出版社，2013.

[9] 中华人民共和国住房和城乡建设部.中华人民共和国行业标准-住宅装饰装修工程施工规范（GB 50327—2001）［S］.北京：中国建筑工业出版社，2001.

[10] 中华人民共和国住房和城乡建设部.中华人民共和国行业标准-建筑内部装修防火施工及验收规范（GB 50354—2005）［S］.北京：中国建筑工业出版社，2005.